国家社科基金
GUOJIA SHEKE JIJIN HOUQI ZIZHU XIANGMU
后期资助项目

前沿科学可视化：图像认知与叙事

王国燕　徐奇智　著

科学出版社

北　京

内 容 简 介

"一图胜千言"，前沿科学可视化是科学研究自身表达的内在需要，是促进科学成果走向大众的重要载体，也是科学技术与人文艺术交融的创新成果。本书基于作者十余年深耕于前沿科学可视化领域的 130 余项原创案例分析及系统研究，从计算机图形学、认知心理学、科技哲学、视觉传达和新闻传播等多学科交叉角度，深入探讨前沿科学可视化的理论与应用，内容涵盖前沿科学可视化的历史趋势、认知理论、解释模型、图像叙事和传播策略等。对于塑造科技创新的生动形象、促进公众理解前沿科学具有重要价值，也为中国日渐涌现的世界级科技成果以及科技期刊的可视化理念转变提供了借鉴。

本书可供科学传播、科技新闻、科技出版领域的研究实践者，以及科研工作者和对科学可视化感兴趣的读者阅读。

图书在版编目（CIP）数据

前沿科学可视化：图像认知与叙事 / 王国燕，徐奇智著.
北京：科学出版社，2024.12. -- ISBN 978-7-03-079356-0

Ⅰ. TP391.92

中国国家版本馆 CIP 数据核字第 2024XE6595 号

责任编辑：蒋　芳/责任校对：郝璐璐
责任印制：张　伟/封面设计：许　瑞

科学出版社 出版
北京东黄城根北街 16 号
邮政编码：100717
http://www.sciencep.com

北京富资园科技发展有限公司印刷
科学出版社发行　各地新华书店经销
*
2024 年 12 月第 一 版　开本：720×1000　1/16
2024 年 12 月第一次印刷　印张：25　插页：7
字数：450 000
定价：258.00 元
（如有印装质量问题，我社负责调换）

国家社科基金后期资助项目
出版说明

后期资助项目是国家社科基金设立的一类重要项目，旨在鼓励广大社科研究者潜心治学，支持基础研究多出优秀成果。它是经过严格评审，从接近完成的科研成果中遴选立项的。为扩大后期资助项目的影响，更好地推动学术发展，促进成果转化，全国哲学社会科学工作办公室按照"统一设计、统一标识、统一版式、形成系列"的总体要求，组织出版国家社科基金后期资助项目成果。

全国哲学社会科学工作办公室

专家推荐语

科技正在变革人类获取信息、感知世界的方式，驱动人类用以认识、思考和联系的符号变迁，开拓人类文明的新进程。这部著作适应科技带来的最新发展趋势，以跨专业的思维对前沿的图像认知与叙事进行深入的开掘，探究新科技带来的可视化的现实和前景，很有现实意义和前瞻性，相信将对不同领域的学习者、研究者都有所裨益。

清华大学教授，国家"万人计划"领军人才 陈昌凤

自 19 世纪以来，现代科学呈现出专业化、规范化、普及化和可视化这四个显著特征。从理论和实践角度而言，王国燕教授的著作完美地展现了这些特点，使其成为科学传播领域中重要的专著。

PCST 世界科技传播学会主席，韩国能源技术研究院教授 Sook-kyoung Cho

王国燕一直深耕于前沿科学图像领域，旨在推动公众更好地理解科学。这本书汇集了多个学科的研究成果，其中大部分插图由她创作，效果非常显著。《前沿科学可视化：图像认知与叙事》应该成为每个实验室必备的参考图书！

麻省理工学院研究员、科学摄影师 Felice Frankel

将基因、量子、引力波等科学前沿的理性成果，以图像艺术快捷、形象地传播给公众，是知识可视化的使命，犹如在科学与艺术之间架一座桥梁，极具挑战和有趣。从原理和创作实践基础上明晰刻画这一新领域，正是这本书魅力所在。

国际欧亚科学院院士，中国科大原党委书记　郭传杰

科学期刊中的插图能够吸引读者关注论文内容，比如用直接或隐喻的方式展示研究对象或重要发现。该书作者王国燕教授是一位国际知名的传播学专家和科学艺术创作者，她为中国前沿科学在全球范围的传播做出了重要贡献。书中深入剖析了她的工作，并拓展了对科学插图及接受理论的认识。书中众多艺术作品也使阅读成为一种审美体验。

Public Understanding of Science 期刊主编，柏林自由大学教授　Hans Peter Peters

该书揭示出如何将复杂专业且晦涩的科学成果，用生动、直观、精确、美妙的图像表达出来，并深刻阐释其叙事的机理、原则、路径与效果，迅速拉近科学与民众的距离，提升了科技成果的传播力，这本身就是有效而有趣的科学传播！

中国新闻史学会会长，中国人民大学教授　王润泽

通过图像直观、简捷地向公众传递科学，使公众通过视觉感知前沿科学的冲击，通过图像化表达，使前沿科学的探索不再那么深奥、高不可攀，从而拉近公众与科学的距离，意义重大！

第十四届全国政协常委，教科卫体委员会副主任，中国科技新闻学会理事长　徐延豪

如果没有可视化手段，达·芬奇或许要长篇大论才足以解释人体比例标准，双螺旋结构的美丽也只存留在沃森与克里克的脑海里。这本书在前沿科学与公众之间倾入了催化剂，值得科研和科普工作者们参考借鉴，并期待它带来的奇妙反应！

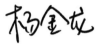

中国科学院院士，物理化学家，中国科大副校长 杨金龙

所谓"一图胜千言"，可视化方式让前沿科学生动起来，使其有趣和令人着迷。前沿科学可视化的独特价值不仅在于将神秘高深的科学原理形象而生动地呈现出来，更在于它激发了人们理解科学、走近科学进而探索科学的好奇心。在信息呈现形式日新月异的当下，如何充分利用视觉元素助推科学传播，这本书将带我们一同探索！

中国工程院院士，生物制造专家，苏州大学校长 应汉杰

科学与艺术都源自人类对世界的认知与表达，而图像叙事艺术伴随人类文明的开端与发展。如何让公众不再对高冷的科学感到陌生？如何让前沿的科学为公众带来"好看"与"有趣"的审美体验？相信读者能从这本书中获得启发与灵感！

中国科学院院士，古生物学家 周忠和

序　言

当今世界，前沿性、颠覆性和非对称性的科学技术日新月异，不断拓展人类的认知疆域，呈现出精彩绝伦的科学图景。与此同时，伴随着认知科学、图形符号学理论和计算机技术快速发展，"可视化"正成为一个重要的跨学科研究和应用领域，也成为一种时髦的科学叙事方式进入大众视野。

回溯历史长河，众多科学图像与科学发展伴生伴行，从对原子结构的认识到 DNA 双螺旋结构的发现，从对希格斯玻色子的研究到暗物质的探测……一项项科学成果的精彩呈现均印证，可视化不仅是一种展现复杂科学概念和庞大数据的手段，更是打破认知壁垒和感知界限的视觉语言，日益走进科学研究理论表达与前沿科学大众传播的重要舞台。

首先，科学可视化是科学研究自身表达的内在需要。前沿科学成果是突破人类已有认知的基础研究创新和前沿技术创新，是科学研究中创立的新学说、探索的新规律、发现的新事物、创造的新方法，如何将这些极致抽象的理论概念及错综复杂的数字结果进行直观表达和辅助理解，是科学家们高度重视且耗费心血的艰难任务。科学可视化将挖掘隐藏于科研背后的信息，突出关键的科学内容，呈现出基于实体、属性与关系三者之间的明确视觉表达。

其次，科学可视化是促进科学成果走向大众的重要载体。前沿科学成果由于极高的知识壁垒往往很难让社会大众理解，不利于科学知识的传播和普及。科学可视化过程中将产生大量富有美感、观赏价值和传播价值的表现形式，不仅有利于科研工作者内部横向信息交流，也因其降低了由大量演算数据、专业术语带来的理解难度，而更容易被大众接受，进而提升了科学传播效果和社会影响力。

最后，科学可视化还是科学技术与人文艺术交融的创新成果。科学可视化本身是一个跨学科门类的重要研究领域，需要融合科学知识和认知科学、符号学、图形学、计算机科学甚至美学等多学科知识，有着自身的理论规律和研究范式。前沿科学成果的可视化不仅渗透着科学思想与科技哲学，更是"科学"与"艺术"的有机结合，以直达人心的形象表达传递出知识的深邃与奇妙，进而点燃人们对科学的热情，唤醒对知识探索的好奇和科学创新的向往。

一图展春秋，一览无余；一图胜万言，一目了然。高度抽象的科学前沿，通过可视化理论与技术支撑，以直观形象的图谱形式展现出来，正是《前沿科学可视化：图像认知与叙事》一书的精粹所在。该书集视觉思维、认知思维、叙事思维和哲学思维于一体，把计算机图形学、认知心理学、科技哲学、图像学、艺术设计和科技期刊编辑等诸多学科交叉融合起来，建构并阐释了"意象-图式-表征"认知模型，提出了科学图像叙事表达的理论方法，可以说是王国燕教授团队深耕前沿科学可视化领域研究成果的系统总结和集中呈现。相信该书的出版，可以帮助广大读者深刻认识大科学时代前沿科学可视化体系发展的历史和规律，为科学家的成果表达提供全新的理论和工具支撑，也期待科学技术与人文艺术更加深入地交流融合，共同构建更富有人文关怀和艺术审美的未来科学。

是为序。

中国科学院院士，浙江大学校长　杜江峰

2024 年 6 月 6 日

目　　录

第一章　前沿科学可视化的概念与功能

　　视觉是人类获得信息、积累经验的重要渠道。在漫长的文明发展中，人类不断尝试利用视觉了解、创造和传播知识。德波（2007）在《景观社会》中提出，视觉是人的特权性感官，具有优先性和至上性，可压倒其他感官。DNA 的双螺旋结构、原子的行星模型、薛定谔之猫等视觉形象带动了人们对科学知识的有效理解和认知，这在科学成果的公共表达与传播中优势鲜明。"一图胜千言"在信息传递与认知中已是被普遍接受的观点（Gabriel，2011）。前沿科学成果是突破人类已有认知的基础研究创新和前沿技术创新，是科学研究中创立的新学说、探索的新规律、发现的新事物、创造的新方法，往往先发表在顶级科技期刊上再传播给大众，其视觉形态是大众传媒中科技新闻图像的基础来源。

　　现代科学是追求力量的科学，注重对自然的改造。科技实力是全球竞争力的重要指标，科技的进步和普及是社会发展的内在动力。英国皇家学会在 1985 年的调研结果表明公众对科学的更好理解可以促进国家繁荣、提高公共和私人决策质量以及丰富个人生活，因此，增强公众对科学的理解很有必要。在中国，"科学技术是第一生产力"是国家共识，科技的重要性在中国政府和国家政策层面有明确的认知。中国国家主席习近平在中国科协第九次全国代表大会上提出"要把科学普及放在与科技创新同等重要的位置"，由此可见，科学传播的意义和价值被国家所重视。

　　马丁·海德格尔（Martin Heidegger，1889—1976）曾在 1938 年提出"世界图像时代"的概念，即随着媒体技术的发展，如今人们的阅读习惯已普遍从传统的文本阅读转向视觉文化阅读（Mirzoeff，2010）。视觉表达有利于公众跨越不同的文化背景、语言环境，通过感性直观地"读图"，快捷地接受科学新知、留下生动形象的记忆。感觉器官是一切信息向人类传播的通道，其中，80%以上的信息来自视觉通道。同时，大脑中与视觉相关的神经元多达 50%（彭聃龄，2004）。随着现代科学技术的发展，显微镜、天文望远镜、红外探测、医学显影等技术手段得以不断提升，促使了本来遥不可及的星云宇宙、微观生物与物质结构通过视觉通道进入大脑从而被认知。科学技术在延伸着、丰富着我们的视界。不仅如此，利用"科学可视化"（scientific visualization）的技术手段，各种科学研究成果也在不断地被转化成视觉内容，又通过媒体技术手段形成一幅幅具有视觉冲击力的画面，跃然于眼前。在视觉文化时代背景下，科学可视化尤其是前沿科学成果的可视化，并非单独通过计算机运算自动生成，而是需要从便于公众理解和认知的角度由艺术家与科学家来合作创建，并由其进一步展开相关的图像研究。近年来，促进科学与艺术的融合在计算机图形学领域内不断地掀起呼声，这也是多学科融合的 STEAM（即科学 science、技术 technology、工程 engineering、艺术 arts，数学 mathematics）现代综合教育的新趋势。

第一节　前沿科学可视化传播之意义与现状

科学传播经历了三个阶段，即从"公众接受科学"到"公众理解科学"，再到当今的"公众参与科学"。Miller（1992）认为公众对科学的理解有三个方面：一是认识和理解一定的科学术语和概念；二是基本理解科学研究的一般过程和方法；三是理解科学技术对个人和社会所带来的影响。2017 年 10 月 18 日，习近平同志在党的十九大报告中指出："加快建设创新型国家……要瞄准世界科技前沿，强化基础研究，实现前瞻性基础研究、引领原创性成果重大突破。"随着我国科研实力的不断增强，前沿科学成果在面向公众传播的过程中，一方面可促进公众科学素养的提升，另一方面也可缩小科学与公众之间的鸿沟，使科学工作得到社会大众的理解、支持并推动相关科技政策顺畅执行，从而促进前沿科学的发展并全面推进创新型社会的快速建设。

一、为什么公众需要了解前沿科学

从科学家和科学共同体的角度来讲，向公众传播前沿科学是必要的。科学家传播自己的研究成果让更多的公众理解并得到反馈，这是对纳税人的告知义务，也是科学与社会互动的需要，有助于通过公众建议及时检测和调整科学家科研的方向。哲学家兼科学家弗朗西斯·培根（Francis Bacon，1561—1626）在《新工具》中提出"知识就是力量"，其完整语境则为："知识的力量不仅取决于其自身价值的大小，更取决于它是否被传播，以及被传播的深度和广度"（Bacon，2005）。利用各种媒介传播渠道和多样化的表达方式来增进前沿科学知识传播的深度和广度，形成价值的溢出性和扩散增值效应，这可以有效提升科学成果自身的价值，并赋予其更多的力量。如果公众不了解最新的科学动态，那么科学成果就无法更好地服务于社会，也无法最大限度地降低其负面影响。

随着科技的迅猛发展和公民科学素质的不断提高，越来越多的人已经不满足于掌握一般的科学知识。他们开始关注科技发展对经济和社会的巨大影响，关注科技的社会责任问题。公众想要了解国家关于这些问题的政策，想要知道科学家在专注什么工作，以及这些工作会有什么样的结果、会带来什么样的后果等。公众关注前沿科学可能有以下主要原因。

第一，前沿科学代表着未来社会发展的风向标（Um et al.，2018）。量子通信和量子计算机进展的科学普及，可以让公众从心理上做好迎接通信和计算机新技术的准备。从 1997 年 IBM 的"深蓝"战胜了人类的国际象棋技术，到 2017 年谷歌的"AlphaGo"战胜了人类的围棋技术，人工智能技术的每一次重大进展都引起了社会公众的唏嘘，这让公众思忖着未来的人工智能会不会取代人类。贺建奎的基因编辑婴儿事件在第一时间引起了公众的恐慌，是否人为修改的基因会影响到人类的未来存亡？全球气候变化、太阳能电池、清洁能源等领域的前沿科学所引领的未来社会发展方向与每个人都密切相关。因此，用前瞻性的眼光来关注科学动向是对社会发展方向的关注，能够让人们更好地理解社会，甚至从中发现工作机遇和巨大商机。从这一点上，今天的前沿科学进展可能在未来的十年、二十年甚至更长时间，成为社会现实的一部分。

第二，前沿科学和公众现实的切身利益在很大程度上密切相关。特别是医学和健康领域的科学进展，包括癌症攻克、有效延长寿命、各种潜在的健康风险等，是和每一个人的生命安全都密切相关的。转基因食品的安全问题在全球各个国家一直争吵不休，这也是出于该问题对人们切身健康利益有所影响。在未知风险的情况下，公众更倾向于回避风险。克隆动物、转基因作物、食品安全、环境污染、药物副作用、高科技犯罪、全球变暖等与人们生活质量和身心健康密切相关的问题，都成了公众日益关注的焦点。

第三，公众对未知的好奇心。哈勃望远镜所打开的外太空世界，虽然远离地球甚至是百万光年以外的太空景观，但它有助于人类去探索我们赖以生存的宇宙。好奇心不只属于儿童，它也是热爱真理之源泉，是探索世界之原始动力。很多诺贝尔奖获得者在个人传记中把他们走上科学之路的第一步归功于最初的好奇心，即强烈地渴求事情的"为什么"（Agar et al.，2017）。爱因斯坦（Albert Einstein，1879—1955）在 1952 年提出的"我没有特别的天才，只有强烈的好奇心"现已成为格言。

前沿科学最终要到达公众，促成公众的理解和认知并不总是顺利和容易的。由于科学和社会不是完全相同的领域，公众往往很难理解科学。Illes 等（2010）以神经学为例说明了，对于非专家来说，科学变得越来越难理解的事实。Bauer 等（2016）表示只要科学与社会两个领域的差异存在，公众对科学的理解问题就会一直存在。而知识量的大小作为公众对科学态度的决定性因素具有明显的重要性，公众科学知识的匮乏会造成其错误的风险认知和政策偏好，从而影响科学家科研资金的获取，甚至会导致谣言横行，影响社会稳定。

二、科技新闻和科普资讯是前沿科学传播的重要载体

虽然面向社会大众的科学中心、科学博物馆、K12 科学教育等科学传播阵地会涉及少量的前沿科学知识（Begg et al.，2015），但一个普遍的事实是这些科学传播阵地的主体内容是已经进入公有领域的科学知识，即基础性的科学知识，而新发现的重大科学成果往往具有显著的新闻效应。因此，科技新闻有可能是前沿科学面向公众传播的重要载体。

在第二次工业革命和两次世界大战的推动下，在大众对原子能、空间技术等科学领域产生了兴趣的背景下，科技新闻快速诞生。中国的科技新闻曾出现了两个活跃期：第一阶段出现于 1999—2003 年，主题集中在对伪科学的报道反思、对报道 SARS 等突发事件引发的关于科技新闻的影响研究。第二阶段是 2012 年以来，航母、神舟、北斗导航等科技成果为科技新闻的发展提供了契机。科技新闻承担着面向公众传播科学的功能，是公众知晓科学知识资讯的重要途径，对促进公众理解科学以及提升全民科学素养具有重要作用。

而在数字环境下，传统的科技新闻已泛化演变为海量科学信息，并面临着严峻的问题：科学内容良莠不齐，媒体对科学的解释和呈现失之偏颇，造成公众理解上的断章取义和误读等现象层出不穷（陈力丹和叶梦姝，2011；陆诗雨和金兼斌，2014）。

人们对科技新闻的选择可能受到原有认知、表达清晰度、专业术语情况的影响（Weisberg et al.，2015），而发表于 *Nature* 的一篇研究表明：普通公众对于科技新闻的反应具有较高的一致性（Kahan，2010）。一项有趣的控制实验研究发现科技传播者的容貌能够较大程度上影响视频类科技内

容的可信度（Gheorghiu et al.，2017）。*Science* 杂志上的大数据研究发现，在新媒体环境下，假新闻比真新闻"跑得快"。除此之外，数字媒体降低了科技新闻的准入门槛，并提供了专门主题的"长尾"，使科学家博客作者能够挑战传统的科技新闻规范，这增加了在线科技新闻的复杂性（Walejko and Ksiazek，2020）。*Nature* 杂志资深记者 Geoff Brumfiel（2009）在十多年前就发现，科学杂志的发行量正在下降，而科学博客的数量却迅速增长。

三、从前沿科学成果到科技信息的转化

前沿科学成果到达社会公众的层面，需要经历学术载体—科普载体—社会公众的路径。公众在科技信息中寻求对自身可能有用的知识。信息与知识存在一定的差别。数据、信息、知识和智慧同属于 DIKW（即数据 data、信息 information、知识 knowledge、智慧 wisdom）体系（Rowley，2007），各自之间存在层级关系。数据被认为是不具有实际意义的值，如果表现在临床上仅是表示测量和描述（Pearce，2008）。信息是特定环境下经过组织化和结构化后被赋予了意义的数据（Park and Gabbard，2018）。知识是经过认知处理和验证后形成的有结构和组织的信息，因而其是有效的、权威的。从数据到信息再到知识，是一个不断加工的过程。较多学者认为"信息"是解决"谁、什么、哪里、什么时候"的问题，而"知识"是解决"如何"的问题（Ackoff，1989；Zeleny et al.，1987）。相比知识，信息的参考性仅在特定语境中才有意义，因为信息是在特定语境下附加的意义（Chaffey and White，2010；Curtis and Cobham，2008），离开了特定语境，不同人对相同信息的意义感知不同（Rowley，2007）。从学术语境到社会语境，对科学成果的价值判断有所区别：公众的价值判断为有趣有用，而学术共同体的判断则为原始创新。

科技新闻是对科技领域新近发生事实的报道，科技论文具有科技新闻的真实性、客观性、时效性和自我完备性。两者在基本特征、基本要素等属性上的一致性成为论文转换为新闻的基础。前沿科学论文与一般科技论文相比，更具新颖性与独创性，其新闻属性更多。以网络科技新闻的形式传播前沿科学论文知识，无疑是一种有效途径，这改变了学术成果的传播方式，并且在路径实现上无根本性的阻碍。从前沿科学成果到社会公众的传播路径可用模型表示，如图 1-1 所示。

图 1-1　前沿科技论文的新闻化路径

为了说明从前沿科学成果到社会公众信息的知识传递效果，笔者试图分析中国 10 个热门科普微信公众号中的相关成果，对其中前沿科学成果的报道情况进行了对比分析。截至 2023 年，微信公众平台已经汇聚超过 3000 万个公众账号，其成为公众了解信息、获得服务的重要途径。笔者抽取了 10 个富有影响力的科普公众号，包括"科普中国""酷玩实验室""Nature 自然科研""果壳""DeepTech 深科技""环球科学""中科院物理所""量子学派""知识分子"及"量子位"。这些微信公众号的粉丝数量多且活跃度较高，粉丝数量均在几十万以上；影响力排名靠前，注册时间均在三年以上，整体运营情况较为稳定。然后，在这 10 个公众号 2019 年上半年发布的所有文章中，分别取各公众号发布的所有文章中阅读量前 5%和阅读量后 5%的文章（剔除广告），共计 872 篇。分析角度为选取的文章标题中信息内容的理解难易程度和获取效率高低。基于主题的不同侧重方向以及各类别的标题基数差异可见，热点文章多关注生活与健康、公众热议事件等贴近生活与实际的信息。这类具有普遍性、共通性的信息内容，贴近受众认知语境，理解难度较低，容易产生共鸣。冷门文章的大众倾向类信息比重较低，且多涉及自然科学、高新技术类的资讯信息，领域性、专业性强，理解难度较高。对一般受众而言，需要较高的认知度来努力理解信息，局限性较大，容易产生传播障碍。从表达上看，新闻语言的表现力具有简洁、通俗、准确、具体等特点。表 1-1 为前沿科学成果出现在热文和冷文中的新闻标题比较。

表 1-1　前沿科学成果进展主题类文章标题对比

阅读量前 5%的文章标题	阅读量后 5%的文章标题
世上最"古老"的精子还活着！等了 50 年，终于迎来新生命……	难题突现：单碱基基因编辑技术存在 RNA 突变效应
找不出破绽！斯坦福等新研究：随意输入文本，改变视频人物对白，逼真到让作者害怕	钙钛矿太阳能电池：从分子工程和固态核磁到高效、稳定的器件性能

续表

阅读量前 5%的文章标题	阅读量后 5%的文章标题
"基本上死了但稍微还活着"：猪脑复苏引发的伦理挑战	诺华镰状细胞病重磅药物获 FDA 突破性治疗认定，将于上半年申请上市
恭喜生命"字母表"喜提 4 名新成员！上新了，DNA！	中和细菌细胞壁碎片可改善小鼠自身免疫 |《自然-微生物学》
重大突破！"长寿药"世界首次用到人类身上，效果惊人	用 eg 电子占据作为催化活性描述符来指导纳米酶的理性设计
男性避孕药来了！以后女性不用再吃药了？	抗癌药物的研发关键：模拟癌细胞真实的生存环境
人类"第六感"首次被证实，研究发现人脑具有磁场感应能力	用激光造一个"万花筒"，物理学家花了二十年
这位女护士能闻出疾病！超级嗅觉已获科学家证实，或将更新近 200 年的帕金森诊断方式	室温下测量噪声机制，助力引力波探测器提高灵敏度
天上会掉金子吗？会！你现在用的这些就是！	npj 量子材料	取出拓扑绝缘体表面态
中国学者重新发明活塞，成果由 MIT、哈佛联手完成	独家	重复性脑创伤中的 tau 蛋白组装，与阿尔茨海默病的不同	*Nature* 论文

　　由表可见，阅读量前 5%的文章多数标题内容，语言、用词恰当，且贴近生活。而阅读量后 5%的文章标题内容在语言、用词方面，要么复杂信息中专业词汇平铺直叙，要么其他信息过于含蓄，读者难以直观便捷地知悉重要内容，不易产生有效认知，信息获取效率较低。

　　相对于娱乐、政治、体育等其他社会资讯，前沿科学的社会受众是相对较小的群体，导致其影响力和社会热度相对较小。究竟是什么原因导致前沿科普无大作呢？最主要的原因是"难"——前沿科学可能意味着更加难以理解。现代科学的发展更多是深入到微观尺度上，例如，量子纠缠、纳米技术、基因编辑等，这些科技角度越来越远离人们宏观尺度的生活常识和感官经验。另外，科学前沿的任何重大突破，都是愈来愈倾向于多个学科知识的纵向延伸和横向交叉的产物，因此，它所涉及的相关知识不仅多，而且深奥难懂。

　　科技传播人才匮乏问题一直是制约中国科技新闻水平的瓶颈，社会中普遍存在着"文科女硕士跑科技新闻"的刻板印象。中国的科普团队对前沿科学成果缺乏足够的"消化力"，应该是科学前沿成果遭受冷落的重要原因之一。用常规的手段和方法去普及前沿科学知识难以奏效。对于前沿科学知识的普及，我们都有这样的切身感受：深入容易，浅出难；文字叙述容易，画面表现难；功用展示容易，原理揭示难。许多时候我们不得不用大段的专家访谈来表述某些难以表现的内容。从面向公众传播的科学内容生产者来看，其理想模式为同时具有科学与人文的双重背景（Bauer et al.，2016；Cassany et al.，2018；Kristiansen et al.，2016）。

作为媒体科学内容的生产者，记者起着核心桥梁作用，一个好的科技记者应该能够促进科学家与社会、公众的接触，但其一直处在一个尴尬的地位。一方面，科学家对媒体报道多持批评态度，内容不准确、耸人听闻、迎合受众等行为是科学家不认可的。科学家甚至将公众的误解、公众科学素质低等问题归咎于媒体内容的不恰当（Boer et al.，2005），因此，科学家与科技记者暗含紧张关系。Bik 和 Goldstein（2013）表明越来越多的科学家使用社交媒体宣传自己的想法和科学观点，并且认为这可以提升自己的专业形象。另一方面，公众对媒体也不满意，在英国，媒体强调利益集团、行业和其他少数群体的观点也受到民众批评（Michael and Brown，2000）。除此之外，媒体内容存在的粗制滥造、主观偏向、娱乐化、虚假谣言等问题也是民众的质疑点。

四、可视化呈现对于前沿科学传播的促进

视觉语言形态是基于视觉符号体系并通过传播而构筑的人类核心文明形态之一，与语言文字一起构成人类交流思想和传播文化的主要方式（朱永明，2016）。随着人们生活节奏的加快以及对电子产品的使用，现代人已经步入"快速阅读的时代"，图像比文字在时效性上具有明显的优势：图像不需要抽象文字符号的转码与释义，能够跨越不同的文化背景、语言环境，使公众感性直观地"读图"。同时，图像更能吸引受众的注意力并增加身份认同（O'Neill and Nicholson-Cole，2009）、更形象生动（Smith and Joffe，2009）、更能引起受众对问题的重视（O'Neill et al.，2013）、更容易被记忆（Paivio and Csapo，1973）、更能触发情绪和激发情感（Graber，1996；Bradley et al.，2001；Iyer et al.，2014）。图像的类型多种多样，除了照片外，在不违背科学原理的前提下，可加工的空间充足。添加视觉元素，既可以突出实验风格，也可以降低科学给公众带来的严肃感，也就是在信息展示传达时更多地捕获公众的视觉注意力。不仅如此，科学研究的领域并不完全处于人们的视野范围中，例如，远距离的太空以及显微镜下的微观世界，许多微观层面的世界连目前最先进的光学显微镜都无法观测，但是通过想象创作的图像可以艺术化地展现微观领域的美妙场景。而科学图

像的创作不仅需要靠大型计算机的视觉化模拟运算自动生成，更需要人工从知识挖掘的角度提炼、分析、研究，以更生动的图像实现更有效的知识扩散。

重大科学发现往往存在着不易于仅靠文字去表达的内涵。一篇科学论文中的学术图表往往有很多幅，"图像往往反映文献的重点和核心，可以把知识在不经过图像到文字转换的情况下完整地展示在研究者面前，帮助研究人员快速获取核心知识单元"（CNKI 学术图像知识库）。同时，CNKI（中国学术期刊网）近年推出了 CNKI 科学图像库，收录了 1500 万余张各学科领域的学术图像，并以每年 100 万张的速度不断递增。

科学可视化不仅是科学研究的重要手段，更是促进科学成果走向大众的必要形式。面向公众传播时，作为科技新闻等形式体现关键学术贡献的科学图像往往是精心打磨的图像，简明要义以求尽可能多地引起读者关注、思考并给他们留下深刻的印象。就视觉图像传播而言，当代文化已经完成从语言主因型向图像主因型的转变，曾经媒体严重依赖文本信息的地方，现在越来越多地使用视觉材料代替（Joffe，2008）。早在 1999 年，Trumbo 就认为当代科学传播依赖于视觉表现来说明数据和解释概念。

自 2003 年开始，美国国家科学基金会（National Science Foundation，NSF）每年都会和 *Science* 期刊联合举办国际科学与工程可视化挑战赛，这项竞赛旨在促进人们使用视觉媒介——包括手绘、照片、游戏、视频等形式，来提升公众对于科学的认知。通过艺术表现力提升科学成果的视觉冲击力，从而提升公众对科学的兴趣。该大赛的评委 Alisa Zapp Machalek 接受媒体采访时曾说道："让科学出现在艺术博物馆中，是我们今后努力的方向"（王国燕等，2014）。这不仅为科学与艺术的融合提出目标，也暗示着科学走向社会公众是一种理想化的发展趋势。亚里士多德（Aristotle，384BC—322BC）认为："一切事物的存在都遵循着质料和形式的构成规律，而形式是关键性要素"（赵慧臣，2012）。文字、图像、图表乃至动态演示都是科学内容表达的形式，比起长篇大论的科研报告，兼具科学性与艺术性的视觉化设计无论是在专业研究领域还是在大众领域，都更能在第一时间吸引受众的注意力。因此，科学研究的成果无论是在业界还是面向社会大众传播时，都离不开图像、图表的辅助。

在 21 世纪，视觉文化正在成为我们文化认同中更为突出的组成部分（Rodríguez and Davis，2014）。关于科学和自然的形象化插图长久以来一直出现在儿童读本中，以此增加儿童阅读的可理解性和趣味性（Nodelman，1988）。根据 Smith（2011）的研究发现，"对于科学图像，科学家会更注重其科学性，而公众更为关注图像的美学及随之产生的情绪反应"。将科学内容与视觉艺术完美地相容，不仅能充分地扩大科学成果的受众人群，还能带给科学一种全新的思考角度，特别是在多学科交叉领域，通过视觉来展现科学原理能使交叉学科之间的交流持续增多（Frankel，2005）。同时，这又有助于科研成果受到更高关注，从而提高论文的被引频次（Wang et al.，2017）。因此，这一创作领域也吸引、产生了许多专业的人才与机构，如美国帕森斯设计学院的 Viktor Koen、美国科学促进会（American Association for the Advancement of Science，AAAS）的资深插画师 Chris Bickel 与 Getty Image、I Stock Photo 等国际图像机构。

从实践角度来说，对于 Nature、Science 这样的前沿科学期刊平台而言，一幅优秀的科学图像除了需要具备欣赏的美感，更重要的是传达科学的概念（Gan and Appenzeller，2014）。美国麻省理工学院弗莉丝·弗兰柯尔（Felice Frankel，1945—　）作为科学成果视觉表达领域的全球创始人，专注于科学视觉化领域的研究与实践，由此推动了麻省理工学院多达几十项的科学成果成为 Nature、Science 的封面故事。此外她还撰写了 Visual Strategies（《视觉策略》）、The Design and Craft of the Science Image（《科学形象的设计与制作》）等学术著作，试图给科学家和工程师的成果进行视觉化设计提供借鉴。此外，越南籍科学可视化专家 Wang Bang 不但协助了许多科学家将科学成果创作为视觉图像，而且创建了富有影响力的科学可视化商业平台——Clear Science，旨在让科学成果更加清晰明了。同时，他因将科学与数据可视化作为学术研究的一种新方法，而成为 Nature 子刊 Nature Methods 的科学可视化专栏撰稿人。近年来，越来越多的科技期刊使用精美的图像作为出版物封面，这些图像中相当大的一部分用于展示特定论文成果。科技论文成为科技期刊的封面文章并配以图像展示，被认为是极具积极性的。封面成果对受众的吸引力大，有利于科学信息的传播扩散，从而促进科研工作者、科学传播者和公众三者之间的沟通和理解。

现代计算机图形技术、信息传播技术尤其是网络和新媒体技术的发展和突破，为可视化内容的生产和传递提供了前所未有的社会环境。视觉信息的传播内容和传播形式都因此发生了蜕变，逐渐变得多层次化和全方位化，这些变化给人类的认知带来了巨大的影响，甚至可能引发根本性的变革。现代科学技术是一个极其庞大而复杂的立体结构体系,具有丰富的内涵和多种社会职能。普通科学知识的传播又称科学普及、科普、大众科学或者普及科学,是指利用各种传媒以浅显的,让公众易于理解、接受和参与的方式向大众介绍自然科学或社会科学知识、推广科学技术的应用、倡导科学方法、传播科学思想、弘扬科学精神的活动。图像以视觉化的形式也可展示科学知识、方法与过程,甚至科学思维与科学精神。图像辅助着科学成果的文本内容构成公众对科学新知的信息来源。公众理解科学之中包含着公众理解研究。前沿科学研究,特别是气候变化、基因研究等与社会大众当下或未来生活密切相关的研究正在受到公众的特别关注(Field and Powell,2001)。科学的不断进步和发展推动着人类社会进步,这不仅是科学共同体内部的目标与责任,同时也受到全人类共同体的关注。因此,从图像的角度来展示前沿科学成果,可提升前沿科学成果的传播效果和影响力,从而促进前沿科学成果更快速地转化为公共知识和生产力,在促进公众理解科学、公众参与科学的深度与广度的同时,可以扩大科学技术对社会的影响。

五、中国前沿科学可视化之迫切需求

近二十年来中国作者发表在 *Nature*、*Science* 期刊上的论文数呈现快速增长状态(如图 1-2,图 1-3):2018 年 *Nature* 正刊中中国作者发表的论文数量达到 170 篇,而这一数据在 2000 年仅为 12 篇;2018 年 *Science* 正刊中中国作者发表的论文数为 190 篇,而这一数据在 2000 年仅为 22 篇。中国的科研水平正在迅速提升与崛起,与此同时,前沿科学成果的视觉表达需求也在与日俱增。

中国顶级前沿科学成果的视觉化水平还有待提升。由中国两院院士评选的"中国十大科技进展新闻"和"世界十大科技进展新闻"被称为重大前沿科学成果的风向标。例如,"科学家发现'疑似'上帝粒子"(图 1-4)"引力波研究获重要进展""全球首个'自我复制'的活体机器人诞生"(图 1-5)等重大前沿科学进展的新闻图,这些图像以具有艺术张力的视觉形式诠释着科学原理以及研究对象的内部结构。每年的世界十大科技进展的十项成果中超过一半来自 *Nature*、*Science* 等国际一流期刊。这些科技进展在通过大众传媒面向社会公众不断扩大宣传的过程中,视觉表达图像与科技报道相得益彰。

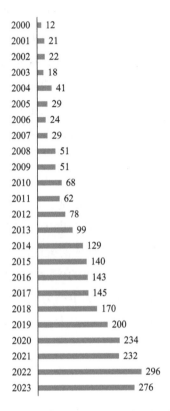

年份	数量
2000	12
2001	21
2002	22
2003	18
2004	41
2005	29
2006	24
2007	29
2008	51
2009	51
2010	68
2011	62
2012	78
2013	99
2014	129
2015	140
2016	143
2017	145
2018	170
2019	200
2020	234
2021	232
2022	296
2023	276

图 1-2　*Nature* 上发表的中国论文数
（2000—2023）

注：由 Web of Science 自动生成

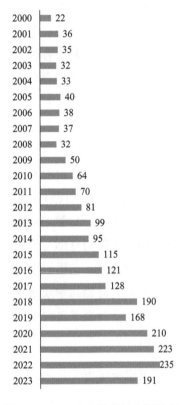

年份	数量
2000	22
2001	36
2002	35
2003	32
2004	33
2005	40
2006	38
2007	37
2008	32
2009	50
2010	64
2011	70
2012	81
2013	99
2014	95
2015	115
2016	121
2017	128
2018	190
2019	168
2020	210
2021	223
2022	235
2023	191

图 1-3　*Science* 上发表的中国论文数
（2000—2023）

注：由 Web of Science 自动生成

图 1-4　科学家发现"疑似"上帝粒子
（创作者：Lucas Taylor/ CERN）

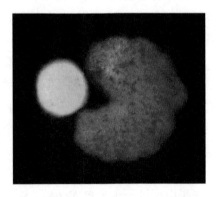

图 1-5　全球首个"自我复制"的活体
机器人诞生
（创作者：Douglas Blackiston）

与每年"世界十大科技进展新闻"相对应且对比鲜明的是"中国十大科技进展新闻",其中大多成果的图像仅仅是工作场景的新闻照片,缺少对具体成果准确的视觉表达。这让我们看到了在前沿科学成果的视觉表达中,中国与发达国家之间在重要性理解与实践操作上存在着明显的差距。

第二节　科学可视化及相关概念

一、可视化与科学可视化

视觉是人类感官获取信息的重要来源,在人类大脑可获得的外部信息中,有超过 80%来自视觉,因此可视化是人类认知中最重要的认知方式之一。可视化的英文对应词是 visualization,派生自 visualize,在英文词典中通常有两个含义:

(1) Form a mental image of; Imagine. e. g. It is not easy to visualize the future. (形成一种心理形象;想象。例句:要看到未来并不容易。)

(2) Make(something)visible to the eye. e. g. The DNA was visualized by staining with ethidium bromide. (使某物肉眼可见。例句:溴化乙锭染色后就可以看到 DNA。)

第一种释义指大脑中的图像、想象,第二种释义指使某事物能够被眼睛看到。这里面包括了大脑处理视觉信息的两种情况:视觉感知(visual perception)与视觉意象(visual imagery)。雷斯伯格(Daniel Reisberg,1963—)认为视觉感知是一个物体被看到时所呈现的图像,而视觉意象是当物体不在眼前时从脑中产生的图像(Reisberg and Snavely,2010)。第一种释义对应的是视觉意象,而第二种释义对应的是视觉感知。对于由 visualize 派生出来的 visualization 一词,其狭义理解为用图像、表格、图表、动画等视觉方式表达信息(Tufte,2001)。这种观点其实是一种比较简单的现实主义观点,暗示信息是客观存在的,用可视化的方式表达后就能够被大脑完整地接收。事实并非如此简单,可视化的本质是人类通过大脑处理光信号后建构知识的过程。

在词典对可视化一词的释义中包含了丰富的认知元素,从认知哲学的视角至少包括认识论和本体论两层意义。在认识论层面,可视化是客观事件通过视觉在大脑中的投影(或不完整复制品),是人通过视觉感官(或大脑中与视觉相关的部分)认知客观世界的过程。在本体论层面,可视化是客观的"存在"，是能够被肉眼感知到的光信号，以及能够被大脑认知的光信号当中包含的意义；可视化同时也是主观的"思想"，是人脑对客观世界认知的结果，在某些方面是客观世界在大脑中的复制品，但又不与客观世界完全相同。

可视化的结果从表面看是创造了或静态的或动态的或交互的图像，但并非仅仅是呈现于大脑外部的客观世界中的图像，在人类大脑内部同样有一幅对应的图像。因此，我们可以将可视化二分为内部可视化与外部可视化，分别对应视觉意象与视觉感知，由此产生了两个讨论科学可视化原理的角度，并且可以讨论内部可视化与外部可视化转化的机制。

"科学可视化"这一术语来自计算机图形学。1987 年在华盛顿召开的一次科学计算会议中提出了针对数据场的可视化的解决方案，并形成了题为《科学计算可视化》（Visualization in Scientific Computing）的报告（McCormick et al., 1987），这被认为是科学可视化的开端（刘晓强，1997）。可视化技术在计算机图形学的研究领域与多个学科交叉后，形成了科学可视化、知识可视化、数据可视化等研究分支。2008 版《大英百科全书》把科学可视化归为计算机图形学的学科分支，但目前"科学可视化"词条有了较大的调整，表述如下：

"科学可视化是以图形方式显示真实或模拟科学数据的过程。它是科学思想创造性实现的一个重要过程，特别是在计算机科学中。基本的可视化技术包括表面渲染、体积渲染和动画。高性能工作站或超级计算机被用来显示模拟，并且正在开发高级编程语言来支持可视化编程。科学可视化在生物学、商业、化学、计算机科学、教育、工程和医学等领域都有应用。"

由此可见，在过去的十年中，科学可视化正在从基础科学领域向教育和商业领域延展，其应用的范围和领域也正在被不断拓宽。

科学可视化概念的提出，本意是利用计算机图形学和计算机的运算能力，将科学数据（包括测量获得的数值、计算中产生的数据等）转变为人类通过视觉感官能够直接获得直观的、以图形图像表现的、可与用户交互的、随时间和空间变化的光信号，使科学家能够基于此进行观察、模拟和计算。这是利用计算机开发的一种科学研究工具，在大量的科学研究中担负了重要的作用。例如，在欧洲核子研究组织（European Organization for Nuclear Research，CERN）的强子对撞机中，使用传感器探测高能粒子的碰撞，可以获得大量无法被人脑解读的数据。而科学可视化工具的介入，能够将海量的数据转化为动态的实时图像，让科学家能够快速发现其中的异常并获得新发现。

因此，"科学可视化"作为一个跨领域的专业术语，其狭义理解应当是用计算机图形学来表达科学概念或科学现象的理论、方法和技术。随着计算机图形学的发展，计算机对科学数据的处理能力越来越强，再加上计算机艺术、三维表现技术、虚拟现实技术及增强现实技术等基于计算机图形学技术的飞速发展，科学数据的图像表现方式更加多样化，且普通大众逐渐也能够通过可视化技术进一步了解科学概念、科学知识及科学进展。这项技术不仅是科学家的研究工具，其在科学传播、科学教育等领域也越来越发挥巨大的作用，在科学纪录片、科学课堂等场所都大量使用了这种技术。同时，一些超越科学研究的技术应用需求开始产生，如视觉冲击力、艺术表达力、形式新颖性、传播广泛度等，原来仅限专业领域应用的科学计算可视化也逐渐发展成为一般意义上的科学可视化。

很显然，科学可视化的出现带有很明显的认知目的：最初提出使用计算机图形学来处理科学数据的根本原因是仅依靠人类的认知能力已经很难发现潜藏于海量且复杂的科学数据中的规律。因此，如果把认知元素加入科学可视化的定义中，其可以定义为：**利用人类视觉认知的能力，通过计算机图形学将科学概念、科学规律和科学现象转化为可视化表征以增强人类科学认知能力的认知工具**。其中的认知元素包括：

- 视觉认知：利用视觉感官和大脑视觉中枢进行认知的能力；
- 表征：对客观事物的心理再现以及将心理再现复现于外部世界；
- 可视化表征：利用视觉进行感知的或存在于大脑视觉中枢中的表征；
- 认知工具：能够扩展人类执行认知任务的能力的工具。

如果从更广泛的科学传播或科学教育角度来考察科学可视化，传播者/教师使用表格、图表、图像、动画等形式将某个科学概念表示出来，并使其信息能够被受众/学习者的眼睛感知并内化为自己的知识。这一过程实质上包括了两个相分离又相关联的过程：①外化过程（或外部可视化过程），即使用科学可视化技术，利用各种图形化的表达方式将科学概念、科学知识、科学现象等呈现为或静态、或动态、或交互的科学图像，即将传播者/教师大脑中的知识转化为外部的图像；②内化过程（或内部可视化过程），受众/学习者通过眼睛感知到外部的图像，并将其转化为大脑内部的知识。第一个过程符合科学可视化的狭义定义，然而其广义定义还应当包括第二个过程：在大脑内部产生有关科学概念的相关图像。

从认知研究的角度来看，这两个过程是不可分割的。从狭义定义的角度研究科学可视化的外化过程，仅能了解如何利用科学可视化技术产生外部图像，而缺乏对内化过程的了解则会导致无法从认知规律的角度提出对科学可视化技术应用与发展的指导意见。因此，广义的科学可视化不应当只是用计算机图形学来表征科学概念，还应当包括在大脑内部产生与科学概念相关图像的过程。

此外，内化过程是人眼对图像的感知及大脑对图像意义的解读，甚至大脑对过往记忆中图像的重组，并不必然依赖于计算机技术。在考察内化过程中的认知规律时，不应将考察对象限制在以计算机图形学技术产生的各种图像中，而应当将使用其他方法在大脑中产生的科学图像也纳入研究对象，例如，手绘的原子模型图和计算机绘制的三维原子模型都在本研究的视野中。

综上所述，"科学可视化"是利用人类视觉认知能力的认知工具，这一术语指向三层含义：

● 科学可视化是一种基于计算机图形学的认知工具，利用计算机图形学方法将抽象的科学概念、科学规律、科学现象表现为人眼可感知的图像，以增强人类科学认知能力；

● 科学可视化是一种关于科学研究的大脑内部活动，是在大脑中产生与科学概念相关的图像的心智过程，也是通过可视化的心智表征认知科学知识的过程；

● 科学可视化是上一过程在外部世界中的产物，是大脑内存储的科学知识在大脑外的表现，是以计算机屏幕、纸张等为载体的，表现科学概念、科学规律、科学现象的科学图像。

除科学可视化之外，还有一些与科学可视化相近的概念，主要集中于可视化研究领域，即计算机图形学的可视化技术分支中。按照常见的可视化技术分类，一般分为科学计算可视化、数据可视化、信息可视化和知识可视化等（刘波和徐学文，2008），再加上本书的研究对象科学可视化。为了更好地描述与研究科学可视化，有必要对上述相近概念进行辨析。

从本质上来讲，科学可视化、科学计算可视化、数据可视化、信息可视化、知识可视化等可视化技术都是通过利用人类的视觉认知优势并以视觉和图像为介质，使用计算机的计算能力来增强人类的认知能力，帮助人类理解复杂现象、数据、信息和知识背后的结构和规律的认知工具。将这些概念两两进行比较，有助于辨析其中的异同。

在这些概念中，科学计算可视化最早提出了使用计算机图形学处理科学计算和实验产生的数据的方法。而后，计算机图形学家将可视化的对象扩展到除科学外的其他领域的数据，这便是"数据可视化"。数据可视化技术所处理的数据不仅包括科学数据，还包括其他领域的数据，由此可见，数据可视化的概念比科学计算可视化更广，应当包含了科学计算可视化。

数据可视化与信息可视化两个概念在大量文献中几乎是混用的。在研究信息可视化的论文中会不自觉地使用"数据可视化"一词（杨彦波，等，2014），而在数据可视化研究的文献中也经常会使用信息可视化一词进行替代（任磊，等，2014）。其产生的成果也很相似，Shneiderman（2003）将其归纳为一维数据、二维数据、三维数据、多维数据、时态数据、层次数据和网络数据。事实上，数据可视化（包括科学计算可视化），都继承了所描述数据的固有形态，必须忠实地反映表达对象即原始数据的形态；而信息可视化并没有固定的物理形态可以继承，因此需要人为地从大量信息中提取出易于人们理解的特征并对其进行可视化表达（刘波和徐学文，2008）。因此，数据可视化的表达拥有客观的对错评判标准，而信息可视化相对来说拥有更大的创意空间。

相对于数据可视化与信息可视化，知识可视化更强调将人的个体知识用示意图的形式表示出来，以形成能够易于人用视觉感知并理解的知识外在表现形式。数据可视化与信息可视化主要采用数据图表的形式（饼图、折线图、柱状图、散列图、热力图等）。而包括思维导图、流程图、概念图、认知地图等图形的示意图是知识可视化的最主要呈现手段。Eppler 和 Burkard 认为知识可视化是在科学计算可视化、数据可视化、信息可视化基础上发展起来的新兴研究领域，应用视觉表征手段，促进群体知识的传播和创新，研究视觉表征在提高群体之间知识传播和创新中的作用（张卓，等，2010）。在主要技术方面，科学计算可视化、数据可视化、信息可视化、知识可视化都有各自的主要技术。科学计算可视化的主要技术为等值线、面绘制、体绘制、流场显示等。数据可视化主要涉及基于几何的技术、面向像素的技术、基于图表的技术、基于层次的可视化技术等。信息可视化的主流技术也有三类，包括视图展示、视图变换和人机交互。知识可视化则主要使用概念图、思维导图、认知地图、语义网络、思维地图等方式。

张卓等（2010）对科学计算可视化、数据可视化、信息可视化、知识可视化的主要特征进行了详细对比，并绘制了一张对比表，如表 1-2 所示。

表 1-2　张卓等对四种可视化研究的对比表截图

	科学计算可视化	数据可视化	信息可视化	知识可视化
可视化对象（数据源）	科学计算和工程测量数据	大型数据集（库）中的非空间数据	多维非空间数据集	人类知识
主要处理技术	等值线、面绘制、体绘制、流场显示	平行坐标法、植形图法、树图、面向像素的技术	轮廓图、锥形图、双曲树	概念图、思维导图、认知地图、语义网络、思维地图
可视化目的	将科学与工程计算过程中产生的海量（空间）数据用图形图像输出，便于分析	将海量非空间数据用直观的图形图像表示，便于理解	将多维非空间数据用适当图形表达，便于了解数据、数据间的相互关系以及隐含的发展趋势	用图形图像表达相关领域的知识，促进群体知识的传播和创新
研究重点	真实、快速地显示三维数据，偏重算法改进及可视化方法创新	易于理解的图形展示方式	展示数据隐藏关系的图形展示方式，偏重心理学和人机交互	便于理解和知识传播的表现方式
图形生成难度	难	一般	一般	一般
交互方法	人-机交互	人-机交互	人-机交互	人-人交互

　　除了定义和应用形式上的对比，从狭义的"科学可视化"概念来看，其与上述四个概念有所重叠又有所不同。科学可视化是利用计算机对科学模型（scientific model）进行可视化表征，以便人类通过视觉感知并理解科学模型中的科学过程、科学规律、科学现象等。由于科学模型的表示取决于科学家的建模方法，所以科学模型的可视化表达可能会采用科学计算可视化、数据可视化、信息可视化、知识可视化中的任何方法或技术，这是科学可视化与其他可视化领域相重叠之处。但因为科学可视化的根本目标是促进受众基于科学模型的沟通与交流，为此，科学可视化也不是必须继承数据的物理形态。因此，科学可视化的生产中有很大的自主创作空间，这也使得很多科学可视化作品大量使用艺术创作的方法。这种艺术性也是其他可视化领域无法望其项背的特征。科学可视化与其他可视化领域的另一个重要不同点在于，科学可视化的重要主题之一是利用计算机图形学技术对自然现象进行仿真和模拟，例如，太阳系的运动动画、鱼内脏的结构三维模型等，而其他可视化领域很少涉及这些主题。因为表现的主题不同、对艺术性要求不同，科学可视化领域经常会使用一些其他可视化领域较少涉及的计算机艺术方面的技术，例如，三维动画、增强现实、虚拟现实等，

并且较多地强调其作品的可传播性。

如果从广义的"科学可视化"概念来看，"科学可视化"不仅是一种计算机图形学技术门类，还是通过心智活动在大脑中产生与科学概念相关的心智图像的过程。科学计算可视化、数据可视化、信息可视化、知识可视化等相关概念都符合其广义的定义，其产生的图像能够引发受众大脑中的可视化心智过程，因此可以纳入对广义"科学可视化"的考察范围中。

二、科学模型与可视化表征

海德格尔在分析亚里士多德物理学与牛顿物理学的不同时说，牛顿定律所说的不受外力影响的物体实际上根本不存在，也没有任何实验能直接地让我们感知到这种物体的存在（李章印，2005）。但牛顿定律所说的这个理想型的物体在科学研究中非常重要，是科学研究能够进行的前提。这个理想型物体即科学模型，蔡海峰（2014）将其定义为"是科学家为了研究现实世界中的特定对象（目标对象）而构想或构造出来的这样一类对象，它们被用于模拟、模仿、刻画、代替、表征目标对象"，并表示"科学家往往是通过直接研究模型而间接地研究客观世界的"。

模型是科学理论与现实世界（经验世界）之间的桥梁。一方面，它们可以作为对现实的简化描述，把复杂而具体的现实世界抽象成为科学概念。伽利略（Galileo Galilei，1564—1642）曾设想了一个理想化的 V 型斜面（零摩擦力），一个小球从一端滚下，必然滚动到另一侧的同样高度。如果将另一侧的斜率减小，直至零，小球将保持匀速直线运动一直滚动下去。这一将现实世界简化的思想实验模型说明了抽象的惯性定律。另一方面，在理论抽象的基础上，它们也可以被想象成为现实的理想化形式，从而实现与现实之间的比较。薛定谔（Erwin Schrödinger，1887—1961）设计了一个精妙的思想实验来试图用宏观现象说明微观量子叠加原理。"薛定谔的猫"将人类无法直接观测的抽象原理通过宏观事物来解释，从而实现了抽象概念与现实世界的联系。

模型与目标对象（目标系统）之间的关系一直是科学哲学中争论的一个点。一种观点认为模型在某些方面是目标对象的复制品，与目标对象有着相一致的部分特征，这样科学家才有可能通过研究模型而研究目标对象。关于模型与目标对象的相似程度，有学者认为是同构的（Suppes，2002），也有学者认为是部分同构的（da Costa and French，2003），甚至有学者认为并不需要任何部分同构，只需要在某些方面有相似点即可（Giere，1999）。除了这种认为模型与目标对象需要一定相似的"拟真观"以外，还有一种观点认为科学模型不过是科学家在大脑中虚构出来的对象（蔡海锋，2014）。这种观点被称为"模型的虚构观"（Frigg，2010）。关于科学模型到底是拟真的还是虚构的，双方支持者在近年来还进行了激烈的讨论（Giere，2009），但无论如何，双方共同认可的一个观点是：科学模型是对目标对象或系统的一种表征。魏屹东（2017）在论述科学模型的本体论时，进一步总结了这种科学模型表征观："科学模型是心理表征的一个子集和一个功能客体，由使用者设计出来表征世界的某些方面。"

科学模型是认识世界的一种工具，其重要作用是作为科学探究的客体。科学总是寻求为自然现象提供解释，描述导致这种现象可能的原因。但这里所说的现象不是"现成"的，就像牛顿力学里面那个不受外力影响的物体一样，是科学家从复杂的自然界中抽取出来的那些"重要的东西"。科学家的研究对象就是这些理想化的"范例现象"。这些"范例"在各个学科中都存在，例如，物理学家设想的无摩擦力环境、化学家期盼的纯净物质、生物学家喜爱由基因决定的那些完美表征。这些"范例"现象的共同点就是：它们都是复杂的自然界的简化版本，科学家有意识地去除了可能存在干扰的因素，以便于他们对规律进行归纳。对这种复杂现象的简化便被称为"建模"，而这些作为科学探究客体的"范例现象"就是模型。科学家的探究并不是在客观实体上实现的，而是在科学模型上实现的，例如，科学家通过研究原子模型来研究原子的性质，通过发现某些原子模型上的属性，并通过逻辑推理证明这个模型上的属性能够代表那个被替代的客观实体上的属性，从而确定那个目标的客观实体的原子的性质。

模型的认知功能被广泛认可。Hughes（1997）曾将这种普遍化的认知过程总结为 DDI——表示（denotation）、示范（demonstration）与诠释（illustration），将模型认知过程分成了三个阶段：第一阶段，建立模型与目标对象之间的一种关系，用模型来表示目标对象；第二阶段，通过模型来示范目标对象的属性；第三阶段，将通过模型获得的发现诠释为对目标对象的描述或主张。在这个过程中，很明显模型不是目标对象，而是目标对象的一种表征（表示）。综合不同学者的主张，这种表征关系可以是同构的、部分同构的、相似的或虚构的，但如果没有这种表征关系，科学家几乎没有办法直接研究目标对象。

● 模型对科学研究之所以如此重要，是因为它可以描述许多不同类别的科学研究对象；

● 模型可以是独立存在的实体（如原子），或一个系统的一部分（如分子结构中的原子）；

● 模型可以表示空间尺度很小的实体（如病毒的结构），或空间尺度较大的实体（如地月系）；

● 模型可以使用创建的实体表现抽象体，例如，使用弯曲的线条表示磁力分布（磁力线实际并不存在）；

● 模型可以将抽象体和实体同时使用，例如，描述力对于小车的作用时，使用小车图形和表示力的箭头；

● 模型可以是一个系统，由很多具有固定关系的实体组成，例如，金刚石晶体结构；

● 模型可以用来表示一个事件或一个系统行为片段，例如，离子穿过半透膜；

● 模型可以表示拥有一定时间跨度的过程，例如，地球板块漂移、DNA复制过程；

● 模型可以表示实体之间的数学关系，例如，原子的电子云模型是电子在原子核周围出现位置的概率分布图。

很多学者从模型与目标对象的关系入手，对模型进行了分类研究。Frigg 和 Hartmann（2006）对这种关系进行了非常详细且繁复的分类，将模型分为探测模型、唯象模型、计算模型、发展模型、解释模型、检验模型、理想化模型、理论模型、比例模型、启示模型、漫画模型、玩具模型、教育模型、幻觉模型、想象或虚构模型、数学模型、替代模型、图像模型、形式模型、类比模型及工具模型。为了简化这种分类，Frigg 又依据目标对象将众多的模型归纳为两大类：现象模型和理论模型，实际上这两大类并不能涵盖他之前划分的所有类别。李大超根据同样的标准对科学模型进行了更加简洁的分类，他在论述科学模型的形态时按照物理模型、理论模型、数学模型对科学模型与目标对象之间的关系进行描述。

我们还有一些其他的分类方法。例如，Gilbert 按照科学模型在当前社会中的功能进行了分类。基于"心智模型"是个人的，是无法被他人感知的，因此 Gilbert 认为科学家必须将大脑中所思考的心智模型的一个版本表示出来，称为"表示模型"，主要用于在某个社会群体间形成信息交流。如果某个科学共同体中的大多数科学家对一个模型达成一致认可，这种模型可以被称为"共识模型"。一个在科学研究前沿使用的共识模型则被称为"科学模型"，代表其合理性在当下被最权威的科学共同体认可。而一个已经退出科学研究最前沿的、被其他模型所取代的模型被称为"历史模型"。举例来说，关于 DNA 的沃森-克里克双螺旋模型即科学模型，而鲍林模型则是历史模型。但历史模型并不是完全退出使用，因为它们可能在某些特定场景下还具有足够的解释力，例如，中学化学教学中使用的原子分层轨道模型。这种为了适应不同阶段学生认知能力而采用或创造的模型被称为"课程或教学模型"，例如，在表示原子外层电子时使用了极其简化的点与叉来示意（路易斯-科赛尔模型）。还有一种混合模型，是将多个历史模型的特征整合在一个课程模型中（Justi and Gilbert，1999）。

为了研究模型的可视化表征，采用以模型表征客观世界的方式作为分类标准，将科学模型分为五类：

● 实物模型：使用耐用材料制作的立体实物模型，如金刚石结构的球棍模型、地球仪。

● 语言模型：用语言对实体和实体之间的关系进行描述，如对球棍模型中球和棍子含义的解释。

● 符号模型：由各种符号、数学表达式、化学方程式……组成，如理想气态方程、质能公式。

● 视觉模型：使用图像、图表和动画，如太阳系的运行动画。

● 手势/动作模型：使用肢体动作或手势来表示，如学生在教室里移动来模拟电子的运动。

其中的视觉模型也可以被称为可视化模型：用图像、图表、动画等视觉表征方式来表示的模型。当然，这些模型经常组合起来使用，例如，伽利略的斜面实验的描述中，对于那个无摩擦的光滑斜面组成的实验装置，通常有文字描述（语言模型），也有图片甚至动画（视觉模型）。以计算机图形学为基础的科学可视化技术，实质就是利用计算机来表示可视化模型，帮助受众理解科学概念、技术概念或结果的那些错综复杂而又规模庞大的数字表现形式（McCormick et al.，1987）。而视觉信息是人类最主要的信息来源，50%的脑神经细胞与视觉相关（刘晓强，1997），因此，计算机图形学的发展也使得科学可视化技术在科学研究中的地位越发重要。

若要从认知哲学的意义上理解科学可视化，有必要引入认知哲学的重要概念——表征（representation）。表征是用于解释认知过程的一个重要概念，是外部事物在人们心理活动中的内部再现，因此，它一方面反映客观事物，代表客观事物，另一方面又是人们心理活动进一步加工的对象。表征有不同的方式，可以是具体形象的，也可以是语词的或要领的。通常情况下，可以认为表征是观念、概念或物体的一种近似或模拟。例如，当我们观看拍摄的锌从硝酸银溶液中置换出银的化学反应视频时，并非放大的或转换为二维图像的真正化学反应，而只是从特定观察角度看到的一个相似的复制品。如果一名学生曾经做过这个实验，他可以在脑中想象出实验现象的视觉表征，这依赖于大脑的活动。这个实验现象并非大脑中物理存在的，只是在大脑中的一份拷贝，认知主体可以随时调取这份拷贝，并与当前的环境结合进行想象（例如，上一次实验使用烧杯作为反应器皿，而本次实验使用试管，学生依然能够想象出试管中的反应场景）。有些表征可能非常具体，并且直接传递意义，例如，绘制建筑物的蓝图或绘画中细腻的笔触；有些表征比较抽象，需要进行更多的解释，且不仅是视觉可见的表面特征，例如，对颜色产生的情绪、对神秘自然现象的崇拜等。语言本身也是一种表征，无论口头还是书写，汉语言文字的象形和表意功能更体现了这一点。这些对人类听觉和视觉的刺激，是观点、概念和物体的表征，包括具体的物体（如苹果）和更抽象的概念。

在很多文献中，根据不同的上下文场景，"表征"这一术语一般有两种不同的含义：作为过程的表征和作为产物的表征（Patterson et al.，2014）。前者是指从被表征对象中抽取关键特征的转化与保留过程，例如，自然界中花朵是被表征对象，而表征则是提取与保留"五个花瓣"与"红色"这两个特征并将花朵转化为这两个特征的组合物的过程。后者则是指前者的过程产生的产物，如绘制在纸张上的五个花瓣的小红花，通常与表征的结构特征有关。由于过程和产物这两种含义可以互换使用，因此有可能会出现混淆。事实上，两者并不总是容易分离，因为产物的结构特性通常与特定的处理模式有关。在本书中使用的"表征"一词包括上述两种含义。

表征的形式可以二分为内部和外部（Rapp and Kurby，2008）。外部表征是在客观环境中可用的，可以被人的视觉或听觉接受到的，例如图纸、视频。这些表征通常与多个概念相关，例如，旗帜除了表示其本身外，还可以代表某个地理区域，或某个社会群体。内部表征与外部表征对应，是不可能脱离人的大脑活动而存在于客观世界中的。认知科学中常用的是"心智表征"，意指个人思想的一部分，由心理活动产生。我们每个人关于内部表征的体验都是鲜活的，并且都能体会到内部表征的重要性。

可视化表征仅指所有表征中与视觉相关的那一部分。对于外部表征来说，能够被视觉感知的外部表征被称为外部可视化表征；而对于内部表征来说，在大脑视觉中枢中处理的内部表征可以称为内部可视化表征。在内外部可视化表征之间有一些关系容易让人混淆：①外部可视化表征并不一定对应或能够引发内部可视化表征，例如，当音乐家看到五线谱（一种表示音乐的视觉符号系统），可能在其大脑中激发的反而是听觉中枢；②内部可视化表征并不一定由外部可视化表征的刺激引发，其他感官刺激或毫无外部刺激也可能引发大脑视觉中枢的活动，例如，闻到某种花香（嗅觉）可以让人想到该种花的外观。但总体来说，内外部的可视化表征有着非常密切的关系，在大多数情况下，内部可视化表征是外部视觉刺激在大脑中的反应，而人为创造的外部可视化表征也在某种程度上代表着创造者大脑中的视觉想象。

如果我们把科学模型的视觉模型采用可视化方法表示出来，就形成了科学模型的可视化表征。科学模型的可视化表征可以是存在于大脑外部的图像（外部表征），但也可以存在于大脑的视觉中枢内（内部表征）。

凯库勒（Friedrich A. Kekule，1829—1896）曾描述自己发现苯环结构的过程（Rothenberg，1995）："我坐下来写我的教科书，但工作没有进展；我的思想开小差了。我把椅子转向炉火，打起瞌睡来了。原子又在我眼前跳跃起来，这时较小的基团谦逊地退到后面。我的思想因这类幻觉的不断出现变得更敏锐了，现在能分辨出多种形状的大结构，也能分辨出有时紧密地靠近在一起的长行分子，它围绕、旋转，像蛇一样地动着。看！那是什么？有一条蛇咬住了自己的尾巴，这个形状虚幻地在我的眼前旋转着。像是电光一闪，我醒了。我花了这一夜的剩余时间，作出了这个假想。"这时，凯库勒在大脑内部生成了一个"可视化"的场景，构造了一个关于苯环的视觉模型，这是一个典型的内部可视化表征。而人类对原子结构的认识过程中制作的各种模型图像则是外部可视化表征，包括约翰·道尔顿（John Dalton，1766—1844）的实心球模型、汤姆逊（Joseph John Thomson，1856—1940）发现电子后描绘的"葡萄干布丁"模型、α粒子散射实验后卢瑟福（Lord Rutherford，1871—1937）的行星模型、玻尔（Niels Bohr，1885—1962）的电子分层排布模型，一直到量子模型，每一次模型呈现的迭代，都代表了人类对于原子结构知识的一次进步（图1-6）。

三、科学图像：可视化技术的产物

如果一项科学概念、科学规律或科学现象能够使用可视化表征进行表示，那它们也可以二分为内部可视化与外部可视化。它们的内部可视化表征是利用大脑视觉区域产生的图像，通过想象构建一个可视化的虚拟世界，在其中演绎科学概念、科学规律和科学现象，并对其进行理解、推理、洞

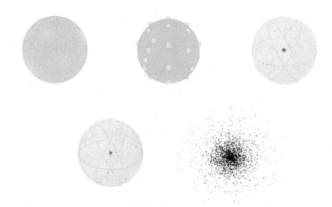

图 1-6　原子结构的各种模型（李新义等，2018）

察等高阶的科学认知活动。这是纯粹大脑内部的活动，但给人的心理感受与实际肉眼所见一样鲜活。而对应的外部可视化表征则是常见的"科学图像"，是人对自然界认识结果的一种表达，可以是借助计算机图形学的方法制作而成的图片、视频、三维模型或互动软件，也可以是用传统绘画方法绘制的图像；可以是静态的图片，也可以是动态的动画；可以是线性播放的，也可以是能够与用户相交互的；或者能够引起受众产生心理图像的其他形式，例如，肢体语言或手势等。

　　按照本书对科学可视化的定义，科学可视化是利用人类的视觉认知功能，通过创造科学图像增强人类认知能力的一门计算机图形学技术，其产物便是科学图像。为了便于讨论相关的认知原理，按照科学可视化的主要应用形式将科学图像分为静态图像、动态图像和虚拟现实。在文献中也有很多其他分类方式，例如，静态图像被分为图表和图像等、动态图像被分为视频和动画；或者按照矢量图和位图的差异分为图形与图像、按照生成方式分为图片与照片……这些分类方式可能具备技术、设计或表现形式上的不同意义，但从认知的角度来看并没有本质上的认知差异。

　　静态图像包括图表、图形、图像、照片等静态的画面，几乎所有文献中都将其与动态图像进行了明确区分。但是，静态图像与动态图像的构成之间可能会有一些重叠，特别是由两种图像一起组成的画面。这两者之间的主要差异在于，无论是计算机动画、电影、视频或基于其他媒体的动态画面，动态图像能够呈现一系列快速变化的静态画面（在此序列中的每一幅静态画面被称为一帧），能够给人以不同于静态图像的时空运动错觉。将静态图像使用不同的技术进行组合，也能够达到各种动态图像的功能，例如，在三维动画中，相互关联的物体能够相对彼此进行移动；在局部动画中，一部分画面在移动，而另一部分则保持静止；在"人工"动画中，可以让肉眼不可见的元素变得可见……这并不是对动态图像的严格分类，但我们可以看到动态图像相对于静态图像的多样性。

科学图像的第三种呈现形式是虚拟现实（virtual reality，VR），是由计算机生成图形模拟，制造一种能够参与虚拟环境的假象，而不是像观看静态图像或动态图像那样是处于外部对图像的观察（Gigante，1993）。目前两类比较常见的虚拟现实应用包括：①图像通过头戴式显示器以立体方式向用户展示；②在现实环境（或显示现实环境的视频画面）中叠加虚拟图像（也被称为增强现实）。这个视野中的物体可以通过手持设备或其他输入设备进行交互，使用虚拟现实设备可以改变虚拟世界中的视觉领域，用户可以通过手势在虚拟世界中"飞行"。虚拟现实系统的一个主要动机是让人们"沉浸在与外部表达互动的体验中"（Kalawsky，1993），所以也被认为是"沉浸式媒体"。

科学图像以上述三种形式呈现，其中静态图像的产生并不必然依赖于计算机技术，因其出现的历史更早于计算机技术；动态图像最初由模拟拍摄的方式产生，但在计算机技术出现后，其生产方式和可以表现的主题被大大拓展；虚拟现实则完全必须基于计算机图形学的技术才能生产。但从认知的角度来讲，静态图像体现了最基础的视觉认知机制，而动态图像和虚拟现实是在这一基础机制之上的扩展，因此本书的研究首先从基于静态图像的认知机制开始进行分析。

前沿科学成果的图像传播是一个多领域交叉的新方向，在科学可视化、图形学与符号学、视觉文化与视觉传播、认知心理学等领域都有一定的相关性。在视觉文化背景下，视觉化形式所承载的科学知识与信息需要通过恰当的视觉符号来表达，从而完美地展现出科学的精髓与美感，实现科学与艺术的融合。

如果一张静态图像的传播效果已经很不错，那么动态图像的效果应该更好。我们已经很熟悉现实世界中的各种运动，因此从直觉来判断，动画形式应该可以取得更好的传播效果。但若对其使用不当，其效果也可能很差。动画虽然提高了对受众的可视化的视觉吸引力，但也可能让数据信息的表现更为复杂。Ziemkiewicz 和 Kosara（2008）通过视觉隐喻的相关实验，论证出以下结论：外部的视觉隐喻与内部的知识结构共同作用形成了可视化的理解过程。高燕（2009）认为视觉隐喻属于观念层次的视觉形象表达，视觉形象包括符号和图像等，通过一定的心理机制来发挥作用。因此，视觉隐喻发挥作用的前提是，需要视觉形象的代表对象与表达对象之间具有一些差异，这种差异越明显则"比喻"的效果就越新奇，从而使视觉效果更加生动和令人难忘。

四、视觉文化与符号学

科学图像对于人类认知以及注意力的吸引具有重要的现实意义，视觉信息更容易捕获到人类感觉器官的注意力，即图像容易获得更多的关注并协助构建人类认识事物的第一印象。人类的常规感觉器官有五种：视觉、听觉、嗅觉、味觉、触觉，即眼耳鼻口身是我们获取信息的五种渠道。但信息的获取在这五种感官中并不均衡，视觉信息来源高达80%以上，听觉占13%，其他三种器官加起来仅占7%，视觉是人类获取信息的最主要感觉器官（彭聃龄，2004），如图1-7所示。

图1-7　视觉是人类获取信息的主要渠道

20世纪30年代，德国哲学家马丁·海德格尔曾说道，我们正在进入一个"世界图像时代"，人类经验比过去任何时候都更具象化，人们越来越多地运用视觉图像进行交流和表达信息，"世界图像并非指一幅关于世界的图像，而是指世界被把握为图像了"（Heidegger，1977）。哪怕是新保守主义的代表人物丹尼尔·贝尔（Daniel Bell，1919—2011），虽然对视觉文化秉持批判态度，但也承认人类从文字阅读转向图像阅读已是不可阻挡的事实。在20世纪70年代他就指出"视觉文化是大众文化最重要的性质，视觉文化在文化比重中的增加，实际上瓦解着文化的聚合力"（Bell，1976）。

德波（2007）提出，视觉是人的特权性感官，具有绝对的优先性并压倒其他一切感官。人类的"观看"是一个复杂的行为，自然科学以视觉神经及生理学研究为对象和内容，人文社会科学也关注着对于视觉的理解。米歇尔（2002）认为："观看与各种形式的阅读一样是个深刻的问题。"同时，视觉虽然是感官之一，但观看并非仅停留于感官活动，这是一个积极的选择性关注、选择性理解的行为。黑格尔指出："在人类的所有感官中，唯有视觉和听觉属于'认识性'的感官。""认识性感官指的是人们可以透过视觉自由地把握世界及其规律，所以，较之于片面局限的味觉或嗅觉，视觉是自由的和认知性的"（王飙，2004）。孟建（2005）认为，对眼前事物的观看中，人类作为观看的主体就包含了对事物本质的理解和认识、包含了思维，不需要再经过抽象的阶段。布洛克（1998）认为，为了通过视觉图像来实现有效的信息解读，图形的形态和结构必须符合人类的经验和习惯以及现有知识基础，这是约定俗成的规律。当视觉信息量过多时人们容易视觉疲劳，因而容易以熟视无睹的心理态度来对待这种大量的冗余信息。因此，以艺术化的形式来生动地呈现信息是十分必要和富有价值的。

罗兰·巴特（Roland Barthes，1915—1980）认为在符号的读取意义的过程中，读者的角色是非常重要的。他先找出了符号内部要素之间的结构关系，理论的核心在于符号显意过程的两个不同层面，分别命名为"原意"层面和"增意"层面。原意，即符号表示的是什么。原意层面上的显意过程是一个非常直截了当的过程。增意，即符号是如何来表示意义的。在现实生活中，拍摄照片时使用不同类型的胶片、不同的背景布光、不同的取景和聚焦方式都会得到不同的照片效果，如棕色照片带来怀旧感，柔焦效果的照片会显得温情脉脉，特写则会把注意力放在表情和心理活动上，所有这些意义显示和读取的过程都发生在不同于"原意"的另外一个层面上，即"增意"层面。增意的过程是主观任意的，被赋予的图像的意义是以读者后天习得的规则或习俗共识为基础的。因为不同文化背景中人们头脑中的规则或习俗共识不尽相同，因而对同一照片的阅读，不同人群获得的"增意"内容也不尽相同。习俗共识是我们对某种符号做出某种反应的一种集体性的社会约定。符号意义的很大一部分来自人们在社会生活中习得的"习俗共识"，以至于缺乏这种"习俗共识"支撑的符号必须足够生动形象，才能成功地和受众进行交流。此外，缺乏"习俗共识"支撑的符号也必须足够机动和高度模拟（用来描述"指意者"表达"承意者"的程度）。

在视觉文化背景下，视觉化形式所承载的科学知识与信息可以通过恰当的视觉符号来表达，完美展现出科学的精髓与美感，实现科学与艺术的融合。

第三节　科学可视化的技术功能

一、可视化是一种科学研究方法

　　几乎每个人都有这样的体验，希望将抽象的符号或概念转化为具体的场景或图画，"可视化"似乎是人类一种与生俱来的认知工具。这种认知能力可能产生自视觉，但并不完全依赖于视觉。当我们闭上眼睛想象某个场景，例如，躺在草地上想象着看到天边的彩虹，这种体验是如此鲜活，如同真正看到这个场景。我们也可以想象某些完全没见过的场景，如儒勒·凡尔纳（Jules Verne，1828—1905）在《从地球到月球》中描述的那个将人装入炮弹发射到月球的超级大炮，我们虽然不曾见过，但依然可以在大脑中想象出它的存在甚至它的一些细节。有一些文字非常具体且生动，能够很明显地引发人的感官体验，例如，著名的元曲"枯藤老树昏鸦，小桥流水人家，古道西风瘦马……"，每句使用三个意象，使读者在大脑中描绘出了一幅凄凉的画面。中国古典小说《西游记》更是通过语言将人类的视觉想象发挥到极致，以至于任何影视剧都无法达到阅读该小说给人们带来的奇幻感受。当然，这仅是作者自己的感受，个体因过往经验不同，并且受文化、教育等外部因素影响，从同样的意象中获得的感官体验也不尽相同，例如，中国与欧洲对"红色"的情感体验就完全不同。然而，哪怕是一些非常抽象的概念，如果能够用非常具体的视觉信息传递，也会更能引起受众的反响。例如，"爱国主义"这个非常抽象的词汇，常规环境下很难激发人的情感体验，但如果用"一个奔跑玩耍的孩子听到国歌时立刻立正行礼"这样的画面表现出来，受众会立刻对什么是爱国主义产生更强的认同。虽然我们并不能确切知道动物大脑中是否会有人脑一样的可视化机制，但我们并未发现动物与人类一样使用这些可视化的认知机制，因此姑且可以认为这是人类区别于动物的一种高级能力和重要差异。

　　这种基础的对可视化认知的需求，也可以应用在科学研究当中。有一段文字描述了这样一个实验过程："如果一切接触面都是光滑的，一个钢珠从斜面的某一高度 A 处静止滚下，由于只受重力，没有阻力产生能量损耗，那么它必定会到达另一斜面的同一高度 C；如果把斜面放平缓一些，也会出现同样的情况，如 C' 的高度；如果斜面变成水平面，则钢珠找不到同样的高度而会一直保持一种运动状态，永远运动下去。"当目标受众被要求理解这个实验时，都会在大脑中想象这个实验"看上去"是什么样的。这个实验就是著名的伽利略斜面实验，如果用这段文字配合图 1-8 一起理解，认知的难度将大大降低。

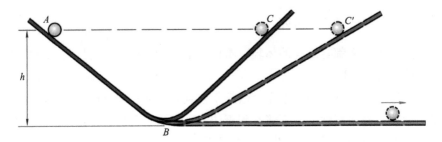

图 1-8　伽利略斜面实验示意图

　　这些例子都表明，人类有一种可视化认知的倾向，自觉或不自觉地在认知过程中将信息进行视觉编码。这种倾向在科学家的科学研究过程中也表现得非常明显。第一种典型做法是将信息进行格式化，方便肉眼辨别其中的规律，例如，将数据填入表格，甚至是使用左对齐、右对齐等方式对符号进行排版。第二种典型做法是，使用某种编码方式，用图形化的方法来凸显其中需要注意的局部，例如，将电压与电流的测量数据画在坐标系上（图 1-9），观察其变化趋势，并发现一些异常点。同时，通过这种方法绘出的直线可以推导出电压与电流的关系。第三种典型做法是，在对信息进行可视化编码后，再人为地加入某些艺术或设计元素，让作品更符合受众的审美需求，例如，很多国际科学期刊的封面设计。

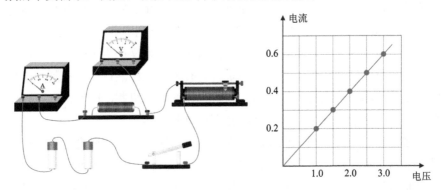

图 1-9　电压与电流的测量数据

　　从可视化程度上来讲，这三种典型做法的可视化程度是逐渐增强的。但从科学研究的角度来看，这三种典型做法对人类认知的辅助作用是否逐渐增强依旧存在疑问。后面的章节会讨论这一问题。

　　基于这样的倾向，可视化成为一种重要的科学研究方法。关于客观世界的真相总是隐藏在纷繁芜杂的数据背后，从越来越庞大的数据中找到隐藏的科学规律，科学家们需要一些特殊的工具作为科学研究方法的一部分，而可视化方法无疑是其中重要的一种。

首先，用一项教育科学研究作为案例，来说明可视化方法是如何成为科学研究方法的。这项研究是一篇名为《交互参与与传统方法：物理导论课程中 4000 名学生的力学测试数据》的论文（Hake，1998）。在 Google 学术搜索中，该论文显示拥有接近 6000 次的超高引用量。Hake 在论文中使用了一种创新的图表来表示学习增益。规范化的学习增益（g 值）使用了一个标准化的函数 $g = \dfrac{\text{后测分数} - \text{前测分数}}{\text{测验满分} - \text{前测分数}}$，通常 g 是从 0 到 1 之间的一个数字，并且 g 值越接近于 1，教学效果越好（吴维宁和姜亮，2016）。Hake 发明了一种斜线图（图 1-10），横轴表示前测分数，纵轴表示学习增益（g 值），因此斜线的斜率绝对值越大，教学效果越好。如果把不同班级

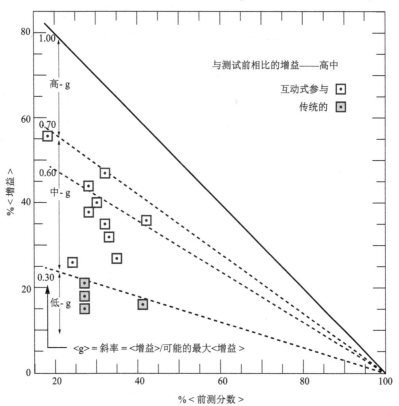

图 1-10　Hake 绘制的用于比较学习增益的斜线图

的数据点绘制到这张图上，就可以横向比较各班级的教学效果差异。在这项研究中，使用交互参与教学法的实验组明显优于使用传统教学方法的对照组。因为这种创新的可视化研究方法的应用，使该研究成为物理教育研究史上的经典之作（吴维宁和姜亮，2016）。

由上述例证可见，借助可视化方法，可以更清晰地表达作者的研究发现。在传统的物理教学研究中，已经拥有很多成熟的量表，如力学概念量表，但如何处理由这些量表得到的数据却成为难题。虽然学习增益已经是一项比较通用的用于评估的数学模型，但缺乏能够直接将实验组数据和对照组数据放在一起对比的方法。Hake 发明的这种折线图很好地利用了人类视觉对于空间位置的敏感度，把折线图作为类似地图的形式使用，并把数据点置于该图之上，数据的空间分布一目了然。因此，运用可视化的方法，可以很直接地感知到烦琐数据背后的科学规律。

这种科学研究方法已经不是个例，而是普遍现象，几乎所有的自然科学类国际权威期刊上的论文都或多或少地使用了可视化元素，在自然科学领域的学术插图甚至普遍高于社会科学中的插图数量。在 CNKI 上以"可视化研究方法"为关键词搜索，并允许中英文模糊匹配，总共检索到 6440 条记录，这些记录按照发表时间分布的图形如图 1-11。可以看到，与可视化研究方法相关的论文自 20 世纪 90 年代中后期开始逐渐增多，并在进入 2000 年后呈现爆发趋势，这说明越来越多的科学研究者将视角投向了可视化的研究方法。从论文数量上来看，可视化研究方法无疑是一个研究热点。同时，科学研究中应用科学可视化技术，结合大数据、人工智能等技术，也取得了丰硕的科研成果。这一现象表明，对于科学研究，科学可视化技术是一个强大的、不断发展的且应用广泛的工具。

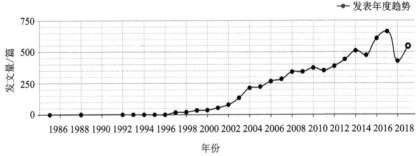

图 1-11　CNKI 上以"可视化研究方法"模糊匹配搜索结果的发表年度趋势图

二、达成科学共识的必需工具

1942 年英国科学哲学家波拉尼（Michael Polanyi，1891—1976）在《科学的自治》一文中首次提出"科学共同体"的概念，所谓"科学共同体"是指科学观念相同的科学家所组成的集合体——科学活动的主体。1962 年美国科学哲学家库恩（Thomas Kuhn，1922—1996）在《科学革命的结构》一书中，运用"科学共同体"这一概念来说明科学认识发展过程中社会心理因素的作用。他认为"科学共同体"在实际上和逻辑上都很接近"范式"。他指出一个范式只是一个科学共同体成员共有的东西；由于这些成员使用共同的范式，才组成了这个科学共同体。科学共同体由一些学有专长的科学家所组成（库恩，2016）。虽然在第一版《科学革命的结构》中，对"范式"和"共同体"的定义有循环定义的嫌疑，但他在后来的文章中详细论述了什么是范式，即一些信仰、价值、技术等东西的集合。按照库恩本人的解释，"范式是一种公认的模型或模式"，是"在科学实践活动中某些被公认的范例"。

本书并不对科学共同体或范式进行深入探讨，却特别关注库恩描述中的"公认"二字——"公认的模型或模式""公认的范例"。很多学者在研究范式和共同体之时，都提到了共同体的功能之一是在科学家之间达成共识，这种共识即是一种"公认"的观念，但很少有研究者分析科学家们都用了哪些工具来确认彼此之间达成了共识。这是一个独特的角度，其中涉及一些关键性的认知问题。当一个科学家 X 提到 A 概念，另一个科学家 Y 表示理解，如果我们把 A 在 Y 大脑中的对应表征看作 A′，X 如何确定 A′ 就是他说的 A 呢？Y 又如何确定自己脑中的 A′就是 X 脑中的 A 呢？如果这个问题无法得到解答，我们很难确认在一个科学共同体内部能够对某些科学主题达成共识或部分共识。

无论是科学家 X 脑中的 A，还是 Y 脑中的 A′，都是真正意义上的心智表征，它们在本质上是无法被他人触及的，因此还没有可靠的方法来确证 A=A′，反而，可以找到很多例子证明 A≠A′。在一幅关于牛的画作中，牛耳和牛角之间的关系很怪异，但观看者依然辨别出这是牛，并且说："这就是牛"（贡布里希，2016）。如果我们看另一幅更加写实的作品，观看者依然能够辨认出这是牛。两位画家与这位观看者三者有三个不同的关于牛的外观的心智表征。两位画家在画面的表现上并不一样，我们一般认为两位画家的心智表征也有所不同。这个受众先后与两位画家取得了共识——"这就是牛"，那么他大脑中关于牛只有一种心智表征，还是有两个分别对应不同画作的心智表征呢？这还仅是一个非常简单且具体的对象的心智表征，对于复杂且抽象的科学概念，双方达成共识并确认对方与自己理解一致的过程更加复杂。

科学共同体的另一项功能颇有启发价值，即"培养未来科学家"的功能。在考察科学家如何在共同体内部达成共识之前，我们可以先来考察这一项功能的达成过程。所谓"培养未来科学家"，放在教育学语境中即是指科学教育，放在中小学教育语境中即指数学、物理、化学、生物、地理等数学与自然科学类的学科教学，而在高等教育语境中指与科学相关的专业教育。教师对学生的教学过程，包括讲授、习题、复习等过程，都是为了帮助学生掌握某个学科的基本范式，而考核、评估的过程，即是确认学生是否掌握该范式的过程。学生从新手成长为科学家，掌握物理、化学、生物等自然学科某一方向的范式，必须通过经年累月的长期训练。即使经过这个复杂的反复训练的过程，我们仍然会发现受教育者并不一定能够完全掌握科学共同体所使用的范式。建构主义的奠基人之一维果茨基（Lev Vygotsky，1896—1934）提出，学习行为是在一定的社会文化与历史背景下进行的，社会为学习者提供重要的支持和促进作用（高文，1999），因此学习者在进行范式掌握训练的过程中，实际上会建构起自己的一套知识体系，与范式相关，但又并不完全相同。一个有趣的现象是，接受过科学训练的学习者，在不同的环境中会使用不同的范式，有时会使用完全相反的范式，甚至与科学无关的范式。在中国传统文化的浸染下，虽然学习者在考试时可以轻松答对有关"世界是由细小的微粒组成的"这一概念的考试题，但在面对很多日常问题时，例如，疾病与健康，会不假思索地使用"世界是由阴阳二气组成的"这一非科学概念。

在这个过程中、这些现象背后，无论是科学家达成共识，还是培养未来科学家，隐藏的都是一些基本的认知与交流机制：通过外部表征分享内部表征、寻找最低共识界限、消除分歧与确认共识等。这些认知机制我们将在后面的章节中讨论。为了达到这些目标，科学家经常采用可视化表征的方法。在作者看来，可视化表征的方法至少在三个方面帮助科学家们达成共识：

分享科学概念：达成科学共识的前提是科学家们相互间分享科学概念，学术论文是最基本的一种形式，主题报告、海报等也都是常用的分享科学概念的方式。在这些方式中，科学家一般使用语言与可视化两种方式来编码和传递信息，而其中可视化无疑是更直观、直接与准确的一种。

确认关键特征：有一个经常用在有效沟通研究中的例子是类似这样的，

当妻子迷路时打电话向丈夫求助，丈夫对妻子说："你为什么不在出门前确认清楚路线呢？"而妻子很委屈地回答："你是不爱我了吗？"当丈夫在强调解决问题的方法时，妻子却在关注丈夫对待自己的态度。这种关注点不一致的情况一样会出现在科学家互相达成共识的过程中。因此，有一个非常重要的程序是明白彼此概念中的关键点是什么。相比平铺直叙的文字（特别是在写作技巧并不高超的科学家群体中），利用可视化表征中的视觉显著点，科学家会更容易明白自己应当抓住同行传递的哪些主要信息，或者应该忽略哪些次要信息。

消除分歧： 在讨论问题时，科学家之间的对话与普通人之间的对话并无本质差异，我们经常听到的讨论话术包括"你说的是这样吗""我不是这个意思""你没听明白"……甲说的苹果可能是又大又圆又红的，而乙可能只见过绿色和黄色的苹果，如果两人之间产生对苹果的讨论，我们不难听到上述语句。一个很好的解决方案就是"画出来"，这时对话就会演变成这样，甲说："这张图上画的是苹果。"乙说："但我看到的苹果不是这个颜色的。"双方很容易就可以定位分歧所在，从而考虑进一步的讨论以消除分歧。

三、作为证据和促进传播的科学图像

在现代科学研究中，科学图像除了上述两种认知方面的价值外，还承担着另外两种功能：作为证据的科学图像和促进传播的科学图像。

对 17 世纪以来的科学文章进行的定量研究显示，科学图像作为证据成为科学论文的核心元素，"语言和视觉的互动……构成了 20 世纪末科学论证实践的核心"（Gross et al.，2002）。根据史蒂芬·图尔敏（Stephen Toulmin，1922—2009）的论证模型，科学论证应当包括主张、证据、理据、支撑、反驳和限定词等六个部分（周建武，2020），而科学论文的可靠性很大程度上来自上述结构的可靠性。在科学论文的论证结构中，科学图像主要被充作证据呈现于专业读者之前。

专业读者通常会从充作证据的科学图像的正当性和一致性来推断整个研究的可靠性。"正当性"指证据必须是真实且为持正反意见两方共同接受的，"一致性"指一组不一致或自相矛盾的命题不能作为论据（周建武，2020）。这也是近年来科学图像频繁引发学术不端的争议性事件的主要原因。例如，2021 年初，科技部对有关论文涉嫌造假调查引发的一系列争议中，饶毅与伊丽莎白·比克所指认的"伪造图像"，在科技部的调查报告中认为是"图片误用"，而作为专业读者的其他科学家可能还持有不同的看法。对相似的案例也有可能出现不同的处理标准。科技部认定的"重复使用图片"是"图片误用"，并不影响研究结论，因此仅仅勘误即可。2021 年 10 月 6 日《DNA 与细胞生物学》杂志却依据 STM 组织发布的《图片处理诚信事件建议》征求意见稿，将张文宏为通讯作者的重复使用图片的一篇论文撤稿，即使第一作者已经增补了最新的实验图片。

根据可视化技术在科学图像中的应用，可以把科学图像分为纪实摄影图像、超摄影图像和非摄影图像三类。

在数字可视化技术出现之前，科学图像拥有被摄影过程支持的相对稳定的认识论地位。这个摄影过程包括了通过物理和化学规律产生真实事物视觉表征的事实网络：通过快门进入的光线以及光线在胶片上呈现的影像都是真实事物的无干预视觉表征，可以作为真实世界的代表。这种摄影作品形成的科学图像可以被冠以"纪实"二字，拍摄过程中的人工干预没有干扰到其作为真实世界代表的地位。

与纪实摄影图像的标准化生产过程和技术不同的是，数字可视化技术带来了一种非标准过程，即人的主观意愿介入图像生产过程的可能性。依据人为介入阶段的不同，数字图像技术介入的新科学图像可分为两类：设备介入与后期介入。设备介入是指使用编写的标准化软件将成像设备原本获得的非可视数据处理为类似纪实摄影的图像。美国国立卫生研究院 2010 年发表的一份文献中就列举了 13 类显微镜、8 类磁共振成像仪以及从这些设备采集的数据生成图像的工具（Walter et al.，2010）。后期介入是指在图像生成后使用类似于 Photoshop 这样的数字图像处理软件进行处理。"最终，数字摄影与空间、时间、光线、作者和其他媒体的关系将清楚地表明，它代表了一种与模拟摄影本质上不同的方法⋯⋯这种新范式可以被称为'超摄影'"（Ritchin，2009）。

采用专业的可视化技术和工具生成的图像是第三类作为证据的图像，即利用计算机图形学技术和运算能力，将科学数据转变为人类可以通过视觉感官直接获取的光信号，使科学家能够基于此进行观察、模拟和计算。这类图像经常与肉眼观察到的现实世界毫无关系，呈现出真实世界中更加抽象的、由制作者主观选择的、通过科学建模发现的某些关系，因此可以被称为"非摄影图像"。

数字可视化技术给作为证据的科学图像带来了新的伦理挑战，在后面的章节中我们还将具体讨论科学图像随着可视化技术发展产生的伦理变迁。

在现代科学论文中还存在一种为了促进传播而专门制作的科学图像，它会将图像的叙事与表现力提到更重要的位置。因为科学可视化天然具有的视觉传播力,很多科学传播者都喜爱在科学传播活动中使用科学可视化技术,甚至一些高影响因子的学术期刊,也开始注重期刊封面的视觉传播力。国际顶级期刊在其封面故事的视觉设计中,它的美学水准、视觉水准都超过了中国的期刊(王国燕,等,2014),同时具备更好的传播效果,甚至根据统计,如果论文登上封面且封面拥有较高设计水准,该论文能够获得更高的被引率(王国燕和汤书昆,2013)。

相比起科学研究中利用可视化技术产生证据的应用,科学传播对可视化提出了更高的艺术要求。Steele 和 Ilinsky(2011)认为科学可视化首先应当是艺术,并将视觉效果的"新颖性"列为可视化设计的第一原则,其次才是可视化设计应当充实,以及可视化设计应当高效等要求。在论述所谓"新颖性"时,她认为需要有新的视角观察数据,以新的风格激发读者兴趣,拥有美的视觉处理方式等。这一系列要求实质是站在以普通大众为主体的受众的视角,基本上脱离了科学研究中可视化认知的范畴。

作为证据的科学图像,与促进传播的科学图像,其差别除了在论证结构中的作用外,还存在表现力的差别。例如,电子显微镜照片完全没有色彩,科学家也并不能从这种图像中获得任何关于色彩的证据,因此当其充作证据时仅能使用原始的图片,甚至还需要表明拍摄时所使用的设备及拍摄参数。但如果我们要向公众传播这一成果,则可以使用着色的可视化方法,参考肉眼看见的捕蝇草色彩,对电子显微镜照片进行着色,从而得到一张非常具有艺术感的图像,能够大大吸引受众的关注(图1-12)。前者也可以归为低表现力图像,后者则是高表现力图像。

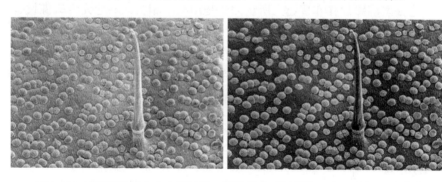

图 1-12 捕蝇草的捕虫夹内侧结构:原始的电子显微镜照片与着色后的图像

第四节　前沿科学可视化的研究问题及主要观点

一、从黑洞照片的故事讲起

2019 年 4 月 10 日，事件视界望远镜（Event Horizon Telescope，EHT）联合世界 200 多位科学家共同完成并发布了一个里程碑式的天文学成果——人类历史上首张黑洞照片，这是人类成功获得了超大黑洞的第一个直接视觉证据。全球六地（比利时布鲁塞尔、智利圣地亚哥、中国上海、中国台北、日本东京和美国华盛顿）同步发布了人类历史上首张黑洞照片（图 1-13），引起了全球媒体的轰动。

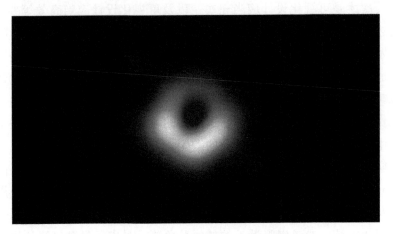

图 1-13　人类历史上第一张黑洞照片

（图像由 EHT 科研团队创作）

这张黑洞照片并非普通人所认为的是由某个相机或其他光学成像设备拍摄而成的，而是科学可视化技术的产物。从 2017 年 4 月 5 日起，天文学家们动用了分布在全球不同区域的 8 个毫米/亚毫米波射电望远镜，组成了"视界望远镜"，连续进行了数天的联合观测，随后又经过两年的数据分析及图像合成，才让我们一睹黑洞的真容（中国科学院上海天文台，2019）。

时隔三年之后的 2022 年 5 月 12 日，银河系的超大质量黑洞——"人马座 A*"终于有了它的第一张写真！这张特殊的"写真"来自 2.6 万光年之外银河系中心，还是由事件视界望远镜项目拍摄。此前的科学界普遍认为"人马座 A*"应该就是一个超大质量黑洞，但毕竟只是基于数据的推测，更有科学家认为"人马座 A*"可能只是一种特殊的暗物质团。而这次成像不仅为银河系中心存在超大质量黑洞提供了确凿证据，更意味着天文观测技术取得巨大突破，是全球不容错过的历史性时刻。网友们惊呼，这次还是一个甜甜圈！（图 1-14）。这个形象与笔者曾经创作的一个蛋白结构极为相似。

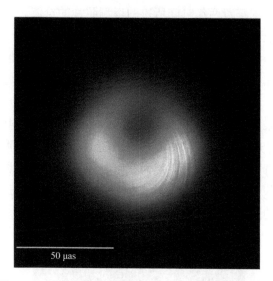

50 μas

图 1-14　2022 年发布的银河系中心人马座 A*黑洞照片
(图像由 EHT 科研团队创作)

从社会影响力来看，这是科学可视化技术的一项重要应用成果，但如果深入思考，我们似乎对科学家付出巨大成本获得这样一幅图片的原因有所不解。我们已经见过大量关于黑洞的照片，甚至还在《星际穿越》（Interstellar）电影中见过黑洞瑰丽奇妙的视频影像。科学家为什么还需要这样一张"模糊"的黑洞"照片"？特别是在花费巨大的前提下，对于科学研究它有什么意义？

或许有人会质疑科幻影片中的黑洞影像的科学性，但《星际穿越》的唯一科学顾问——诺贝尔物理学奖得主基普·索恩（Kip Thorne，1940—　　），在影片的科学性要求上对编剧史蒂文·斯皮尔伯格（Steven Spielberg，1946—　　）提出了两条准则（索恩，2015）：

● 影片中的情节不能违背已成定论的物理规律，也不能违背已牢固确立的我们对宇宙的认知。

● 对尚不明确的物理定律和对宇宙的猜想（通常十分疯狂）要源自真正的科学。猜想的依据至少要被一些"备受尊敬"的科学家认可。

电影拍摄的过程严格遵循了基普·索恩提出的这两条准则，因此，《星际穿越》中的黑洞影像也具备最基本的科学性保障。如果通俗地使用谁"更科学"来比较这两幅关于黑洞的影像，这两幅同样"科学地"表现了视界、吸积盘、黑洞辐射等与黑洞相关的现象，似乎很难使用"更科学"这样的词汇来描述科学家花费两年时间所得的黑洞照片的价值。

也有人会使用"艺术"与"科学"来划分这两幅图像：《星际穿越》中的黑洞图像是一种艺术创作，而黑洞照片则是科学发现。但这种划分能说明这两种图像在各自领域中的价值吗？从黑洞照片的产生过程来看，实际上也一样使用了艺术的创作方法。

黑洞照片来自室女座 A 星系，也被称为 Messier 87（M87），该星系距离地球 5500 万光年。M87 的中心是一个超大型的黑洞，质量是太阳的几十亿倍，视界直径几百亿公里。然而在哈勃望远镜拍摄的照片中，如此规模庞大的黑洞却无法分辨（NASA，2017）（图 1-15），有三个因素决定了使用哈勃这样的可见光望远镜无法观测到黑洞的图像。

图 1-15　哈勃望远镜拍摄的 M87 星系照片，无法分辨星系中心的黑洞

首先，从地球到 M87 的 5500 万光年距离中，还有数量众多的其他恒星，都在可见光波段发射出电磁辐射，影响着光学望远镜对其的观测。因此，科学家只能选择非可见光的波段。M87 黑洞照片就采用了毫米波段（频率 260 GHz），而非频率更高的可见光波段（$3.9 \times 10^{14} \sim 8.6 \times 10^{14}$ Hz）。

其次，虽然 M87 黑洞尺寸庞大，但在 5500 万光年的距离之下还是显得非常渺小，要拍摄到它的可识别图像，需要达到百万分之一角秒的分辨率，这是当前最好的数码相机分辨率的一亿倍。因为角分辨率等于波长 / 镜头或天线直径，为了达到更高的角分辨率，一种方法是记录更小波长的电磁辐射波段，另一种方法是加大镜头或天线直径。在镜头和天线直径方面，科学家采用了类似相控阵雷达的技术，即把若干射电望远镜的数据集中起来，形成了一个几乎直径等同于地球直径的雷达。而组成这个雷达的射电望远镜相距数千公里，无法像相控阵雷达那样实时处理数据，只能先将数据记录下来，后期再进行处理。然而目前人类制造的所有可见光传感器都只能记录光的亮度，而不能记录可见光的波形数据，因为可见光的频率太高了，其产生的超级庞大的数据量，是人类所有存储设备都无法记录的（存储速度和容量的限制）。因此，采用毫米级波段而非可见光波段也是制作大口径雷达的必然选择。即便如此，260 GHz 的波形已经几乎是目前人类电子技术能够处理的最大数据量了，其每秒能产生存满数个硬盘的数据。

既然黑洞照片采集的是毫米波段而非可见光波段，那照片上所呈现的橙色（波长 597～622 nm，远远小于毫米波段）吸积盘就不是黑洞本身的"外形"，或者说，如果人类真的能够通过肉眼观察 M87 黑洞，那么其外形及色彩与黑洞照片一定存在出入。甚至哈勃望远镜拍摄到的 M87 照片上都能看到蓝色的喷柱，而非橙色。很明显这是黑洞照片制作团队的一种"创作"，而并非吸积盘本身"看上去的模样"，这与《星际穿越》中的创作手法并无本质区别。其中潜藏着一个有价值的问题：科学家的这种创作背后是否潜藏着某些必然性？对于这一问题的思考与讨论，将更加有助于我们此前早已开始的一项研究：科学可视化的认知原理探析，换言之，科学可视化方法对于科学研究到底意味着什么？

二、前沿科学研究的可视化方法案例

在前沿科学领域，科学家和计算机学家、艺术家进行合作，将更多的信息、数据转换为科学图像，利用可视化方法进行研究并推动相应方法和技术发展的案例还有很多。

冷冻电镜便是最重要的可视化技术发展成果之一。2017 年诺贝尔化学奖授予约阿基姆·弗兰克（Joachim Frank，1940—）、理查德·亨德森（Richard Henderson，1945—）及雅克·迪波什（Jacques Dubochet，1942—）三位科学家，以表彰他们在发明冷冻电镜方面的杰出贡献。从技术原理上看，冷冻电镜是一种对生物大分子进行快速冷冻后使用透射电镜观察生物大分子结构的技术，在拍照成像后经过精细的图像处理和缜密的重构计算，研究者最终能够得到生物大分子的空间结构（张晓凯，等，2019）。中国科学院院士施一公教授表示："冷冻电镜的发展像是一场猛烈的革命，是可与测序技术、质谱技术相提并论的第三大技术"（澎湃新闻，2017）。诺贝尔奖官方称其为"使得生物化学进入一个新时代"的技术。从 2013 年开始，众多诺奖级成果的出现都离不开冷冻电镜的出现。在 CNKI 以"冷冻电镜"为关键词进行检索可以发现，近年来与冷冻电镜相关的论文数量出现爆发性增长。

CERN 的两个研究组在 2012 年发现了希格斯玻色子所用的研究方法，研究组将数据绘制为曲线图，并在 125 GeV 附近发现了异常最终确定其为新粒子，在随后的数据分析中被确认为希格斯玻色子（冒亚军等，2013）。在大型强子对撞机（large hadron collider，LHC）的撞击实验中会产生海量的数据，即使各种传感器仅能捕捉到其中的一部分，其数据量依旧是人类无法直接分析的。利用计算机对数据的处理能力将这些数据绘制为图像，科学家就可以很容易地从图像中发现异常之处，这些都充分体现了可视化方法在科学研究中的威力。

2021 年 12 月 25 日，美国航空航天局、欧洲航天局和加拿大航空航天局共同研制的詹姆斯·韦伯深空望远镜发射升空，并于 2022 年 7 月 6 日发回了第一批拍摄数据。美国航空航天局在对数据进行处理后于同年 7 月 12 日公布了第一批最深、最清晰的五张全彩色图像（图 1-16）。这些图片展示了 130 亿年前星系的光芒、垂死的恒星、星系之间的相互作用、首次发现系外行星大气层中的水以及新生的恒星。为建成这一望远镜，开发机构耗时 25 年，耗资百亿美金，可谓代价巨大。

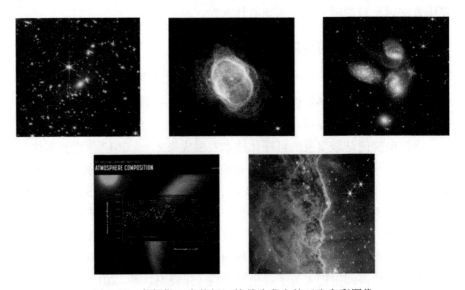

图 1-16　詹姆斯·韦伯望远镜首次发布的五张全彩图像

与上述成果所用可视化方法相提并论的能够拓展人类视觉认知能力的技术还有很多，限于篇幅，我们只能提到其中的极少数。例如，X光成像、正电子发射型计算机断层显像、电子计算机断层扫描、核磁共振成像、B型超声波成像等各种医学影像技术，在诊断和治疗人类疾病、研究疾病机制等方面发挥了重要作用。

三、前沿科学可视化的研究问题

在认知科学的领域中，研究者对如何通过视觉产生知识及传播知识进行了深入的研究，特别是对内部表征是什么以及外部与外部表征进行转换等领域进行了比较深入的研究。内部表征的多模态理论能够对科学家为何热衷于使用可视化技术提供一些基础的解释，工作记忆理论也指出了视觉信息参与认知活动的路径。但是，针对可视化技术的研究大多还是在特定情境中做出的，是零散且缺乏理论框架的，导致这些研究成为"黑盒子"——从输入的图形化表征到认知结果，没能对"黑盒子"内部的运作机制提出解释。此外，认知科学领域的大多理论成果都是针对认知的一般规律，其中包括了视觉认知，但其并非针对科学可视化（或其他可视化技术）的认知原理的研究，缺乏对科学可视化技术在科学认知中的作用机制的剖析，因此很难对可视化技术的开发与应用提供指导原则。

在文献调查过程中笔者发现，不仅认知科学领域少有研究者从认知理论出发为科学可视化技术开发与应用提供指导原则，科学可视化技术的开发者也缺乏对认知科学理论的了解，大多凭借直觉来进行技术开发与应用，朴素地认为新技术必然优于旧技术，并且对科学可视化技术的发展与应用充满乐观情绪。

技术应用者（科学研究者、科学传播者、科学教育者等）与技术开发者一样也在积极拥抱科学可视化技术，并且将一些新的可视化方法的应用视为该领域中的重要创新，但他们很难说出使用这项技术有什么好处以及为什么有这些好处。即使有一些被动抗拒的用户，他们也说不清科学可视化技术具体的缺陷在哪里，也很难提出对这项技术的改进意见。技术应用领域当中的研究成果事实上很难取信于人，因为这些研究很难说明作为研究对象之一的科学可视化工具是否被正确设计及是否被正确使用。如果工具设计不当或工具使用不当，得出任何的结果都不会令人惊奇。

尤其值得关注的是科学界不断被揭露出来的关于科学可视化技术的滥用问题，那些在论文中肆意篡改实验图像的案例提醒人们，必须以严谨的态度对待和运用科学可视化技术。

　　通过对现象和前人研究的分析，我们发现，虽然有着共同的研究对象，但这些不同领域的研究者并没有相向而行，这或许可以理解为不同学科有着不同的研究范式，这些范式之间不可通约，不同领域的研究者遵循自己学科的研究范式无可厚非。在学科交叉不断深入的今天，这种对科学可视化原理及其应用的板块区隔也折射出在这个领域中哲学研究的缺位。从哲学的综合视角，对科学研究中广泛应用的可视化工具的原理及其发展与应用进行探析，至少可以发现如下一些重要的研究问题：

　　● 在科学研究和科学传播交流中，科学可视化扮演了什么角色以及如何扮演的？

　　● 在科学研究中，科学可视化的底层认知机制是什么？人眼观看可视化图像获取知识的机制是什么？

　　● 科学家使用科学可视化技术有何得失？科学家在应用科学可视化技术时表现出的艺术追求是否合理？

　　从科学到图像的创建过程也是对科学信息加工进行故事化表达的过程，是从理性到形象的叙事过程。得当、准确的科学可视化叙事表达能够给公众带来更好的理解，从而让科学产生更大的价值。同时，近年来国际顶级期刊在封面和内容上对可视化的重视程度越来越深，这也体现了学界对于科学可视化带来影响的重视。为此，科学可视化的叙事表达至少有如下问题值得探析：

　　● 科学研究的各方面要素是否具有可视性？可视性如何转换为可视化？

　　● 前沿科学可视化的视觉叙事有何突出特征？科学图像可视化建构过程中运用哪些叙事手段以降低阅读门槛？前沿科学可视化的图像构建过程包含哪些关键步骤？

　　● 科技新闻和科技期刊上的可视化图像对科技成果的交流和传播有何作用？国内外顶级期刊在可视化表达上有何异同？前沿科学的可视化表达存在学科差异以及对文章引用率是否有影响？

　　● 前沿科学的可视化传播业态有何特征和新趋势？对于中国的学界和业界有何启发与建议？

四、科学可视化的作用机制及意义

基于前述问题，笔者采用文献研究、思想实验、案例分析以及计量分析的方法，对科学可视化展开了较为深入的分析和系统的研究。

（一）前沿科学可视化是源于计算机图形学的、多学科交叉的新兴领域

一图胜千言，可视化形象不仅已成为学术领域科学交流的趋势，同时对于促进科学知识的公众传播、理解和认知作用鲜明。前沿科学可视化既应用于学术领域，也应用于面向公众的科学传播。科学可视化概念在 1987 年被提出，指利用计算机图形学技术来表现科学概念、科学数据、科学现象等的一门技术。随着计算机图形技术的发展，科学可视化从静态图像到动态图像再到交互图像、虚拟现实、增强现实等，正沿着满足更多的感官需求的方向发展。我们将源于计算机图形学中的概念引入到传播学视域展开前沿科学可视化的理论与应用研究，是科学传播、认知心理学、科技哲学、图像学、艺术设计、科技期刊编辑等多学科交叉的领域。笔者以多次从事前沿科学可视化创作的亲身实践，紧扣海量科学成果的图像、视频样本案例，为中国日渐涌现的世界级科学成果的视觉传播提供参考。

（二）前沿科学迫切需要传播给公众，图像叙事有益于消减公众知识鸿沟

前沿科学成果是突破人类已有认知的基础研究创新和前沿技术创新，是科学研究中创立的新学说、探索的新规律、发现的新事物等，往往首先发表在顶级科技期刊上，并通过各种媒体渠道传播给社会公众。前沿科学代表着未来社会发展的风向标，可能与公众的切身利益密切相关，民众的科学知识匮乏会形成错误的认知，甚至导致科学谣言横行威胁社会稳定。因此让公众理解前沿科学有助于及时检测和调整科研方向，也可最大限度减少科学带来的负面影响。尽管长期以来故事化叙事被传播学者关注和研究，却少有学者对科学议题进行深入探索。当科学需要从学术领域传播到非专业的社会公众时，故事化叙事可能显得更为重要。现代科学分类过细，公众对任何一个科学领域的了解都有一定限度，因此知识鸿沟客观存在，这也促使图像叙事适合于面向公众来传达前沿科学。

（三）"意象-图式-表征"模型是可视化的认知机制

科学可视化通过外部视觉刺激影响内部认知机制。本书构建了三个模

型：解释内部可视化认知的"意象-图式-表征"模型、解释外部可视化认知的三要素框架、整合自上而下和自下而上两种思路及推理式和启发式两种过程的双向模型。

"意象-图式-表征"模型主要解释在人脑内部基于视觉意象进行认知的机制：意象是记忆的基本单元，图式是认知主体对意象进行组织的方法，而组织后的意象成为表征被存储到记忆中。在思想实验的构造过程中，视觉意象就是基本构造单元，"What if 问题"作为一种构造器或图式，最终形成的科学模型是一个科学表征。这种解释可以较好地回答库恩悖论：思想实验何以从"旧"信息中产生"新"知识。外部图像表征可以影响内部认知，能够提高认知效率、改善认知效果，并提取了"计算卸载""再表征""图形约束"三项作为解释这一现象的框架。

（四）逻辑推理过程和启发式过程的双向模型是可视化的补充机制

通过整合自上而下与自下而上两种认知研究思路，加入逻辑推理过程和启发式过程的双过程理论，构造了一个流程型的双向模型以弥补外部认知解释性框架模型的不足。双向模型将基于视觉刺激的认知过程分为注意捕捉、编码、模式识别（直觉过程）、工作记忆（推理过程）、长期记忆、决策等环节，可以很好地解释贡布里希提出的各种视觉认知现象，包括视觉显著点、观看与注意、知觉概括等。

外部认知模型强调外部图像表征的刺激对认知的作用，双向模型进一步解释了认知主体的先验知识对这个认知过程的影响。这两个模型作为原理解释可视化认知的同时，还可以为科学可视化设计者提供包括注意力捕捉与引导、表征方法、信息分块、隐性学习方面的理论性指导。

（五）科学可视化的核心是对科学信息的视觉表达

科学可视化是对科学内容进行视觉加工的过程，其核心是对科学信息的视觉表达。但一件好的科学可视化作品不一定完全来自对所有科学信息内容原原本本的视觉展现，应该是有所取舍的，保留那些有价值的、重要的信息，剔除掉细枝末节的冗余信息，追求富有视觉冲击力的形象来突出关键的科学内容，寻求科学和艺术的最佳平衡点。科学研究从研究对象、研究工具、研究结果的各个层面，都可通过一定的视觉化形态呈现，这是科学研究可视性的基础所在。同时，间接可视性表现为属性或者关系的视觉化表达，对间接可视性内容进行视觉特征提取和逻辑构建，从而使不可见变为可见的创作过程则为可视化。总而言之，科学研究的可视性来自实体、属性与关系这三方面中的至少一方面的明确视觉表达。

（六）科学可视化创建需要删繁就简、故事化叙述、生动化表达

科学成果的图像创建,当以同行交流为目的时是以科学家需求为导向,当面向社会公众理解时则是以科学公众为导向。科学成果的图像具有分层结构,从浅入深依次为学科与领域属性、特定研究对象、实验与数据可视化、科学问题的可视化、科学思想可视化五个层级。面向公众的科学图像应该精简繁杂的科学信息以阐明主要的科学问题,运用共识领域的视觉符号来构建生动的逻辑故事,且最后呈现时锐意提升艺术化的生动表现力,以达到有效的图像传播效果。

（七）可视化表达可有效提升前沿科学的传播效果甚至论文引用率

通过引文分析和科技论文封面图像使用情况分析,揭示封面图像对于学术论文引用率的放大效应:在高水平期刊论文中,学术质量造成的封面故事文章和普通论文的引用率差异虽然存在但并不显著,但当论文以封面图像的形式刊登,并在传播过程中告知受众其为封面文章的时候,其引用率可显著提升。同时,其他国际同行的研究也表明:摘要视频的可视化形式与高引用率密切相关。图像引文膨胀效应的发现为图像传播促进科技创新扩散提供了实证依据。

本章参考文献

布洛克. 1998. 艺术哲学[M]. 滕守尧译. 成都: 四川人民出版社: 32.

蔡海锋. 2014. 科学模型是虚构的吗?[J]. 自然辩证法研究, 30(4): 3-9.

陈力丹, 叶梦姝. 2011. 再论传媒对科学的误读——摒弃"垃圾科学"与科学好新闻的产生[J]. 新闻大学, (1): 93-98.

德波. 2007. 景观社会[M]. 张新木, 译. 南京: 南京大学出版社.

高文. 1999. 维果茨基心理发展理论与社会建构主义[J]. 外国教育资料, (4): 10-14.

高燕. 2009. 视觉隐喻与空间转向——思想史视野中的当代视觉文化[M]. 上海: 复旦大学出版社: 58.

贡布里希. 2016. 图像与眼睛——图画再现心理学的再研究[M]. 范景中, 等译. 南宁: 广西美术出版社: 56.

库恩. 2016. 科学革命的结构[M]. 金吾伦, 胡新和译. 北京: 北京大学出版社: 66.

李新义, 徐奇智, 吴茂乾等, 2018. 结构化学[M]. 合肥: 中国科学技术大学出版社: 4-9.

李章印. 2005. 科学的本质与追思——海德格尔的历史性分析[J]. 哲学研究, (8): 82-89.

刘波, 徐学文. 2008. 可视化分类方法对比研究[J]. 情报杂志, (2): 28-31.

刘晓强. 1997. 科学可视化的研究现状与发展趋势[J]. 工程图学学报, (2-3): 124-130.

陆诗雨, 金兼斌. 2014. 社会网络中科学信息消费机制初探——对 TPB 模型验证与修正的实证研究[J]. 新闻与传播研究, 21(10): 41-52.

冒亚军, 班勇, 李强, 等. 2013. LHC 上的重大进展——发现 Higgs 粒子[J]. 中国科学: 物理学, 力学, 天文学, 43(10): 1216-1235.

孟建. 2005. 图像时代: 视觉文化传播的理论诠释[M]. 上海: 复旦大学出版社: 51.

米歇尔. 2002. 图像转向[A] //文化研究[C]. 天津: 天津社会科学院出版社: 17.

彭聃龄. 2004. 普通心理学(修订版)[M]. 北京: 北京师范大学出版社: 159.

澎湃新闻. 2017. 冷冻电镜是什么？为什么能够斩获今年诺贝尔化学奖？[EB/OL]. https://tech. sina. com. cn/d/i/2017-10-06/doc-ifymrqmp9474982. shtml.

任磊, 杜一, 马帅, 等. 2014. 大数据可视分析综述[J]. 软件学报, 25(9): 1909-1936.

索恩. 2015. 星际穿越[M]. 苟利军, 王岚, 李然译. 杭州: 浙江人民出版社: 55-56.

王飙. 2004. 动态视觉传达的功能与形式探究[J]. 玉溪师范学院学报, (5): 56-58.

王国燕, 程曦, 李清华. 2014. Nature 及其子刊封面视觉艺术特征分析[J]. 科技与出版, (7): 63-68.

王国燕, 程曦, 姚雨婷. 2014. Nature、Science、Cell 封面故事的国际比较研究[J]. 中国科技期刊研究, 25(9): 1181-1185.

王国燕, 汤书昆. 2013. 论科学成果的视觉表达——以 Nature、Science、Cell 为例[J]. 科学学研究, 31(10): 1472-1476.

魏屹东. 论科学模型的哲学问题 [J]. 山西大学学报(哲学社会科学版), 2017, 40(03): 14-23.

吴维宁, 姜亮. 2016. 美国物理教学评价的可视化方法及其启示[J]. 教育测量与评价, (11): 25-28.

杨彦波, 刘滨, 祁明月. 2014. 信息可视化研究综述[J]. 河北科技大学学报, 35(1): 91-102.

张晓凯, 张丛丛, 刘忠民, 等. 冷冻电镜技术的应用与发展[J]. 科学技术与工程, 2019, 19(24): 9-17.

张卓, 宣蕾, 郝树勇. 2010. 可视化技术研究与比较[J]. 现代电子技术, 33(17): 133-138.

赵慧臣. 2012. 知识可视化视觉表征的形式分析[J]. 现代教育技术, 22(2): 21-27.

中国科学院上海天文台, 2019. 中国天文学家参与全球超大黑洞观测并获得首张黑洞照片[J]. 空间科学学报, 39(3): 269.

周建武, 2020. 科学论证: 逻辑与科学评价方法[M]. 北京: 化学工业出版社: 284-293.

朱永明. 2010. 图像时代的视觉语言形态与传播探讨[J]. 中国出版, (16): 21-22.

Ackoff R L. 1989. From data to wisdom[J]. Journal of Applied Systems Analysis, 16(1): 3-9.

Agar J. 2017. 2016 Wilkins-Bernal-Medawar lecture The curious history of curiosity-driven research[J]. Notes Rec R Soc Lond, 71(4): 409-429.

Bacon F. 2005. Meditations sacrae and human philosophy[M]. Montana: Kessinger Publishing.

Bauer M W, Allum N, Miller S. 2016. What can we learn from 25 years of PUS survey research? Liberating and expanding the agenda[J]. Public Understanding of Science,

16(1): 79-95.

Begg M D, Bennett L M, Cicutto L, et al. 2015. Graduate education for the future: New models and methods for the clinical and translational workforce[J].Clin Transl Sci, 8(6): 787-792.

Bell D. 1976. The coming of the post-industrial society[J]. The Educational Forum, 40(4): 574-579.

Bik H M, Goldstein M C. 2013. An introduction to social media for scientists[J]. PLoS Biol, 11(4): e1001535.

Boer M D, McCarthy M, Brennan M, et al. 2005. Public understanding of food risk issues and food risk messages on the island of Ireland: the views of food safety experts[J]. Journal of Food Safety, 25(4): 241-265.

Bradley M M, Codispoti M, Cuthbert B N, et al. 2001. Emotion and motivation I: Defensive and appetitive reactions in picture processing[J]. Emotion, 1(3): 276-298.

Brumfiel G. 2009. Supplanting the old media[J]. Nature, 458(7236): 274-277.

Cassany R, Cortiñas S, Elduque A. 2018. Communicating science: The profile of science journalists in Spain[J]. Comunicar, 26(55): 09-18.

Chaffey D, White G. 2010. Business information management: Improving performance using information systems[M]. New York: Pearson Education: 78.

Curtis G, Cobham D. 2008. Business information systems: analysis, design and practice[M]. Pearson Education: 5.

da Costa N C, French S. 2003. Science and partial truth: A unitary approach to models and scientific reasoning[M]. Oxford: Oxford University Press: 46-52.

Field H, Powell P. 2001. Public understanding of Science versus public understanding of research[J]. Public Understanding of Science, 10(4): 421-426.

Frankel F. 2005. Translating Science into Pictures: A Powerful Learning Tool[C]//Invention and Impact: Building ExCellence in Undergraduate Science, Technology, Engineering, and Mathematics (STEM) Education. Washington: DC: AAAS Press: 155-158.

Frigg R. 2010. Models and fiction[J]. Synthese, 172(2): 251-268.

Frigg R, Hartmann S. Models in science[M]//The Stanford Encyclopedia of Philosophy. Standford:Standford University Likrary of Congress.

Gabriel Y. 2011. A picture tells more than a thousand words: Losing the plot in the era of the image[M]//Quattrone P, Thrift N, Mclean C, et al. Imagining organizations : Performative imagery in business and beyond. London: Routledge: 225-243.

Gan J, Appenzeller T. 2014. 2013 visualization challenge. Introduction[J].Science, 343(6171): 599.

Gheorghiu A I, Callan M J, Skylark W J. 2017. Facial appearance affects science communication[J]. Proceedings of the National Academy of Sciences of the United States of America, 114(23): 5970-5975.

Giere R N. 1999. Using models to represent reality[M]. The Netherlands: Springer: 41-57.

Giere R N. 2009. Chapter 14: Why scientific models should not be regarded as works of fiction[J]. Fictions Inence Philosophical Essays on Modeling & Idealization, 46(1): 248-258.

Gigante M. 1993. Virtual reality: Definitions, history and applications[M]//Virtual reality systems. Amsterdam: Elsevier: 3-14.

Graber D A. 1996. Say it with pictures[J]. The Annals of the American Academy of Political and Social Science, 546(1): 85-96.

Gross A G, Harmon J E, Reidy M S. 2002. Communicating science: The scientific article from the 17th century to the present [M]. New York: Oxford University Press on Demand: 212-213.

Hake R R. 1998. Interactive-engagement versus traditional methods: A six-thousand-student survey of mechanics test data for introductory physics courses[J]. American Journal of Physics, 66(1): 64-74.

Heidegger M. 1977. The age of the world picture[M]//Science and the Quest for Reality. London: Palgrave Macmillan, 70-88.

Hughes R I G. 1997. Models and representation[J]. Philosophy of science, 64(S4): S325-S336.

Illes J, Moser M A, McCormick J B, et al. 2010. Neurotalk: Improving the communication of neuroscience research[J]. Nature Reviews Neuroscience, 11(1): 61-69.

Iyer A, Webster J, Hornsey M J, et al. 2014. Understanding the power of the picture: The effect of image content on emotional and political responses to terrorism[J]. Journal of Applied Social Psychology, 44(7): 511-521.

Joffe H. 2008. The power of visual material: Persuasion, emotion and identification[J]. Diogenes, 55(1): 84-93.

Justi R, Gilbert J. 1999. A cause of ahistorical science teaching: The use of hybrid models[J]. Science Education, 83(2): 163-177.

Kahan D. 2010. Fixing the communications failure[J]. Nature, 463(7279): 296-297.

Kalawsky R S. 1993. The science of virtual reality and virtual environments[M]. Addison-Wesley Longman Publishing Co. , Inc. , United States: 8.

Kristiansen S, Schäfer M S, Lorencez S. 2016. Science journalists in Switzerland: Results from a survey on professional goals, working conditions, and current changes[J]. Studies in Communication Sciences, 16(2): 132-140.

Lazer D M J, Baum M A, Benkler Y, et al. 2018. The science of fake news[J]. Science, 359(6380): 1094-1096

McCormick B H, Defanti T A, Brown M D. 1987. Visualization in scientific computing[J]. Computer Graphics, 21(6): 640-645.

Michael M, Brown N. 2000. From the representation of publics to the performance of 'lay political science'[J]. Social Epistemology, 14(1): 3-19.

Miller J D. 1992. Toward a scientific understanding of the public understanding of science and technology[J]. Public Understanding of Science, 1(1): 23-26.

Mirzoeff N. 2010. Visual culture[J]. Year's Work in Critical and Cultural Theory, 18(1): 327-337.

NASA, 2017. Messier 87-Hubble's Messier Catalog[EB/OL]. https:// science. nasa. gov/ mission/ hubble/science/explore-the-night-sky/hubble-messier-catalog/messier-87/. [2023-10-27].

Nodelman P. 1988. Words about pictures: The narrative art of children's picture books[M]. Athens: Georgia: University of Georgia Press: 101-124.

O'Neill S J, Boykoff M, Niemeyer S, et al. 2013. On the use of imagery for climate change engagement[J]. Global Environmental Change: Human and Policy Dimensions, 23(2): 413-421.

O'Neill S, Nicholson-Cole S. 2009. Fear won't do it: promoting positive engagement with climate change through visual and iconic representations[J]. Science Communication, 30(3): 355-379.

Park J, Gabbard J L. 2018. Factors that affect scientists' knowledge sharing behavior in health and life sciences research communities: Differences between explicit and implicit knowledge[J]. Computers in Human Behavior, 78: 326-335.

Patterson R E, Blaha L M, Grinstein G G, et al. 2014. A human cognition framework for information visualization[J]. Computers & Graphics, 42: 42-58.

Pearce N. 2008. Corporate influences on epidemiology[J]. International Journal of Epidemiology: Official Journal of the International Epidemiological Association, 37(1): 46-53.

Rapp D N, Kurby C A. 2008. The 'Ins' and 'Outs' of learning: Internal representations and external visualizations[M]. Visualization: Theory and Practice in Science Education. Dordrecht: Springer: 29-52.

Reisberg D, Snavely S. 2010. Cognition: Exploring the science of the mind[M]. New York: W. W. Norton and Company: 345.

Ritchin F 2009. After photography [M]. New York: W. W. Norton and Company: 140-162.

Rodríguez EF C, Davis L S. 2014. Improving visual communication of science through the incorporation of graphic design theories and practices into science communication[J]. Science Communication, 37(1): 140-148.

Rothenberg A. 1995. Creative cognitive processes in Kekule's discovery of the structure of the benzene molecule[J]. American Journal of Psychology, 108(3): 419-438.

Rowley J. 2007. The wisdom hierarchy: representations of the DIKW hierarchy[J]. Journal of Information Science, 33(2): 163-180.

Shneiderman B. 2003. The eyes have it: A task by data type taxonomy for information visualizations [M] //The Craft of Information Visualization. San Francisco: Morgan Kaufmann: 364-371.

Smith L F. 2011. The art and practice of statistics[M]. Cambridge, MA: Wadsworth Publishing: 122.

Smith N W, Joffe H. 2009. Climate change in the British press: the role of the visual[J]. Journal of Risk Research, 12(5): 647-663.

Suppes P. 2002. Representation and invariance of scientific structures[M]. Stanford: Center for the Study of Language and Information Publications: 58.

Steele J, Ilinsky N. 2011.数据可视化之美: 通过专家的眼光洞察数据[M]. 祝洪凯,李妹芳, 译. 北京:机械工业出版社.

Tufte E R. 2001. The visual display of quantitative information[M]. Cheshire: Graphics press: 177-182.

Um J, Jung D-W, Williams D R. 2018. The future is now: Cutting edge science and understanding toxicology[J]. Cell Biology and Toxicology, 34(2): 79-85.

Walejko G, Ksiazek T. 2020. Blogging from the niches: The sourcing practices of science bloggers[J]. Journalism Studies, 11(3): 412-427.

Walter T, Shattuck D W, Baldock R, et al. 2010. Visualization of image data from cells to organisms[J]. Nature Methods, 7(Suppl 3): S26-S41.

Wang G Y, Gregory J, Cheng X, et al. 2017. Cover stories: An emerging aesthetic of prestige science[J]. Public Understanding of Science, 26(8): 925-936.

Weisberg D S, Jordan CV T, Emily J H. 2015. Deconstructing the seductive allure of neuroscience explanations[J]. Judgment and Decision Making, 10(5): 429-441.

Zeleny M, Turban E, Watkins P R. 1987. Management support systems: Towards integrated knowledge management[J]. Human Systems Management, 7(1): 59-70.

Ziemkiewicz C, Kosara R. 2008. The shaping of information by visual metaphors[J]. IEEE Transactions on Visualization and Computer Graphics, 14(6): 1269-1276.

第二章 前沿科学可视化的演化趋势

第一节 科学可视化的演变历史

一、科学可视化的历史

狭义的"科学可视化"是一项专门的计算机图形学技术，发端于美国国家科学基金会 1987 年的一份报告（Johnson，2004），其仅仅有 30 多年的短暂历史，但如果考察广义的科学可视化的第二、三层含义，其历史应当远远早于此。

科学可视化的第三层含义是指科学图像，是人类大脑中的科学知识在大脑外的呈现，而科学图像在科学的历程中与科学伴生伴行。近现代科学的诞生至少可以回溯到伽利略与牛顿（Issac Newton，1643—1727）的年代，而在近现代科学的诞生与发展过程中，几乎所有的重要科学成果都与科学图像产生了关系。牛顿的科学巨著《自然哲学的数学原理》中就充满了各类图像图形，其中不仅包括相对具象的模型图像，而且包括各种抽象的数学几何图形。伽利略的斜面实验、自由落体实验都使用了图像来表现。门捷列夫（Dmitri Mendeleev，1834—1907）的化学元素周期表更是一个使用表格这种可视化工具的典范。不仅如此，科学家对原子结构的认识，从实心球模型、枣糕模型、行星轨道模型、分层轨道模型一直到电子云模型，都是以全新的科学图像展示作为标志物。在库恩（2016）定义为"革命"的日心说替代地心说的科学史事件中，最直观的表现便是消除了本轮之后的星图转变为极大简化且更具美感的星图。

回溯历史的长河，文艺复兴时期已经有了与现代科学图像内涵几乎完全一致的图像。图像被大量应用于科学、工程等领域。达·芬奇（Leonardo da Vinci，1452—1519）等文艺复兴时期著名的艺术大师掌握了当时最新颖的绘画技法——透视法。或许我们应当给这个命名加上一个定语：数学透视法。不同于过去的绘画技法，采用了数学透视法的绘画跟摄影作品一样，所有视觉元素按照近大远小的原则，将立体空间中的秩序复制到一个平面上。贡布里希认为"透视法是一项真正的发明"。事实上，数学透视法体现了人类认知能力的一项极大进步：在视觉认知过程中运用了数学原理。达·芬奇留下约 13000 页手稿，记载了他从事的科学实验及其发现和心得，其中包括 1500 页精致的图画和一些科技模型。达·芬奇按照透视法绘制了大量人体解剖的图画（图 2-1），第一个画出了脊骨双 S 形态、子宫中的胎儿、腹腔中阑尾等解剖结构。除此之外，达·芬奇还按照此方法详细研究了鸟类飞行的机制，设计并绘制了数部飞行器原型，包括直升机和滑翔翼设计图。达·芬奇绘制的其他科学或工程领域的图画还包括棱方八面体、多种动物解剖结构、各种人体器官、桥梁工程图、降落伞、潜水服，等等。

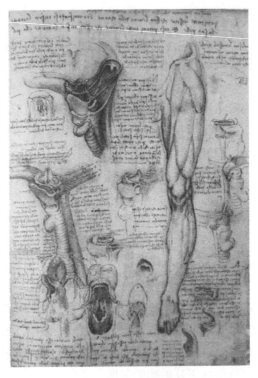

图 2-1 达·芬奇绘制的人体解剖图手稿

此外，哥白尼（Copernicus，1473—1543）在《天体运行论》第一卷中绘制了一张以太阳为中心的各行星运行轨道图。布鲁诺（Giordano Bruno，1548—1600）绘制了行星的椭圆轨道，使日心说更为完善，真正取代了地心说。无论从哪种角度评判，这些作品都可以看作是现代意义上的科学图像，甚至哪怕由我们现代人利用计算机来创作类似的作品，也很难做出与这些作品从根本上完全不同的科学图像。

　　最早将图画应用于科学研究的历史，至少可以追溯到各古代文明对于天文的观测记录。据说欧几里得（Euclid，330BC—275BC）有一部失传的《现象》就是使用球面几何学来讨论天文学问题。毕达哥拉斯（Pythagoras，约580BC—约500BC）第一个提出大地是球形的观点，并描绘出了他心目中的宇宙图像：地球位于宇宙的中心，其周围的区域称为乌拉诺斯，即天空，其中充满了空气和云；其外层环面区域称为科斯摩斯，太阳、月亮和诸行星在此围绕地球作匀速圆周运动；再外层的空间称为奥林波斯，纯元素和恒星住在其中；最外层则是永不熄灭的天火（de Oliveira Neto，2006）。大英图书馆收藏的一张全球最古老星图是从中国敦煌遗址发现的古籍，其中200多颗最明亮的星星的位置异常准确。李约瑟（Joseph Needham，1900—1995）曾估算该星图可能为五代后晋时期所绘制，但最新的研究发现应当是绘制于初唐的唐中宗时期（让-马克·博奈-比多，等，2010a，让-马克·博奈-比多，等，2010b）。

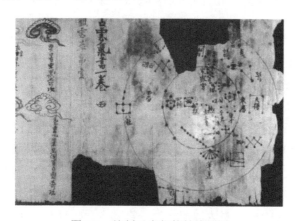

图 2-2　绘制于唐代的敦煌星图

　　甚至再回到更遥远的古代，在科学的概念尚未诞生之时，古人已经将大脑中对自然界的认识绘制为图像。传说阿基米德（Archimedes，287BC—212BC）被害时正在沙子上绘制几何图形，但无人见过阿基米德绘制的图形，我们有确凿证据的与现代科学意义相关的图形可能就是古代的自然观察记录图像。其中，不仅包括在敦煌发现的唐代时期（推测）的星图（图 2-2），还包括中世纪时欧洲的等值线的地磁图、表示海上风向的箭头图和天象图等。图 2-3 是宋朝时期的古代天文学家苏颂绘制的星图。

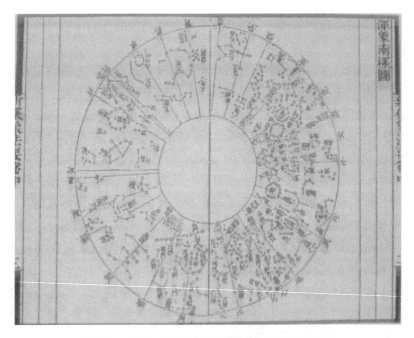

图 2-3　中国古代天文学家苏颂（宋）绘制的星图

　　如果以科学可视化的第二层含义来推断其历史，即人类在大脑中产生与科学认知相关的心智图像的历史，则更加久远，以至于已经很难定位其源头。古人类的绘画在全球各地都有被发现，早在 7.5 万年前，从最早的 Blombos 洞穴岩画（Henshilwood et al.，2018）上就可以看到人类尝试使用图像来记录自己的生活。从苏拉威西岛（Sulawesi）岩画、屈萨克（Cussac）岩画到阿尔塔米拉（Altamira）洞穴岩画（图 2-4）、保加利亚的 Magura 洞穴岩画（图 2-5），古人类已经大量使用图像来记录自己与自然界互动的经历及自己对自然界的认知。一些岩画中还表现出古人类对动物的一些特征的抽象表达，这些抽象表达栩栩如生，直到今日，现代人类也可以通过这些绘画清晰地辨认出这些动物。另外一些绘画，似乎还表现了某些古人类生活的场景，具有一定的故事性，但因为距离我们的生活场景时间过于久远，我们只能通过简单推测得到一些无法确认可靠度的结论。可能很难界定这些绘画中有多少科学元素，但无论如何，这些古人类的绘画作品已经体现了极高的可视化认知能力，完全符合科学可视化的第二层定义。虽然没有证据能够证明更早期的古人类可以产生心智图像并进行可视化认知，但有理由相信，至少在学会绘制图画之前，古人类就已经能够在大脑中通过想象产生图像了。

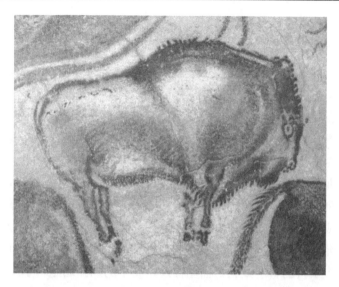

图 2-4 发现于西班牙的阿尔塔米拉洞穴岩画，清晰描绘了牛的特征

图 2-5 保加利亚发现的公元前 6300 年到前 3000 年的绘画

　　从原始人类的绘画，到古代对自然观察的记录图像，再到文艺复兴时期运用了数学透视法的科学图像，以及近现代科学诞生之后的科学图像，科学图像经历了一系列丰富而复杂的演绎和变化，这些都是科学可视化的前身。它们在某种程度上更是科学家研究结果的外部表征，是科学家心智模型的一种外化。从时间序列上来说，科学家先拥有了对某种自然现象的认识，在已经建立的心智模型的基础之上，再将其表达为科学图像。也许这种推断存在潜在的问题，例如，门捷列夫绘制元素周期表的过程中，是先在手稿上绘制了表格才发现了元素周期律，还是先在大脑中想到了元素周期律再将其复制到手稿上，我们已经不得而知。无论如何，狭义的科学

可视化也许只是一门计算机技术，但它背后的可视化认知则与人类的认知一样历史悠久。

在面向科学家的科学传播中图像扮演着重要的角色（Kaiser，2009；Jordanova，1993；Rudwick，1992），同时在一定程度上具有科学普及的功能。18 世纪的插图书沙龙吸引了具有高度创作天分的艺术家参与其中，其高品质的视觉呈现得到了社会公众的赞赏，包括那些觉得阅读很痛苦的读者。插图也是儿童教科书以及儿童自然科学图书中的鲜明特色，然而在 20 世纪的职业科学共同体中，插图反而没有受到足够的重视。学术期刊对于图像的限制很多且非常严苛，对图像的要求就好像是语法规范那样精准。其中医学成像、物理图像和生物化学过程的示意图，只有在绝对必需的条件下才被允许使用，且它们必须充满信息量，起到解释性作用而不是装饰作用。各个学科的科学期刊封面图像及论文中的插图均是科学图像的重要载体。除非图像方法是某个领域固有的（例如，晶体学和立体化学），图像制作已经从科学家的能力列表要求中消亡，毕竟在习惯的科学共同体认知中，"艺术"是科学边界的彼岸。

Cell、*Nature* 和 *Science* 并称为 CNS 三大刊。它们均以生动的科学艺术图像展示封面故事，以对应当期中的亮点文章（Andrews，2012）。这三本期刊封面的历史却不尽相同：*Science* 从 1959 年开始在封面上使用图像，那时它的出版商 AAAS 参与了人造卫星公共关系项目（Lewenstein，1992）。*Science* 的第一张封面图像是断裂石英晶体的黑白电子显微照片；第一张彩色图像是 1974 年从地球上看到的木星照片。*Cell* 自 1974 年以来一直使用封面图像。在 20 世纪 70 年代到 80 年代，大多数的 *Cell* 和 *Science* 图像都从黑白变成了彩色。*Nature* 的封面图像首次出现在 2001 年，比 *Science* 和 *Cell* 都晚很多，但 *Nature* 发展迅速，成立了一系列子刊并都沿用了封面故事的模式，这成为了 *Nature* 系列期刊的典型特征。

二、可视化技术的发展过程

科学图像真正成为科学家必不可少的认知工具，是在计算机发明、计算机图形学的发展之后。我们考察了最近的重要科学进展后发现，如果缺少了利用科学可视化技术制作的作品，科学家基本上无法完成其研究工作。再从时间序列上来考察，必须先有科学可视化作品，才会有这些科学进展。这里提到的科学进展包括但不限于，希格斯玻色子的发现、引力波的发现、暗物质探测（已经开始探测但还未真正有确实的证据）、黑洞的照片等。其中一个有意思的案例是 DNA 双螺旋结构（沃森-克里克模型）的发现。沃森（James Dewey Watson，1928—）和克里克（Francis Crick，1916—2004）第一次建立模型之时，并不知道碱基的正确配对原则，导致双螺旋模型两条链之间的距离不规则，看上去很别扭。而这种在视觉上对秩序感的追求，让沃森与克里克向不同学者讨教，最终从查加夫（Erwin Chargaff，1905—2002）处得到了正确的配对规律，并建立了完美的双螺旋模型。虽然这一案例并未使用计算机，但很好地体现了可视化方法可作为科学研究的重要认知工具。

在这些案例中，包括希格斯玻色子的发现、引力波的发现等，都是利用计算机处理大量数据后，才创造出人类能够利用视觉直接认知的图像。这种全新的研究方法，就是科学可视化的开端：科学计算可视化。在 1987 年名为"科学计算的可视化"的研讨会的报告中提到，科学工作者需要一种数字的替代形式，以提升对研究对象的把握能力。麦考梅克（Bruce H. McCormick）在与研讨会同名的论文中对科学计算可视化进行了定义："利用计算机图形学来创建视觉图像，帮助人们理解科学技术概念或结果的那些错综复杂而又往往规模庞大的数字表现形式"。这一定义在上述的案例中得到了充分地体现。

当计算机图形学与计算机性能进一步发展，原本依赖于高性能计算系统的科学计算可视化在个人计算机中进行应用了。这项技术的潜在用户从单纯的科学共同体扩展到了普通大众，"计算"二字被去除后成为了"科学可视化"。这种名称上的改变体现了技术的定位转向：从科学研究转向科学传播。这种转向体现在大量的面向公众的科学图像、科学动画及科学影片。甚至，美国航空航天局（National Aeronautics and Space Administration，NASA）因此成为了全球最大的科学可视化技术用户。每年，NASA 都会把通过各种望远镜、卫星获得的数据精心处理，然后邀请艺术家进行二次创作，从而生产大量的精美图片或视频，并公开发布于官方网站（图 2-6）。这些图片或视频又被各大媒体广泛转载及传播，将人类对天文学的最新研究成果传播给更多的普通大众。NASA 甚至专门建立了一个子机构——科学可视化工作室，以"照亮不可见"为宗旨。该工作室官网上公布的数据显示，公众可以免费获取的图像超过 7500 幅。

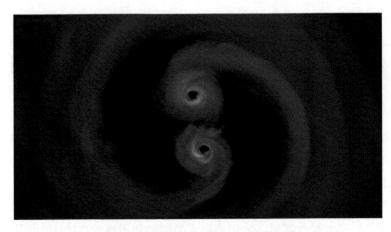

图 2-6　两个互相围绕运动的超级黑洞

注：美国航空航天局科学可视化工作室官网上提供免费下载的视频

近十年，科学可视化作品出现了几个非常重要的新特征：

● 动态图像（动画、影片等基于视频技术的作品）大量出现，这种形式能够更好地展示自然过程。但动态图像显然比静态图像更加复杂，包含更多潜在的、意义不明的信息，这对设计者和受众都提出了新的挑战。

● 基于三维画技术的可视化图像与视频大量出现，很多画面逼真到会被受众误认为是实景拍摄的。这得益于计算机图形性能的增强，也体现了人类认知对于"真"的追求。

● 随着人机交互技术的发展，更多的可视化内容采用了交互式技术，其可以根据用户的操作做出适当反馈，这为科学模型的模拟提供了可能。

● 增强现实（augmented reality，AR）、虚拟现实（virtual reality，VR）技术的出现，让科学可视化技术能够将科学数据置于现实世界中，为受众提供了一些全新的认知可能性。

这些新特征体现了一个趋势：认知与传播功能的逐渐合一。在科学计算可视化出现甚至更早的年代，科学家比较看重科学可视化的认知功能，大多仅将其用于科学研究或科学共同体内部的分享，很少有科学家会想到将研究过程中的图像用于促进公众理解科学。而传播功能的加入，使得很多科学工作者为了"取悦"大众，创造了大量精美的适合传播的科学可视化作品，例如，*Science* 和 *Nature* 杂志封面上那些精美的充满艺术感的图片。

三、可视化技术演进趋势与影响因素

按照之前我们对可视化的英文词汇"visualization"的意义分析，可视化通常可指在大脑中形成图像或使某事物能够被肉眼看到。狭义的科学可视化更多指第二种释义，即通过计算机图形学的方法，让抽象的科学概念或原本看不到的科学现象能够被肉眼看到。当然，科学可视化的根本目的是在受众的大脑中形成图像，这也符合科学可视化的广义定义。如何让受众看到或想象出图像，实际上就是科学可视化技术的发展方向，即所谓"可视化程度"的提升。

让受众看到图像，即是让受众能够通过视觉感知到物体的明暗、色彩、轮廓、线条、空间感等物理特性。直接在计算机屏幕上呈现出这些特性即是科学可视化技术利用计算机图形学所需要达到的。但除了直接提供视觉能够感受的图像外，还有多种方法能够让受众形成心理图像。

通过语言描绘帮助受众在大脑中建立类视觉的图像是第一种方法。佩维奥（Allan Paivio，1925—）的双重编码理论指出，当人获得语言信息时，也会尝试想象信息所指物体的样貌，即转换为视觉信息。特别需要指出的是，这里所谓的语言包括了书面语言与口语，因为人通过耳朵听到语音时，也会试图建立心理图像。在双重编码理论的研究中，一个常被提及的变量是语言表达具体或抽象概念的程度，这一概念与"可视化程度"密切相关。根据 Paivio 的研究，概念的具体或抽象性质会影响它们编码的方式，例如，"猫""苹果""玫瑰花""朝霞"这样的词可以被编码为视觉格式，这依赖于受众过往对于这些概念的感官经验；而"自由""爱""物种""原理"这些词汇是不容易被想象的，受众很难为这些概念树立一个形象。这种变量差异也影响了记忆的效率，能够编码为视觉格式的信息更容易被记住：具体的词汇比抽象的词汇更容易记忆，图片比词汇更容易记忆。

提供触觉信息也是建立心理图像的一种方法。空间意象指当人类通过触觉感受到物体时，在大脑中会形成该物体图像的现象（Reisberg and Snavely，2015）。当我们能够给受众提供触觉的时候，受众哪怕是像摸象的盲人那样不具备真正的视觉，依然可以通过触觉信息想象物体的样子。同时，包括味觉、嗅觉在内的其他感官也有助于产生心理图像。例如，当我们闻到某种水果香味时，在大脑中能够出现该水果的图像。但没有特别的证据证明，当我们给予受众嗅觉或味觉刺激时，受众一定能够产生心理图像。从这个角度看，味觉、嗅觉与视觉之间的关联度并不高，但可以作为产生心理图像的辅助刺激。

　　基于上述分析，可以利用感官信息与心理图像构成的二维坐标系来描述各种科学可视化可能利用的媒体形态。第一个维度是以视觉获取信息的方式，一极是最抽象的语言符号，另一极是活灵活现的视觉画面；第二个维度是其他感官信息按照与心理图像的关联度排列。因此，我们绘制了下面的这幅模型图（图 2-7），并在其中排列了主要的单模态媒介（single modal media）。在这个模型当中，最为抽象的应当是以语言为代表的抽象符号，受众会通过感知抽象符号（阅读文字、聆听语音）来想象这些符号描述的对象。依照横坐标轴向右，依靠视觉获得信息的媒介依次是格式化文字、表格、图表、静态图像、动态图像和增强现实/虚拟现实。

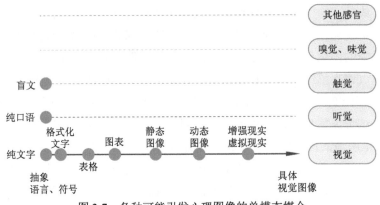

图 2-7　各种可能引发心理图像的单模态媒介

　　其中，格式化文字是指利用一些排版方法增强文字的可读性，如页边距、行间距、字体、字号、段落、缩进、序号、引导号等。这虽然降低了视觉认知负荷，提高了视觉认知效率，但其本质还是抽象符号。如果我们把关键信息或数据用行列的方式进行排列，并加以排序等信息，就成了表格，其中的关键信息更容易被视觉所感知。而表格中的关键信息经过提炼，则可以通过图表进行表达，例如，表示一个整体中不同部分的饼状图、表示不同部分相互比较的柱状图、表示随坐标轴变化的趋势的折线图、表现分布规律的散列图等。科学计算可视化最初的主要作用就是将庞大的科学数据转化为图表。而类似黑洞照片、星系照片这样的图片则是动态图像，其信息含量比图表更丰富，但其表达数据或信息之间关系的能力并不一定能够超过图表。动态图像是以表现科学过程为主要目的。增强现实技术与虚拟现实技术提供了高度仿真的感官环境，给受众更加真实的感官体验，但因为其提供了更多的信息，其中可能包括有影响认知的噪声，并不一定能够帮助受众感知到关键的科学概念。

随着多媒体技术的发展，目前的科学可视化产品更多地使用了多模态媒介。优秀的多媒体科学可视化作品可以主动地调动受众的多种感官，刺激受众产生更加鲜活及深刻的心理图像。在图 2-8 中虽然排列了多种多模态的媒介产品或技术，但除了视频影像外，其他产品或技术实际在科学可视化领域应用的并不太多，其原因可能是除了娱乐作用外并未发现触觉、嗅觉或味觉在认知中的太多作用。

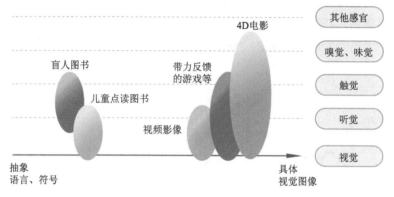

图 2-8 多模态的媒介产品或技术

通过上述分析，我们可以清晰地看出科学可视化作品可视化程度的演进路径：调动更多的感官，从而刺激受众产生更加鲜活深刻的心理图像。沿着这一路径考察目前的科学可视化技术，其应用最前端主要在音视频的阶段，即以动态图像配合声音，调动受众的视觉与听觉。未来随着人机交互技术的发展，可能会找到利用更多感官的方法。

历史上科学图像和视觉艺术的再次融合是随着 1970 年计算机图形学的出现而促成的（Csuri，1974；Hammond，1971）。计算机图形学现已分化出信息可视化、工程可视化、科学可视化等分支。1980 年，印刷出版技术的变革让图像印刷变得异常简单，电脑绘图并且不需要额外制版即可激光打印，成本大为降低。简单学习即可上手的普通人群通过使用个人电脑和常用图像软件就可以绘制及处理图形，计算机技术的便捷性将一系列轻松易上手的图像制作处理软件引入到科学领域。科学家，就像其他所有人一样，进入了"世界图像时代"，这实现了海德格尔在 1938 年的预言：我们终将抛弃纯文本时代而进入到图像时代，以便领会自然的真谛。人类的其他感觉器官也被视觉以绝对优势碾压（Debord，1967），视觉是人们获取信息以及积累经验的主要渠道的论断在当代社会获得了印证。现今，计算机以及新媒体技术不但提升了视觉表达的创造性，也使得图像在科学家之间、科学家与公众之间得以广泛传播。这让一些学者开始思考科学表达和艺术图像之间的关联（Ainsworth et al.，2011；Hackett et al.，2008），并在面向科学家和工程师的视觉策略上有所实践。

　　根据 Google Books 图书大数据中对于科学和艺术在历史图书上的词频分析显示（图 2-9），"科学"和"艺术"确实曾经分离，现在则越来越接近。艺术已有数千年历史，而科学是最近几百年才成为一个富有影响力的领域。词频分析显示，过去的三百年中，科学在人类历史图书上出现的频率越来越高。不仅如此，从 1970 年开始，"科学"和"艺术"出现的频率出现了"趋同"现象，两者的频率几乎同步，并非科学超过了艺术，而是这两者越来越接近（图 2-10）。

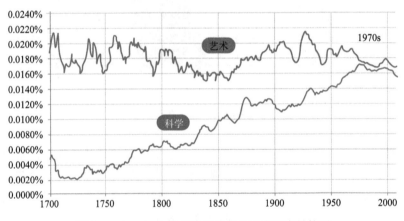

图 2-9　Google 大数据显示科学与艺术越来越接近

　　著名人本心理学家马斯洛（Maslow，1908—1970）曾在 1954 年提出了人的五大需求层次理论（Maslow，1954），但在 1970 年的时候，他修正了这一理论（Maslow，1970），把人的"自我实现"需求细化为"求知"和"审美"，从而变成了七大需求层次理论（图 2-10），即人类在满足了生理、安全、爱、自尊的基本需求之后，趋向于对未知领域的探索和对美好事物的欣赏，从而不断丰富自我，攀上精神上真善美合一的"自我实现"的人生境界。这也可能反映出，人类对世界的认知与改造是相互作用的。

　　求知和审美是人类的内在需求，也是科学家不断探索未知的原动力。这个现象或许是计算机数据化时代带给我们的新局面。从计算机的发展到图像的海量涌现，从而引起了人类认知或微妙或显著的变化。人类以技术驱动改变了社会景观，这种景观社会又促使着人们对世界有全新理解和认识。

图 2-10　马斯洛需求层次增加了求知和审美

　　在认知科学或认知哲学的研究中，研究者都或明示或暗示地基于一个前提而进行自己的论证：人类的心智表征在很大程度上受到外部世界及其外部表征影响。描述性的文本、详细的插图、引人入胜的口头描述、沉浸式的多媒体模拟……这些外部的媒介信息都有可能影响个人内部的心智表征。但是，所有这些影响心智表征的方式并非都能够取得一致的效果或以某种客观的方式取得成功。Woolfolk（2012）的著作《教育心理学》指出，不同的感官经验可能导致不同的心理表现（这种观点源于对改善记忆状况的研究，侧重于个人学习的方式）。

　　基于这些心理学研究的一种观点（以佩维奥的双重编码理论为代表）是，受到不同形式的外部表征的影响，个人的心智表征至少可以用两种不同的格式表示：视觉代码和语言代码。当某个人遇到某个抽象语言符号组成的词汇，他可能会选择通过想象这个词汇所指对象的外观来存储信息（例如，阅读到"老虎"这个词时想象老虎的样子），或者主要通过语言刺激而形成拟声或者字符象形的代码（例如，"老虎"这个词听起来像什么发音，或"老虎"这两个汉字字符看上去像什么或如何书写）。佩维奥的研究表明，对于需要记住的信息，个体所受的感官刺激的性质往往决定了信息可能被编码的特定格式，以及信息在以后被检索时的方式。

　　以第二语言的学习为例来分析什么是"感官刺激的性质决定了心理表征的编码形式"。"符号落地"问题特别地讨论了个体如何理解抽象符号的意义，并认为必须将抽象符号与意义相连接，才有可能理解抽象符号的意义。文字正是这样一种抽象符号。在学习母语的过程中，婴儿/幼儿直接将语言符号与客观对象相连接，例如，"爸爸"特指这个男性个体，"妈妈"

特指这个女性个体。哪怕在理解了"爸爸"和"妈妈"这样的词汇的抽象意义（泛指所有拥有子女的男性或女性）后，在个体心理中的父亲母亲形象依然以自己父母为蓝本，拥有自己父母的诸多特征。而在学习第二语言甚至第三语言的过程中，有很多的学习方法并非将抽象符号与目标对象建立直接联系，而是将第二语言的符号与母语符号建立联系，再通过母语符号建立与客观对象之间的联系。因此，通过"背单词"这样的形式学习第二语言的学生，大多对词汇的记忆编码并非基于视觉的（或其他基于感官体验的编码方式），而是以该词汇的语音特征或书写特征进行编码。这种编码形式导致检索效率较低。

或主动或被动地利用这种认知原理，科学可视化技术的演进大致体现了这种双重编码理论的应用。如果我们把其演进看作是众多科学可视化创造者共同选择的一种合力作用，那么其影响因素主要可以归纳为三点：

（1）发现隐藏于数据之后的规律

科学研究中最令人困扰的就是浩繁的实验数据，特别是进入到大型科学装置的时代后，激光干涉引力波天文台、大型强子对撞机、哈勃空间望远镜等超大型的科学装置产生的数据量已经远远超出了人类大脑的处理能力。为了发现数据背后的规律，人们发明了大量的可视化工具，如图表，通过绘制趋势图、折线图或热度图等，研究者可以直观地观察到数据中的趋势和模式，利用散点图、网络图等形式，可以清晰地展示不同变量之间的关联关系。这有助于发现数据中的相互作用和依赖关系，从而揭示规律。用户还可以通过交互操作改变图表参数、调整视角，实时观察数据的变化，这有助于他们深入探索数据，从而更好地发现其中的规律。央视在《晚间新闻》栏目曾推出的"据说春运"，采用百度地图定位功能创作可视化大数据，不仅播报了国内的春节人口迁徙情况，还发现了老年群体为了陪伴无法回家的子女主动"逆向迁徙"的特殊现象。

（2）视觉特征影响受众心理认知

可视化的目的之一是满足人的视觉感知需求，因此要求可视化作品符合视觉感知的特点，信息的可视化编码应当建立在人的视觉认知习惯之上。基于此，大量的科学可视化作品在创作之初都按照人的认知及审美要求进行精心设计，以突出某些视觉元素。*Nature* 杂志，在创刊 150 周年之际推出了一项特别的数据可视化（图 2-11），通过文献共引关系，分析了 1869 年以来发表的 8.8 万篇论文的学术脉络，图中的点代表论文，颜色代表学科，点的大小代表被共引的次数多少，如果其他论文引用了这篇论文，那么它们之间就产生连接。一个半世纪的 *Nature* 论文共引关系表明了学科融合正在变得愈发普遍。通过精心设计的图片，作者有意识或无意识地希望影响到受众在大脑内部建立的心智表征，建立一种与作者自己内部表征相匹配的新的心智表征，甚至是完整的复制。虽然时常事与愿违，最终的认知结果未能如作者所愿，甚至会在受众心中产生新的未知的迷思概念，但按照认知规律精心设计的作品在认知效果上肯定是优于未经设计的作品。

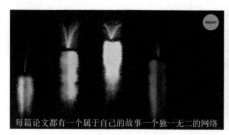

图 2-11　150 年的 *Nature* 杂志论文可视化

（3）提升科学传播效果

科学可视化技术应用的受众可以分为科学共同体内部及普通大众。无论是哪一种受众，考察其传播效果，都需要从受众理解、记忆及后续行为等角度进行。因此科学可视化技术的发展，很大程度上也是受到传播效果的影响，逐渐开始追求美、新、奇。特别是 *Nature*、*Science*、*Cell* 等杂志期刊封面的科学可视化图像，为了艺术表现力，甚至可以部分地"歪曲"科学事实。还有些面向普通大众的科学可视化作品，更多选择了普通大众所能理解的视觉意象，利用了大量的隐喻方法对作品进行修辞，创作出了各种风格的可视化作品。

四、可视化技术带来的科学图像伦理变迁

在正规学术期刊上出现的科学图像都拥有两种特性：真实性、优选性，而这也是被普遍认可的修辞协议的组成部分（表 2-1）。真实性协议指三方共同认可其在认识论上的可靠地位，即能够反映"客观事实"。优选性协议指三方共同认可图像是"优良的"，是对图像的某种价值判断。

这些图像证据应当首先满足真实性协议，包括三个组成部分：①本体性，即图像呈现的场景是真实存在的；②表现性，图像中的场景描绘的是作者宣称的主题；③现实性，图像是关于现实的论据。除此之外，真实性

协议还包括了"作者具有诚信、认真的品质"这样一个前提。科学共同体内部有一个公共的假设：行为的品质表现出人的品质。一张高质量的照片，表现出这个科学家对待自己研究的认真态度，而一张草率的照片则意味着草率的研究，因此也代表着一位不太可信的科学家。"一幅图像的质量受到制作者谨慎程度的影响，为了获得一幅高质量的图像，你必须仔细地多次重复实验"（Rossner and Yamada，2004）。

表 2-1　纪实摄影图像所附着的修辞协议主要内容

真实性协议	本体性	图像呈现的场景是真实存在的
	表现性	图像中的场景描绘的是作者宣称的主题
	现实性	图像是关于现实的论据
	作者品质	作者应有的品质：诚信、认真
优选性协议	数量	通过数量多少判断价值
	质量	通过质量高低判断价值
	时间	通过时间早晚判断价值
	存在	通过是否存在判断价值
	品质	通过是否符合高尚品德判断价值
	人	通过是否与人有关判断价值

　　除了真实性协议以外，作者、专业读者和编辑很多时候还依赖于一种对科学图像价值高低进行判断的协议：优选性协议。价值判断通常没有像事实判断那样具有客观约定，但依然是科学论证的有用组成部分。优选性协议通常是一种对于证据的优选等级安排，佩雷尔曼（Chaim Perelman，1912—1984）的新修辞学将其归纳为数量、质量、时间、存在、品质和人。

　　数字图像技术的出现挑战了这一份修辞协议。人工介入的超摄影图像经常涉嫌影响图像对于真实世界的代表作用，这也是目前已发现的科学图像学术不端现象的最主要图像类别。在纪实摄影时代的生物医学领域，很多实验照片都采用摆拍的方式。如果实验者发现图像质量不好，例如，凝胶不均匀或落入灰尘，就会重复一次实验并再次拍摄，以获得更高质量的图像"以便发表"。而当数字图像技术出现后，实验者可能会考虑数字图像技术，仅需简单的"调整"就可以获得更高质量的图片，成本优势显而易见。

　　考察数字图像技术最初应用于科学图像的案例便可以发现，作者使用数字图像技术的目的通常出于优选性协议的考虑。如图 2-12 所示，天文学家为了证据质量对图像上的"噪点"采取了处理。原始图像（图 2-12 左）为一台 24 英寸口径望远镜拍摄的图片，天文学家使用图像处理软件除去了"电子偏压"、因望远镜失焦引起的一个环形粉尘、几行亮的和暗的水平线、一个环氧树脂胶的污点，以及宇宙射线痕迹（图 2-12 右）（Lynch and Edgerton，2015）。

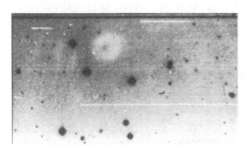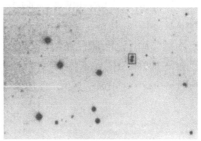

图 2-12　用 CCD 拍摄的原始天文图像和"清理"后的天文图像

但是，这种出于优选性考虑做出的数字处理可能会影响图像作为证据的论证可靠性。罗斯纳（Mike Rossner）和山田（Kenneth Yamada）考察了在生物医学领域中类似的图像处理方法，并于 2004 年撰文指出包括亮度与对比度调节、拼接、背景清洗、特征加强、解析度调节等方法在内的很多处理方式都涉嫌学术不端（Rossner and Yamada，2004）。如图 2-13 所示，左侧图片中有一些较浅的污点，论文作者使用 Photoshop 的"橡皮图章"工具擦去了这些污点并制作成右图。罗斯纳和山田明确表示："Don't do it（不要这样做）!"因为这些"污点很有可能是真实的，甚至在生物学上是重要的"。

原始图片　　修改后的图像

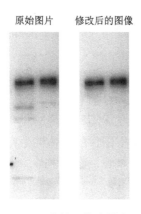

图 2-13　使用 Photoshop 中的"橡皮图章"工具将左图中的
一些污点清理后形成右图

　　对于非摄影图像，学术期刊一般仅要求可访问原始数据，但几乎很少有专业读者（审稿人）要求获得并审查原始数据。这种现象的原因可能是：这些图像的真实性价值由各种图像生成软件和作者对数据的处理过程进行保障。例如，笔者对"科学学研究"领域中国代表性学者赵红州先生一生发表的所有中文论文进行分析，通过关键词的共词关系呈现出文献共引关系，使用软件 VOSviewer 绘制出文献可视化图像（图 2-14）。赵红州的成果中共 379 个关键词，共词关系显示高频关键词包括"科学学"（13）、"科学计量"（10）、"最佳年龄"（8）、"普赖斯"（7）、"知识单元"（7）等。这反映出赵红州毕生的精力皆集中于科学计量学的研究。

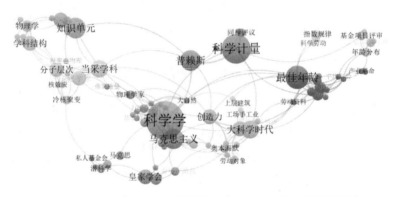

图 2-14　"科学学研究"领域学者赵红州先生学术贡献网络图

　　如上所述的超摄影图像和非摄影图像中，数字可视化技术对于传统的修辞协议提出了诸多挑战，包括但不限于：①用数字可视化技术提升图像质量，有可能导致图像不能体现客观场景；②被修改的图像丢失的信息有可能非常重要，无论有意还是无意；③从数据到图像的复杂过程导致难以判断图像是否能够真实反映数据；④由数字图像技术产生的图像规模庞大，核查工作量超出期刊负荷……

　　在真实性方面，纪实摄影图像依然具有稳定的认识论地位，作者、读者和编辑共同认可其呈现的场景是真实存在的。而超摄影图像应在设备介入阶段，由可靠的设备和算法保障其呈现的是客观场景，而后期介入被视作对修辞协议的挑战。非摄影图像的本体性上存有主观因素，因其图像所体现的信息是作者从数据中主观选择的部分。而在真实性协议的其他部分中（表现性、现实性、作者品质），三类图像拥有相同的标准。

　　在质量优选方面，高质量的纪实摄影图像代表着清晰，且不会与真实性产生冲突；超摄影图像的后期介入方法难以被接受，即使作者只是为了让图像中的关键因素更突出，但也有可能与真实性产生冲突；对于非摄影图像，作者对于质量的追求仅在于意义是否清晰、颜色是否美观，等等，其对于质量的优化很少会影响图像本身的真实性。三种图像修辞协议的变化如表 2-2 所示。

表 2-2　三种图像修辞协议的变化

		纪实摄影图像	超摄影图像	非摄影图像
真实性协议	本体性	图像呈现的场景真实存在	由可靠的设备和算法保障本体性，后期介入则可能破坏本体性	作者主观选择的某种数据关系，而不是真实场景
	表现性	场景描绘了作者宣称的主题	与纪实摄影相同	与纪实摄影相同
	现实性	图像是关于现实的论据	与纪实摄影相同	与纪实摄影相同
	作者品质	作者应有的品质：诚信、认真	与纪实摄影相同	与纪实摄影相同
优选性协议	质量	如与本体性冲突，真实性优先通过质量高低判断价值，质量越高越好，但不得与真实性冲突	质量越高越好，但不得与真实性冲突，如与本体性冲突，真实性优先	与本体性几乎无冲突，仅考虑质量本身

为了应对这种挑战，自然子刊 *Nature Cell Biology* 在 2006 年的一篇社论中体现了重建修辞协议的努力："让我们赞颂真实的数据——皱纹、疙瘩和所有。我们想要出版的是坚韧不拔的纪录片，而非经过数字美化的轶事"。包括 *Nature*、*Science*、*Cell* 在内的各大学术期刊以及类似国际科学技术与医学出版商协会（International Association of Scientific Technical and Medical Publishers，STM）、国际出版伦理委员会（Committee on Publication Ethics，COPE）这样的学术机构都制定了专门针对图像的学术规范。期刊 *Molecular and Cellular Biology*（简称 MCB）在 1993 年的投稿指南中增加了关于数字图像的内容："应当在图例中描述使用的软硬件"。这一简单的标准对于设备介入的超摄影图像提出了要求，并一直延续到该期刊开始大规模地接收数字稿件。MCB 主编罗斯纳在 2002 年发现大量有问题的图像后，提出了对于数字图像的新要求：不得对特征进行增强、遮蔽、移动、移除或引入；可进行适用于整个图像的亮度、对比度和色彩平衡调节；需提交关于图像采集和修改的具体信息等等。2006 年韩国黄禹锡干细胞研究造假事件之后，更多的杂志开始关注数字图像这一学术不端领域，并逐渐普遍将 MCB 的规定采用为基础的图像标准。例如，2008 年美国胸外科学会的规定中要求作者只能对图像进行整体的亮度、灰阶等有限的操作。很多学术期刊采用了大量技术手段侦测图像上的各种修改痕迹，例如，采用专业软件、人

工智能算法等技术手段检测图像特征的增强、遮蔽、移动、移除或引入等行为，同时将获取原始图像、加强编辑审读等手段作为应对措施。

第二节　科学可视化的形式与结构变化

从科学传播的角度，科学可视化的传播者、受众、可视化对象、流通渠道和目的均在发生着变化。随着公众对科学的关注点日益增多，公众理解科学、公众参与科学的程度不断提升，以及跨学科的交叉研究领域越来越广，科学可视化不再仅仅是科学家之间的事情，也不仅仅是科学研究领域的事情。构成它的 5W 要素中每一项的内涵都在逐渐扩大，重心也在逐渐发生偏移：转向跨学科交叉领域的科学家以及关心科学的公众人群方向。具体表现如表 2-3 所示。

表 2-3　科学可视化 5W 要素的漂移

科学可视化的 5W 要素		原有的内涵	演变的内涵
Who	创建者	科学家	科学家和艺术家
Says What	内容	科学计算的数据与信息	科学信息、科学知识、科学思想、科学精神、科学之美
To Whom	接受者	科学家	科学家、跨学科学者、科学公众
In Which Channel	流通渠道	某个专业领域	专业领域、跨学科领域及科学公众
With What Effect	效果和目的	促进科学研究	科学研究、科学教育、科学普及

可视化创建者的角色变化：为了更生动地表达科学内容，可视化的创建者由原来的科学家发生了改变，第三者创作单位或者个人随着这种需求而诞生，他们协助科学家来完成可视化的视觉形式的实现。无论是艺术化的可视化还是纯粹学术图片的设计和制作皆在服务范围之内。自 2012 年底开始，中国也逐渐出现了提供科研视觉化服务的运营机构，例如，松迪科技等单位，他们在为科研团队提供一对一的视觉定制服务的同时，还开展学术图片制作培训课程，以此来提高科研人员的视觉素养和图像技术处理能力。

传播内容及目标的延展：科学可视化的创作最初是科学家为了洞察数据之间的关系，但在可视化表现的过程中产生了大量富有美感和观赏价值、传播价值的可视化形式。例如，全球科学可视化挑战赛中的优胜作品：未成熟的黄瓜表面放大 800 倍后可以观赏到奇特的透明尖锐毛状体，其可以轻易穿透食草动物的嘴。由钛化合物制成的纳米层彩色扫描电子显微照片看起来就像某个风景区的悬崖峭壁。由中国两院院士评选的"2012 世界十大科技进展新闻"图片中有 7 幅来自顶级学术期刊 *Nature* 和 *Science* 成果的艺术展示图。这些科学可视化作品是生动形象的科普作品，意图将其中蕴含的科学知识、科学思想及科学成果的最新进展传递给更多的受众，从而促进人们对于科学的理解与关注。因而，科学可视化最初设定的目标和内容已发生根本性的转变。

流通渠道及对象的漂移：随着科学可视化目标的变化，其受众不仅仅局限于科学家的业内专业圈，流通渠道也并非专业性极强的学术期刊。科学成果不仅仅是科学观点与结论，还包含科学实验条件与过程、科学数据分析与科学结论，同时，取得科学成果的过程中还渗透着科学思想与科技哲学。对于富有影响力的科学成果，不仅业内科学工作者关注，社会公众也较为关注，在各个大众传媒的媒体上，"科技新闻"这个板块构成了重大科学成果面向公众传播的主要渠道。同时，某个具体的专业领域也有专业的传媒机构向特定受众传播科学研究的最新进展。

科学可视化的概念修订：由于科学可视化的内涵在不断扩充，一些新的表现形式和新的内容被赋予了"科学可视化"的含义。越来越多的自然学科向可视化迈进，与艺术联姻，不断地扩充着科学可视化丰富的内涵和领地。

纵观科学可视化的定义，从 1991 年学者埃德·弗格森（Ed Ferguson）首次定义"科学可视化"是"一门多学科性的方法学，利用的是很大程度上相互独立而又彼此不断趋向融合的诸多领域，目标是作为科学计算与科学洞察之间的一种催化剂发挥作用"（Ferguson，1991）。到现在，科学可视化依然主要属于计算机图形学，各种各样的科学可视化理论、方法与应用研究都更多地从"科学研究"的方法入手，侧重于计算机根据预设的规则来创建图形。然而，若从传播的过程与效果的角度来定义，笔者认为，科学可视化是对科学知识和信息进行符号化提炼与视觉化形式再现的过程，受众通过视觉符号与信息结构的读取从而还原理解其所传达的科学意义，通过视觉形象增进对科学成果的认知感受，进而增强科学知识传播与扩散的效果。作为科学可视化领域的一种适时需求的类型，科学成果的图像具有深远的意义和需求，它一方面拉近了社会大众与科学之间的距离，另一方面从多个层次与角度承载着科学的内涵。

研究科学成果的图像，有必要先分析其受众的特征，以便于从主要传播者和接受者的心理、习惯及科学素养等角度来构建科学成果的图像模式。

"科学社会学家贝尔纳（John Desmond Bernal，1901—1971）曾将科学交流分为科学家之间的交流和科学家面向公众的交流"（贝尔纳，1982）。也有学者试图把科学传播划分为四个阶段，即科学共同体内部的传播、跨专业间科学传播、教育层面的传播、普及层面的传播（Cloître and Shinn，1985）。然而在现实之中这四种形式总是并存的。因此，从受众角度而言，科学成果图像传播的受众可以分为五类人群：科研团队、科学共同体、交叉领域学者、科学公众以及社会大众，如图 2-15 所示。

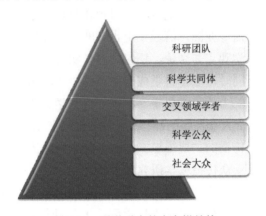

图 2-15　科学受众的金字塔结构

次要受众：科研团队与普通公众。某些大型科学实验动辄需要上千人共同完成，科研团队自身也存在着梯队结构，所以科研团队内部的沟通和理解也不容忽视。但科研团队自身之间的沟通多以会议和内部交流为主，文字及图像这样正式的成果及形式创作时间长、时效慢，并不适合作为内部交流的主要形式。吕晓宁认为，中国公众对于科学知识的理解来自常识生活的实践行为（吕晓宁和蔡海燕，2009）。有学者提出，我国公众的科学知识样态与人的生命活动不可分离，侧重于常识生活的实践行为，尤其是在人的生活视野里获得体现，生成的科学知识存在于人的生活土壤之中，是一种生存论语境下对生活本身、对现实经验世界的探究活动（刘宽红，2011）。前沿科学成果通过各种传播渠道到达社会大众往往需经过较长的时间，当成果和民生之间产生某种必然的推动联系，或者在各种媒介对于科学成果关键词的持续投放中，才能够引起普通大众的关注，因而一般社会大众不是科学最新成果传播的主要人群对象。科研团队和一般社会大众是作为前沿科学成果的次要受众。

主要受众：科学公众。科学图像的对象主要为中间三类人群：科学共同体、交叉领域学者以及社会大众中具有较高科学素养且关心科技资讯的人群。"科学共同体指的是遵守同一科学规范的科学家所组成的群体。在同一科学规范的约束和自我认同下，科学共同体的成员掌握相似文献和接受基本相同的理论，有着共同探索目标"（黄海峰，2011）。因此，"科学公众"是指具备高于一般社会公众的科学素养基础、具有科学类知识信息获取主动性的人群，一般为科研机构工作人员、学者，以及科学传播、科学教育、高新技术领域工作者等具有较高科学素养并关注科技进展与社会发展的人群。"科学公众"会涉猎多个专业领域的科学知识，其针对某个专业领域的科学素养虽然达不到业内科研工作者的水平，但远远高于社会大众的平均科学素养水平。"科学公众"是科学前沿成果在社会大众传播时的重要受众人群。

笔者曾采访果壳网创始人姬十三关于果壳网前沿科技新闻的读者对象，发现主要的受众为大专或大学以上学历，具备较高科学素养的信息产业、创新型工作人群。

即使是高水平的科学家，在接受来自某个领域的科学知识时，只有和自己研究领域相同或者相近时才能称之为业内同行。当学科相关度下降时，高水平科学家会转变为跨学科学者；当学科相关度极低甚至无关时，高水平科研工作者会转为"科学公众"的身份。这时与一般的科学公众具有的共同属性为：科学素养较高，注重视觉感受。所以前沿科学成果传播的主要受众从身份角度，可以界定为两类：科学家和科学公众。这两者的交叉部分即是跨学科领域的科研工作者，随着跨学科交叉的领域越来越广、越来越多，这部分人群还有不断扩大的趋势。

一、以科学家需求为导向的图像

顶级前沿科学成果的交流，往往先以科研成果论文的形式发表在业内具有影响力的期刊上，以便于让业内同行尽快了解到该方面的最新进展。在科学成果的视觉设计上，科学家也总是出自一种"推己及人"的换位思考，如同面向课题组成员进行解释般来进行视觉设计。因此，论文中的原图或者一些原理示意图等都适合作为视觉传播的内容，就像图 2-16 左图这样，氢燃料电池的钯催化剂是发表在 *Science* 上的一篇科研成果，学术图片强调结构及过程的准确性和直接性，与图 2-16 右图的新闻图像有所不同。专业领域相同或者相近、具备较高科学素养、熟悉专业领域基础知识、共同关注专业新动向的业内同行，与科学成果的发现者即科学内容的传播者具有相同的语义空间。因此在视觉传播信息的设置上，无须设置过多彼此都非常熟悉的背景信息，重点应表现出科学成果最具有创新性的核心内容。科学成果传播者与业内同行的交流最为简洁、直接。针对具体的科学问题、采用了何种研究方法、取得了哪些突破性的进展是最受关注的，同行专家甚至能够一眼识别出这项成果的实验还有可能存在哪些问题，或者这个问题在目前的研究基础和实验条件下是否能够解决，甚至能够慧眼识别出是否为"伪造的实验和结果"。

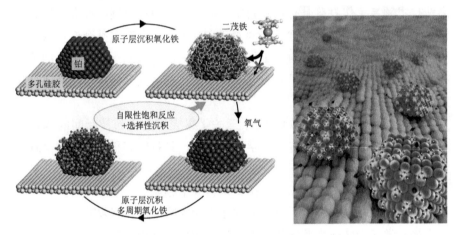

图 2-16　氢燃料电池的钯催化剂学术图与新闻图对比

（右图为王国燕、马燕兵原创）

科学成果针对业内同行的视觉传播，科学性的要求一般高于艺术性，视觉设计传达的信息务必准确，尽量表现出科学成果的核心创新点：即采用了何种实验、获得了怎样的数据，从而解决了一个怎样的科学问题。因此，学术性极高的专业性期刊封面上经常会放置论文中的科研数据结构图、实验的动态过程模拟图以及实验对象的分子式符号。

二、以公众理解为导向的图像

同样的科学成果，若不变换视觉传播方式，公众是难以理解的。这就好比科学成果论文并不适合直接拿给社会大众来阅读，而科技新闻则更容易作为社会大众获得科学进展成果的途径一样。公众对于科学成果视觉传播形象的接受度，来自科学成果的价值与公众的兴趣点之间的匹配程度。Leslie 和 Thomas（1983）认为，了解公众状况、特征需求及兴趣点，是知识传播者所必须具备的最重要技能之一。这决定了需要为受众提供什么样的信息，并采用何种形式来表达这些信息。

科学公众对于科学的理解和解读能力，介于普通社会大众与专业人士之间，他们一般具有较好的教育背景和一定的科学知识基础，且具有一定的审美鉴赏能力，故以科学公众为导向的视觉传播，需要在科学内容、视觉形式上均有较好的表现特点。

科学研究机构也开始鼓励和引导科学图像创作。自 2003 年开始，美国 *Science* 杂志和 AAAS 每年联合举办全球科学可视化挑战赛，其获奖作品通过出色的艺术表现力来提升科学成果的视觉冲击力，促进公众对科学的兴趣。美国材料研究学会从 2006 年开始每年举办一次主题为"作为艺术的科学"的图像创作竞赛，其立意是"科学图像经常扮演传达信息的媒介和承载艺术品质的角色"。英国皇家显微学会从 2008 年开始举办图像竞赛，以表彰微观世界那些令人惊叹的美图。美国西北大学从 2010 年开始举办"捕获科学之美"活动，展示科学研究中发现的美丽瞬间。

需要关注的是，尽管科学图像的创作受到了一系列鼓励与激励，但它似乎仍被定位为这些机构对外活动的一部分，而不是被视为科学家们自己的活动。

科学研究与新自由主义西方国家的"创新经济"密切相关，从实验室工作台到可销售产品的距离在不断缩小，这使得投资者、企业家、监管者和决策者能够对科学研究进行快速评估，使它的意义一目了然。在此创新经济环境下，科学传播也在发生变化，它更多地强调承诺而不是预测，更多地通过情感而不是认知内容来起作用，图像传播促进了这种情感交流。

视觉表达能够跨越不同的文化背景、语言环境，通过感性直观的"读图"就可以让受众快捷地接受科学新知，留下生动形象的记忆。相对于视觉感知表现形式的"看见"，以及把握视觉表征内容的视觉理解层面的"看懂"而言，"看好"则是在传播交流层面知识可视化视觉表征价值的体现。而科学可视化的创建不能仅靠大型计算机的视觉化模拟运算自动生成，更需要从视觉传播的角度来分析和研究，使科学成果以更生动的形象实现更有效的知识扩散。深入研究顶级基础科学研究成果的视觉表达机制，对科研工作者乃至社会大众对科学新知的理解和关注都有着重要的价值。

就传播途径而言，视觉传播的形式可以达到最大效果的信息传递。"视觉信息传播分为两种形态：静态视觉信息传播和动态视觉信息传播，分别对应着两大类型的视觉艺术样式"（李强，2005）。静态传播形式如广告、海报等，所承载的形象着重于对形象的深层次发掘，侧重于对外在形象的表达，全力创造准确、鲜明、简练的画面，给人"一目了然"的感觉。与之相对应的，动态视觉传播的优势在于对场景的逼真呈现，营造生动、真实和强烈的现场冲击力。

三、科学性与美学性

正如包豪斯学派倡导的"建筑是各种美感组合的实体"，科学成果图像强调的是美观、功能和效益的整合。不仅应从理性的角度展示图形的逻辑结构，更要看重人的视觉思维对于设计对象的理解和联想；不仅要强调客观的形式美法则，更要让观赏者深入其中品味美的观念和内容。

科学图像的美学特征体现在图像的设计应庄重、雅致、朴素、大方、立意深邃等方面，且其设计应符合平面构图的基本规律，满足视觉美观的要求。具体来说，是指包括点、线条、色块、图形、语言等元素的组合与布局，色彩的对比与均衡，画面的分割与统一，以及光影、比例、虚实等多方面的串联、关系调和等。科技期刊封面与一般的平面设计有共同遵循的原则，因其内容独特还需要能够发散出不同的艺术气息，需要创作者细心揣摩。

科学图像表达的是科学知识，其首要构成是科学性。围绕科学成果进行图像构建并非一项孤立的美术工作，也不是抒发个人情感和态度的艺术输出品，它是要通过图像向读者介绍前沿的科学进展。生动、直观的视觉表达，不仅有利于科研工作者内部横向的信息交流，也因其降低了由大量演算数据、专业术语带来的理解难度，也有利于增强公众的科学意识和提高科学素养。这里的"科学性"不仅要求图片能正确且精准地表现和解析科研成果，也要求其必须合理、简明、易懂地将这些信息传达给受众。创作者在将视觉元素进行有意义的组合时，切忌过度联想，将象征和隐喻符号刻画得过于复杂和晦涩。读者对科学图像和封面的审美是建立在可理解、可把握的基础之上的。同时，科学成果展示图不同于科学幻想画，可以允许在一定程度上表达对科学研究的期许和展望，但要切合实际而非天马行空，否则会背离科学视觉传播的初衷。

四、形式服从于传播效能

为了通过视觉形象有效地传播信息，科学可视化的视觉表现应在"信息骨架"上充分发挥"视觉修辞"的作用。视觉修辞的最终目的就是"使传播的信息备受关注并取得最大限度地理解和接受"（张浩达，2011）。视觉修辞探讨如何以语言、图像以及多媒体综合符号为媒介取得最佳的视觉传播效果，强调图形、图像的合理及创新使用。因此，选取的图像、图形应有某种明显的象征意义，这种象征意义既包括之前已存在人们脑海中的观念，也包括对视觉作品赋予的新含义。同时，图形图像的衔接与组合要自然，并能吸引受众的视觉注意力，对于重点要突出的信息须进行特殊的加工处理，以达到有效的视觉传达目的。

每件让人感受美好、记忆深刻的视觉作品中的每一个视觉元素都不是草率放置的，都是为了获得更佳的传播效果而精心布置的。视觉修辞中常用到的特定颜色以及特定图形都被传播者赋予了普遍性与普适性的意义，并留出了一定的想象空间。视觉受众在接受这些可视性符号时，会根据常识性的视觉指代关系去解读这些符号传达的信息及意义，并充分发挥理解力和想象力去填补那些预留的想象空间，从而达到最好的视觉传播效果。视觉修辞的目的是提高视觉语言的表现力，增强视觉传播的效果。与语言修辞一样，视觉修辞的形式也有比喻、拟人、夸张、象征、借代等等。视觉修辞包括准确性、可理解性和感染力三方面的要素，为了实现最大化的传播效果，需要对其所运用的各种视觉修辞形式及成分进行合理的配置与组合。

从严格编码的角度，科学可视化可分为三种类型：

● 由严格的编码规则计算生成的可视化——可以被机器阅读解码并还原信息，例如，根据数据运算直接生成的图表。

● 由一定基本规则计算生成，但为了便于理解过滤掉一些信息，或者将有效的信息放大，以便发现信息之间的规律，例如，经典的科学可视化。

● 以人的视觉感知为出发点，采用视觉设计手法对科学信息进行符合人的视觉阅读习惯的艺术化加工，以达到有效地理解和沟通交流的目的。

五、结构服从于视觉认知

感觉理论强调大脑对于色彩、形式、景深、位移这四种视觉元素做出的反应。在综合理解视觉信息时，大脑的判断遵循相似性法则、接近性法则、连续性法则以及公共目标法则这四个法则。形象感觉是大脑对视觉元素和视觉形式进行关联组织和分析判断的结果。

知觉理论主要关注人们对所见物体产生的意义联想。若一幅图像中包含着共识领域的视觉符号，就会显得比较有趣且易被记住。图画中的符号若过于复杂或者并非大多数人能够理解，这将是危险的，因为极有可能被误解、忽略或者错误地取义。

认知理论提出，人脑是一种无限复杂的生命器官，大脑通过记忆、投射、期待、选择、适应、显化、失谐、文化和文字等能够影响形象知觉的活动方式，促成对视觉形象的认识和理解。

从人的视觉认知角度，可视化的目的是提高人的视觉阅读，因此信息的可视化编码需要建立在对人的视觉认知模式和视觉阅读习惯的基础上，才能被准确理解。感觉理论、直觉理论和认知理论都从不同的角度探讨了人脑对于视觉信息的理解，科学可视化的形式结构应该服从于人对于视觉图像的认知与感知习惯。

第三节　前沿科学可视化形态

科学成果的视觉表达是对科学成果进行符号化提炼与视觉再现的过程，读者通过视觉符号读取其所传达的科学意义，从而增进对科学成果的感受与理解，强化科学传播的效果。面向公众的科学形象化有 5 种比较常见的展示形态。

一、形态之一：学术插图

学术论文中使用大量的图像。很难想象自然科学的实证研究论文如果没有图表来辅助，如何才能把研究的发现清晰地呈现出来，这仅凭文字通常是较难做到的。因此学术论文中高水平的学术图像可以提升论文的质量。反之，不合适的配图则会影响读者对论文的观感，从而起到反作用。不少科研工作者，包括在读的博士生、研究生等可能都有这样的体会：千辛万苦得来的实验结果，却不知道该如何展现给别人。处理一张图可能会花费大量的时间，且图像质量的好坏一定程度上影响了论文能否被录用。

事实上，随着电脑绘图和出版技术的进步，研究性图像也呈现出艺术化的美学倾向，*Nature*、*Science* 以及其他学术期刊的论文中图像所占版面在不断增多，其中的插图也越来越精美。究其原因，一方面是创意制作、媒体出版以及科学成像新技术在不断地驱动，另一方面是图像创作者和图像阅读者亦是感性和理性共同体的人，是科学表达和艺术审美双重需求驱使下的人，因此，科学性和艺术性在科学图像中总是相生共存。研究性图像虽然可能承载了更多的科学信息，但其观感的舒适性以及可读性等视觉表达亦是不可或缺的要素。因此，研究性图像和科普性图像性质和功能定位虽有不同，其根本共性仍然是科学和视觉形象的融合，并且这种融合正在不断走向更为优雅的视觉表现，诠释着人类文化从文本时代转向视觉图像时代之大趋势。

然而，由于学术论文配图专业性较强，具有艺术美感的图像尚未成为主流。阅读对象一般为同行学者，而跨专业人士以及社会大众一般难以读懂，兴趣也相对较弱。

二、形态之二：科技期刊封面图

期刊封面是创新知识扩散的重要视觉媒介。提起科技期刊封面，很多人的脑海中会浮现出以下图像：红皮书、蓝皮书、黄皮书、白皮书等。长久以来，作为专业前沿知识交流分享的平台，不少科技期刊在很长的时期内使用了简约、严肃的风格作为封面。

然而随着视觉文化时代的到来，图像的吸引力在不断增强，科技期刊的封面也发生着巨大的变化。例如，世界三大学术期刊 *Nature*、*Science* 和 *Cell*，它们的每一期封面上都讲述着一个最新的科学成果的故事，称为 Cover Story——"封面故事"。

这些 CNS 封面故事以其生动且富有感染力的形象，很好地展示了与之相对应的科学成果，这很可能提高其在业界的关注度，带动科学新知的扩散效应，从而推动科学新知在社会大众中的影响力。值得注意的是，这些适合作为封面的科学成果图像，一般要求论文作者提供，以确保内容的科学性和准确性，美编则主要从艺术审美方面来进行把关，顶级科学成果的封面故事就由此产生。目前国内只有约 5% 的学术期刊封面是和当期期刊重要文章有关的图像，而国际科技期刊封面上的图像使用比例远远高于这个数字，这在后续相应章节中将进行详细的展示和分析。

三、形态之三：科技新闻图像

科学成果作为科技新闻报道的同时，辅以准确、美观的图像一方面能够引起读者对新闻的注意，另一方面能够促进读者对科学成果的理解和记忆。以下科技新闻图像案例来自由中国两院院士评选的"中国十大科技进展新闻"和"世界十大科技进展新闻"图像。

"基因剪刀"首次治疗遗传病是 2021 年的世界十大科技进展之一（图 2-17）。英国伦敦大学研究人员首次利用 CRISPR 治疗罕见致命肝病，该方法依赖一种包含编码 DNA 剪切酶的 mRNA 和另一种将其引导到特定基因序列的 RNA。在这个世界级的科技成果报道中，用了一种艺术化的方法展现了"基因剪刀"的形象。

图 2-17　　"基因剪刀"首次治疗遗传病
（创作者：Ella Maru)

　　在生物学科技成果中，与基因一样较多的表现内容就是干细胞，对于一般大众来说，"干细胞"离我们的日常生活似乎很遥远，但它又是我们自身的重要组成部分。在近年来的"世界十大科技进展新闻"中，多采用展示显微镜或更精密仪器下的微小细胞的方法（图 2-18、图 2-19)，以展现干细胞的动态性。

　　2020 年 12 月 17 日，"嫦娥五号"返回器携带月球样品（图 2-20)，采用半弹道跳跃方式再次返回，在内蒙古四子王旗预定区域安全着陆。月球土壤中存在天然的铁、金、银、铅、锌、铜、锑、铼等矿物颗粒，但其结构很松散。"嫦娥五号"月球土壤中外来岩屑能为认识月表物质翻耕迁移过程、月壳岩石组成多样性、月壳地质演化等提供制约信息。

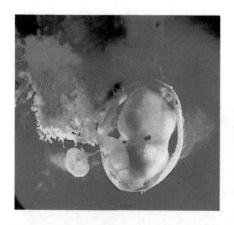

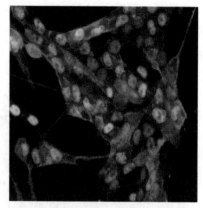

图 2-18　美国和英国胚胎干细胞研究获新　　　图 2-19　德国首次从皮肤细胞中培养出
　　　　　进展　　　　　　　　　　　　　　　　　　　成体干细胞
　　　　（创作者：Lennart Nilsson）　　　　　　　　　　（创作者：Hans Schöler）

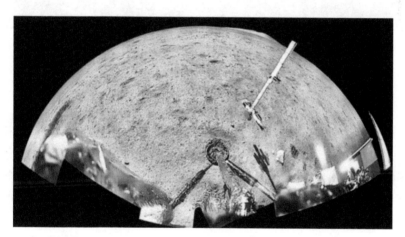

图 2-20　"嫦娥五号"完成我国首次地外天体采样返回之旅

　　大多数物理实验要借助一些重要仪器，或者研究本身就是制造出一些
重要设备，所以相关报道图像中的主角常是这些设备仪器，例如，2020 年
中国科学技术大学潘建伟、陆朝阳等组成的研究团队与中国科学院上海微
系统与信息技术研究所、国家并行计算机工程技术研究中心合作，构建了
76 个光子的量子计算原型机"九章"，实现了具有实用前景的"高斯玻色
取样"任务的快速求解。根据现有理论，该量子计算系统处理高斯玻色取
样的速度比目前最快的超级计算机快一百万亿倍（"九章"一分钟完成的
任务，超级计算机需要约一亿年）。等效地，其速度比 2019 年谷歌发布的

53 个超导比特量子计算原型机"悬铃木"快一百亿倍（图 2-21）。这些图
像的焦点都对准了独特的仪器设备，真实再现了那些在现场才能看到的实
验设备或者实验成果。

图 2-21 "九章"问世，科学家达到"量子计算优越性"里程碑

四、形态之四：科学动画与演示视频

以视频动画的形式来展示科学世界的物质形态及其运动、变化规律，
尤其是在展示物理学、化学、生命科学、纳米材料等微观领域中的分子与
原子的运动、病毒扩散、微观生命运动等，以及天体物理、气候变化等宏
观领域，科学可视化视频动画都有着重要的应用，其以生动、富有视听冲
击力的形象促进着受众对科学内容的理解与关注。

图 2-22 所示的视频图组是由明尼苏达大学材料学专业的梁琰博士制
作的科学可视化影像作品，其以清晰的 3D 演示动画展示了艾滋病病毒的
外部及内部结构。

2013 年，梁琰加入了中国科学技术大学的科技传播系，并开始了"美
丽化学"系列作品的创作（图 2-23），用视频的形式记录下显微镜下的化
学反应过程，让枯燥的化学实验充满了艺术气息，用艺术向公众展示科学
之美。他的作品获得了由 *Science* 杂志和美国科学促进会共同主办的国际
科学可视化竞赛的视频组专家奖。

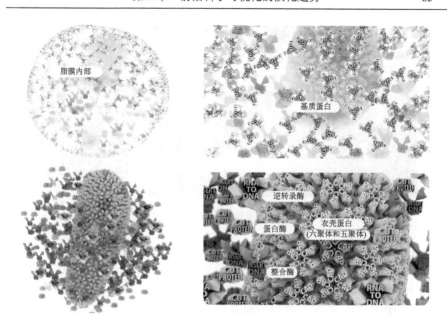

图 2-22　艾滋病病毒结构动画
（创作者：梁琰）

图 2-23　美丽的化学反应
（创作者：梁琰）

　　图 2-24 是中国科大侯建国院士等 2013 年 6 月 6 日在 *Nature* 上发表"亚纳米拉曼成像"成果之后，科技传播与科技政策系的周荣庭、谢栋、王国燕等做出的科学可视化新形式的尝试，他们围绕此次试验过程及原理设计并制作了科学可视化视频演示动画。

图 2-24　亚纳米拉曼成像实验过程演示视频（视频见二维码）

五、形态之五：VR/AR 及交互式体验

除了线性的视频和动画外，交互式媒体形态的科学可视化作品与产品越来越层出不穷。例如，苹果公司斥巨资创作的数字教科书《地球上的生命》，作为一本数字图书，非线性地穿插着大量影音资料，让图书的图像内容得到了极大发挥。图中鳟鱼的内部消化系统、神经网络、血管分布等从多个视角可随意切换观察。

VR 以及 AR 的应用，更是为形象科普注入了前所未有的巨大空间。此外，元宇宙作为虚拟的数字空间，通过计算机生成的虚拟现实环境，用户可以在其中进行与科学内容相关的交互、沟通和体验。通过虚拟科学实验室、虚拟科学之旅、交互式科普游戏、虚拟科学演示与模拟、虚拟科学馆游览等方式来提供全新的多媒体科学体验。由于视频和交互式影像在广义概念上已超越了科学图像的范畴，因此本节只是介绍性提及。

可视化有两种含义：一指大脑内部的视觉意象，二指对外部图像的视觉感知。科学可视化的主要作用是通过外部图像影响大脑内部的认知。这种认知模式在科学研究中有重要的作用，既是科学家们本身可视化认知的需求，也是基本的科学研究方法之一，还是科学共同体内部达成科学共识的工具。科学可视化技术的发展趋势也与认知模式有重要联系：计算机图形学的发展驱动科学可视化技术的发展，其发展方向为逐渐增强的外部感知以促进内部认知。科学可视化传播过程中的 5W 要素：传播者、受众、可视化对象、流通渠道和目的，这些均在发生着变化。科学成果图像传播的对象主要为三类人群：科学共同体、交叉领域学者和科学公众，其中的科学公众一般为科研工作者、研究型学者、科学传播工作者等具有一定科学知识的研究型人群，他们是非学术图片类科学成果图像传播的主要受众人群。

第四节　前沿科学可视化的应用领域

科学可视化的应用领域包括科学研究领域、科学普及领域以及教育教学领域。在科学研究领域，科学可视化在很多情况下指的是科学数据与信息的图像化，比如医学成像、人类基因组图谱、气象数据分析等。这是作为计算机与信息可视化的主要应用领域，侧重于利用计算机图形学来创建视觉图像，帮助人们理解那些规模庞大、信息复杂的数字所呈现的科学概念和科学研究结果。

在科学普及领域，科学可视化指的是对科学研究中的实体、现象和过程进行适当的艺术加工，将科学中的美丽与奇妙展现在大众面前，让更多人了解科学，激发他们对于科学的好奇心。国外有很多高水平科学可视化公司，如 Hybrid、Cosmocyte、XVIVO、Medical Animation 等，其科学可视化实践项目主要来自科学博物馆、科教电视节目、高科技公司等。

在科学教育领域，科学可视化可理解为通过图形、图像等手段，把科学知识更为直观、有效地传递给学生。由于信息技术的发展带来了平板电脑等数字化设备的普及，数字化教学模式受到重视和欢迎。

一、科学可视化技术领域的研究

可视化方法是人类的一种基本认知技能，在科学的发展过程中一直有着至关重要的作用。视觉表征可以帮助科学家完成很多任务，例如，从数据中分析或发现线索和规律，或者同不同对象分享与交流科学知识。可视化方法在近现代科学研究中的应用可以追溯到近现代科学诞生的文艺复兴时期（包括星图在内，古代或更远古时代的图像是一种对自然界认知的记录，可不包括在内），数学透视法、透明法、切/剖面法等绘画方法的发明推动了人类对自然界的认知，其代表人物达·芬奇绘制了大量关于科学和技术的手稿。自 1987 年 McCormick 在一次会议上提出"科学计算可视化"概念后，可视化方法更是被大量应用于处理科学研究产生的海量数据和信息，在物理学、生命科学、宇宙学、医学等领域都产生了非常重要的影响。

在这一发展过程中，对科学可视化技术发展作出贡献的主要是开发可视化技术的计算机图形学家，以及应用可视化技术的科学家。他们虽在各自的领域中进行相关研究，但产生了很多交叉研究的成果。这些成果如此丰硕，以至于我们很难将其中的重要成果一一列出，仅列出以下成果：

● 利用 X 射线和超声波的穿透效应进行的人体或其他物体的内部结构成像；

● 包括 X 光、超声波、CT、PET、MRI 等各种成像技术在内的医学影像；

● 冷冻电镜的发明及其对微观生物学研究的推动；

● 射电望远镜与空间望远镜的发明对遥远宇宙的探索的推动作用；

● LHC 和 LIGO 利用计算机处理海量的传感器数据并分别发现了希格斯玻色子与引力波；

● 与地理系统结合的地理信息图像帮助人类了解地球上的变化；

● 拉曼成像技术帮助科学家看到分子的"外观"；

● 微弱神经电流的成像技术帮助脑科学家了解大脑和神经的运作机制。

二、科学研究中的科学可视化

众多的科学可视化技术专家和科学家在探讨一个问题：可视化技术对于科学的作用是什么？在"科学计算可视化"概念提出的六年后，1993 年的计算机图像学与交互技术大会上，专门进行了一次名为"可视化是否必须：科学、工程和医学中可视化的功能"的专题研讨，各个领域的专家都发表了自己的意见。Gershon 和 Miller 认为："可视化技术已经在地球科学中广泛应用，3D 技术的发展及对大数据集的处理技术能够使地球科学研究更加高效。"John Gass 认为在空间科学中，可视化研究几乎意味着一切。Robert Langridge 的发言列举了实时 3D 渲染、时间切片、实时矢量着色等计算机图形学的进展对分子生物学的推动。Hans-Peter Meine 介绍了临床医学中计算机断层扫描（CT）与核磁共振（MRI）两种技术的重要作用。整个研讨会中充满了对科学可视化技术的应用及其未来发展前景的乐观态度。

这种乐观情绪一直延续至今，计算机科学领域的开发者与科学研究领域的应用者都对科学可视化技术的必要性和效果给予了高度重视，连视觉艺术领域也关注到了这一点。通过数字媒体和新的成像方法，科学与艺术之间的联系正在加强：视觉建模工具有助于科学研究，而科学插图的发展又推动了艺术的发展。NASA 作为全球最大的科学可视化技术用户之一，成立了一个独立的科学可视化工作室，以 NASA 的超大数据集为基础，结合图像处理技术与艺术创造力，创作出了各种精美的科学可视化作品。科学可视化技术成为科学与艺术之间的联结。

可视化技术本身也正逐渐被当作一门科学：可视化科学（visualization science）。Burkhard 是其中的重要推动者，在 2006 年的全球信息可视化会议上他发表了一篇论文《现在是时候将可视化建立为一门科学吗？》，为推动包括科学可视化、信息可视化、知识可视化在内的可视化技术成为一门独立的学科设定了时间表，并列举了绘制学科全景、清晰定义"可视化"、整合领域与目标等与学科建设相关的目标，期望可视化科学能够在 2020 成为一门成熟的科学。

三、科学传播与科学教育视角的科学可视化

从科学传播视角对科学可视化的研究更多的是偏向应用的研究。因为科学可视化天然具有的视觉传播力，很多科学传播者都喜爱在科学传播活动中使用科学可视化技术。甚至一些高影响因子的学术期刊，都开始注重期刊封面的视觉传播力。国际顶级期刊在其封面故事的视觉设计中，美学水准、视觉水准等方面都超过中国的期刊，也因此具备更好的传播效果。根据统计，如果论文登上封面且封面拥有较高的设计水准，那么该论文能够获得更高的被引率（王国燕，2014）。

从科学教育的视角看待科学可视化则有另外的评判原则：是否能够帮助学生构建心智模型。John Gilbert 推崇在科学教育中使用基于模型的教学法，并从认知心理学的表征理论出发，构建了基于模型的教学法的理论基础。他认为科学可视化是这种教学法的核心方法，是快速帮助学生构建心智模型的重要工具。Richard Mayer 作为多媒体教学研究的推动者，也从多媒体教学的角度认为科学可视化技术在课堂上的应用具有积极意义。Richard Mayer 还从 Baddeley 的工作记忆模型出发，通过观察学生在课堂上的认知过载效应，提出了科学可视化技术在科学课堂中可以作为有效降低认知负荷的工具。2006 年 Marcia Linn 在 *Science* 上的一篇论文表明：当科学可视化嵌入到精心设计的促进知识整合的课程单元中时，学生的表现要比常规课程组（无可视化）高出近三分之一个标准差。

当然对科学可视化在科学教育中的应用效果也存在一些争议。例如，对静态可视化（图片）与动态可视化（动画或交互）的教学效果评估，Höffler 和 Leutner（2007）对 26 项研究中的 76 个对比分析进行了元分析后发现，研究者们认为动画的效果略优于图片，但在具体单个研究中，

这两者孰优孰劣的结论不一。Chiu（2010）的研究发现学生在观看可视化资料后会出现一种对自身理解过高估计的"欺骗性清晰"。Linn 与 Hsi（2000）也发现几乎所有学习者都认为通过视觉材料学习的效果优于教科书和权威讲授，但除非学习者检验自己的理解，否则他们倾向于高估自己的记忆能力。

随着公众对科学的关注日益增强以及跨学科的交叉研究领域越来越广，公众理解科学、参与科学的程度不断提高。5W 要素的漂移是在目前的社会大背景下的科学可视化的必要演化，这同时也带来了科学图像形式上的改变：学术符号减少的趋势、艺术化表现力增强的趋势，以及通过更多比喻、类比的修辞手法来进行视觉故事表达等等。科学可视化图像不断在形式上服从于传播效能、服从于人的视觉认知习惯。

本章参考文献

贝尔纳. 1982. 科学的社会功能[M]. 陈体芳, 译. 北京: 商务印书馆: 398-418.

德波. 1995. 景观社会[M]. 纽约: 麻省理工学院出版社: 140.

黄海峰. 2011. 学习型高职思政课教研共同体建设的问题分析与范式构建[J]. 教育与职业, (11): 87-88.

库恩. 2016. 科学革命的结构[M]. 金吾伦, 胡新和译. 北京: 北京大学出版社: 66.

李强. 2005. 新媒体与视觉文化时代视觉设计转向[D]. 江南大学.

刘宽红. 2011. 公众科学知识价值取向与科学传播模式建构[J]. 当代传播, (1): 26-28.

吕晓宁, 蔡海燕. 2009. 视觉比喻修辞的符号模型构建——以广告为基础的视觉比喻修辞的符号学分析[J]. 东南传播, (6): 123-125.

让-马克·博奈-比多, 普热得瑞, 魏泓, 等. 2010a. 敦煌中国星空: 综合研究迄今发现最古老的星图(上) [J]. 敦煌研究, (2): 43-50.

让-马克·博奈-比多, 普热得瑞, 魏泓, 等. 2010b. 敦煌中国星空: 综合研究迄今发现最古老的星图(下) [J]. 敦煌研究, (3): 46-59.

王国燕. 2014. 科学图像传播[M]. 合肥: 中国科学技术大学出版社: 95-98.

张浩达. 2011. 视觉修辞在艺术创作中的诗性作用[J]. 雕塑, (3): 43-45.

Ainsworth S, Prain V, Tytler R. 2011. Science education. Drawing to learn in science[J]. Science, 333(6046): 1096-1097.

Andrews A M. 2012. Visual inspiration and cover art[J]. Acs Chemical Neuroscience, 3(7): 492.

Chiu J L. 2010. Supporting students' knowledge integration with technology-enhanced inquiry curricula[D]. Berkeley: University of California: 32.

Cloître M, Shinn T. 1985. Expository practice[M]//Expository Science: Forms and functions of popularisation. Dordrecht: Springer, 31-60.

Csuri C. 1974. Computer graphics and art[J]. Proceedings of the IEEE, 62(4): 503-515.

de Oliveira N M. 2006. Pythagoras' celestial spheres in the context of a simple model for quantization of planetary orbits[J]. Chaos, Solitons and Fractals, 30(2): 399-406.

Debord G. 1967. Society of the spectacle[M]. New York: Black & Red Publishing: 79.

Ferguson E. 1991. Computer graphics career handbook[M]. New York: ACM SIGGRAPH. : 34.

Hackett E J, Amsterdamska O, Lynch M, et al. 2008. The handbook of science and technology studies[M]. Boston: The MIT Press: 43.

Hammond K R. 1971. Computer graphics as an aid to learning[J]. Science, 172(3986): 903-908.

Henshilwood C S, d'Errico F, van Niekerk K L, et al. 2018. An abstract drawing from the 73, 000-year-old levels at Blombos Cave, South Africa[J]. Nature, 562(7725): 115-118.

Höffler T N, Leutner D. 2007. Instructional animation versus static pictures: A meta-analysis[J]. Learning and Instruction, 17(6): 722-738.

Johnson C. 2004. Top scientific visualization research problems[J]. IEEE Computer Graphics and Applications, 24(4): 13-17.

Jordanova L J. 1993. Sexual visions: Images of gender in science and medicine between the eighteenth and twentieth centuries[M]. Menomonie: University of Wisconsin Press: 1-18.

Kaiser D. 2009. Drawing theories apart: The dispersion of Feynman diagrams in postwar physics[M]. Chicago: University of Chicago Press: 76.

Kolijn E. 2013. Observation and visualization: reflections on the relationship between science, visual arts, and the evolution of the scientific image[J]. Antonie Van Leeuwenhoek, 104(4): 597-608.

Leslie A O, Thomas N. 1983. Principles of communication for science and technology[M]. New York: Mcgraw Hill Book Company: 47-58.

Lewenstein B V. 1992. The meaning of public understanding of Science'in the United States after World War II[J]. Public Understanding of Science, 1(1): 45-68.

Linn M C, Hsi S. 2000. Computers, teachers, peers: Science learning partners[M]. Mahwah: Routledge: 43-212.

Lynch M, Edgerton S Y. 2015. Aesthetics and digital image processing: Representational craft in contemporary astronomy[J]. The Sociological Review, 35(1_suppl): 184-220.

Maslow A. 1954. Motivation and personality[M]. New York: Harpers: 35-58.

Maslow A. 1970. Motivation and personality[M]. New York: Harper & Row: 43.

Reisberg D, Snavely S. 2015. Cognition: Exploring the science of the mind[M]. New York: W. W. Norton and Company: 57.

Rossner M, Yamada K M. 2004. What's in a picture? The temptation of image manipulation[J]. Journal of Cell Biology, 166(1): 11-15.

Rudwick M J S. 1992. Scenes from deep time: early pictorial representations of the prehistoric world[M]. Chicago: University of Chicago Press: 237-251.

Wang G, Gregory J, Cheng X, et al. 2017. Cover stories: An emerging aesthetic of prestige science[J]. Public Understanding of Science, 26(8): 925-936.

Woolfolk A, Margetts K. 2012. Educational psychology[M]. London: Pearson Higher Education: 34.

第三章 科学可视化的认知理论

第一节 可视化认知现象

一、 生活中的可视化认知

几乎每个人在生活中都遇到过这个认知问题：询路，即通过向旁人询问的方式以获得去往某处的路径。通常指路人都是从纯语言描述开始，然后慢慢地开始使用手势和肢体语言，例如，在空气中指指点点、躯体随之转动。看上去指路人像是正在经历一场虚拟的旅行，并希望以此阐明到达目的地的路线。有时非常戏剧性的是，指路者甚至拿出纸笔（或找一块石头在地上）画出路线图。指路人的讲解可能会类似这样："沿这条路向前走，看到一个大烟囱后右转"，或者"一直往东走，遇到第一个红绿灯路口转向南前行 200 米"，或者"一直向前走到黄山路与金寨路路口右转"。随着指路人的讲解，寻路人也会在大脑中进行一次可视化的过程。寻路人会在大脑中逐渐绘制一个配套着虚拟地图的路线图，或者记忆下关键的地标或路名。这幅路线图从完全空白到逐渐清晰，最终寻路人确认可以凭借大脑中的"路线图"寻找到目的地时，此次问路过程就会终止。指路人为了帮助寻路人构建这一幅地图，会采用上述的各种工具：语言、手势、肢体语言、绘画等等。当然有时寻路人并不会在大脑中产生"地图"，而是会记忆一系列的关键词汇。汉语成语"按图索骥"描述的就是这一种过程。这种在大脑中绘制"地图"的可视化能力，与人类的多种认知能力有关，例如，空间想象力、方向寻找能力、空间定位能力、距离判断能力等等，汇总起来其实是一种在大脑中进行路线可视化的能力。而指路人在句法表征之外所辅以的肢体动作和绘画，都是可视化表征的体现，它们能够很好地帮助问路人构建出一幅虚拟地图。

如图 3-1 所示，有一道智力题："有四条链子，每条链子有三环。如果要把四条链子连成一个圈，打开一个环需要 2 元，关闭一个环需要 3 元，

如何能够只花 15 元就做好这个圈？"（Rieber，1995）当我们考察解决这
道谜题的过程，可以清晰地看到可视化是一个非常重要的策略：如果仅使
用句法表征，解题者需要在大脑中想象四条各有三个环的链子，然后拆开
其中一环，与其他链子连接后再关闭该环，并且在大脑中对打开和关闭的
次数进行计数。整个过程在大脑中都是可视化的，即想象一个真实的场景，
并在大脑中操纵心智模型。虽然每个人都会使用上述的解题策略，但大多
数人发现仅靠想象来解开这道谜题仍具有相当的难度，因为工作记忆的容
量已经不能允许认知主体同时操作所有的四条链子。而一个可以降低认知
负荷的可靠方法便是在纸上画出这四条链子，然后再观察并想象如何仅用
15 元完成这个任务。这个方法创造了一个可视化的外部记忆，认知主体可
以利用其扩展自己的工作记忆（将超出工作记忆容量的部分存储在外部图
像表征中），直接操纵这个外部图像表征，将其作为本次解谜的输入信息。
在这种条件下，解谜者可以更容易地发现真正的解决方案：将其中一条链
子的三个环全部解开，并用这三个环把其他三条链子连接在一起。当然，
如果解谜者有四条真正的链子，他可能更容易发现正确的解题方法。

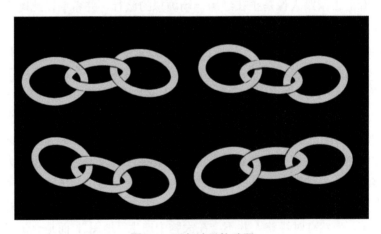

图 3-1　四条链子的谜题

　　还有很多问题被转化为某种可视的模式后就会降低解决难度，在数学
中这种例子更是数不胜数。但在实际情况中，人们经常忘记如何将一个问
题转化成视觉模式，并发现其中被忽略的可能性。因为在教育中可能比较
强调语言能力而非图像能力，导致大多数人的视觉素养缺失，会经常忽视
使用视觉策略来解决问题。诺曼（Donald Arther Norman，1935—）曾经提
出一个可以展示可视化解谜强大能力的游戏。这是一个可以两人进行的数
学游戏：有 9 张分别标有 1～9 数字的扑克，两人轮流拿取扑克，第一个能

用手中的任意 3 张扑克加出 15 的人获胜。这个看似简单的游戏对成年人来说依然具有挑战性，玩家不仅要关注自己手上扑克可能的组合，还需要关注对手可能的组合，具体而言，玩家在选择哪一张扑克的时候，不仅要考虑自己如何凑到 15，还需要考虑如何阻挡对手凑到数字 15。

很多第一次看到这个游戏的人都会觉得这个游戏很眼熟，因为它正是脱胎自井字棋游戏：把 1～9 填入井字格中，使其每条横线、竖线和斜线的三个数字相加和都相等。如表 3-1 所示，当玩家脑海中出现该表格时，游戏的策略瞬间发生了变化：第一位取数字的玩家肯定会拿走 5 以获取优势，此后的回合正常进行下去肯定是平局。这个游戏被一个简单的可视化策略完全破解，游戏者可以根据此图很轻易地选择下一步的应对策略，而若仅使用纯句法表征的方法则存在相当的难度。

表 3-1　井字棋游戏

6	1	8
7	5	3
2	9	4

如图 3-2 所示，这张图实际上就是中国古代的洛书，也被称为三阶幻方。古代数学家杨辉为如何排列三阶幻方编制了口诀："九子斜排、上下对易、左右相更、四维挺出"。虽然这是大多数中国人都很熟悉的一个图形，但当认知主体面对上述游戏时，却很难将游戏与三阶幻方联系起来。这又涉及一个重要的认知问题：在应用可视化方法时，认知主体的专业知识与经验起到什么作用？这不仅在于如何读解图像表征中的意义，还涉及如何创造能够解决问题的可视化表征。

图 3-2　中国古代的洛书

二、科学史上的可视化认知

为什么昆虫学家看到蜜蜂飞行能分辨出它们的飞行轨迹是 8 字，而在普通人眼中仅是乱糟糟的轨迹？为什么数学家可以从一堆数字中相对轻易地找出规律？科学家如何从表象中寻找解决问题的线索，一直是从普通大众到认知科学家都感兴趣的话题。

客观规律的真相往往隐藏于纷繁复杂的表象之下，而科学家的工作则是从这些表象中找到真相。"物体越重是否下落速度越快"就是一个曾被长期隐藏真相的问题。亚里士多德认为，物体的重量与其下落速度成正比。尽管对于现代人来说，该主张与日常生活经验并不吻合：难道一个 2 kg 的铁球下落速度会是 1 kg 铁球的两倍吗？但这在上千年的时间里并未被真正地质疑，直到伽利略的落体思想实验才驳倒了亚里士多德的主张。伽利略假设了两个小球，一个重一个轻，用一根绳子的两端分别连接它们。如果我们把它们从高楼往下扔，会发生什么？是因为"大球+小球+绳子"更重所以下落速度更快，还是小球拖累大球使其下落速度比大球单独下落更慢？这两种情况都不对，所以伽利略轻松地驳倒了亚里士多德。这一过程看似容易，实际上非常困难，有很多我们已经习以为常的科学知识，在长达千年的时间里并不为人所知，例如，地球围绕太阳转动、地球是一个球体、燃烧需要氧气、植物生长需要二氧化碳……

科学家们很显然掌握了一些重要的认知工具和策略，来帮助他们从表象中发现隐藏的线索。外部图像表征无疑是非常重要的一种，有几个具有较高说服力的例子可以说明科学家如何有意识地运用图像表征来寻找隐藏的线索。

第一个例子是关于板块漂移学说的。在很长一段时期内，人们一直认为地球大陆在地球表面冷却后一直保持其位置，从未移动过。然而，一些地质发现却令科学家感到困惑，例如，在南美洲东海岸和非洲西海岸发现了相同物种的化石。当时的解释多种多样，例如，两个大陆之间曾经有过陆地桥梁，动物通过陆地桥梁在两个大陆间迁徙。但是，这些假说都有难以解释的部分，例如，两个海岸之间拥有惊人的地质相似性。德国科学家魏格纳（Alfred Lothar Wegener，1880—1930）注意到大陆的许多轮廓相互吻合，就像巨大的拼图块一样，特别是南美洲东海岸与非洲西海岸的吻合程度让人称奇。他提出，也许曾经有一大块陆地，最终分裂成为现在各大洲，并在惠兹坦因、施瓦尔茨、皮克林、泰勒等的研究基础上于 1915 年发表了《海陆的起源》一书（赵文津，2009）。这个提议在当时遭到地质学家的嘲笑，因为大陆在坚硬的岩石上漂流的想法听起来非常可笑。直到约 20 世纪 60 年代，魏格纳的板块漂移学说才逐渐得到认可。目前的理论认为，地壳是由漂浮在地幔上的不同板块构成的，而魏格纳的可视化解决方案是最好地利用现有证据的方案（魏格纳，2006）。

如果说魏格纳发现板块漂移学说的灵感来自现有的图像表征，那么第二个例子则是由科学家为解决问题而主动创造的图像表征。19 世纪中叶，约翰·斯诺（John Snow，1813—1858）解决伦敦霍乱的方法展示了可视化方法的认知威力。1815 年，伦敦的供水公司为了争取客户，允许客户将污水排入泰晤士河，导致泰晤士河水持续被污染。到 1932 年初，伦敦出现霍乱，导致了社会恐慌。当时，主流观点如埃德温·查德威克（Edwin Chadwick，1800—1890）等认为霍乱是由瘴气引起的，包括供水公司和主流化学家都认可这一观点（毛利霞，2017）。约翰·斯诺采用了类似现代地理信息系统的做法，在伦敦地图上绘制了霍乱死亡案例的分布图，发现百老汇街水泵周围死亡案例分布密集，从数据上揭示了霍乱与饮水之间的关系（McLeod，2000）。虽然当局并未立刻采信斯诺的结论，但这一研究实实在在在推动英国于 1876 年颁布了《河流污染防治法》。英国成为第一个以立法形式规范河流污染的国家，斯诺的贡献终于得到了官方的认可（毛利霞，2017）。

第三个例子来自第二次世界大战，也是科学家将离散的数据按照一定的约束分布到某个图像之上，从而形成新的图像表征并显现出离散数据之间的规律。美国工程师采用了一种新策略来改进战斗机装甲。工程师研究了空战后幸存返回的飞机的中弹部位，并将每架返回飞机上的弹孔位置都画在一张图纸上，发现弹孔都密集于某些位置，并因此决定在这些弹孔之外的位置为飞机添加装甲，理由是基于一个前提：飞机中弹位置都是随机的，而没有返回的飞机必然被击中了在图片中没有标记的重要位置（Wainer，1992）。虽然这个案例经常被当作"幸存者偏差"的案例进行讲述，但我们依然能够从中发现工程师利用了一种可视化的策略：将来自不同飞机的数据叠加在同一张图片上，从而揭示了一些隐藏的规律。同样地，在同一个图像表征上"叠加"数据的可视化策略还被运用在绘制原子的电子云模型上。

总的来说，第一个例子是科学家从已有的图像表征中发现了新的信息，后两个例子是科学家创造了新的图像或改进了原有的图像，这些都表现出了科学图像在科学研究中的重要认知作用。即使如此，这些例子只能说明可视化认知对一些人起了作用，但可视化的认知并不像相机那样可以捕捉客观的图景，而是通过认知主体的全部知识、价值观、信念等因素对信息进行理解和解释。图式理论说明了，人们主动组织这些信息，于是他们看到他们希望看到的，相信他们希望相信的。与任何认知过程一样，通过外部图像表征来了解世界的规律很大程度上受个人先验知识的影响，因此也不可避免出现谬误。

罗威尔（Percival Lowell，1855—1916）是19世纪与20世纪之交的一位著名天文学家，在亚利桑那州创立了罗威尔天文台。夏帕雷利（Giovanni Schiaparelli，1835—1910）在1877年的早期观测中发现了在火星表面有一些有趣的细线，罗威尔根据这一发现，随后他用当时最先进的设备对火星进行了观测，也看到了火星表面奇特的长交叉线。罗威尔相信这些是火星古代文明建造的运河的遗迹，并推测古代火星人建造运河的目的是试图将水从极地引到沙漠。然而不幸的是，所谓"运河"只是一种光学错觉。这是一个典型的例子，基于初始模棱两可的证据触发早期解释，所有后续信息都来自主观判断，虽然有助于科学家在混乱的线索中寻找到秩序，但也经常会对我们不利。

哥伦布（Cristoforo Colombo，约1451—1506）的冒险永远改变了整个人类对于地球的认知，但这里并不准备讨论他航行的细节及其意义，而只是讨论哥伦布选择进行这次旅行的原因：他敢于进行这种探险的最令人信服的原因就是他大大低估了地球的大小，并过高地估计了陆地在地球表面的占比。如果他准确地知道地球的大小，那么几乎可以肯定的是，他和他的赞助者都会认为这次探险是不切实际的，也因此不会成行。几个世纪以来，地球周长问题一直是科学争论的源头，准确的数字是赤道每经度等于60海里，然而哥伦布选择的数字更接近托勒米的估计数字（每经度50海里），而且还莫名其妙地将这个数字进一步缩小到每经度约45海里。因此，哥伦布设想的地球只有其真实大小的三分之二，故而进一步认为地球表面大部分被土地覆盖。哥伦布估计，从加那利群岛到日本的旅程只有2400英里，而不是实际的11000英里。利用这些信息，哥伦布成功地为这样的旅程辩护。虽然他航行的结果是意外地发现了一个新的大陆，但是基于错误的数据推测出了一个错误的地图，哥伦布在可视化方法上所犯的错误值得注意。

第二节　可视化的认知哲学理论

一、　可视化认知研究的两种哲学进路

此处所涉及的两种认知科学的研究进路是自上而下的符号计算主义与自下而上的联结主义。这两种研究进路在研究可视化认知时都非常有用，因为在可视化认知过程中确实发生了基于符号的复杂的功能计算，也对知识表征进行了分布式的平行加工。

认知哲学中自上而下的研究进路基于一个前提：在人的大脑中拥有一些先验知识，能够对抽象符号进行计算并获得意义。因此，这种研究进路也被称为符号计算主义、计算主义或符号主义。

符号计算主义将人脑对信息的加工过程比喻成计算机对符号的处理，也被称为计算机隐喻，即人脑就是一个对抽象符号进行加工的系统，认知就是对抽象符号进行加工的过程（魏屹东，2016）。认知这一过程是独立于大脑的，大脑仅仅是偶然地具有了能够进行符号加工功能的器官，但认知并不必然依赖于大脑。任何一个能够进行抽象符号加工的系统，如电子计算机，都有可能进行认知活动。

符号计算主义的理论基础应该是纽维尔（Allen Newell，1927—1992）和西蒙（Herbert Simon，1916—2001）的"物理符号系统假说"，即智能行为可以通过对符号的基于形式规则的操作产生。他们在一篇文章中写道："对于一般智能行为而言，物理系统具有的手段是充分且必要的"（Newell and Simon，1976），所谓"必要"是指任何智能系统都必然是一种物理符号系统，所谓"充分"则是指任何足够大的物理符号系统都可以成为一个智能系统（博登，2006）。

在同一篇文章中，纽维尔和西蒙将自己的思想追溯到了罗素（Bertrand Russell，1872—1970）、怀特海（Alfred North Whitehead，1861—1947）、弗雷格（Friedrich Frege，1848—1925）（Newell and Simon，1976），而这三者的思想源头则是历史悠久的唯理论。唯理论的旗帜之一笛卡儿（Rene Descartes，1596—1650）用代数方法解决几何与物理问题，其独特的开创性在于重新定义了符号与其所表征的物体之间的关系。笛卡儿很快将这个概念扩展到了"思想"之上，认为思想是一种符号表征。霍布斯（Thomas Hobbes，1588—1679）与莱布尼茨（Gottfried Wilhelm Leibnitz，1646—1716）认为推理无非就是对这些符号的计算。笛卡儿、霍布斯与莱布尼茨等的唯理论思想构成了符号计算主义的哲学源流。

符号计算主义中的智能系统被比喻成计算机系统，可以遵循一定的规则处理抽象的物理符号（在电子计算机中就是"0"和"1"两种），从而实现智能功能。这种物理符号系统认为构成智能的符号是抽象的，将知识比作记忆中的一组节点，以某种抽象的形式保存信息，由任意符号（也被称为非模态符号）组成，与我们的真实世界的经验没有任何系统的联系。对于视觉认知来说，从上而下的研究进路可以解释对视觉刺激进行意义解释的认知现象。在传统的教材中，一般把视觉感知看作一系列自下而上的低级特征检测过程，并逐次输入到高级认知中。然而研究显示，受试者在分类任务上的表现与在检测任务上的表现一样迅速和准确，即当人看到一个物体的同时就已经知道它属于什么类别了（Grill-Spector and Kanwisher，2005）。这个物体是一种视觉符号，而它所归属的类别则是这个符号的语义信息。因此，视觉感知与意义读解是同时发生的，而并非按照某种特定顺序执行的。从上而下的符号计算主义可以很好地解释这一点，在人脑中有一部分处理规则能够快速处理图画中的符号，并将其转换为图画的意义。一些研究显示，提取这些语义信息的过程非常短暂，仅需要 150~200 ms（Oliva and Torralba，2006；Thorpe et al.，1996）。

然而符号计算主义也有自身的缺陷。最著名的对符号计算主义的质疑来自塞尔（John Roger Searle，1932—）的"中文屋论证"。在这个论证中，塞尔假设自己被关在一个屋子里，有一本记录着如何组合中文符号的英文指令书，他仅能通过与外界传递写着中文的纸条进行交流。假设他通过借助这本指令书，可以正确回答屋外中国人的提问，因此屋外人认为他懂中文。但在塞尔看来，他其实根本不懂中文，因为他不能理解中文符号的意义。塞尔用这个思想实验提出了对符号计算主义的质疑：通过规则对抽象符号进行计算，仅仅是语法的，而大脑的认知不仅仅是语法的，还是语义的；心灵不仅仅是一种形式，还是有内涵的（魏屹东，2017）。塞尔其实并不反对"计算机能思考"这样的观点，而是反对"任何东西仅仅因为具有某种正确的程序就被认为具备了智能"的观点。

德雷福斯（Hubert Dreyfus，1929—2017）的不可表征观也向符号计算主义提出了挑战。在其著作《计算机不能做什么》中，他表达的核心观点是：人类的智能行为不能被看作在一套形式化规则下进行的符号操作，而是受到了人类在世界上的存在形式的影响，而这种存在形式从原则上无法被程序化（德雷福斯，1986）。德雷福斯批判符号计算主义的强有力证据是，符号处理不能解决常识知识问题。他甚至断言：常识知识问题会引起人工智能的崩溃，因为人类不是按照通常方式使用常识知识的（魏屹东，2016）。

德雷福斯对符号计算主义的批判还集中在"专家系统"上，因为专家的知识是以大量常识为基础，而不是以规则为基础的。

符号计算主义在解释视觉认知的时候也遇到了不可解决的问题。斯滕伯格（Robert Sternberg, 1949—）描述了一个符号计算主义理论无法解释的视觉认知现象：神经元需要 3 ms 才能对刺激进行反应，因此"人在 300 ms 内仅能有 100 多个神经元可以对刺激进行反应，这与人可以在 300 ms 内辨认一个复杂视觉刺激的事实不符，因为整个复杂视觉刺激所形成的反射弧远远不止几百个神经元构成。这些都表明了人对信息加工的方式有别于计算机"（斯滕伯格，2006）。

在传统的视觉认知的研究中，从下而上的联结主义是更常用的一种研究进路。其兴起时间与符号计算主义几乎同时，在经过一段时间的冷落期后，随着深度学习系统的兴起又引起了注意，并且逐渐成为最近人工智能领域最火热的研究进路。联结主义通过模拟人脑的构成（神经元及神经元之间的联结）来发展人工智能，其理论源流可以追溯到赫布（Donald Hebb, 1904—1985）在 1949 年的研究。通过对两个神经元同时进行刺激，能够使两个神经元之间的联结强度更高（Hebb, 2002）。因此，基于联结主义的学习机制是：一开始占主导地位的反应是随机的，如果某种刺激能够强化特定的反应，同样的刺激再次出现时，同样的反应就会有更强的再现倾向。这种学习机制被应用在强大的 AlphaGo 上。AlphaGo 作为一个围棋的人工智能，抛弃了人类过往棋谱及任何人类围棋理论的学习，仅仅依靠输入最基础的围棋规则，通过自己与自己对弈就完成了围棋的学习并战胜了最强大的人类棋手。AlphaGo 的成功体现了联结主义认知观的本质：如果知识是联结的强度，学习则是对正确联结强度的寻找（McClelland et al., 1986）。

联结主义的基本特征是"无须先天知识""神经网络"和"分布式并行计算"。首先，与符号计算主义相反，联结主义所主张的以神经系统为基础的神经网络并不需要先天知识，而是通过大量的经验来进行学习，从而解决认知问题。其次，联结主义认为，认知不是按照特定逻辑规则处理符号的计算系统，而应当是激活有序动态活动的网络结构，类似于通过神经元联结形成的神经网络。这些神经元是组成知识的基本单元，但不是符号层面的，它们不具有语义信息，需要在外界刺激的基础上作为一个整体输出具有语义信息的结果。基于联结主义的认知模型是更接近于真实神经活动的认知模型，具有复杂的联结结构。知识并不储存在神经元中，而是储存在神经元之间的联结中。最后，在整个神经网络中，信息处理方式是平行的、非线性的、分布式的，更接近于大脑的真实工作状态。与符号计算主义的序列式信息处理方式相比，平行分布式处理更有效率。

联结主义的哲学基础与经验主义不谋而合。经验主义者坚决反对唯理论者所主张的"理智中存在一些天赋原则"，认为心灵是一块白板，由经验在其上进行书写。外界感官刺激所形成的印象在心灵中被抽象成为具有表征功能的观念，观念与观念进行组合与再组合就形成高级认知活动所用到的复合观念。休谟（David Hume，1711—1776）等经验主义者认为，由经验得来的知识不仅包括观念，还包括对观念之间的关系进行的推理，因此"一切从经验而来的推论都是习惯的结果，而不是运用理性的结果"，从而否认了人类认知可以得到"因果性"。

联结主义的认知模型能够更好地解释视觉认知的速度问题。即使每个神经元需要 3 ms 才能对刺激进行反应，但多个相互联结的神经元可以进行分布式的并行计算来处理视觉刺激，因而可以让整个视觉系统在短短的300 ms 内对复杂的视觉感官刺激做出反应，所涉及的神经元数量远远多于数百个。此外，联结主义还可以解释很多根据视觉进行的行动，例如，经常长期训练的棒球击球手能够快速地根据视觉信号来做出击球动作。但联结主义的认知模型需要通过反复的感官刺激来不断强化神经元之间的联结，基于联结主义的深度学习系统需要学习海量的图片才能辨别猫和狗这样简单的意义。这与人类认知的基本现象不相符，大多数幼儿可以在仅仅几次训练后就能够熟练地分辨出猫和狗、树和草的区别。AlphaGo 在挑战李世石之前进行了数千万盘棋的训练（David et al.，2016），而人类棋手终其一生最多也只能进行十万盘的对局。单纯用经验输入量来评估学习效率，人类远远超过基于联结主义的认知模型，因此联结主义无法完全复制人脑的功能和工作机制。

从目前的人工智能发展来看，联结主义似乎比符号计算主义更胜一筹，但其本质是一致的，即认知活动是一种抽象的形式规则和过程。丘奇兰德（Paul Montgomery Churchland，1942—）表示："联结主义并没有彻底否定功能主义有着两个重要的背景假设。第一个假设是，认知生物体确实在进行着某种复杂的功能计算。第二个假设是，无论什么样的计算活动都能够实现于不同的物理基础。"

二、巴特莱特的图式理论

记忆是人类获得经验和知识的最基本条件，与语言、思维、知觉等认知活动密切相关。早在古希腊时期，哲学家赫拉克利特（Heraclitus，544BC—

480BC)、柏拉图（Plato，427BC—347BC）以及亚里士多德就对记忆现象进行了研究。赫拉克利特发现，相对于听觉，阅读能够有更准确的记忆；柏拉图认为一切知识都是记忆；亚里士多德则认为记忆既不是感觉也不是判断，而是当时间流逝后，它们遗留的影响（魏屹东，2016）。无论如何，在对记忆的研究中都有一种"存储隐喻"，即被存储在大脑中或身体某些部位的对被记忆项的模拟物（哈瑞，2006）。

对记忆进行真正的科学研究开始于德国心理学家艾宾浩斯（Hermann Ebbinghaus，1850—1909）。他以自己的记忆为研究对象，使用无意义的音节为记忆材料，在不引起意义和联想的前提下，对记忆的过程和效果进行了研究。此后直到20世纪60年代，包括铁钦纳（Edward Bradford Titchener，1867—1927）、巴普洛夫（Ivan Petrovich Pavlov，1849—1936）、托尔曼（Edward Chase Tolman，1886—1959）等学者都在这种联想主义和行为主义的框架中研究人类记忆（魏屹东，2016）。这种研究进路希望把对记忆的研究变成"硬科学"，能够像物理、化学那样通过实验室的观察记录与研究得出关于人类心理的普遍规律。这些研究者大多希望完全抛弃形而上学的研究方法，认为形而上学会阻碍科学的发展。但这种研究方法很难回答记忆中到底存储着什么，即使表面上毫无意义的音节，在被存储到大脑中后，也与某些意义联结了起来。

巴特莱特（Frederic Charles Bartlett，1886—1969）是这种联想主义研究进路的反对者，他一直提倡将实证研究和形而上学结合。在他的理论中，记忆是一个仓库，存储的"物品"是"意象"。意象是有意识的有机体对外部环境刺激的一种响应。巴特莱特在著作《记忆：一个实验的与社会的心理学研究》中指出："要让意象进行交流，就必须使它自己用语言表达（巴特莱特，1998）"，而这种"意象的语言"就是心智表征，但它仅仅是存在于大脑中的图像，至于这种图像是不是世界中实在客体的表征，取决于表征者对于被表征对象的认知程度和理解程度（魏屹东，2012）。"记忆"则是在仓库中经过组织的全部意象，也是所有心智表征的集合，其中任何一个表征都是来自现实的，是感官信息、逻辑推论和重构的结合。罗姆·哈瑞表示："记忆某事就是处于一个对应于原先经历的事件或原先习得的惯例的长期不变的精神或物质状态。记忆只是形成那个状态的一个有意识的表征……"（哈瑞，2006）。

巴特莱特将"图式（schema）"这个哲学概念引入了心理学中对记忆的研究。他用这个术语专指"某种持续的但是不完全'安排形式'，而且它并没有指出对整体概念来说什么是最基本的，他们不时地完全和我们一起向前发展"（巴特莱特，1998），也即是过去反应或过去经验的组织，信息被图式组织后被表征到记忆中。在这里，"表征"被用作一个动词，可以理解为"将图式组织的信息转换为表征后存储到记忆中"。

巴特莱特试图用图式概念来解释基于"刺激-反应"模型的记忆形成过程。在他之前的记忆研究中，很多研究者认为记忆是过去零散的感官刺激及反应的存储，但图式概念解释了，在形成记忆之前，认知主体对经验进行处理，形成记忆图式，这些图式进而影响以后的认知处理过程。他认为记忆形成不应当是单纯的生物电流刺激与应激，也不是存储在认知主体内的个别独立事件，而是认知主体有意识地主动构建。在这个过程中，图式是对过去的反应或经验的主动组织作用，不仅使个别成分一个接一个地组织起来，而且还使之成为一个统一的、有机的"团块"，这些团块再组织成"情景"（魏屹东，2016）。图式将记忆过程具体化了，并且分布于从基本的感官体验到高级的情感、推理等认知活动。被这种记忆过程组织起来的心理图式就是表征。

这种记忆过程也可以被称为表征过程，图式是其中重要的一个环节。现代心理学认为："图式是组织经验的一种连贯的结构化表征，它不是经验的复制，而是对经验规律性表征的概括化……图式在社会与物质环境的交互作用中得以建立，它们组织和解释经验，其中知识的当前状态通过依赖于过去编辑体验所形成的图式予以定义和解释"（杨治良，1999）。图式概念的引入去除了记忆研究上的神秘色彩，阐明了感官刺激转化为记忆等高级心理活动的过程，强调了主体有意识地构建记忆。基于此，记忆过程不是简单的"刺激-反应"过程，而是由图式参与其中的一个表征过程。记忆中存储的被记忆物也不是简单的感官刺激与反应，而是认知主体主动重新组织后的心理图式。

三、基于图式理论的心智表征

巴特莱特的图式理论提出，提出图式可以将意象动态地组织成为心智表征，随时可能根据外界的刺激产生变化。这种形而上学的对表征动态性的归纳甚至得到了实证研究的支持。在巴特莱特著名的"幽灵之战"实验中，被试者在读完"幽灵之战"故事一段时间后进行复述，通过对比复述的故事与原故事的差异，发现被试者对故事进行了再加工，一些不易察觉的因素发生了作用。例如，其中一名被试者在时隔20小时后复述的故事表现出：①故事通过省略被大大缩短；②措辞更加现代化；③一些名词和概念发生了转换，如"船"取代了"独木舟"，"猎海豹"变为了"捕鱼"。在这名被试者时隔八天后的复述中，故事变得更加紧凑，"卡洛玛"这个地名也消失了（魏屹东，2016）。这说明，在记忆的过程中被试者的心理图式重新组织了原故事，并且随时间进展，存储的表征也随之变化。这是认知哲学中对表征特点的认识之一：心智表征是变化的，而非记忆的"存储隐喻"中暗示的"一旦存储不再改变"。

由于心智表征是记忆主体内部对外界事物的模拟，第三者很难完全感知其结构与具体内容，因此巴特莱特的这个实验仅仅展现了记忆是变化的，但有一些变化可能是由遗忘机制引起的。要深入研究心智表征具体存储的机制和变化的原理，还需要其他的一些研究方法：一种是通过被试者对记忆进行反思并将其转化为外部表征告知第三者，或者研究者反思自身记忆来研究心智表征（内部表征）的结构与内容；另一种是第三者通过被试者外部行为推断其心智表征（内部表征）。前者实质上是期望研究者对自己或被试者的内部表征进行再表征，受研究者和被试者变化性影响，很可能无法获得完整可靠的结果。后者的缺陷更加明显，虽然事实上我们并不知道自己对于内部表征的理解是否正确，但如果用同样的推断方法来研究计算机，我们会发现根本无法从屏幕上显示的图像、音箱里放出的声音来推导出计算机内部如何表征（存储与计算）这些信息。事实上，计算机压根不存储这些图像和声音，其内部完全使用 0 和 1 这两种符号来表征其能够输出的任何信息。

认知哲学中对于心智表征的第二个认识是：心智表征是零碎的。如果某位科学家拥有某种概念知识，他并非拥有该知识的整体复制品（例如，他们阅读的书籍、论文或听过的其他科学家的演讲），而是存储了该知识的部分表征元素。在解决问题的任务中，科学家从记忆中检索出部分信息，并利用图式进行再次组合从而形成新的图式，也即是新的表征。这一认识也得到了实证研究的支持。Loftus、Miller 和 Burns 在 1978 年进行了一项实验，给三组受试者观看描述一次汽车交通事故的幻灯片，并在此后分别给予三组受试者误导性信息、一致性信息、不相干信息。最终研究发现，无论事后给予何种信息，最终都被纳入受试者对该事故的记忆中（Loftus et al.，1978）。Franco 和 Colinvaux（2000）的研究也显示了心智表征零碎且不完整的特征。

心智表征的第三个特点是：零碎的心智表征可能随时以某种形式重新组合。目前我们能够肯定的仅仅是它们会重新组合，图式是它们重新组合的抽象机制，但它们何时会重新组合、在何种条件下以何种形式重新组合，研究者并没有确定的答案。我们在科学家的研究过程中、思想实验中以及众多的科幻作品中，都可以看到这种随机组合的内部表征。为了批驳"热寂论"，麦克斯韦（James Clerk Maxwell，1831—1879）设想了一个无影无形的精灵，在位于一个盒子中的一道闸门旁，允许速度快的粒子通过这道闸门到达盒子的另一边，而允许速度慢的粒子到达盒子的这一边。这就是著名的"麦克斯韦妖"思想实验（Gilbert and Reiner，2000）（图 3-3）。虽然通过这个思想实验的表述来推断麦克斯韦的大脑思维过程是充满缺陷的方法，但我们可以通过这种方法简单地看出，麦克斯韦在构造这个思想实验时，把很多零碎的可视化元素拼接在了一起：精灵、盒子、闸门、速度快的粒子、速度慢的粒子。每个受众都可以在大脑中使用这些元素构造出自己的"麦克斯韦妖"世界。虽然我们并不能通过这种方法了解麦克斯韦当时在何种情况下"灵机一动"，但依然看到了科学家在思考问题时把内部表征进行了重新组合，这在前沿科学研究中应用非常广泛。

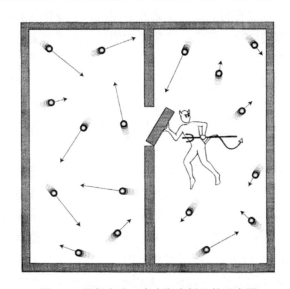

图 3-3　思想实验"麦克斯韦妖"的示意图

　　若要实现量子计算、量子模拟等量子信息过程，通常需要系统初始时处于能量最低的量子态，即基态，这就需要量子冷却。中国科学技术大学物理学院李传锋教授、郭光灿院士等实现了"麦克斯韦妖"式的量子冷却算法，通过引入了一个辅助量子比特并对其测量，使得待冷却系统的高低能量部分得以区分，再剔除高能量部分，从而实现待冷却系统的量子冷却，这个过程像一只能够轻而易举除去量子态中能量较高部分的量子麦克斯韦妖，因此被称为"'麦克斯韦妖'式量子算法冷却"。本项进展于 2014 年 1

月发表在 *Nature Photonics* 上（Xu et al.，2014），该成果提供了一种传统策略难以实现的量子冷却方法，并能够为普适的量子计算和量子模拟提供初始的量子态资源。图像创意借鉴了通过像麦克斯韦妖一样将量子态冷却到任何哈密顿量的基态的理论，通过手绘的方式表现了三个正在施加魔法的妖怪形态。如图 3-4 所示，最终精灵版的妖怪因为看上去更加聪慧而成为该成果的形象。

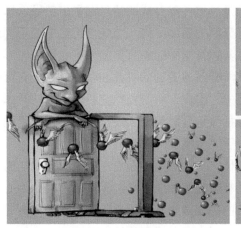

图 3-4　"麦克斯韦妖"式量子算法冷却创意图
（王国燕、陈磊原创）

　　心智表征的第四个特点是，包括任务性质、任务情境、主体情绪在内的多种因素都可能影响人从内部表征中建立意义。这一点与我们日常对记忆的认知不太一样。通常我们默认记忆检索是从记忆中原封不动地提取出知识，事实上我们所能提取的记忆不仅是零碎的，而且与提取之时的众多外部因素有关。教师在课堂上经常要求学生"记住学过的""回想读过的"，这都是基于一个潜意识中的前提：学生可以原封不动提取出记忆。而我们通常面对的情况是，要么学生只能说出零碎的记忆，要么复述出教师要求记忆的术语或句子，却并未在记忆中完整建构术语或句子的完整意义。科学家（专家）的内部表征与这些学生一样都是不完整的和零碎的，但不同的是，科学家在内部表征的质量和数量上有明显优势。科学家的另一个优势在于，他们拥有解决该领域问题的丰富经验，因为他们在过去的实践中汇集了大量该领域中的重要元素（Ericsson et al.，1993），而这通常是新手不具备的。

四、心智表征的多模态理论

即使心智表征是零碎的，但大多数人反思自己记忆时总是会得到一些完整的集合场景。例如，回忆一个郊游野餐的场景，视觉场景和青草的味道（嗅觉）、鸟儿的鸣叫（听觉）等感官信息一起出现。这种感官体验的集合鲜活生动到能够激发我们的情感，例如，当我们回想起与某人的争吵，我们就像观看了一场电影，能够听到声音甚至能够感觉到血脉偾张。其中最充满魅力也最让人困扰的是，这种集合式的情景记忆虽然经常以一个整体出现，但又不是一个不可分割的整体。同一个情景记忆中的不同感官体验元素能够被剥离，并且与其他情景中的感官体验元素相结合，形成一种完全崭新的体验。就如同郊游野餐感受到的鸟儿的鸣叫，完全有可能被音乐家加入到自己创作的作品中。因此，有必要探究心智表征的具体属性，它们是类似计算机文件那样抽象符号的集合，还是一种集合了视觉、听觉等人类所有感官体验的类似于"多媒体"的形式？

关于心智表征的具体属性，一般有两种观点：①非模态观认为心智表征是一系列类似计算机二进制存储的抽象符号；②多模态观认为心智表征是与人类感官知觉直接相关的类似多媒体的信息，也被称为知觉观。在很长一段时间内，这两种观点之间产生了很多争论。

非模态观将知识比作记忆中的一组节点。这些节点以某种抽象的形式保存信息，由任意符号（也被称为非模态符号）组成，与我们真实世界的经验没有任何系统的联系。我们可以使用词汇与词汇基本概念的关系做一个类比。拟声词等类别的词汇与它们关联的概念有某种知觉上的联系，例如，表示水声的"哗啦啦"与听觉感知到的声音存在某种程度上的相似，但无论英语还是汉语或其他任何语言，大多数词汇与它们所代表的概念之间并无知觉联系。例如，"苹果"一词，没有包含任何的视觉、听觉、触觉、味觉或其他感官的联系。源自象形文字的汉字可能在某种程度上与视觉有所联系，但随着汉字的演化，现代汉字与知觉的联系已经很少了，而作为表音文字的英文或其他文字与知觉的关系更微乎其微。非模态符号与它们所代表的概念没有内在的天然关系，不需要与任何已知的知觉形式相似。非模态理论假定知识在基于节点的网络中被表示为这些任意符号的关系，并且用规则、命题和处理过程来操作这些符号（Harnad，1990）。

非模态符号是一个对记忆存储方式的可行猜想，并且为抽象思想和推理行为提供了很好的解释：推理并不需要实际经验的参与（Pylyshyn，1981）。人们可以很容易地想象他们从未经历过的情况，例如，一个棒球运

动员把一个棒球击打到太空（Pylyshyn，2002）。想象这些情景并没有任何
困难，但它并不基于任何过往的经验，因此，人必须在脱离知觉感受的情
况下以某种方式在大脑中存储和构造这些情景。很多关于文本理解的理论
也认为，人在阅读过程中建立的内部表征通常由命题和符号组成，即读者
通过将句子分解成为基本的命题概念单元，这种单元本质上也是非模态的。
因为其抽象本质，非模态符号是适合计算的，因此可能可以描述我们处理
信息的方法。如果所有的知识都是以非模态形式存储的，那么我们完全不
需要考虑个人经验是语言的、视觉的或想象的，因为最终所有的经验都被
编码为统一的抽象格式。此外，作为底层"通用代码"的非模态符号提供
了一种记忆的简单方法，因此可以通过无数的方式来组合和重现。

但是，当考察单个非模态符号时，非模态符号假说出现一个问题：人
的大脑"处理系统"如何学习非模态符号代码？在 1980 年塞尔讨论机器是
否能思考时，列举了一个中文屋问题：如果一个外国人到一个全是中国人
的房间中，使用一本全部是中文的词典，并试图使用这本词典来理解中文
词汇的意义（Searle，1980）。这个外国人如何能搞明白中文词汇的含义？
按照我们当下的普遍认知，这个外国人并不能真正理解中文词汇的含义。
目前的计算机的运作模式便类似于在使用这样的词典，它并不能真正理解
这些词汇（符号）的意义。Harnad（1990）借用这个例子讨论了"符号落
地问题"，如何通过没有意义的符号来学习其他毫无意义的符号？如果没有
与意义的恰当连接，非模态符号本质上是不可译的。解决"中文屋"问题
的一个方法是把字典内的某些符号映射到现实世界中容易理解的元素，即
所谓"符号落地"。但非模态理论纯粹基于抽象符号，未能有效提供这种在
记忆中"符号落地"的机制，用非模态观点解释内部表征没能为如何形成
内部表征提供一个充分解释。

针对这个问题，知识表征的知觉理论认为，与知觉和行动相关的大脑
部位是认知与知识获取的核心（Zwaan，2004）。因此，当我们想到一个概
念时会激活感知阶段所使用的大脑部位，从而形成心理模拟，对与概念相
关的知觉经验进行心理重演。知识的知觉理论假定表征具有模态特异性：
视觉经验导致图像化的内部表征；触觉经验导致由某种形式编码的接触相
关的表征。当不同知觉源形成的表征结合起来，因为不同的表征对应不同
的知觉码，那么这些表征便成为多模态的。尽管不同表征结合也存在有翻
译问题，但知觉观与非模态观不同，知觉理论可以描述表征是如何发展的。
我们的内部表征体现在它们与真实世界的概念及人经历的感官知觉的精确
连接上（Barsalou，1999）。

　　越来越多的实证研究成果开始支持知觉理论。1995 年发表在 *Science* 上的一项研究利用正电子发射断层成像（positron emission tomography，PET）对人在默想知识时的区域性脑血流（regional cerebral blood flow，rCBF）进行扫描，发现受试者在为物体颜色命名时与颜色知觉相关的皮质区域被激活（Martin et al.，1995）。当要求受试者描述物体运动时，其运动知觉相关的皮层区域被激活（Martin et al.，1996）。Kellenbach 与合作者使用同样的研究方法发现，受试者与听觉相关的皮质区在获取与对象相关的声音属性时被激活（Kellenbach et al.，2001）。还有一些研究也显示了类似的结果：当参与者显示可操作的工具和对象的图片时，大脑的运动区域就会激活。

　　行为研究的成果也支持知觉模拟是认知的基础，特别是语言理解。2004 年 Zwaan 在一项名为"移动的词汇"的研究中，向受试者用语言模拟了运动，暗示他们物体正在靠近或远离受试者，例如，使用"你把棒球扔给捕球手"暗示棒球在远离受试者。在阅读一句话后，Zwaan 向受试者出示两张连续图片，第二张中的物体（如棒球）比第一张更小或更大。一般来说，物体远离我们时看上去更小，而靠近时看上去更大。当这两张图片描绘的运动方向与句子描绘相反时，受试者会花费更长时间来确定这两个连续的图片是否为同一个物体。这一结果显示，我们理解语言时可能会使用知觉来模拟语言的描述。

五、贡布里希的视觉显著点理论

　　贡布里希（2015）在《秩序感——装饰艺术的心理学研究》中用其独有的带有可证伪性的对艺术作品感知的图像学分析方法，敏锐地提出了一系列面对视觉艺术品时的知觉现象。

　　人总是偏爱一些充满规则感的几何结构或充满节奏感的韵律结构。这些视觉图案结构给人脑提供的感受被贡布里希称为秩序感。在讨论秩序感时，贡布里希以人类从一开始绘制图画时就使用的几何图形为例说明了人类对于有规律的表现形式的偏爱。几何图形在自然界是如此少见，因此他猜测，人脑的这种偏好是因为几何图形是具有控制能力的人脑的产物，所以人脑偏爱这种能够与自然界的混乱情况形成对比的规则图形。

　　从秩序过渡到非秩序或从非秩序过渡到秩序被贡布里希称为"中断"，两种秩序之间的过渡对人脑认知产生"震动"。在图 3-5 中，从浅色的秩序过渡到深色的秩序，对人的认知产生了刺激作用，让人能够快速识别出图案的规则。任何规则或整齐程度上的变化都将引起人的注意，而这种变化程度的强弱与吸引到的外源性注意力成正比，例如，在一块纯白桌布上如果有一块深色污渍，那它将像磁石一样深深吸引人的眼睛。

图 3-5　用深浅两色碎石铺贴而成的波浪图案路面
注：图片来自开源图库 unplash.com，摄影师 Clark Van Der Beken

正如白桌布上的那块污渍，肉眼在观看图像时会不自觉地将注意力投向那些被贡布里希称为视觉显著点的位置："视觉显著点必须依赖中断原理才能产生，无论是结构密度上的间断、成分排列方向上的间断，还是其他无数种引人注目的间断"。虽然视觉显著点必须依赖中断才能产生，但并非中断都能产生视觉显著点，或者说，秩序的中断并不能保证产生那些最引人注意的显著点。例如，图 3-5 中的黑白格，几乎所有人首先关注到的都是黑白格，黑白格则是这幅图的基本秩序，而那些黑白格的扭曲虽然是秩序的中断，但却仅仅是第二显著的信息。或许，如果我们把黑色和白色本身也看作秩序，那这种现象的原因可能是黑色与白色之间存在另外一个更强烈的中断。

当认知主体感知到视觉信息时，认知主体从中获得意义的知觉过程被贡布里希归纳为观看、注意与读解三个阶段，而非"观看等于理解"。 贡布里希曾经用一个很简单的例子就证明了"观看"不等同于视网膜感知到的光量总和："人从电视屏幕上看到的和实际发生的事相差十万八千里——屏幕上实际只有一个扫描点在快速作着亮度的变化"，而人却从屏幕上看到在时间轴上连续发生的事件(贡布里希此处所指应该是阴极射线管显示器，不同的显示技术有不同的成像原理，但都利用了人类视觉暂留等特点)。视觉有很大的局限性，我们所"看到"的"事实"并非真正发生的事情，哪怕仅是一张照片，在放大镜下也会变成许多小点点。这些局限似乎并没有影响我们从视觉信息中解读出意义(即使这个意义并非基于"真正发生"的事实)。

　　贡布里希在分析"读解"现象时还提到了"知觉概括"现象。贡布里希提到，莱奥纳多·达·芬奇曾对知觉概括现象进行了分析，探讨了人在远处不能看到什么，他发现，随着距离的增加，首先看不清的是外形，其次是颜色，最后是团块。达·芬奇总结的这个规律被称为"透视消失"，因为越远的物体越小，所以当一个物体足够远，它的一些特征就无法被肉眼所感知。但当我们看不清物体的外形甚至颜色时，我们会认为自己看到了什么？达·芬奇认为任何消失的物体的特征都无法描述，但当我们读解这些模糊的团块时，我们会借助于上下文来探索和猜测这是些什么东西。就像行走在荒原上的一个人看到远处地平线上出现一个小黑点，而这个小黑点到底是一个人还是一棵树，他将依赖于他对环境信息的感知来进行判断。

第三节　可视化的认知科学理论

一、图片优势效应与双重编码理论

　　在加拿大心理学家佩维奥的著名研究中，当参与者被要求学习单词并进行回忆时，相比起抽象词汇，他们更有可能回忆起具体概念的词汇(Paivio and Csapo，1973)。这一现象被命名为"图片优势效应"。佩维奥甚至使用了"一图胜千言"来命名他那篇著名的论文。

　　图片优势效应的研究证实了概念抽象程度对记忆编码的影响(Nelson et al.，1976)。这可能是因为具体词汇同时通过语言和视觉图像进行编码，而抽象词汇仅使用语言编码。这个研究表明，特定概念的具体程度(能够转化为视觉图像编码的难度)，在很大程度上会影响记忆与回忆的质量，这还证实了，不同的刺激可能会导致内部表征不同形式的编码，对记忆检索也产生同样的影响。

　　基于此，佩维奥提出了双重编码理论，认为当个体遭遇某个词汇(阅读文字或听到语音），他们可能会选择通过想象信息的外观来存储信息（例如，听到"苹果"这个词时想象苹果长什么样子），或者基于语言刺激来存储信息（例如，"苹果"这两个字的读音是什么、拼音如何书写或字形是什么样的）。双重编码理论指出，信息可以以语言或图像的形式进行编码，但具体使用哪种形式、抑或两种形式的组合，以及组合中两种形式的比例，取决于多种因素。事实上，有明确的证据表明，基于个体的刺激（信息通过感官传递的方式）的性质至少部分地决定了信息可能被人脑编码的格式，以及信息在未来如何被检索（Paivio，1973）。词汇所表达概念的抽象程度可以影响内部表征，即某个概念是具体的，如狗、足球、苹果，还是抽象的，如爱国主义、可证伪性、革命。通常来说，越具体的词汇越容易被编码为视觉格式。具体的词汇指称的对象基于人过去在现实世界中通过感官与之交互的经验，包括视觉体验、听觉体验、味觉体验、嗅觉体验、触觉体验等等。相比之下，抽象的词汇则不容易被想象，例如，自由物种，对它们主要以语言形式进行编码。以"自由"为例，我们很难为"自由"这一概念树立一个视觉形象范本，因此这些抽象概念不太适合视觉编码。

也有学者对使用双重编码理论来解释图片优势效应提出了批评，认为图片优势效应的主要原因有可能是大脑倾向于对图片进行比对文字更深层次的处理，也就是说，可能不是视觉代码本身有助于记忆，而是个体大脑更倾向于深度处理视觉信息。这一争议可能还需要脑科学的发展，帮助我们真正理解大脑运作机制，才有可能解决。但无论图片优势效应的真正原因是什么，对于科学可视化技术来说，双重编码理论与图片优势效应的发现表明，内部表征很大程度上受到外部表征刺激的影响，采用视觉图像传递信息可能有助于增强记忆与理解。

二、相似性假说

关于图片优势效应的另一种解释是，如果外部表征与心智表征之间结构相似性越高，则越有利于认知主体完成认知任务。因为人类心智表征的知觉特性，所以外部表征在多大程度上能够与心智表征的结构和性质相吻合，决定了外部表征在多大程度上能够有助于内部认知解决问题。这也是可视化方法能够有助于科学家完成认知任务的一种假设前提。

相关研究中，拉尔金（Jill Larkin，1943—）和约翰逊·莱尔德（Philip N. Johnson-Laird，1936—）两人的成果非常重要。拉尔金的研究集中于物理和几何领域的可视化表征问题，而约翰逊·莱尔德则在图像表征如何帮助解决逻辑问题方面进行了研究。

拉尔金的研究分析了力学和几何学教科书中的例子，并开发了用于比较"文字"和"图表"两种表征之间差异的计算模型。在文字表征的情况下，元素按照独立的序列逐个出现；在图像表征的情况下，元素按照它们在空间中的位置进行索引。拉尔金发现，图表"明确保存了元素之间的拓扑和几何关系的信息"（Larkin and Simon，1987）。

拉尔金所用的研究方法是一种显式形式主义，其系统由 3 个显式部分构成：①表示所需解决的问题的数据结构；②包含目标领域中定理的知识构造；③一个注意力管理器。从这个角度来看，因为图表这种图像表征提供了易于搜索的显式要素，因此相对于句法表征，认知主体更容易获得表征中的意义。例如，同类型的属性可以聚集在同一空间位置，或同一序列的数据可以按照某种顺序进行排列，因此认知主体更容易识别其中的规律。因此，图表提供的元素的空间位置信息使认知主体易于识别和跟踪元素及元素之间的关系，大大减少了搜索和识别所需的认知资源。与之相对的，同一问题的文字表征不能提供类似的外部表征，因此会产生更大的计算负载。此外，句法描述不能提供生成解决方案所需的很多必要信息，这些信息需要显式生成，这也是为什么在解决物理和几何问题时常常需要认知主体额外绘制示意图。

拉尔金也指出了图表的认知优势并不是固有的，至少在推理方面并不具有必然优势，推理经常是独立于表征形式的。但在基于约翰逊·莱尔德的演绎推理模型理论基础（Johnson-Laird，1983）之上的一项新研究认为，对于某些类型的问题，图表也有助于推理（Bauer and Johnson-Laird，1993）。这些问题是双重分离推理，需要认知主体跟踪各种替代项才能解决问题。由于认知主体难以同时考虑到众多的替代项，他们一般在这种推理问题上很难有优秀的表现。最初，鲍尔和约翰逊·莱尔德假设可以提供图表让被试者能够跟踪替代项，于是开发了一个原理图（图 3-6），但最终没有成功。他们认为这是因为提供的图表使用了抽象图标来表示替代项，造成这些替代项对推理者没有帮助。

他们的第二次实验采用了两种更具体的图像（图 3-7），一种基于电路，另一种基于拼图。这两种图像都提供了文字，以便被试者进行推理。在拼图问题中，被试者可以将形状块（对应于推理问题中的特定人员）插入对应形状的槽中。在电路问题中，被试者可以考虑开关的开与关状态。当面对这样的图像解决同样的认知问题时，被试者不再需要完全在大脑中思

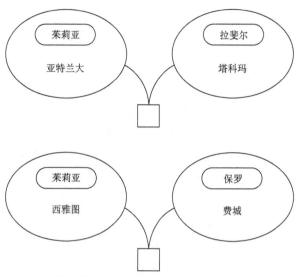

图 3-6　鲍尔和约翰逊·莱尔德第一次实验使用的抽象图表

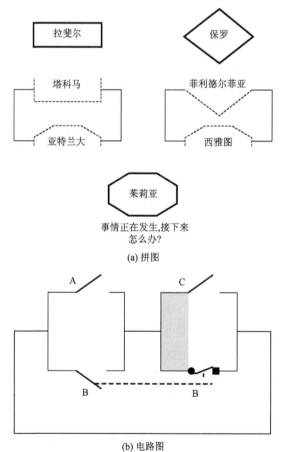

(a) 拼图

(b) 电路图

图 3-7　鲍尔和约翰逊·莱尔德第二次实验所用的更具体的图像

考，而是借助眼睛与图像进行交互来完成推理任务。这个实验的结果显示，相比起完全使用文字表征求解相同问题，使用图像表征的认知表现更好、更快。

　　鲍尔与约翰逊·莱尔德的研究还提出一个问题：为什么有的图像对某些认知问题有用而对另外一些认知问题无用？约翰逊·莱尔德的模型理论假设人类通过操纵心智模型解决认知问题，但在这个实验中，被试者不太可能用图像来替代模型，那么被试者是如何操纵这个图像从而进行计算卸载的呢？或许被试者通过外部表征将原始问题重新表示为更简单的不同的任务来降低认知负载，因为外部表征通过将图形与类比指令符号相组合提供了逻辑推理的指示。

　　研究者在论文中解释道："在图表化的任务中，被试者在大脑中形成一个图表的视觉表征，从而想象移动碎片或操纵开关（如他们执行图像的视觉转换）。绕过语言前提意义的构造而直接操纵视觉图像，似乎减轻了工作记忆的负载，加快了推理过程"（Bauer and Johnson-Laird，1993）。

　　上述研究通过研究静态图像，建立了一些明确的认知处理模型，但在针对动态图像研究的文献调查中却没有发现类似的模型。有两项研究比较具有代表性，一项关于心理动态图像（Hegarty，1992），一项关于外部动态图像（Kaiser et al.，1992）。这两项研究都旨在研究通过物理系统的图像表征进行推理时，动态图像如何有效影响推理过程的机制。

　　在第一项研究中，研究者使用了滑轮系统的静态简图，旨在确定被试者判断滑轮系统运动过程时发生的心理动态图像的形式，即大脑以连续方式模拟滑轮系统的图像表征中的部分部件。认知主体无法模拟全部部件的一个重要原因是工作记忆空间的限制。这与认知主体面对真实滑轮组件时的情况一致，他们无法跟踪一个哪怕最简单的滑轮系统所有部分在任何时间的运动状态。真实的滑轮一直是运动的，当注意力集中于某一部分时，认知主体可以很轻易地跟踪该部分的运动状态。然而在心理图像表征中却并非如此，想象出的滑轮组并不是所有部分都在同时运动，认知主体会依据从输入到输出的因果链的时间顺序来对每个静态部件的运动状态进行推断，只有处于推理处理过程中的部件处于运动状态中，即只有进入工作记忆中的滑轮部件才是在运动的。

　　在第二项研究中，研究者用运动的简单图像表征来描述物体从各种运动系统（如钟摆、移动平面等）中坠落、被切断或被移走。研究者希望能够确定外部动态图像如何帮助认知主体对移动物体的轨迹进行更有效的判断。这项研究与前一项非常不同的一点是，被试者通过外部的图像表征材料来对机械系统进行推理。相似点在于，两者都强调了按顺序处理信息的重要性。因为对于一个复杂的多维系统（多部件系统），其中的部件是逐个通过工作记忆的，因此被大脑解析成为一维的序列（Kaiser et al.，1992）。外部动态图像表征在这里的作用是提供了一种"时间解析"：当使用静态表征解释球在 C 型管中的运动时，学生经常错误地推断球离开 C 型管后的运动轨迹，然后当同时展示正确和错误的运动轨迹动画时，学生总是可以选择正确的"直"轨迹。研究者推断，提升学生表现的原因是，外部动态图像表征让运动变化展现得更明显，能够直接与学生过去生活经验所"赋予"的直觉相对照，使其能够做出正确的推论。

这一研究在进一步证实了动态图像在帮助认知方面具有明确价值的同时，没能解释通过动态图像学习和推理所涉及的认知机制。从教学上看，动态图像促进学生学习或帮助学生解决问题的机制也无法解释清楚。这项研究还有一个缺陷，相对于面对静态表征时不得不想象物体如何运动，研究者没能分析为何显式表现物体的运动状态能够促进学生更好地理解。研究者在论文中指出，先观看动态图像再观看静态图像的学生，并没有比那些直接观看静态图像的学生表现更好，所以观看动态图像的好处有可能是暂时的，并且不容易映射到认知约束性更小的静态表征之上。

三、工作记忆模型与认知负荷理论

工作记忆是心理学家巴德利（Alan Baddeley，1934—）提出的一个记忆模型，认为人脑中有一个区域，类似一个仓库，人把正在思考的信息置于其中，而这个区域被称为工作记忆区。根据这个模型，工作记忆由三个组件组成，每个组件都参与人类记忆和信息处理的系统。其中两个专门用于处理和存储特定模态信息："语音回路"（phonological loop）通常负责声学刺激，与之对应的视觉空间画板，负责视觉和空间感知的刺激。第三个工作记忆组件是中央执行系统（central executive system），协调听觉和视觉两个子系统之间的活动。中央执行系统充当控制处理器，为每个子系统分配宝贵的心智资源（Baddeley，1992），中央执行系统所处理的信息可能来自环境，也可能是长期记忆中检索到的知识。工作记忆模型中的视觉空间画板是可视化认知中的关键组件之一。

工作记忆类似于计算机中的缓存，在这部分记忆空间中存储的是大脑当前正在思考的事物，无论有关这些事物的信息是来自当前环境（类似于键盘或鼠标的输入）抑或来自过往的知识（类似于存储于硬盘上的信息）。我们通过一些案例可以进一步了解这些组件的作用。当我们听一场讲座时，会在大脑中想象该讲座所涉及单词或短语对应的概念，此时我们在声音循环组件中存储语音刺激并进行心理处理。当我们试图找出从家到办公室的最快路线时，使用视觉空间画板来构造路线的结构。而在所有的工作过程中，中央执行系统都将提供运算与记忆资源，并在复杂的认知过程中，协调语音回路与视觉空间画板的协同工作。

巴德利提出的子系统是围绕感官体验来组织的：外界刺激所提供的语音或视觉信息是决定信息在工作记忆中保持活跃的关键信息，并影响到信息是否能够被编码到更持久更长期的记忆中。因此，按照工作记忆模型，在科学家大量使用抽象符号（语言、符号、公式等）进行研究的过程中，如果能够有效加入可视化方法，就可以有效地提升认知效率。

基于工作记忆模型的一项重要发现是认知负荷理论。有大量证据表明，工作记忆模型的一项核心特性便是工作记忆区域的有限性。每个子系统都将消耗总量有限的认知资源，因此在工作记忆中仅能容纳较小的记忆块（Sweller，2016）。而且当持续使用某一子系统时，会增加认知过载的可能性，子系统的性能便会逐渐下降。相反地，如果在一项认知任务中同时使用两个子系统，就可以有效避免认识过载问题。

工作记忆模型可以部分地解释拉尔金和约翰逊·莱尔德的实验现象。外部的图像可以被看作外部记忆体，图像表征也是由类似意象的图形元素组成，如果外部记忆与内部记忆具有相似的机制与结构，则认知主体可以直接基于外部记忆进行推理，从而释放有限的工作记忆空间。依旧使用电子计算机作为比喻，我们可以把图像看作外部记忆，其与工作记忆的关系如同电子计算机中的缓存与内存。缓存的空间极其有限，但能够与CPU进行最直接的通信从而获得最高的运算效率，而内存相对带宽较小，需要被调入缓存才能与CPU进行协作，因此运算效率相对较低。如果外部记忆与工作记忆之间的表征形式存在较大差异，则需要进行多一次的转换。因此，虽然句法表征也可以作为外部记忆（更多是辅助性的），但其能够提供的计算卸载能力要小得多，而与之相对的、设计良好的图像表征能够更明确地表示问题状态，并能够直接将其作为外部记忆进行推理。

四、支架理论与隐喻

术语"支架"有众多的意义，在词典中给出的定义是指那些在修建建筑时搭建的用于支持工人作业的临时框架。在教育领域，这个术语被用来指学习者在学习一项新的知识或技能时，在能够独立完成之前用于协助其完成任务的一些支持（Wood et al.，1976）。这一概念实质上来自维果茨基最近发展区理论：由独立解决问题确定的实际发展水平与在指导或合作下解决问题确定潜在发展水平之间的距离（Vygotsky，1978）。这意味着，学习者可以通过使用老师、家长或更有能力的同龄人提供的支架达到目标发展水平。

在认知研究中，支架也可以被用作学习知识、理解意义时所基于的一些已有的知识，是对解决问题和建构意义起辅助作用的概念框架（武爱萍等，2007）。例如，如果学生知道特定的颜色与温度表示之间的关系（如红色表示热，而蓝色表示冷），他们可以快速使用这些信息去理解海水温度图中关于颜色的意义。在建构意义时，因为个体拥有不同的前知识（不同的支架），所以不同个体可能解读出完全不同的意义。例如，因为东西方文化对于红色的理解不同，西方受众可能会构建出血腥、火焰、地狱、危险等意义，而中国受众则可能构建出喜庆、欢快、革命等意义。

在可视化的认知机制中，支架功能的实现几乎完全依赖于隐喻。Eppler和 Burkard 在讲到知识可视化类型时，特别把视觉隐喻作为了知识可视化的一个重要类别，并将其视为使抽象数据易于理解的重要手段（陈燕燕，2012）。当我们看到一幅图像时，图像表征中所呈现的可视化元素都可以被看作符号（即喻体），它们能够引起受众对本体的视觉感受，因此，视觉隐喻实质上是本体与喻体之间的视觉相似性。视觉隐喻的认知机制与语言隐喻类似，都是大脑将某些符号与感官感受建立连接，在感知到符号的时候，能够激发相应的类似于感官感受的心理活动。

视觉隐喻的实现利用了本体与喻体之间的某些相似之处，可以分为物理相似与心理相似。物理相似是指外表、形状、结构或功能上的一些相似，例如，将原子喻为小球，或将化学键喻为连接两个小球之间的一根线段。心理相似则是因为文化或其他心理因素的影响使得创作者或受众认为两者之间有某种相似性，例如在海水温度图中所用的颜色与温度之间的代表关系，或者使用一个妖怪代表物理学暂时无法解释的某种现象。在隐喻中，除关注本体与喻体之间的相似性之外，两者之间的不同之处也非常重要。本体和喻体之间一定存在某些不同，不同之处的差异越大，相同处之隐喻则越新奇（许宁云，2010）。

在人机交互界面的设计中，视觉隐喻体现出了重要的作用。如果某个应用可以由用户自己控制视频动画的倒退或快进，则界面上指示相关功能的图形最好与传统 VCR 或 DVD 机所用的图标一致，这样用户完全不需要额外学习就可以掌握该可视化工具的使用方法。苹果公司的硬件产品虽然以极简的外观著称，但其软件部分却在很长时间内采用了拟物化设计，即在数字人机界面中加入用户日常生活中熟悉的元素用于隐喻该应用的功能，从而降低用户的学习成本（王怡和赵钢，2013）。例如，带有实体钟表刻度与指针的时钟应用、带有皮质封面和纸张纹理的备忘录应用。如图 3-8中所展示的图标也体现了支架信息的应用，用户可以一目了然地了解每个图标所代表的应用功能。

图 3-8　拟物化设计的一组图标

图形组织器也是需要关注的重要元素，它通过约束喻体图形意义来帮助认知主体完成认知任务。在这里，图形组织器是指将整个图像中视觉元素组织起来的那些象征性符号。从宏观上来看，喻体图形与图形组织器都是隐喻的，但在实际应用中，图形组织器应当是一些普遍的象征性符号，应当是其应用领域中对所有受众无歧义的，例如数据图表中的坐标轴、流程图中的箭头。在地理信息图形的应用中，特别以斯诺的霍乱地图为例，地图的部分应当是图形组织器，应当无歧义地表示出地理信息，而霍乱数据在地图上的表示则可以采用个性化的方法，例如斯诺使用的横线，或者红色的大小不同的圆点，又或者深浅不同的色块。

五、注意力理论

注意力理论将注意力分为内生性与外源性两种。内生性注意力是指以目标导向的方式，按照自身意志主动将认知处理能力部署到外部刺激或内部状态。外源性注意力是指认知主体的认知处理能力受外界刺激影响被动地部署在外界刺激之上。

从科学可视化设计的角度来看，视觉设计的目标经常是通过视觉刺激的方式以捕捉用户的外源性注意力。某些视觉属性将设计者认为重要的元素与其背景（如颜色、方向、运动）区分开来，这些视觉属性称为单例。或使用突然的视觉启动或明亮的颜色作为注意力触发器，例如，移动目标在静止的环境中、快速移动的物体在缓慢移动的物体中（Rosenholtz，1999）。精心设计的可视化技术可以利用单例来提醒用户关注设计者认为重要的可视化元素，比如，用闪烁的指示灯来提醒用户关注某些警示信息，但这只是可视化设计中的很小一部分，因为用户首先需要关注的是某个任务而不应跳过任务去关注单例。与认知任务相违背的单例设计可能还会降低可视化认知的效率。

有证据表明，一些工作记忆过程会影响外源性注意力，例如在电影院寻找空座时会看不到附近正在向自己挥手的偶遇的朋友（Simons，2000），即刺激的特性和观察者的期望与目标都可以决定视觉刺激是否会吸引观察者的注意（Egeth and Yantis，1997）。与外源性注意力相对的内生性注意力（也被称为内生注意力或内生关注）在工作记忆和执行控制中起着非常重要的作用，一旦信息进入工作内存，它就会在认知任务执行的期间内持续保持活动状态。在工作记忆中可以通过排练来维持工作记忆区内的信息，这会涉及内生性注意力的隐蔽转移，因此内生性注意力在维护工作记忆区方面起着重要作用。例如医生在观察 X 光片时，内生性注意力决定了医生从 X 光片上解读有用信息的认知任务的维持时间。因为内生性注意力处于人脑有意识的控制之下，它可以被看作认知机制自上而下起作用的一种方法，能够指导可视化信息的认知处理。由于科学家通常不会在没有认知任务的情况下观看可视化资源，故内生性注意力就成为可视化设计中需要重点考虑的注意力类型。注意力分散或其他与认知目标不吻合的设计元素有可能导致工作记忆内的信息丢失或"腐坏"，从而有损于用户从可视化资源中获取有用信息的能力。

本章参考文献

巴特莱特. 1998. 记忆：一个实验的和社会的心理学研究[M]. 黎炜，译. 杭州：浙江教育出版社：263, 293.

陈燕燕. 2012. 知识可视化中视觉隐喻及其思维方法[J]. 现代教育技术，22(6): 16-19.

德雷福斯. 1986. 计算机不能做什么——人工智能的极限[M]. 宁春岩，译. 北京：三联书店：264-280.

贡布里希. 2015. 秩序感——装饰艺术的心理学研究[M]. 范景中，杨思梁，徐一维，译. 南宁：广西美术出版社：109-132.

哈瑞. 2006. 认知科学哲学导论[M]. 魏屹东, 译. 上海: 上海科技教育出版社: 220-221.

博登. 2006. 人工智能哲学[M]. 刘西瑞, 王汉琦, 译. 上海: 上海译文出版社: 119-120.

毛利霞. 2017. 19 世纪伦敦的供水改革与霍乱防治[J]. 云南民族大学学报(哲学社会科学版), 34(4): 141-149.

斯滕伯格. 2006. 认知心理学(第 3 版)[M]. 张明等, 译. 北京: 中国轻工业出版社: 23-50.

王怡, 赵钢. 2013. 移动交互界面拟物化设计解读[J]. 包装工程, 34(18): 58-61.

魏屹东. 2012. 表征概念的起源、理论演变及本质特征[J]. 哲学分析, 3(3): 96-118, 166, 199.

魏屹东. 2016. 认知、模型与表征——一种基于认知哲学的探讨[M]. 北京: 科学出版社: 550-600.

魏屹东. 2017. 论科学模型的哲学问题[J]. 山西大学学报(哲学社会科学版), 40(3): 14-23.

武爱萍, 宋天明, 黄海燕. 2007. 信息技术环境下"支架式"教学模式的研究[J]. 中国电化教育, 7: 85-87.

许宁云. 2010. 隐喻与象征关系的认知符号学阐释[J]. 社会科学家, 7: 158-161.

杨治良. 1999. 记忆心理学[M]. 上海: 华东师范大学出版社: 582-583.

赵文津. 2009. 大陆漂移, 板块构造, 地质力学[J]. 地球学报, 30(6): 717-731.

Baddeley A. 1992. Working memory[J]. Science, 255(5044): 556-559.

Barsalou L W. 1999. Perceptual symbol systems[J]. Behavioral and Brain Sciences, 22(4): 577-660.

Bauer M I, Johnson-Laird P N. 1993. How diagrams can improve reasoning[J]. Psychological Science, 4(6): 372-378.

David S, Huang A, Maddison C J, et al. 2016. Mastering the game of go with deep neural networks and tree search[J]. Nature, 529(7587): 484-489.

Egeth H E, Yantis S. 1997. Visual attention: Control, representation, and time course[J]. Annual Review of Psychology, 48(1): 269-297.

Ericsson K A, Krampe R T, Tesch-Römer C. 1993. The role of deliberate practice in the acquisition of expert performance[J]. Psychological Review, 100(3): 363-406.

Franco C, Colinvaux D. 2000. Grasping mental models[M]//Developing models in science education. Dordrecht: Springer Netherlands: 93-118.

Gilbert J, Reiner M. 2000. Thought experiments in science education[J]. International Journal of Science Education, 22(3): 265-283.

Grill-Spector K, Kanwisher N. 2005. Visual recognition: As soon as you know it is there, you know what it is[J]. Psychological Science, 16(2): 152-160.

Harnad S. 1990. The symbol grounding problem[J]. Physica D: Nonlinear Phenomena, 42(1-3): 335-346.

Hebb D O. 2002. The organization of behavior: A neuropsychological theory[M]. Hove: Psychology Press: 1-16, 207-234.

Hegarty M. 1992. Mental animation: inferring motion from static displays of mechanical systems[J]. Journal of Experimental Psychology: Learning, Memory and Cognition, 18(5): 1084-1102.

Johnson-Laird P N. 1983. Mental models[M]. Cambridge, MA: Harvard University Press: 64-93.

Kaiser K M, Proffitt D R, Whelan S M, et al. 1992. Influence of animation on dynamical judgments[J]. Journal of Experimental Psychology: Human Perception and Performance, 18(3): 669-689.

Kellenbach M L, Brett M, Patterson K. 2001. Large, colorful, or noisy? Attribute- and modality-specific activations during retrieval of perceptual attribute knowledge[J]. Cognitive, Affective, & Behavioral Neuroscience, 1(3): 207-221.

Larkin J H, Simon H A. 1987. Why a diagram is (sometimes) worth ten thousand words[J]. Cognitive Science, 11(1): 65-100.

Loftus E F, Miller D G, Burns H J. 1978. Semantic integration of verbal information into a visual memory[J]. Journal of Experimental Psychology: Human Learning and Memory, 4(1): 19-31.

Martin A, Haxby J V, Lalonde F M, et al. 1995. Discrete cortical regions associated with knowledge of color and knowledge of action[J]. Science, 270(5233): 102-105.

Martin A, Wiggs C L, Ungerleider L G, et al. 1996. Neural correlates of category-specific knowledge[J]. Nature, 379(6566): 649-652.

McClelland J L, Rumelhart D E, Group P R. 1986. Parallel distributed processing: Explorations in the Microstructure of Cognition: Foundations[M]. A Bradford Book: 3-44.

McLeod K S. 2000. Our sense of Snow: the myth of John Snow in medical geography[J]. Social science and medicine, 50(7-8): 923-935.

Nelson D L, Reed V S, Walling J R. 1976. Pictorial superiority effect[J]. Journal of Experimental Psychology: Human Learning and Memory, 2(5): 523-528.

Newell A, Simon H A. 1976. Computer science as empirical inquiry: symbols and search[J]. Communications of the ACM, 19(3): 113-126.

Oliva A, Torralba A. 2006. Building the gist of a scene: the role of global image features in recognition[J]. Progress in Brain Research, 155: 23-36.

Paivio A, Csapo K. 1973. Picture superiority in free recall: Imagery or dual coding? [J]. Cognitive Psychology, 5(2): 176-206.

Pylyshyn Z W. 1981. The imagery debate: Analogue media versus tacit knowledge[J]. Psychological Review, 88(1): 16-45.

Pylyshyn Z W. 2002. Mental imagery: In search of a theory[J]. Behavioral and Brain Sciences, 25(2): 157-237.

Rieber L P. 1995. A historical review of visualization in human cognition[J]. Educational Technology Research and Development, 43(1): 45-56.

Rosenholtz R. 1999. A simple saliency model predicts a number of motion popout phenomena[J]. Vision Research, 39(19): 3157-3163.

Searle J R. 1980. Minds, brains, and programs[J]. Behavioral and Brain Sciences, 3(3): 417-424.

Simons D J. 2000. Attentional capture and inattentional blindness[J]. Trends in Cognitive Sciences, 4(4): 147-155.

Sweller J. 2016. Working memory, long-term memory, and instructional design[J]. Journal of Applied Research in Memory and Cognition, 5(4): 360-367.

Thorpe S, Fize D, Marlot C. 1996. Speed of processing in the human visual system[J]. Nature, 381(6582): 520-522.

Vygotsky L S. 1978. Mind and society: The development of higher mental processes[M]. Cambridge, MA: Havard University Press: 131.

Wainer H. 1992. Understanding graphs and tables[J]. Educational Researcher, 21(1): 14-23.

Wood D, Bruner J S, Ross G. 1976. The role of tutoring in problem solving[J]. Journal of Child Psychology and Psychiatry, 17(2): 89-100.

Xu J S, Yung M H, Xu X Y, et al. 2014. Demon-like algorithmic quantum cooling and its realization with quantum optics[J]. Nature Photonics, 8(2): 113-118.

Zwaan R A. 2004. The immersed experiencer: Toward an embodied theory of language comprehension[J]. Psychology of Learning and Motivation, 44: 35-62.

第四章　前沿科学可视化认知的解释模型

第一节　内部可视化认知模型

一、　大脑内部的可视化认知

当讨论可视化的定义时，可视化的广义定义涵盖了内部表征和外部表征，可以外显为各种媒介技术表现的科学图像（外部可视化），也可以是大脑内部对科学概念的可视化想象（内部可视化）。

外部可视化是在客观环境中可用的，可以被人的视觉或听觉接收到的，如图纸、视频等。这些表征通常与多个概念相关，例如，旗帜除了表示其本身外，还可以代表某个地理区域，或某个社会群体。在学习中，为了传达特定的信息，研究者开发了各种外部表征，图是其中非常重要的一种。这些外在表征通常经过设计，可以成为比原始形式更容易理解的形式，例如将复杂的数据通过柱状图、饼图等形式表示出来。这种简化形式，核心的设计方法是使用更显著（对视觉和听觉的刺激更强，更能突出核心信息）和更系统的方式对核心概念进行总结。

内部可视化是不可能脱离人的大脑活动而存在于客观世界中的。认知科学中更常用的等价术语是"心智表征"，意指个人思想的一部分，由心理活动产生。我们回忆家庭的欢乐时光、想起去世的亲人的音容笑貌、回想老师在黑板上书写的解题过程，这些都是内部可视化的例子。与外部可视化不同，心理学家一直没有直接证据证明内部可视化的存在，也无法操纵它或测试其有效性。但是，我们每个人关于内部可视化的体验都是鲜活的，并且都能体会到内部可视化的重要性。

科学模型也有对应的内部模型，被称为心智模型（当然心智模型并不局限于科学模型，还有诉诸情感与价值观的部分等）。约翰逊-莱尔德提出："理解需要对现象进行学习并建立心智模型，此后的解难、推理等工作都将基于对该心智模型的操作或'运转'"（Johnson-Laird，1983），科学家研究自然现象与学生学习科学知识也使用了同样的过程。在约翰逊·莱尔德的理论中，心智模型是人类进行推理与决策的基本表征。在推理决策过程中，认知主体通过操纵心智模型中的某些元素或改变某些参数，再依据预设好的运行规则，通过推理得出一个可靠的结论或一个明显不可靠的结论——这是依据科学模型进行推理决策的一个根本性的原理解释。

　　因此，在前沿科学研究中，基于内部可视化和心智模型的认知行为是可视化方法的基础解释模型。虽然心智模型是外人难以触及的，但我们依旧可以从某些认知行为中来了解这种解释模型。"卢克莱修之矛"这样一个古老的思想实验就是一个很好的案例：

　　"如果宇宙有一个所谓的边界，我们可以向它扔一支长矛。如果长矛飞过边界，那意味着根本没什么边界。如果长矛被反弹回来，那么一定有超出空间边界的东西，一堵宇宙墙阻止了长矛，这堵墙本身就在太空中。无论哪种方式，宇宙都没有边缘也没有边界。宇宙是无限的。"

　　卢克莱修（Titus Lucretius Carus，约99BC—55BC）在这个思想实验中构造了一个仿佛能被"看到"的虚构世界，这种"心智建模"的方法不借助新的外在感官信息输入，在大脑中仅凭借想象构造一个能够操纵并推理的心智模型。这个模型是"图像化的"，或称为"可视化的"，正如约翰逊-莱尔德所说"只要有可能就会有一个具有图像性的结构"（Johnson-Laird，2008）。

　　这个虚构世界的主要构造元素是一支矛与可能存在或不存在的宇宙边界，由一个What if（如果……会怎么样）问题组合到一起：如果向宇宙的边界扔出一支长矛会发生什么？相信任何一个读者在看到这里时，都已经在大脑中构建了一个从未出现过但似乎能看见的场景。这种体验非常常见，即由一段文字在大脑中描绘出一幅画面。这个画面经常栩栩如生，让人得到鲜活的视觉体验甚至情感体验，例如，马致远在《天净沙·秋思》中描绘的"枯藤老树昏鸦，小桥流水人家"。有些画面可能无法在现实中出现或尚未出现，但人们依然可以在大脑中"看到"它，例如，儒勒·凡尔纳在《从地球到月球》中描写的可以将人装入炮弹中发射到月球上的超级大炮。

二、基于图式理论的内部可视化认知模型

　　按照认知哲学中的表征理论，围绕着人脑记忆，存储的心智表征与被表征物之间构成了一个二元关系，即表征a与客观事物b之间的一个二元素基本表征模型，可以记作R（a，b）（魏屹东，2016）。围绕这个关系，在不同时期形成了不同的表征说明理论：图像论、自然主义、结构主义、指代-替代推理主义、语义论、语用论等，其间争论不断（魏屹东，2017）。图像论认为心理表征就是心理图像，但被批评为不能解释数学方程的表征问题。自然主义认为表征与"心灵"这样的形而上学概念无关，仅仅是感受器接收外界信息的过程，但被批评为过于僵硬，表征不应该仅是自然呈现。结构主义把 R 关系分为同构论、部分同构论和经验结构主义，表示 a 和 b 之间至少在某种程度上或某些部分上是一致的。哲学家同样反对结构主义中的对称性、反身性和传递性，于是提出"指代-替代推理"理论，提出"指代-证明-诠释"的模型，但因其忽略了表征的语义内容，从而导致语义论的形成。语义论本质上还是一种结构主义，只是更强调结构的语义内容。语用论对语义论进行了修正，强调表征模型作为工具的使用。魏屹东在上述的整理之后，还提出了语境同一论，强调在特定语境中表征与被表征物之间的指涉性关系。虽然这些分析是在科学表征的论述中完成的，但对于一般表征而言，R 关系的研究也无非如此。

　　R 关系只是一个形而上的概念，只能描述心智表征与被表征物之间存在某种关系（可能是同构的、局部同构的、相似的、部分虚构的或完全虚构的），并不能解释心智表征的形成过程。因此，基于巴特莱特的图式理论以及关于心智表征特点的诸多实证研究成果，我们可以构建一个能够描述这种大脑内部的可视化认知的模型。

　　可视化的内部认知基于过往通过视觉刺激在记忆中留下的一些基本元件，巴特莱特将其称之为意象。视觉意象由意象引发内部"视觉"体验，被隐喻为"心灵的眼睛"。它能够通过外部感官刺激引发，如由文字引起视觉中枢的想象，仿如真正见到了某个场景；也能通过想象或联想的思维活动，完全在内部引发。它可以是很普通的东西（如橙子、球拍），也可以是完全新颖的东西（如把人装入炮弹发射到外太空）。虽然后一个场景根本不可能出现或个体不可能见过，但视觉意象的产生是通过与视觉感知高度重合的大脑区域而创建的（Behrmann，2000），因此我们也完全可以将其称为"视觉的"。视觉意象是心理意象的一种，能够重组感官体验，在缺乏感官刺激时，通过语言即可激发类似感官体验的心理感受。视觉意象的理论与双重编码理论有所重叠，即人可以通过词汇想象该词汇指称事物的样子。

　　这种意象与文论中所用的"文学意象"概念有相似点，也有不同点。其不同点主要在于，巴特莱特所述的意象是记忆的存储物，可以是某个文学意象的整体，也可以是文学意象的局部，即某个文学意象可能会是一个单独存储的意象，但也可能会被拆散成为诸多零碎的意象。例如，文学意象中的乌鸦，能够引发中国人对于"不祥"的心理感受，但记忆中的该意象可能是这种鸟，也可能是乌鸦的颜色，或乌鸦的体型、喙等更零碎的元件。这种零碎性质方便了内部认知机制对意象进行随意的组装，也成为想象力的基本机制。如果记忆中未存储过某种意象，则认知主体也无法将其与其他意象进行组装。

意象通过图式进行组织，并形成表征。图式是认知主体对信息的主动组织方式，与认知主体的过往经验及所处语境有关。不同认知主体，在不同的语境下，会采用不同的图式对意象进行组织，并形成不同的表征。例如不同动物的不同肢体部分通过图式会形成不同的表征，中国古代图腾"龙"和科幻作品中的"外星人"都是通过图式组织后的意象的组合。如果深入研究"外星人"这个语言表征，即使是同一个认知主体，随着经验的不同或语境的不同，在不同阶段会形成不同的表征，是由不同图式组织起来的不同的意象的集合。不同的人想象的外星人肯定存在差异，成年人与儿童想象的外星人也不同。即使是同一个认知主体，如果知晓生物体的形状与环境的关系，想象出的火星人与天王星人也必然不相同。即使他们所用到的意象集合都是相同的，通过图式重新组织后的表征必然导致新信息的产生，这是人类知识生产的一种重要机制。

如果采用结构主义的方式进行解析，这个内部认知的表征机制可以记作：$[R_0, R_1, R_2]=S(i_1, i_2, i_3, ..., i_n)$，其中 R 表示心智表征，S 表示一个记忆图式，而 i_n 则表示若干的视觉意象。当表征被存储后会分为三种：形式逻辑的表征 R_0，索引表征 R_1 和内部世界模型 R_2（Pylyshyn，1999）。其中内部世界模型即是视觉表征（或图像表征），而形式逻辑的表征则是将视觉情景中的元素表征归入某个范畴或概念，索引表征则用于将外部客体与心理表征之间建立联系。这既是通过视觉意象形成表征的最小理解，也是可视化表征形成过程的逻辑底蕴，可以用来解释诸多可视化的内部认知问题，如科学研究中非常重要的研究方法——思想实验。

这个表征机制也是可视化的心智建模过程，可以被定义为三个最基本的元素：视觉意象、构造器与操纵规则。视觉意象就像建筑房屋的砖块和各种其他材料，拼接成了最基本的心智模型，从而决定了这个心智模型是可视化的。构造器则决定了将哪些视觉意象拼接起来及如何拼接它们。操纵规则则是操纵这个模型运转的规则。其中的构造器和操纵规则与巴特莱特的图式理论不谋而合：构造器与操纵规则是认知主体主动对意象进行的选择与操作，形成了可视化的心智表征。

三、内部可视化认知模型的应用案例：思想实验

利用这种可视化的内部认知模型可以很好地解释思想实验的认知原理问题，并回答思想实验所产生的知识有效性问题。

思想实验是科学研究中的重要方法，为人类认知客观世界作出了非常重要的贡献。伽利略运用思想实验破解了亚里士多德关于重物下落更快的论断，还用它推导出了惯性定律。爱因斯坦在评价伽利略的思想实验时给予了极高的评价："伽利略的发现以及他所应用的科学推理方法，是人类思想史上最伟大的成就之一，标志着物理学的真正开端。"爱因斯坦本人也是非常擅长使用思想实验的物理学家，认为思想实验是"人类思想史上最伟大的成就之一"。

科学家通过控制、改变或模拟研究对象，使某些现象或过程发生或再现，进而得到关于自然现象、自然性质、自然规律的某些认识，这种方法称为实验。如果把这一过程完全放在大脑中，运用想象力完成那些在现实世界中无法完成或尚未完成的实验，就是思想实验。与之对应的在现实世界中完成的实验则可以被称为物质实验。

但思想实验中充满了光怪陆离的场景，如玄幻世界一般：一只与阿喀琉斯赛跑的乌龟、一位喝醉后被放进电梯的物理学家、一只又生又死的猫、一支投向宇宙边缘的矛、一个被关在屋子里靠翻字典完成中文交流的人、一扇能够自动让快速运动粒子通过的门、一只在打字机上敲出莎士比亚著作的猴子……从这些怪诞的虚构世界中如何能够诞生人类对自然界的真知？这一问题背后隐藏的认知原理一直以来都是科学哲学中的重要论题之一。

托马斯·库恩非常看重思想实验在科学革命中的作用，认为思想实验是分析科学危机的主要工具之一，能够促进基本概念的转变。但库恩曾经也提出过一个著名的库恩之问："仅仅依靠熟悉的数据，一个思想实验何以可能导致新知识或者对自然的新解释？"本小节将利用上一节中所阐述的可视化内部认知机制对此进行解释。

思想实验本身并不依赖于眼睛这一感觉器官，但思想实验中的心智建模过程依然是"可视化的"。雷斯伯格认为视觉感知是一个物体被看到时所呈现的图像，而视觉意象是当物体不在眼前时从脑中产生的图像（Reisberg and Snavely，2010），可以被称为"心理图像"或"心画"，也被隐喻为"心灵的眼睛"。思想实验者在实验过程中正是试图在大脑中"看见"一个虚构的世界，视觉意象是这个虚构世界的基本组成单元。

　　思想实验中的那个虚构世界从未在现实世界出现过，甚至永远不可能在现实世界中出现，思想实验者只能凭借视觉意象来理解这个虚构世界中的各种意义。表面上看，思想实验者总是在使用语言描述一个思想实验，但我们可以从这些语言中发现各种引发视觉意象的词汇，能够让读者在大脑中用这些视觉意象还原出思想实验者大脑中的那个虚构世界。从"伽利略斜面""牛顿大炮"到"薛定谔的猫""麦克斯韦妖"，等等，无论是相对具象的牛顿力学问题，还是异常抽象的量子力学问题，甚至哲学中类似"中文屋"这样的思想实验，都会涉及很多具体的能够引发视觉体验的意象：冰面、大炮、猫、门、屋子等等。这些意象符合索伦森对思想实验总结的特征之一：仅用"心灵的眼睛"进行观察（Sorensen，1998）。

　　诺顿（John D. Norton，1953—　　）也注意到了这些与结论普适性无关的细节，并认为这是思想实验之所以被称为实验的保证。双重编码理论能够很好地回答这一问题：当人获得语言信息时，会尝试想象信息所指物体呈什么样子，将其转换为视觉信息（Paivio，1990）。这是人类认知语言意义的前提，即个体必须首先能回想起过往对词汇所指客体的视觉体验才能理解词汇的意义。思想实验者构造了一个虚构的世界，当需要用词汇来描述这个虚构的世界时，唯一能够让受众理解的方法就是用词汇来唤起受众大脑中同样的视觉意象。

　　视觉意象在成为思想实验的构造元件时，除静态图像化的视觉意象外，还包括了动态的视觉意象。在爱因斯坦的电梯思想实验（赵煦，2015）中，爱因斯坦很明显地使用了一些"运动中"的视觉意象：

　　在一座理想的摩天大楼的顶上，有一个正在下降的电梯。突然，电梯的钢缆断了，电梯处于自由落体状态向地面降落。电梯内的实验者，拿出一块手帕和一只表，然后松开双手。电梯外的观察者以地球作为参考系，他会发现：手帕、表和电梯连同它的天花板、四壁、地面以及里面的实验者等，都以同样的加速度下落。而电梯里面的实验者则会以电梯作为参考系，因为引力场在这一参考系之外而不被考虑，他会发现手帕和表由于不受到任何力的作用，而处于静止状态。

　　当受众阅读这段文字时能够想象出在电梯内包括手帕、表和电梯等各个视觉意象的运动效果，而这些细节的运动特性也成为思想实验者能够操纵这个模型并推导出结论的必要要素。在其他思想实验中我们也能发现这种运动特性，例如，在"麦克斯韦妖"的设计当中，如果运动粒子的速度足够快，将会撞开中间的小门进入到另一边（厚美瑛，2014）。在大脑构造这一场景的过程中能够想象出有关速度、阻力、撞击等与运动相关的特征。视觉意象的运动性是仅在大脑中就完成整个思想实验过程的前提。

在很大程度上，我们可以将视觉意象看作与视觉相关的心智表征的部件。心智表征即是内部表征，是外界事物通过感官刺激在个人心理（大脑）中形成的对外界事物的一种模拟，是知觉相关的。当我们想到一个概念时会激活感知阶段所使用的大脑部位，从而形成心理模拟，然后对与概念相关的知觉经验进行心理重演。如果某些心智表征是由视觉刺激产生的，则其必然会在大脑中形成某些视觉意象，而这些意象能够被其他相关的刺激唤起。

同时，大脑中的视觉意象是零碎的，有着被拆解或二次组装的可能性。思想实验者正是将大脑中的视觉意象进行拆解与组装，例如，将猫、毒药与量子进行组装，或将不懂中文的人、封闭的房间、中文字典进行组装。这种组装并不一定遵循现实世界中的联系规律，而有可能实现大跨度的拼接以形成一个启发性的模型，即采取启发推理式的构造器"What if"问题，通过假设一种虚构的视觉意象进行拼接，推导出新的结论。

"What if"应当直译为中文"如果……会怎样"，从字面上我们很难看出其与思想实验的关系是什么。然而有一本名为 *What if* 的英文畅销书，其中文书名《那些古怪又让人忧心的问题》（门罗，2015）中的"古怪"一词给出了一些字面意义之外的启示。书中那些异想天开的奇怪问题有：

- 如果地球一瞬间停止自转而大气层还是保持原来的速度会怎么样？
- 如果把电吹风放到一个密封的 $1 \mathrm{m}^3$ 铁盒中不停吹会怎么样？
- 如果在台风眼里引爆一颗核弹会怎么样？
- 如果我有一台能够打印钞票的打印机会怎么样？

这些问题几乎都有一个共同的特点：将两个事物以其原本不存在的关联方式组装到一起，或将原本相联系的事物拆解开。所谓的"奇怪"便是因为这种超脱常理的组装或拆解导致这些问题根本不可能或还未出现在现实世界当中。

几乎所有的思想实验问题都是由"What if"问题构造的。例如，著名的伽利略落体实验便是一个典型的"What if"问题："如果把一个重球和一个轻球用绳子连在一起扔下会怎么样？"在亚里士多德的理论中，"下落的本质是沉重的物体总能比轻盈的物体更快地找到它们的自然位置"，即重物下落速度更快。这里的重物与轻物被区分为两个物体，并且横向比较其下落速度。亚里士多德的理论在这种场景下符合人的逻辑和直觉，不仅沉重的物体能够给拿着它的手更大的压力，人们也可以真实地观察到铁球比羽毛下落更快。而伽利略使用"What if"问题将轻球和重球进行了组装，成为了一个新的思想实验。

一些思想实验并没有显性地采用"What if"问题，但可以被还原为"What if"问题。例如，思想实验"薛定谔的猫"中描述了一个"邪恶"的装置（利维，2019）：

> 我们将一只猫关进一间密闭铁屋中，并在房间里放入如下装置（整个装置猫是无法直接触碰的）：在一个盖革计数器中，存有极少量放射性物质。在一小时内，其中的某个原子就有可能衰变（当然也可能不衰变，二者概率相等）。如果发生衰变，其产生的粒子将会进入盖革管，激发后者放电，电流流入继电器后，会使与之连接的铁锤落下，敲碎一只装有氰酸的小烧瓶，氰酸会造成猫的死亡……

这个装置看上去相当复杂，并且没有采用"What if"问题，但实际上可以还原为"如果我们构造这样一种装置会怎么样"的问题，将原本局限于微观域的不确定性与可以直接观察的宏观域中确定的现象联系起来，以反驳哥本哈根解释。这个可能是科学史上最著名的思想实验也是通过"What if"问题对哥本哈根解释提出了一个"古怪"但合情合理的质疑。

思想实验之所以"合情合理"，是因为在构造模型之时便设置了一个该模型的操纵规则，而该操纵规则来自思想实验所要验证的理论。例如，伽利略落体实验的操纵规则来自亚里士多德的"重物下落更快"的理论，这恰好是实验要验证的对象。当伽利略将视觉意象（轻球、重球、绳索）通过"What if"问题组装成模型后，再附加以"重物下落更快"的操纵规则，就可以通过这个模型推导出一个悖论：到底是因为系统重量更重导致系统下落比重球更快，还是因为轻球拖累重球导致系统下落比重球慢？

所有思想实验中都会将验证对象作为操纵规则附着到模型之上，这既是思想实验和幻想的本质区别，也是思想实验之所以被称为"实验"的根本原因：控制、改变或模拟研究对象，使某些现象或过程发生或再现。其中包括了三个根本性要素：①必须有明确的研究对象，也被称为研究客体，是自然界的某些客观实在，能够被思想实验中的模型所表征；②这个研究对象拥有一定的已经被人认知的运作规则，思想实验者能够按照这个规则操纵这个模型；③通过对模型的操纵获得一些现象或过程，从而得到建设性或破坏性的结论。我们可以使用塞尔的"中文屋"思想实验（Searle，1980）来考察这三个要素。

倘若我们把一个以英语为母语的男人锁入一个房间，屋内满是装有中文字符的箱子，以及一本写有如何使用它们的说明书。这时，屋外的人向屋内投入其他的中文符号，屋内的人并不知道那其实是中文写成的问题。屋内的人只需依循说明书的知识，就能用中文给出正确答案。那么屋内的人是否能够算作理解了中文？

这个思想实验中的虚构世界非常鲜活，几乎每个人都能通过想象"看到"这个场景，符合"用 What if 结构组装视觉意象"的特征。塞尔实质上是设计了一个能够用中文进行交流的装置，通过抽象符号进行计算并处理信息。这个能够通过图灵测试的人工智能并不具有自己的思想，因为它并未真正理解那些抽象的中文符号的意义，进而反驳了基于心灵计算理论的强人工智能理论。这个思想实验模型研究的客体实质上就是一个能够计算抽象符号并输出信息的装置（计算机或人工智能），而其操纵规则是一般人工智能所采用的"抽象符号输入—程序计算—抽象符号输出"模型，最后得出了一个对计算表征主义的破坏性结论：无法从语法中得到语义，因此也不能通过对符号进行形式计算来产生思想。

内部可视化的解释模型除了可以解释思想实验的构造方式，还可以解释科学家在构造思想实验时所体现出的惊人创造力。为了构造一个思想实验，科学家们完全在一个想象出的虚构世界中进行研究，这个想象力的"来源"很大程度上也是来自包括了构造器和操纵规则在内的"图式"的运用。"想象"是在工作记忆中完成的一项工作，是在大脑中创建新的图像或概念，即在现有的形象基础上加上其他特征形成新形象。从凯库勒发现苯环结构的过程中，可以很明显地看到这一特点：凯库勒将记忆中零碎的互不相干的内部表征（蛇、头尾相连、苯）联系到一起时，就启发了他对于苯的环形结构的认知。当科学家们将普通人无法连接在一起的零碎表征联系在一起，并正好解决了让人困惑的科学谜题时，就很明显地体现出了创造力。在思想实验中，正是图式促进了这一想象过程，科学家可以主动使用图式来将零碎的内部表征进行二次组装，或将原本相联系的内部表征拆解开，从而想象出一个虚构的思想实验世界。

第二节　外部可视化认知模型

一、"相似性谬误"

认知心理学研究为了解外部认知提供了一些事实证据和基础的理论框架，但实际上无论是双重编码理论还是工作记忆理论，在解释外部认知时都存在一些问题：①侧重于各自的角度而缺乏整合，双重编码理论侧重于对外部表征的内部编码方式，工作记忆模型侧重于逻辑推理过程中的信息获取和处理；②提出了一些认知效应的基础理论解释，双重编码可以解释图片优势效应，工作记忆可以解释认知负荷效应，但都缺乏对整个外部认知过程进行解释的框架；③侧重于认知主体的心理学研究而缺乏对外部表征形式的研究，从而无法为外部表征形式设计提供指导。如果缺乏对外部表征如何影响内部表征的机制的深入研究，研究者就会轻易地假定是外部表征与内部表征的结构一致性导致了这个现象，"相似性假说"很有可能是一个"相似性谬误"。

首先来看静态图像表征的情况。如果经过良好的设计，静态图像表征非常适合视觉系统的信息感知能力：对象感知、搜索、模式匹配等等。从这些角度出发对图像表征的句法属性的分析出现了很多成果，例如视觉元素的分组方式、影响分组的因素等。但是，研究者们很难确定由外部表征引发的内部表征的形式，常见的有关视觉意象与图像表征之间关系的论点是：视觉意象的图像质量与图像输入之间有特别的联系，"图像鼓励主体创建心智图像，而这又反过来使他们更容易学习某些类型的材料"（Winn，1987）。这种论点更多是直觉式的，虽然直觉看上去很合理："图像有助于刺激心理意象"，但并不代表心理意象必然以外部图像的类似形式进行表征，外部表征与内部表征之间并不必然拥有映射关系。

相似的问题也发生在动态图像表征上。在上述的例证中有一个假设是"将动画添加到等效的静态表征中是有利于认知的"，又或者表述为"外部表征产生心理图像或心智模型，而后者又导致更好地学习或逻辑推理"。在这里有一个很明显的说明性推理链条：动画可以显式表示运动，从而提供更准确的信息（Kaiser et al.，1992）；这些信息降低了对工作记忆的负载，从而允许它执行更多任务（Rieber and Kini，1991）；于是可以为解决问题而形成更多有用的心智模型（Park and Gittelman，1992）。这个推理链的第一个环节可能是准确的，但其后的部分在逻辑上并不一定准确（Scaife and Rogers，1996）。

有一种可能性必须考虑，在某些专业领域（如物理或几何）会使用大量高度抽象的"进化"符号。这些符号与多模态的心智表征几乎没有任何相似之处，以至于认知主体必须首先学会解读这些符号，并理解基于这些符号产生的静态或动态图像表征。这代表着，在外部图像表征所要传达的内容与正在学习的抽象概念整合之前需要建立多个连接，认知主体如何整合不同知识表征产生的信息对于完成认知任务至关重要。我们显然很难仅仅粗浅地使用"相似性"来解释外部图像表征对认知任务的帮助作用。

拉尔金曾建立了一种被称为 DiBS 的计算模型来解决这个机制问题（Larkin，1989）。在 DiBS 中，外部显示的信息作为数据结构，能够让内部操作器知道下一步的动作是什么。这个模型的核心搜索机制基于："每个步骤仅需要观看显示，并按照其要求执行，无须过多的心智计算或记忆"。因此，DiBS 主要通过操纵外部显示的属性来完成工作。拉尔金选择用于解释这个模型的案例非常适用 DiBS 计算模型，例如从简单如冲煮咖啡的日常问题，到相对复杂如线性方程的数学问题。这些任务一旦学会就会变得非常简单，很难忘记而且不易出错。对于这种任务，除了在任务的每个步骤中知道"下一步该做什么"的机制外，几乎不需要激活什么内部表征。因此 DiBS 更像是一个用外部表征来提示一组基于过程的操作步骤，用于解决明确定义的问题的模型。一旦涉及其他类型的学习和定义不太明确的认知任务时，DiBS 很难应对。因此，如果涉及更复杂的认知处理，一种内部与外部表征相互交互的模型应当更加有效。

二、外部可视化认知的解释框架

"相似性假说"预设了"外部表征与内部表征结构一致性越高则认知效率越高"这一前提，但无法解释一些与外部可视化相关的现象，因此需要一种新的解释模型，绕过"相似性假说"以避免可能的"相似性谬误"。

我们提取了三种重要的外部可视化认知效应作为新的解释框架，包括：计算卸载、再表征与图形约束。这个解释框架绕过了"相似性假说"以避免可能的"相似性谬误"，并希望以此分析有无图像表征的差异，进而分析此表征形式与彼表征形式之间对内部认知的不同影响。

"计算卸载"是指外部表征降低认知负载的效应，以及不同的外部表征能够在多大程度上降低认知负载。特别是在解决信息等效性问题时，计算卸载效应更为显著，例如，在解决几何问题中，解决图形化几何问题的效率远高于句法表征的几何问题（Larkin and Simon，1987）。在图形中显式表示这种问题的状态，使得认知主体更容易"看出"解决方案。与之相对的，如果问题通过句法描述进行隐式表征，则必须在认知主体大脑内部进行构想，从而需要更多的计算工作。

"再表征"是指不同的外部表征拥有同样的抽象内涵，仅因为外部表征不同就可以使认知任务难度发生变化。例如分别使用罗马数字和阿拉伯数字执行相同的乘法任务，LXXIII×XXVII 与 73×27 相比，后者显然会容易很多。两者的数学抽象内涵完全一致，但后者的表征形式能够使习惯了十进制的人更容易求解（Zhang and Norman，1994）。

"图形约束"是指图像表征中的图形元素能够影响并限制认知主体的内部认知活动。这个概念的中心思想是，图像表征中图形元素之间的关系能够映射到问题的空间特征之间的关系上，从而限制认知主体对认知问题的解释方式。例如，将数据展示为表格或图表，将限制认知主体对数据所包含意义的解读方式（Stenning and Oberlander，1995）。饼图将使用户关注局部与整体、局部与局部之间的比例对比，柱状图让用户关注各元素之间的数量对比，折线图让用户将数据解释为变化趋势。

虽然这些特征可能有部分重叠，但它们更多是互补的。计算卸载突出了图像表征的认知资源优势。认知主体在通过可视化方法进行认知时，将消耗更少的认知资源，这与双重编码理论、工作记忆模型和认知负荷理论等心理学研究相符。因为与认知任务相关的记忆资源有限，消耗更少的认知资源能够让认知主体更快地完成认知任务，或完成更复杂的认知任务（需要消耗更多认知资源）。再表征与其图像表征的结构属性相关，并能通过不同结构形式影响可能的内部认知处理机制，从而形成图形约束。因为图式是内部认知中对信息的主动组织，因此如果结合图式理论进行分析，那么，外部的图像表征不仅可以影响视觉意象，还可以通过其结构形式影响图式，进而影响内部表征的形成。图式理论与再表征、图形约束可以很好地拟合，也证明了外部认知的分析框架可以很好地与之前构建的内部认知机制衔接。

这个解释框架并非简单地用"外部表征与内部表征在形式与结构上相似"来解释外部可视化认知的惊人效果，因为"相似性"并不能很好地解释诸如电路图、流程图等具有高度进化抽象符号的案例。而这个由三个因素组成的解释框架可以很好地解释上一章中列举的外部可视化认知案例。

在问路的案例中，语言描述的路径需要占用工作记忆的空间，以便于将其转化为在大脑中的路线图。问路者经常遇到的问题是，如果路径较长且关键节点较多，就很难想象出这个具体的路径。问路者在遇到这种情况时通常采用的一种策略是不断重复指路者的话语中的关键词，通过练习将其挪入另外一部分记忆空间中以释放工作记忆资源。而当指路人通过肢体动作或绘图将其转换为可视化表征后，典型的"计算卸载"效应出现了，问路人可以相对轻易地了解具体的路径。同样的情况还出现在四链问题与三阶幻方游戏当中。

问路的案例同时还体现了"再表征"的优势。语言表征与肢体表征、图像表征相比，给问路人带来了更艰难的认知任务。鲍尔和约翰逊·莱尔德的研究是一个更典型的案例，同样的图像表征在使用了不同的可视化元素后，具体认知提示功能的拼图轮廓帮助认知主体了解几个元素之间的逻辑关系，从而提升了逻辑推理的效率。这些拼图轮廓符号与认知主体大脑中关于元素之间逻辑关系的内部表征并没有什么相似之处，因此用"相似性"无法解释这种逻辑推理效率的提升。

约翰·斯诺的霍乱地图以及美国工程师的飞机的弹着点模型则是图形约束的典型案例。霍乱病例与飞机的弹着点都是离散数据，这些数据之间并不具有显式的关系，寻找其间的规律和联系是一项非常艰难的认知任务，因为工作记忆中的认知资源并不允许容纳如此多的离散数据。将这些数据排布在伦敦地图上或飞机模型上，则为认识这些数据之间的联系提供了图形约束，这在限制了认知主体对数据的认知可能性的同时提供了快速发现规律的可能。同样地，接下来将会提到的网络分析等科学研究方法也是利用了这个认知原理，将大量的数据约束在图形中来帮助认知主体完成认知任务。

在另外一项实验中，通过眼动仪实验也证实了新的解释框架。假设图表用户在读解不同类型的图表时，会在大脑中的工作记忆区通过运算产生心理图像并进行相应的认知任务，如果把这部分存在于心理空间内的图像外化为外部可视化表征（例如，将柱状图转化为地图上的区域数量分布），那么通过计算卸载、再表征和图形约束三项效应会产生一定的认知优势。实验数据显示，在复杂的认知任务中，心理空间外化会产生显著作用，认知任务正确率显著提升。其中，图表素养较高的用户在面对心理空间外化的外部可视化表征时，心理计算时间更短，外部表现为读取图表意义的犹豫时间更短。

在讨论外部认知机制时，支架和隐喻是另外两项不可忽视的重要因素。当然，它们并非独立存在的影响因素，与上述解释框架中的某些部分有所重合。但不可否认的是，即使支架与隐喻常常被认为与"相似性谬误"类似，但支架与隐喻可以解释很多外部认知问题，可以用于可视化设计中并有效提升认知效率。

　　在很多科学可视化技术的应用场景中，支架与隐喻的作用都是非常强大的。Heiser 和 Tversky（2006）曾经在两个实验中验证了受试者对在机械系统原理图中使用箭头的效果。在该机械系统中，包括结构组织（如零部件及其相互关系）与功能组织（如动态和因果关系）。在实验一中，作者提供不含箭头的图表示结构信息及包含箭头的图表示功能信息，受试者对照图纸来描述该机械系统。在实验二中，受试者根据描述来绘制机械系统的草图，人们会自发地使用箭头来表示功能信息。箭头对方向和运动的指示性，是一项典型的支架信息。Heiser 总结道："箭头可以在增强结构图以传递动态、因果、功能等信息方面发挥强有力的作用"。

三、外部可视化认知模型的应用案例：网络分析

　　网络分析（network analysis，NA）是数据科学中常用的一种研究方法，将数据用数学上"图"的形式表现出来，从而帮助科学家发现数据中的关系。在本案例分析中选取了一篇公开论文《在教育评估中使用网络来可视化及分析过程数据》（Zhu et al.，2016）。

　　这篇论文并非什么特例，但该研究使用了跨领域的研究方法——网络分析法，与 Hake（1998）在物理教学效果研究中使用的斜线图具有几乎同等的创造性：运用一种可视化方法，从纷繁芜杂的数据中发现重要的线索和规律。

　　在学生的评估过程中，如果采用计算机进行评估，学生会产生一系列的操作，例如，"阅读题干|阅读选项|重复阅读题干|重复阅读选项 C|重复阅读选项 B|点击选项 C|点击确定"；如果对于每项学生可能进行的操作进行编码，这个数据就可能被编码为 "$R_1|R_2|R_1|R_{2-3}|R_{2-2}|C_3|C_0$"；甚至还可以记录下每一步操作所用的时间 "$R_1:21.5|R_2:13|R_1:5|R_{2-3}:3.3|R_{2-2}:4.2|C_3:0.3|C_0:0.4$"。如果有 1000 名学生参加评估，每次评估涉及 50 道题，则在一次评估中就会产生 50000 条操作过程数据。对于 ETS（美国教育考试服务中心）而言，数据量可能会比此数据大上数个数量级：2019 年 ETS 在全球 180 多个国家服务超过 5000 万考生，因此这样操作序列数据可能会超过数亿行。这些数据当中究竟有什么有价值的信息？如何处理这些数据并挖掘出这些信息？人类的肉眼和大脑是无法直接从这些操作序列数据中得到任何有用信息的，因此对于 ETS 的科学家，如何处理数据并挖掘数据背后潜藏的规律是一项挑战。

　　在这样的背景之下，使用某种科学计算可视化方法，将这些数据转化为肉眼可观察的图形似乎是选择之一。将 NA 的研究方法引入到对这些操

作序列数据的分析当中，试图从某个角度解决上述难题。NA 是一种典型的可视化研究方法，将数据转化为"图"的数据结构——一种以顶点与连边构成的模型。如果顶点按照确定的规则连边，所得到的网络就是规则网络；如果顶点按照完全的随机方式连边，所得到的网络就是随机网络（杨建梅，2010）。20 世纪末，在 *Nature* 和 *Science* 上，分别发表了关于小世界网络（Watts and Strogatz，1998）和随机网络标度涌现（Barabasi and Albert，1999）论文，掀起了用复杂网络研究真实世界的浪潮。这种复杂网络包括社交网络、人际合作、互联网、食物链等等，与规则网络和随机网络拥有完全不同的统计特性与生成机制。这种创新的研究方法可以用于分析很多现实世界中元素与元素之间的关系，Zhu 的论文是笔者第一次见到用这种方法分析用户操作计算机所留下的操作过程日志。

在这项研究中，并未把流程数据中的操作序列看作独立活动的聚合，因为以前的活动也可能潜在影响学生未来的集合，所以建议用网络来表示流程数据中单项操作的顺序的相互依赖性。将这种复杂网络的研究方法引入到对数据序列的处理中，其实质是将每一个操作比作一个顶点，而相邻操作之间就会成为一条连边。特别是，使用了加权定向网络，因为这种网络图能够保留从一个操作移动到另一个操作的顺序，同时保留这种转换操作在同一个操作序列中多次出现的可能性。在数据处理后，一条操作序列就可能被转换为图 4-1 所示的网络（Zhu et al.，2016）。

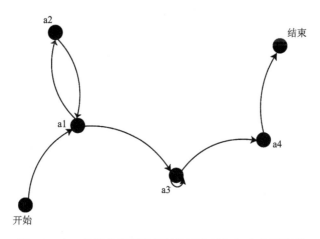

图 4-1　由一条操作序列数据转换而来的加权定向网络图

在论文中不仅介绍了这项研究方法，而且提供了一项研究的实例：利用网络分析处理美国教育进步评估（NAEP）项目技术与工程素养评估

（TEL）中，学生完成在线评估的操作数据。研究者选择了 TEL 中关于修理水泵的一道题的数据，要求受试者观察右侧的示意图，尝试找出水泵的故障，并回答问题。

为了修复该水泵，系统为学生提供了一份操作指南，列出了水泵可能存在的 5 个问题。对于其中任何一个问题都有两种操作可选：检查、修复。单击相应的问题，第一项操作为检查，第二项操作为修复，因此总共有 5 种检查操作，被依次编码为 C_1、C_2、C_3、C_4、C_5；五种修复操作被编码为 R_1、R_2、R_3、R_4、R_5。受试者可以按照任意顺序进行这 10 项操作，但每个操作仅能使用一次（操作后对应的按钮将会失效）。除了这 10 项操作，还有一项"检查泵"的操作（编码为 P），受试者可以随时使用该操作检查泵是否被修复。因此，总共有 11 项可供受试者选择的操作，而完成这道题目所用的总操作次数没有限制。

在考试过程中，这道题目的任务仅当学生完全修理水泵后才会结束，所以所有学生都必须成功地修理水泵，这使得反复检查水泵的状态非常无聊。但在评分标准中，受试者的成绩通过解决问题的过程的两个维度来衡量：效率、系统性。对于前者，主要采集学生修复速度的数据。因为正确的修复操作仅需要 C_4、C_5、R_4、R_5 和 P 等 5 个操作，所以 $C_1 \sim C_3$、$R_1 \sim R_3$ 等 6 个操作被视为不必要的。如果学生只采取必要的行动，其得分越高，反之得分越低。对于后者，根据评分标准，检查问题、修复问题、测试水泵这三步按照顺序执行的操作被视为修复水泵的系统性方法。如果学生在"检查问题"前首先执行"修复问题"，则被视为非系统性操作。

每个学生可以选择执行 11 个动作的全部或者部分来修复水泵，日志数据记录学生操作生成的操作序列，例如，（C_4|P|P|R_4|P|C_5|R_5|P）。在这个操作序列中，学生首先检查问题 4，然后检查水泵两次，修复问题 4，再次检查水泵，然后检查并修复问题 5，最后检查水泵并结束任务。利用网络分析方法，使用开源软件 Gephi 将这个学生的动作序列创建为相应的网络，如图 4-2（a）所示。在图 4-2（b）中，展示了 1318 个样本的聚合网络图。在图中，一些连边比其他连边更粗，表明更多的学生采取了这种转换。为了指示出学生在选择正确操作方面的数据，绿色顶点表示正确的必要操作，红色顶点表示不必要的操作。因此，绿色的连边表示从一个必要操作到另一个必要操作的正确移动，而红色连边表示不正确的移动（在连边两侧顶点中，两个顶点或其中任意一个顶点为不必要操作）。

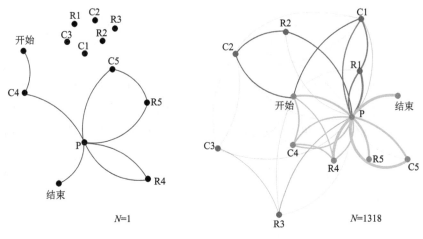

(a) 单个学生的操作序列生成的网络图　　　(b) 1318个学生的操作序列生成的网络图

图 4-2　网络图

利用这种分析方法，在论文中提到了一些有趣的发现：

● 从"开始"到"C4"连边最粗，意味着最多的学生开始后就选择了必要操作 C4；而 C5 也是必要操作，但其与开始之间的连边要细得多。这是否意味着受试者会按照从上到下的顺序依次做出选择？

● 仅有"P"与"结束"之间有连边，这代表所有的操作序列都以"检查水泵"为修理水泵的最后一步，这可能是系统设计强化的结果。

● 论文中特别提到："使用网络可视化，我们可以轻松地查看和发现这些有趣的模式，而无需进行进一步分析。"这些发现可以进一步通过调整界面布局进行对比实验，以及对学生进行调查访谈了解他们如何做出选择而进行检测。

在这个案例中，网络分析的可视化方法未必是唯一的可选项，但使用某种可视化方法具有必然性。对于一种完全由抽象符号组成的数据序列，经过严格训练的专业人员可能能够在一定时间内阅读出其中的意义，例如电报员阅读莫尔斯电码。但当这种数据达到一定的数量级，例如数千行、数万行甚至上百万行，人脑对于其的处理最多只能按照顺序进行解读，而无法从中发现什么特殊的模式。

如表 4-1 所示，当面对表中的数据时，这一事实显而易见。这仅仅是七组数据而已，已经让我们头疼不已。我们可以使用外部可视化认知的原理来解释这种认知无力的现象。事实上，这组由计算机采集的数据，也是按照人类设定的模型进行编码的，本质上仍然是一种模型——对用户答题过程进行描述的模型。但这种模型偏离了人类的感官认知，我们很难用感官获得其中的信息，除非我们像"中文屋"里的翻译一样使用一本"字典"。即使能够翻译出这些序列中的每个代码（C1、R1、…、P 等），依旧不能从中总结出什么规律，因为很难想象这种模型描述的客观对象是什么样子，而且这些数据没有任何视觉显著点能够吸引我们的注意。缺乏视觉显著点的原因是，这些数据哪怕各不相同，但看上去一样的杂乱，没有人眼能够感知到的秩序。而用可视化方法得到的分析结果是一种新的模型，相对比前面由表格列出的操作数据序列，很明显这是一个更加容易被认知的模型（图 4-2（b））。

表 4-1　　虚拟的操作序列数据

用户序号	时长	操作序列
32342	216	C1; R1; C2; R2; C3; R3; C4; R4; C5; R5; P
32344	311	C1; C2; C3; R1; R2; R3; R4; P
32355	297	C5; R5; P
32375	187	C2; C3; C4; C5; C1; R1; R2; R3; R4; R5; P
32398	112	C1; C2; C3; R3; P
32765	157	C3; R3; C5; R5; P
32635	119	R1; R3; R5; P

或许我们还有其他的建模方法，比如将数据清洗和格式化后，利用 SPSS 软件进行统计。这似乎规避了可视化的研究方法，但必须将其中的规律简化到少数的几个数字，例如，从 R_5 到 P 的比例等。这种分析目的性太强，必须依赖于预先设定的目标（假设前提），而人脑如何发现这个目标？除了理论推导外，通过感官来发现某些显著点（疑点）是必需的。那么，除非科学研究所依据的理论能够直接指向某个假设前提，否则我们必然会采用某种可视化的方法来发现其中的规律。前者在库恩的眼中是常规科学，它仅仅是对已有理论的扩展与验证，而后者经常被使用在突破性的研究中，其成果让人感到震惊。例如，在爱因斯坦发现等效性原理的过程中，并没有任何前人的理论能够为其提供指引，而其想象的那个电梯和电梯中的物理学家为我们提供了突破性的发现。

当然，在这项研究中，加权定向网络图并不一定是唯一的选择，热力图就可以在某些角度替代加权定向网络的一些功能。此外，通用建模语言（unified modeling language，UML）中的时序图、用例图等也可被用于对上述数据进行建模。当然，不同的模型可能会从不同的角度描述上述数据，这有利于帮助人的视觉从不同的视角想象这些数据描述的对象长什么样子。例如，热力图可以描述用户主要操作的功能是哪些，时序图可以描述用户进行操作的先后顺序，用例图用于表示该题目界面上各项功能与用户之间的关系。但无论如何，我们必然会选择一种可视化的方法来识别这些数据中潜藏的"模式"，这也是在科学研究中应用科学可视化的必然性。

其实在科学史上还有更多利用外部可视化认知进行研究的著名案例，例如光速的绝对性、苯环的结构、希格斯玻色子的发现等等，但选择一个看上去更普通的案例更能体现可视化研究方法在现代科学研究中的普遍性。

第三节　可视化的双向认知模型

一、双进路与双过程的融合

自上而下的符号计算主义与自下而上的联结主义在独自应对视觉认知问题时都有各自的优势与无法解释的问题，从任意单一进路来研究科学可视化背后的视觉认知机制都是不充分的。

研究表明，视觉信号按照一定路径进行传递。例如，在第一视通路中，视网膜上的光感受细胞接收到光信号后转换为电信号，经过视网膜神经元回路传递至输出神经元——神经节细胞，神经节细胞对接收到的信息进行初步处理，并将处理结果传递到外膝体并再传入视皮层。在视皮层中，视觉信息是分层进行处理的，其顺序是：简单细胞—复杂细胞—超复杂细胞—更高级的超复杂细胞。

在这个处理路径中，视觉刺激被称为感受野（receptive field）的生理机制过滤。每个视觉神经元仅对视网膜上特定区域内的视觉刺激产生反应，这个区域被称为该神经元的感受野。相对于后来发现的非经典感受野，这个区域被称为经典感受野，其理论是：视网膜提取的是关于亮度对比的边缘信息，初级视皮层则映射的是更加抽象的视觉信息特征，如朝向线段、边缘、轮廓、带拐点的线段、拐角和端点等。视觉信息进一步在视皮层间映射，不同特征的信息通过选择汇聚连接在一起，形成更加复杂的特征，如"脸细胞"和"手细胞"等"祖母细胞"所能检测出的特征（罗四维，2006）。

　　这是一种自下而上的处理机制，也是联结主义所主张的视觉认知机制。感受野机制让视网膜上的刺激在视觉的不同阶段投射到不同的细胞类型系统，例如，不同宽度和方向的线刺激激发低层次的早期感受野，而较高层次的感受野被更复杂的刺激有选择地激活。

　　然而，人类认知并非单纯的"刺激-处理"的自下而上的机制，而是产生于自下而上和自上而下处理之间的动态相互作用中。自上而下的机制指导自下而上的处理方式，以激活长期记忆中被表征的有组织的知识结构。自上而下的机制影响自下而上的视觉感知的证据比比皆是（Patterson，2012）。例如，在一个统一样式的三维场景中，相比起不太连贯的平面环境，个体可以更准确地识别一条短暂闪烁的线段（Weisstein and Harris，1974）。在这个实验中，如果视觉认知完全是一个简单的前向层次结构，那实验的结果应该与上述结果完全相反。还有实验发现，个体在视觉分类任务和视觉检测任务上的表现一样准确快速，这说明受试者在检测到物体存在时就已经知道物体所属的类别（这个物体所含的语义信息）（Grill-Spector and Kanwisher，2005），表明人脑中既有的知识结构参与到了视觉感知当中。另外一项研究还发现，相比起杂乱的场景，受试者能够更快速且精确地从连贯的真实场景识别出目标物（Biederman，1972）。

　　因此，人脑中自下而上的认知方式在视觉认知中是一种基于感受野的过滤器，旨在从视觉刺激中有效地提取意义，即记住图片的含义和解释，遗忘掉视觉刺激中的许多物理细节。这个过滤过程受到自上而下的认知机制的指导，能够更加高效地在视觉感知的过程中完成高级认知功能，包括理解、解释、推理、决策等。因此，能够有效解释可视化认知原理的模型必须是整合两种进路的模型。

　　新模型的理论基础来自所谓的双系统理论，也被称为双过程理论，该理论已经被认为是现代认知科学和社会心理学的组织框架（Evans，2008）。埃文斯（Jonathan St. B. T. Evans，1948—）认为人类在进行认知活动时，同时调用了两种加工过程，也被称为系统或机制。

　　第一种是启发式加工过程，也被称为直觉系统或隐含系统。它的主要特点是：①依赖于直觉且加工过程很快；②不占用或占用极少的心智资源；③通常只能意识到加工结果而感知不到加工过程；④容易受到背景相似性的影响。这种加工过程被认为是首先进化出来的智能，而且是人类与动物共享的一种心智能力。

　　第二种是分析式加工过程，也被称为分析推理系统。它的主要特点是：①依赖于理性且加工速度较慢；②占用较多的心智资源，很多时候甚至要求全心投入；③能够同时意识到加工结果和加工过程；④不易受背景相似性的干扰。这种加工过程被认为是人类所独有的一种心智能力。

在提出这一理论时，并非所有研究者都认同这一理论的假设，在各种文献中也有不同于此的其他认知框架。例如，直觉系统可能包括了不同类型的多个系统，而不是单个系统（Evans and Stanovich，2013）。有文献表示直觉系统可以进行高层次的认知，例如，可以整合信息并参与响应选择，而非仅仅基于统计规律的简单模式识别过程（Betsch and Glöckner，2010）。同时，直觉还可以从刺激模式中提取意义（Reyna and Brainerd，2011）。尽管目前对于这两个系统或加工过程的确切性质缺乏共识，但在对可视化认知原理的分析上，双过程理论提供了一个合理的组织框架作为双向认知模型的基础。

通过对相关文献的调查和总结，双过程理论的核心思想是：人类认知基于分析推理系统和直觉系统之间的相互作用，而分析推理系统由工作记忆与长期记忆组成。这种系统需要包括模式识别与程序性的长期记忆，两个系统都涉及编码过程，并将编码后的信息反馈到一个普遍的决策点。因此，双系统同时依赖于自下而上和自上而下的处理。直觉系统是自下而上的处理，能够产生默认响应，除非受到自上而下的高阶分析推理系统的干扰。

从逻辑上讲，分析系统和直觉系统都需要模式识别。例如，分析推理系统将负责类比推理，即从一个域中的元素关系转移到另一个域中的元素关系，这可以解释为模式识别的一种形式。但是分析推理系统也涉及其他形式的推理，如演绎推理，这需要从一般前提推理得到逻辑结论。直觉系统则完全基于统计规律学习的模式识别。因此，在双向模型中，我们可以将分析推理系统看作工作记忆和长期的声明性记忆，而将直觉系统看作模式识别和长期的程序性记忆。

二、整合自上而下和自下而上的新模型

双向认知模型包括了自上而下和自下而上两种认知模式，描述了人类视觉认知中的视觉信息流，从最下的视觉刺激开始，通过一种半平行的认知机制，直到最后做出决策。如图 4-3 所示，左侧通过分析推理过程做出决策，右侧通过直觉过程做出决策。

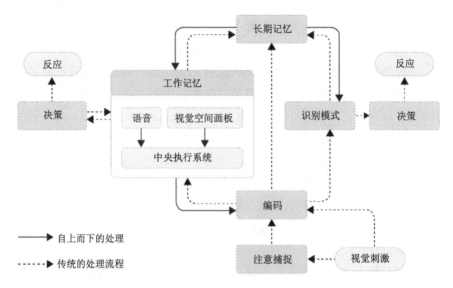

图 4-3　双向的视觉信息处理与视觉认知模型

　　这个模型的第一个环节是"注意捕捉"，能够让人把认知资源集中在环境中的特定刺激之上而忽略其他环境特征，会受到环境特性和自上而下认知过程的影响。注意力也被分为内生性注意力与外源性注意力。内生性注意力是指以目标为导向的方式，按照自身意志主动将认知处理能力部署到外部刺激或内部状态。外源性注意力是指认知主体的认知处理能力受外界刺激影响被动地部署在外界刺激之上。

　　双向模型的第二个环节是"编码"，也可以称为"刺激编码"。外部信息通过这个环节进入感知和认知处理系统，即视觉图像在人脑记忆中转化为神经表征，是光信号转换为神经电信号的环节。在大多数情况下，可视化的神经表征仅能在临时视觉空间记忆中存在极短的时间，而不会进行其他认知处理，这通常被称为视觉短期记忆或视觉瞬时记忆。被编码的刺激可以激活一系列的认知模式识别机制，其中一些还可以激活持久模型从而进入长期记忆。因为只有被编码后的视觉刺激才可以用于后续的认知处理，因此用户是否了解视觉刺激中的信息、是否关注刺激类型并主动帮助编码，对于认知任务的进行非常重要。换句话说，编码与注意力和记忆的自上而下的影响密切相关。

　　双向模型的第三个环节是"工作记忆"，这可能是此模型中最核心的环节，能够为个人提供执行复杂心智操作的能力（Awh et al.，2006，Baddeley，1992）。工作记忆的核心组成部分是中央执行系统，它通过内生性注意力执行各种重要功能，例如根据当前的认知任务选择要编码的外部刺激、释放被不相干的干扰因素占用的认知资源、激活陈述性长期记忆表征、选择恰当的反馈、为下一步处理维持工作记忆中存储的信息（Patterson，2012）。视觉输入的信息保存在视觉空间画板中，用于执行可视化认知任务时的分析与比较。听觉信息保存在语音回路中。

　　当被编码后的刺激进入工作记忆后，通过分块机制把信息分析为结构化组织。分块是指根据元素的意义将元素分组为较大单元的心理过程。由于工作记忆的容量是有限且固定的，因此分块处理能够增加处理能力。过去，这个容量上限被认为是 7 个心智块（Baddeley and Logie，1999），可最近的研究将该上限降低到了 4 个心智块（Cowan，2001），但每个块中包含的信息量可能会相当大。例如，大师级的国际象棋棋手仅需要 5 秒观看棋盘，只要棋盘上棋子位置是合理的，他就能快速重建整个棋盘上所有棋子的布置（Chase and Simon，1973）。这是因为国际象棋大师具有感知棋子配置结构的能力，并能按照棋子之间的关系将所有棋子的位置编码为心智块。在整个过程中，视觉信息（棋子位置）作为检索线索触发了国际象棋大师关于国际象棋攻防关系的长期记忆。这些记忆提供了自上而下的规则指导，作为分块的依据。因此，国际象棋大师并不会逐个记忆每个棋子，而是根据长期记忆中存储的行棋规则将整个棋盘上的棋子信息划分为少数几个心智块放入工作记忆，从而能够快速记住整个棋盘上所有棋子的位置（Ferrari et al.，2006）。而同时，触发这些长期记忆也可以让这些大师级棋手预测随后的行棋过程。

　　模型的第四个环节是"模式识别"，它与工作记忆的中央执行系统同时工作。虽然包括类比推理在内的认知能力依赖于模式识别，而在本模型中的模式识别主要是指对环境中遇到的统计规律的识别。输入的统计模式会被作为检索线索存储在长期程序性记忆当中。这些长期程序性记忆是自上而下的组件，也是识别相应的基础。这种模式识别非常强大并且无处不在，是直觉系统的基础。

　　模型的第五个环节是"长期记忆"，是可视化认知中的核心。长期记忆是指信息和知识的神经表征，与短期记忆或工作记忆相比是持久的。长期记忆可以被细分为陈述性记忆与非陈述性记忆。

　　陈述性记忆是把某种同时发生的刺激关联起来的记忆。它只是单纯记录这些同时发生的刺激并且将它们关联起来，一旦某个刺激发生，就会连带激活另一种相关刺激对应的后继神经活动。陈述性记忆包括了那些事件发生发展过程的记忆，也被称为情景记忆，但不是程序性记忆。陈述性记忆的形成符合联结主义的观点：一种刺激激活某个神经元，当这个神经元还保持活跃的时候，另一种刺激又激活另一个神经元，当这两个神经元同时在活跃时，大脑就会在它们之间建立联结。两个神经元被同时激活的次数越多，联结的强度就越高，这也符合知识即联结的观点。

非陈述性记忆的存储器可能会包括多个子系统（Squire，2004），但其中最重要的一个是程序性记忆。程序性记忆记录某种特定条件与某种特定反应的关系，这种记忆与感知运动技能的发展密切相关。例如打乒乓球时并不会特别地去思考球的速度、角度与击球的方法，或者骑自行车时并不会去思考龙头的角度、车倾斜的角度、车的速度，但经过一定训练的人都可以完成击球和骑车的动作。

长期记忆可以在感知和认知过程中产生多种形式的自上而下的影响。长期记忆与工作记忆有直接的自上而下的连接，因为陈述性记忆可以改变工作记忆中信息的分块方式。模式识别也直接受到长期记忆的影响，因为程序性记忆使模式识别成为可能。长期记忆可能直接影响刺激编码，即根据当前的认知任务来选择要编码的目标刺激（Woodman et al.，2013），但本书更倾向于这种影响是间接的，同时还会受到工作记忆系统的许多活动的调节。比较重要的一点是，如果被编码的刺激拥有较强的情感属性或感官联系，同样可以直接在长期记忆中表示出来。

这个模型中最终的环节是"决策"。如图 4-3 所示，在模型图中表示出来的决策分为左右两种，左侧与工作记忆连接，右侧与模式识别连接。模型的决策环节可以接受来自工作记忆或模式识别的输入。根据双过程理论，用户基于隐式模式识别进行的决策被称为直觉性过程，由工作记忆支持的决策被称为分析推理过程。决策与工作记忆之间的双向连接代表这种决策是用户有意识地思考后的决策，决策环境可以影响工作记忆的活动，更新任务目标或消除在考虑中的决策选项。

这个模型的示意图虽然是从刺激开始，经过编码、工作记忆、模式识别、决策等环节最终到达响应，但并不表示这个模型所表示的认知过程具有特定的起点和终点。特别需要声明的是，人类的视觉感知与视觉认知系统不断地对周围的环境进行采样，因此这个模型中几乎所有的过程都是并行发生的，这符合联结主义的并行处理原则，而非符号计算主义流程化的过程。

双向模型的意义在于两点：①提供自上而下的可视化认知原理的解释；②补充外部认知框架中对于直觉决策过程的缺失。外部认知框架强调外部图像表征与内部心智表征在进行不同认知任务时的相互作用，是由外部视觉刺激引发的自下而上的认知过程，这与双向模型中自下而上的部分相吻合。而双向模型中自上而下的部分则可以解释认知主体记忆对于可视化认知的指导作用，特别是关于认知过程中认知主体知识水平对可视化认知的影响。同时，这个部分还可以解释外部图像表征中的抽象符号、支架信息、图形组织器等非核心信息是如何影响认知效果的。此外，外部认知框架主要强调认知主体通过外部图像表征进行逻辑推理，而双向模型结合了双过程理论，能够解释直觉决策部分的认知过程。

三、双向认知模型的应用案例

NASA 曾发射了一颗太阳动力学观测卫星，专门用于拍摄太阳。其拍摄数据传回地面后，由地面的科学可视化专家处理成各种图片。2010 年 NASA 公布的根据太阳动力学观测卫星数据制作的太阳耀斑图片（图 4-4）中，大量涌动的红色与黄色流体体现了一种富有冲击力的秩序感（尼尔马拉·纳塔瑞杰和美国国家航空航天局，2015）。在中国科学技术大学先进技术研究院新媒体研究院发布的"美丽的化学结构"中，同样大量使用了富有秩序感的构图，如绿宝石的晶体结构（图 4-5）等（Liang，2016）。

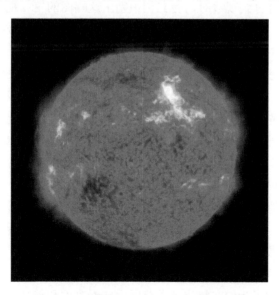

图 4-4　2010 年 NASA 公布的太阳耀斑图片

图 4-5　梁琰作品"美丽的化学结构"中展示的绿宝石晶体结构

　　从秩序过渡到非秩序或从非秩序过渡到秩序被贡布里希称为"中断"，肉眼在观看图像时会不自觉地将注意力投向那些被贡布里希称为视觉显著点的位置（贡布里希，2015）。所谓的"显著"是相对的，在一幅图中会有第一感的视觉显著点，它是一见之下首先被识别的位置；也会有第二感的视觉显著点，即当你回眸专注观看时所识别的位置。还是以图 4-4 所示的太阳耀斑图片为例，太阳本身因为其夺目的绚烂色彩及其与黑色背景之间的强烈对比（中断）成为该图的第一视觉显著点。哪怕我们并未事先了解这幅图，可当视线扫过这一区域时，也很容易被太阳所吸引。当我们将目光投向这幅图并仔细观看时，会立刻识别出这幅图的第二视觉显著点：高亮的耀斑区域。在整个太阳的色彩与纹理秩序中，耀斑区域打破了整个秩序，成为一个中断。

　　上一节所述外部认知模型能够解释很多人类从图像表征中学习并完成认知任务的现象，但并不能解释注意力投注方向的问题。双向模型中的注意捕捉模块首先将视觉信息中具有较强刺激的部分提取后交由编码模块进行处理，因此外部图像表征中具有"中断"的"视觉显著点"成了能够捕捉外源性注意力的元素。了解这一点，可视化设计就应当首先关注整个外部图像表征中最重要的信息或意象，并妥善对其进行设计，以成为主要的视觉显著点，用于捕捉外源性注意力。将贡布里希的视觉显著点概念与双向模型的结合，能够为设计者在如何利用秩序与中断来捕捉受众外源性注意力方面提供参考。

　　双向认知模型还可以解释内生性注意力在可视化方法中的作用机制。视觉的局限影响了我们在特定视觉范围内能看到的和能仔细看到的东西，还有那些我们不能看清的东西。当我们在夕阳下的沙滩上行走，能看到大海、天空、沙滩以及远处的落日；当我们将目光投向落日，可以看到落日的运动、余晖的变幻，甚至飞鸟掠过晚霞；沙滩上的沙粒和卵石与背景融为一体，变得"整体化"，所以我们很难感知到单颗的沙粒或卵石，尽管它们与落日、大海和天空都在我们的视野中。我们在这里观看落日，将注意力投向了落日，我们的视网膜虽然也接收到了云朵投来的光子，却没有注意到它。如果在看完落日后，当其他人说起"那片云朵变幻成了好几种动物"时，我们可能会觉得茫然。

　　虽然在生活中，一些我们明明应该看到但回想时却无记忆的案例比比皆是，但我们的视觉注意并非不受控制。在图 4-6 中，如果我们将视线停留在 A 上，BCDE 就会变得模糊。类似地，我们将视线停留在任何一个字母上，另外四个字母就会变得模糊。当然，我们也可以快速将视线从一个字母切换到其他字母。按理说，我们需要一点时间来调整自己的视线关注点，但也可以快速地扫过 A 到 E，并且识别出所有 5 个字母。这种扫描毫不费力，比将视线集中于其中一个字母更加轻松，使得我们可以在快速扫描过程中，仅仅通过"一瞥"就能看清一大片区域并得到其中的信息。

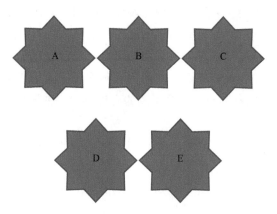

图 4-6　控制视觉注意转移的例子

　　当把观看与注意的机制联合起来考虑后可以很容易发现一点：观看是有选择性的。眼睛对什么样本做出什么反应取决于诸多生理和心理因素（贡布里希，2015），有的人第一眼会看到 A，也有人第一眼会看到 C，还有人没有关注到图形中的字母，而是看到八个角的外框。这就是视觉不自觉地选择性观看。但如果我们给观看者一个任务："用最快的速度扫过这五个字母并讲出关于它们的最多的信息"，观看者便会快速地扫过它们，将所有的信息装入记忆，并在描述信息时从记忆中检索信息。对于不同的信息，检索的难度似乎有明显的区别。例如，对大多数观看者而言，"这是五个什么字母"的答案的检索显然比"每个框有几个角"的答案的检索容易很多。但如果我们修改任务为"用最快的速度扫过这五个文本框"，观看者回忆八个角的速度和准确度都会有很大提升。这表明，视觉注意与我们执行的认知任务有很大关系。我们给自己确立的认知任务决定了视觉注意力的投注方向。

这种知觉过程在双向模型中是由内生性注意力决定的，是自上而下的认知过程：由工作记忆区中存储的信息引导认知主体将注意力投向与当前认知任务相关的信息之上，从而引导这部分信息进入编码过程；而与认知任务无关的信息则可能在工作记忆的影响下根本没有进入编码过程，因此这部分视觉刺激信息会在认知主体还未意识到的情况下就已经被遗忘。认识到这一点对科学可视化设计非常重要，因为科学可视化设计通常都带有某种认知任务，例如医生在观看X光片时带着寻找病灶的认知任务，因此在设计过程中必须优先考虑如何满足认知任务的需要并妥善引导内生性注意力的转移。

双向认知模型也可以解释可视化设计中的知觉概括现象。我们很难判断人脑何时产生这种"知觉概括"的能力，但从透视消失的现象来看，这一能力似乎是不需要专门习得的。我们可以反向使用透视消失的规律，例如相比起黑色，灰色显得更远（或者更准确地说，饱和度较低的色块显得距离较远）。这种色彩给予的有关距离的心理感受，并非通过有意识地学习获得。

设计师、艺术家等职业会大量利用知觉概括来表示某些概念，例如：标识设计师会用几根弯折的线条表示一本翻开的书；一些摇滚乐手会用毫无意义的歌词吟唱，而让听众感知到某些情感；舞台戏剧中为了表现嘈杂的人群，让舞台上的演员们重复一些没有意义的拟声词；画家会用一些浅灰色的波浪线来表示远处的山峰群。

当人走入眼科诊室测试视力，医生使用视力测试表来测试视力。视力表上全是字母E（中国主要使用这种测试表，其他国家有不同的测试表），靠被试者在一定距离外指出E的开口方向来测试视力。如果我们能够看清某个E的开口方向，我们就可以很清晰地回答医生。但难题是，那些看不清的东西到底是什么？如果我们完全看不清，就只能颓然放弃。当面对那些介于看清与看不清之间的字母，我们总是倾向于用不那么完整的信息来进行猜测。实际上，即使是那些完全看不清的字母，我们也非常肯定这些字母都是 E，而且其开口一定是上下左右中的一个。

在人机界面设计中，一些软件设计师利用这一效应，使用了一些灰色的色块与长条来作为加载界面，暗示此处即将出现的内容，从而降低用户等待时的焦虑感。例如，图 4-7 中 YouTube 的加载界面，当用户看到大块的灰色时，会觉得这里将出现一个视频；看到圆形的灰色时，这里将出现用户的头像；而灰色的长条将会被视频的描述文字所替代。这种设计方法同样用在了 Facebook 的移动应用界面中。很明显，用户并不能看清这里是什么，但依然能够读解出这里的意义，这被贡布里希称为知觉概括。这些色块与即将出现在这里的内容有某些方面或程度的相似（这里是外轮廓的相似），于是被大脑归纳为同类的事物。特别奇妙的是，几乎所有的用户都能从这里读解出同样的意义，即使这种图形如此抽象。

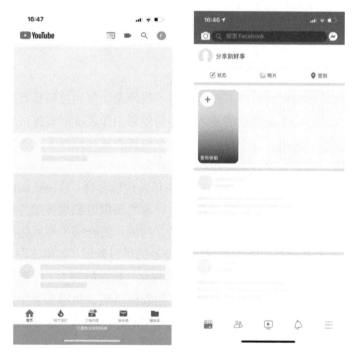

图 4-7　YouTube 与 Facebook 使用灰色长条与色块暗示此处即将出现的内容

在表达抽象的科学概念时，可视化的设计师会大量借助知觉概括的原理，例如一个小点代表一个粒子、一个质点；一个圆圈代表一个刚性小球、一个原子、一个细胞；一个圆环或椭圆环代表行星或电子运行的轨道；一个箭头代表运动的方向，等等。从第三章外部认知模型的角度来看，这种方式实际上是在使用高度进化的抽象符号，认知主体在理解这些抽象符号时需要相对应的前置知识条件。运用双向模型理论来看这一点可能会产生两个不同角度的解释：①这是一种自上而下的认知，由长期记忆中存储的知识来指导对视觉符号意义的解读；②在专家水平的认知中，这是一种启发式加工过程，能够快速地、几乎不需思考地识别出所有符号的意义，但在新手水平的认知中，这是需要用到工作记忆的分析推理过程，会占用较多的认知资源。对于这种知觉概括现象的原理解释能够帮助可视化设计者更有效地处理符号，特别是对于专家和新手，应当采用不同的符号体系，对于前者可以更加抽象与高效，而对于后者则需要更具象，甚至是仿真。即使是针对同样一个科学模型，在图像表征的设计上也可能出现截然不同的视觉效果。

第四节　可视化认知原理对可视化设计的影响

一、影响外部认知的可视化设计特征

对外部认知研究的目的不仅是回答"科学家如何通过科学可视化技术进行认知"，还有一个重要目的是为优秀的外部图像表征形式提供一些基本的标准。当然，为达到这个目的，需要对内部表征与外部表征的互动进行更好的了解，而非简单诉诸"相似性假设"。

正如鲍尔和约翰逊·莱尔德在 1993 年发现的那样，解决认知问题的效率取决于所使用的图像表征形式。那么，优秀的图像表征拥有哪些特征呢？它们可能应当符合视觉信息的处理原则，例如，适合用于程式化显示（如图表等），或者其他具有高度进化抽象符号的学科领域（如电路图、流程图等）。这或许也是最初提出"科学计算可视化"概念的初衷。但在科学可视化的领域中，还有大量并不具有强约束的表征形式。虽然物理学领域中的知识结构是可以被精确建模的，但形成对比的是进化论可能存在多种不同的表征形式，如行军模型和树模型。如果简单地按照设计图表或电路图的方法来评判科学可视化中广泛的领域，可能会出现严重问题。

从认知效果的解释框架出发，在可视化的设计中，有两个因素需要重点考虑：以视觉符号为代表的表示方法，以及用于组织这些符号的视觉组织框架。首先，表示方法应该是恰当的，因为如果将外部符号系统翻译成与认知主体内部结构不同的话，需要在两种不同表征之间通过工作记忆进行映射工作，从而增加工作记忆负荷。其次，任何图像设计中，用于视觉

组织框架的规范形式都是非常重要的。例如，识别由箭头环形连接的一组图标能够表示"循环"的概念。同理，组成表格的行列及框线、组成流程图的框与连线、组成网络图的节点与连边，以及约翰·斯诺用于标注病例位置的霍乱地图和飞机工程师用于标注弹着点的飞机模型，等等，这些在科学可视化设计中常用的视觉组织框架都很重要。

此外，图像表征的受众也是需要重点考虑的对象，包括他们的知识水平、经验、认知能力等。在传统的二维静态图像中，如果能够适当增加可识别的提示符号来让认知主体进行逻辑推理会较好地帮助他们完成认知任务。认知主体识别图形表示类型（如图表、地图、表格等）的能力，与其使用图像表征解决问题的能力之间存在很强的相关性（Cox and Brna，1993）。学生在观看图像来解决问题时，经常使用注释来保存推理所需的信息。当然"注释"这个动作也完全可以在内部完成，但对于这些学生来说，将推理信息标注在图像之上可能更有效率。这个现象说明，利用外部记忆体最大化地将认知负载外置是提升认知效率的有效途径，而且在外部图像表征之上留下"认知痕迹"也提供了在外部模型上进行操纵的机会。在考虑受众的前提下，这些因素都应当纳入图像表征设计的考虑范畴中。

因此，良好的科学可视化设计要求图像表征的抽象程度能够适应认知任务和学习者能力的双重要求。Cheng 在研究中主张提供多重表征，从具体的示例到问题的概述，学习者可以选择按照自己需要的方式查看这些由不同表征形式呈现的学习资料。虽然不同表征形式之间可能存在某些差异（例如石墨的球棍模型和其层与层之间的范德华力之间就存在某些误解），但这给认知主体提供了主动控制的可能性。

除了这些一般性的因素外，根据上一小节所分析的解释框架，还可以构建一套概念设计的原则，用于评估科学可视化设计的优劣。这套原则的基础不是过去基于设计理论或美学标准的原则，而是基于可视化认知原理的要素。

（1）外显度与可视性

从静态图像、动态图像以及图形学上来讲，更先进的虚拟现实可以用各自的方式来突出某些显示要素，因此，设计目标应当建立在对解决问题有帮助的关键组件之上，以促进认知主体的直觉认知与逻辑推理。各种图像表征还可以表示出构成复杂现象的某些隐藏要素，例如在溶解动画中显示分子运动的动态平衡。关键组件的具体表达形式应当与认知主体的知识水平相当。

（2）认知跟踪与交互性

在可视化设计中，应当考虑认知主体能够跟踪自身的认知过程，例如使用标记、状态变化、突出显示等方式来显示标注的重要信息。而交互性则体现在认知主体能够将图像表征作为外部记忆体使用，可以操纵其中的部件以完成推理。静态图像的交互是在内部完成的，而动态图像和虚拟现实则可能在外部完成。无论是认知跟踪还是交互，在可视化设计中应当着眼于如何支持不同水平的认知跟踪和交互能力。

（3）开发难度

与上述问题相关的是可视化设计的实现难度。静态图像的制作难度主要与设计者的理解水平及对目标主体的掌握水平相关，但与绘制能力关系不大。然而在动态图像和虚拟现实中，很多时候制作难度与外显度、可视性、认知跟踪、交互性都有很大的关系，特别是在需要提供交互性的设计中。例如允许用户自己调整播放速度的动画，能够帮助了解一些在时间尺度上过小或过大的科学现象，这些设计显然需要额外的工作量。再进一步，如果允许用户自己构建模拟计算的动态图像，例如从太阳系中拿走一颗行星后的各行星运动轨迹，则会增加若干倍的开发难度。优秀的可视化设计应当在认知要素、认知主体能力和开发难度之间取得平衡，而非一味地增加"高科技"含量。

（4）整合外部表征

一般来讲，静态图像通常的用途是用作句法表征的补充。在很多情况下，文字对于理解特定图像表征的功能是必不可少的，设计者会因为一些很平常的原因把文字和图像进行空间分离，这会显著增加理解图像表征意义的认知负载（Sweller，2016）。相比之下，因为动态图像和虚拟现实通常被设计为以图像表征为主，虽然有时可能伴随着口语旁白或字幕，但不同形式表征分离的情况比较少见。即使如此，也有一些研究表明，与静态图像相比，句法表征与动态图像和虚拟现实的结合会更加困难。相比文字，口语叙述与动态图像的配合更好，这种听觉与叙述并行的方式对虚拟现实也更加有效。因此，在整合所有类型的外部表征时，需考虑不同情况下的整合方式。

二、基于双向模型的可视化设计干预点

在研究认知过程与外部图像表征之间的相互作用时，假设认知处理从认知主体看到新的图像表征开始，将一直进行直到这次可视化认知过程产生一些决策。这个过程还将因为认知主体改变了一些图像表征元素而产生迭代，如放大了图表中的某部分数据子集将重新引发认知处理。这种迭代操作一定是由认知主体的主观意图决定的，可以是在内部通过注意力引导观察细节部分，也可以是通过交互操作改变外部图像表征。通过这个迭代，用户的目标和意图可以直接影响到编码的信息，这是自上而下进程如何影响编码过程中可用信息的关键。因此，作为对第三章的补充，本章强调视觉设计过程必须考虑自上而下的影响在分块和推理等复杂认知过程中的作用，提出了一些可视化设计中应当考虑的可以影响自上而下认知的设计干预点。

（一）捕捉外源性注意力

良好的科学可视化应当利用显著线索来推动外源性注意力，提醒用户图像表征的变化或图像中的重要属性。所谓的"显著"是一种相对程度，在一幅图中会有第一感的视觉显著点，是一见之下首先被识别的位置；也会有第二感的视觉显著点，即当你回眸专注观看时所识别到的位置。前者主要是设计者有意识地设计以吸引外源性注意力，符合自下而上的认知；而后者则是由内生性注意力驱动的，符合自上而下的认知。

科学可视化设计中需要关注的第一个干预点就是视觉显著点的主动设计。由于外源性注意力可以提供有关刺激"编码"的信息，因此可以在可视化设计中增加视觉提示，以暗示作为显著点的该视觉元素值得注意的原因。例如，滑出屏幕的元素可以暗示可视化表征中该部件的消除，或者闪烁的视觉元素可以暗示在动态图像表征中某些被更新的数据点。

（二）引导内生性注意力

贡布里希有关视觉认知的"观看-注意-读解"过程可以用自上而下的认知及内生性注意力很好地进行解释：当人们被画面中那些视觉显著点吸引过来时，记忆中的内容及认知任务将引导他们的内生性注意力去观察那些需要注意的元素。这些由自上而下的认知决定的元素并不一定是设计者根据自身意图提供的视觉显著点。当自下而上的认知（视觉显著点）与自上而下的认知相冲突时就会产生对认知主体注意力的干扰。

因此，基于双向模型的解释，科学可视化设计中需要关注的第二个干预点是：设计者应当提供适当的视觉元素和交互的选项，以帮助引导内生性注意力，尽量减少分散注意力的信息。例如，对可视化结构和元素提供清晰的标签，或包括箭头、指示线在内的恰当提示。此外，还应当从可视化作品中删除无关的详细信息，例如用户放大一些无用的局部，这样可以降低噪声信息。在双向模型中，内生性注意力是工作记忆的一部分，这些原则能够通过引导用户的内生性注意力从而帮助用户在工作记忆中维护信息。

（三）促进记忆分块

工作记忆模型的一项核心概念便是工作记忆区域的有限性，因此在工作记忆中仅能容纳较小的记忆块（Sweller，2016）。工作记忆无法一次性纳入复杂外部图像表征中的所有信息，因此良好的科学可视化设计应当提供强烈的分组提示，帮助认知主体对信息进行分块，从而最大限度地降低工作记忆容量限制对认知任务的影响。设计者还应当在可视化设计中使用图形来帮助认知主体检索长期记忆中的相关知识结构，从而激活这些知识并将其纳入工作记忆，对编码和分块施加自上而下的影响。

有几种方法可以促进分块：①使用通用图像参数（如颜色或形状），如同第三章中所述的支架信息，这些参数通过自相似性促进分组；②使用格式塔分组原则（如良好的连续性、接近性、闭合性等），例如，在树状图中，用相同色调表示的区域可能会被解释为相关区域。由于分块是根据元素或知识的关联将元素分配到较大单元中，因此使用图像的特征来帮助分块应考虑图像元素的意义，也就是说，可视化的图像特征应该为相关知识领域的长期记忆提供检索线索。

（四）通过构建心智模型进行推理

这一干预点是指科学可视化设计应当基于心智模型来组织信息，以便检索长期记忆中的知识，从而帮助推理。

推理是做出推论和结论以解决问题的能力，涉及长期记忆中知识表征之间的相互关联。在中央执行系统控制下，知识表征会在工作记忆中被激活。有很多种理论方法试图解释这些知识表征的结构：①可以得出推论的心理逻辑形式（O'Brien，2009）；②与社会交往相关的特定领域推理规则（Cosmides et al.，2005）；③对概率的心理计算（Oaksford and Chater，2001）；④可通过想象可能性得出推论的心智模型（Johnson-Laird and Byrne，2002）。虽然这些理论尚存争议，但都对心智模型在人类推理中的作用有实质性的支持。因此，设计良好的可视化效果可以作为长期记忆中给定知识结构的心智模型的检索线索，从而对编码和分块施加自上而下的影响。

不同类型的心智模型可以用不同的图像表征来表示：概念关系可以通过概念图表示；活动关系则用因果图或流程图表示；空间关系可以通过拓

扑图或地图很好地展现；活动通过因果关系序列图、活动图等呈现；时态关系使用时序图表示；而组织关系则通过显示角色和功能的接线图突出显示。这些表示各种关系的图像表征方式提供了检索心智模型时可能采用的线索。

帮助用心智模型进行推理的另一种方法是采用颜色概念关联来有效区分类别，例如，使用红色表示"愤怒"或使用金黄色表示"钱"。有学者提出了"语义共振"一词，是指与物体、常见隐喻或其他语言或文化习俗产生特定关系的颜色，介绍了一种自动选择语义共振颜色的算法，用于表示数据对歧视的影响。结果表明，与标准调色板相比，专家选择和算法衍生的语义共振颜色在图表阅读任务中都提高了速度（Lin et al.，2013）。

当然，帮助心智模型进行推理的可视化设计方法还有很多，例如，添加视觉修饰（给数据增加图片或图标）（Borgo et al.，2012）等，但一个好的可以帮助心智模型进行推理的科学可视化设计，应当与认知主体的心智模型相匹配，即可视化的格式应当与个人的心智模型一致。

（五）帮助类比推理

帮助类比推理的干预点应当是将信息进行结构化，为知识结构提供强大的检索功能，以帮助进行类比推理。

使用类比推理的前提是能够识别出类比双方之间的联系。如果能够在可视化设计中更明确地指示出这种联系，就能够帮助用户通过检索长期内存储的跨领域相似性，以触发模式识别模块进行类比推理。例如，当使用简单的动画将移动的线条聚合到目标物上时，大多数人会在癌症放射性治疗与堡垒防御之间建立心理联系（Pedone et al.，2001）（图4-8）。

汇聚

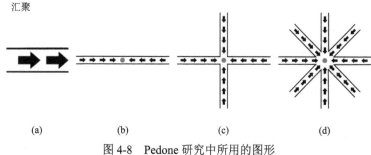

(a)　　　　　(b)　　　　　(c)　　　　　(d)

图4-8　Pedone 研究中所用的图形

（六）鼓励隐性学习

最后一个干预点是"鼓励隐性学习"。隐性学习是指用户无法明确描述出自己学过某项知识或描述学习某项知识的过程（Cleeremans et al., 1998）。例如，人可以很容易地了解统计规律，因此可以开发可视化内容为用户提供统计规律：在几个测试模块中同时出现几何图形或字母，或先后观看不同测试中出现的几何图形或字母。在学习后，用户大脑中的视觉表征可以被编码为统计模式，能够为隐性习得的心智表征提供长期的过程性记忆，从而提供自上而下的认知。

又或者在一天中的同一时间但不同地点，或同一地点在一天中的不同时间，让用户观看停放在城市街道上的车辆。用户随着时间的推移反复观看场景，从而建立起检测目标车辆是否正确停放的重要线索——统计规律。用户可能没有意识到他们学到的知识，因此这种学习是隐性的。

三、科学可视化设计中的视觉传达

很多学者都曾经从不同的角度描述了艺术与科学的关系。艺术与科学之间虽然存在差异，但也有着不少相似性，包括创意的重要作用、奉献精神、心灵愉悦、科学审美等。但从科学可视化的角度来看，从艺术层面出发进行视觉传达似乎已成为科学研究的一项工具。

著名数学家庞加莱（Jules Henri Poincaré, 1854—1912）曾经说过："科学家之所以研究自然，不是因为这样做很有用。他们研究自然是因为能从中得到乐趣，而他们得到乐趣是因为它美。如果自然不美，就不值得去探究，生命也就不值得存在……我指的是本质上的美，它根源于自然各部分和谐的秩序，并且纯理智能够领悟它……正因为简单和深远两者都是美的，所以我们特别刻意于寻求简单和深远的事实；我们醉心于探求恒星的巨大轨道，我们热衷于用显微镜寻觅极为细小的东西，我们欢欣于在遥远的地质年代中寻觅过去的痕迹，都是由于这些活动给我们带来了快乐。"（钱德拉塞卡，2018）

本书长篇累牍地引用这段话只是因为庞加莱从某个角度揭示了科学家与艺术家的工作动机的相似性：从美中寻求快乐。这是一种人性根植的审美需求，科学们在对自然现象进行建模解释时，往往会出于对视觉传达效果的追求，自然地选择和谐的、美的模型。曾为牛顿和贝多芬撰写过传记的沙利文就曾经将科学的美学标准提高到了与事实标准同等的重要度："我们要想为科学理论和科学方法的正确与否进行辩护，必须从美学价值入手……科学在艺术上不足的程度，恰好是科学上不完善的程度"。换句话说，在庞加莱与沙利文的眼中，科学研究与艺术创作一样，动机均来自一种美学的冲动，对它的评判也要回归到美学价值。

这一评判标准并非来自艺术界的自我标榜，而是很多科学家有意无意中对自己的研究的要求。爱因斯坦曾在他的第一篇论述场论的论文结尾处写道："任何充分理解这个理论的人，都无法逃避它的魔力"。海森堡在描述自己发现量子力学的自述中也曾经说："透过原子现象的外表，我看到了异常美丽的内部结构；当想到大自然如此慷慨地将珍贵的数学结构展示在我眼前时，我几乎陶醉了。"

当科学家们使用科学可视化方法时，会本能地运用艺术性的视觉传达技巧。对于科学家来说，在运用科学可视化方法进行传播的过程中，可视化的主要载体——图像，其外形和质量能够在很大程度上影响科学研究的呈现效果和传播效果。基于此，科学家往往会采用艺术的制图风格或通过一些科学工具来尽可能地完善图像。从 15 世纪起，医学插图的制图方法就经常使用当时的绘画技法，它可以激发熟悉这些绘画风格的受众的情感。例如，比利时医生 Andreas Vesalius 的人体解剖图使用了意大利的风景和人物画构图，法国解剖学家 Charles Estienne 的人体解剖图采用了枫丹白露画派的风格，欧洲皇室御用医生 Govard Bidloo 的人体解剖图使用了荷兰静物画的技法（钱德拉塞卡，2018）。在天文学领域，一些科学家不仅会有意地创造一些艺术感强的"漂亮图片"（例如，NASA 的科学可视化工作室），哪怕在日常研究中或学术出版物上只能使用黑白的、缺乏表现力的图片时依旧会使用一系列工具"清理"由望远镜提供的原始图片，使"嘈杂"的图片变成"干净"的图片，以满足审美的追求（Lynch and Edgerton，1987）。天文学家使用计算机软件去除了原始图片中的电子偏压引起的光影不均衡、失焦引起的"粉尘"点、一个环氧树脂导致的污点和一些或明或暗的水平线。这似乎是科学家的一贯举动，与艺术并没有太多关系。但钱德拉塞卡（Subrahmanyan Chandrasekhar，1910—1995）认为，这就是指导文艺复兴绘画去"美化现实"的美学信条。

事实上，这种现象在科学可视化的应用中很常见，每件科学可视化作品的背后，我们都可以看到科学家的"美学"追求。艺术之于科学家更像是一种工具，是能够更好地展现科学可视化的一种表达方法。在科学家眼里，科学是有形的，科学的美丽和奥秘不仅局限于复杂的数据中，也能够通过图片和视觉传达的方法进行传播。

让我们回到本书开篇的那一幅"网红"黑洞照片（图 4-9），从公开的媒体报道上看，科学家将其意义总结为三点：首先，视界望远镜看到的中央阴影就是对应的黑洞视界范围，它首次证实了黑洞的真实存在；其次，圆环状结构证明黑洞辐射来自吸积盘，而非喷流；最后，通过黑洞视界大小计算出的黑洞质量与恒星动力学计算出的黑洞质量一致（吴庆文，2019）。
无可否认，从这些角度来看，这张黑洞照片的科学意义非凡。

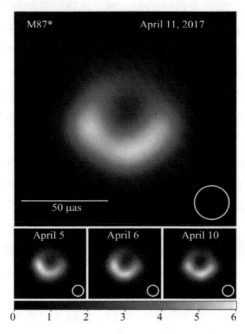

图 4-9　2019 年 4 月 EHT 发布的第一张黑洞照片

　　但实际上，这并不是人类第一次找到黑洞存在的证据。自 1905 年和
1916 年爱因斯坦分别提出狭义相对论与广义相对论后，一百年间人类发现
了很多黑洞存在的间接证据，几乎在每个星系的中心都有一个巨型黑洞，
在各星系内部还分布着更多各种质量的黑洞。2016 年 LIGO 探测到的引力
波就来自两个黑洞的碰撞与湮灭。那么这一科学可视化图像证据与过去的
证据相比，除了所谓的"关于黑洞存在的直接证据"外，其最大的意义应
当在于"满足"了科学家希望"看"到黑洞的认知需求。这种认知需求不
仅是科学界的需求，甚至是全世界媒体及关心科学的普通人的需求，他们
都希望能够用某种视觉的方式看到或想象出那个能够吸收"除 X 光外所有
光线"的黑洞。

　　出于这个目的，从全球 10 个射电望远镜获得的数据被处理成了上面那
张关于黑洞的图片。虽然我们无法获得原始的数据以进行比较，但从这张
图片上来看，科学可视化专家至少进行了如下几项处理：

　　（1）消除了大量无关的背景噪声。从宇宙中观察黑洞与观测其他物体
一样，获得的数据中包括大量无关的数据，甚至会有遮挡在黑洞之前的其

他天体或物质，这些数据显然已经以某些合理的理由剔除了。

（2）强化了吸积盘部分的视觉效果。因为本次观测的核心目的之一即是探索黑洞辐射的来源，吸积盘作为黑洞辐射的来源，在这张图片中得到了适当的强化。

（3）通过技术手段增加了图片像素以提高分辨率。M87 黑洞距地球 5600 万光年，即使将这 10 个射电望远镜组成的阵列类比作与地球直径等同的望远镜，我们也远远无法得到这种分辨率的照片。

（4）为黑洞吸积盘进行着色。黑洞辐射不在可见光范围内，因此不会是橙色。

消除噪声、突出中心、提高分辨率、着色……这些手段背后的动机与文艺复兴时代绘画的美学信条何其相似——"美化现实"。在进行可视化视觉传达时，科学家往往会基于对美学的追求，对图像内容进行合理的美化，在图像呈现上讲求艺术与精美。《科学图像传播》中收录了大量的科学图像创作案例，以 *Nature*、*Science*、*Cell* 三大期刊封面为代表的科学图像尤其体现了科学图像的艺术性（王国燕，2014）。作为科学可视化技术最大用户的 NASA 也创作了大量精美的天文图片，一些是拍摄所得，但更多的是科学可视化专家根据观测数据"合理想象"结合"艺术创作"所得。例如，图 4-10 中"船底座星云中的神秘山峰"，是由哈勃望远镜在 2010 年拍摄的。

图 4-10　船底座星云中的神秘山峰

（图片由哈勃望远镜拍摄）

该图中的山峰实际上是星云中的大量气体和尘埃。科学可视化专家使用了不同的色彩来表示不同的元素：蓝色代表氧元素，绿色代表氢元素和氮元素，红色代表硫元素（纳塔瑞杰和美国国家航空航天局，2015）。

在科学研究中使用艺术的方法，科学家对客观对象的表征进行美化，这背后所隐藏的动机与原理其实代表了科学与艺术在认知角度的相似性。一些学者在论述中将这种做法看作科学家与艺术家的合作：天文学家向画家讲述了一些天文学的知识，并且提供了一些观测数据，然后画家根据这些内容创作出了一幅名为《船底座星云中的神秘山峰》的"画作"，这便是科学与艺术的结合。物理学家施大宁在一次演讲中将其称为"科学家和艺术家相互沟通之后，一种有意识地相互磨合、相互交流，最后创造出一幅美术作品"的过程。他认为，科学与艺术的结合"是本质上的，是人类对宇宙的认知方式上、创造性模式上、潜意识当中或是无意识的一种结合"（施大宁，2005）。

从科学图像的认知原理上来看，这种观点相当合理。虽然在表面上，艺术与科学有相当大的差别。艺术家（画家）使用图像和比喻进行表达，体现出一种艺术家对自然和人类情感的理解的图景。科学家的表现手段则是创造出数字与方程，用精确的数学关系来描述自然现象背后的规律。艺术家可以发挥自己的想象力，可以天马行空，而科学家必须对自己的"作品"进行精确检验。但实际上，无论是艺术家还是科学家，面对的认知对象都是同一个世界、同一个自然、同一个宇宙，追求的都是对这相同客体的认知和理解。

在认知原理上，艺术家和科学家都需要构造一种符号与感官之间的关系，即使用意象来引起感官体验。在视觉上，即使用意象来帮助他们想象客观对象"看上去"长什么样。透视法与立体主义绘画及这两者与数学空间的关系，正是这种基本认知原理的极好例子。透视法已经在本书中叙述甚多，这里不再赘述其如何用精确的数学方法来表现立体的空间。达·芬奇的心脏解剖图与解剖学家如何认识心脏结构中体现的认知方式完全一致。立体主义绘画完全打破了这种透视法的绘画方式，而是将一个物体的不同侧面同时表现在一个平面上，这与数学家和物理学家想象高维空间在低维空间的投影的认知方式完全一致。毕加索（Pablo Picasso，1881—1973）与物理学家不约而同地使用不同方式构想了一个三维空间投射到二维平面上"看上去"可能是什么样的。无独有偶，刘慈欣在其科幻小说中也描述了外星高级智慧生物使用二向箔将地球变为了一个二维空间的存在，甚至还描述了从远处看上去二维的地球是什么样的。科学、文学、绘画在认知机制上汇合。

虽然一般认为科学需要理性思维，艺术需要创造性思维，但实际上科学同样需要创造性思维。在前文中已经列举了大量科学需要创造性思维的例子，例如爱因斯坦的思想实验与凯库勒发现苯环结构的案例。事实上，科学与艺术的创造力来源也几乎完全一样，即来自内部表征的重组。无论是科学家还是艺术家，都无法想象自己完全没见过的事物，如果一定要想象，则只能将曾经见过的一些元素拼凑到一起。立体主义在这里也是一个完美例证。立体主义不再从解剖、分析一定的对象着手，而是利用不同的素材组合起来，试图创造完全不同的母题。虽然立体主义的画面抽象且奇诡，但其中每个视觉元素都是艺术家生活中那些平凡且真实的事物。这一点与科学家使用思想实验来洞察自然规律的认知模式何其相似——将原本不可能在一起出现的事物和属性组合在一起，推理出一个合乎逻辑的解释，例如薛定谔将猫、毒药和量子放在一起构造了一个奇妙的思想实验。

这种认知相似性还体现在科学家与艺术家进行自己认知工作的动机之上，即审美愉悦推动他们持续进行工作。虽然不是每个艺术工作者或者科学工作者都是为了审美乐趣而工作，但至少绝大多数顶级的艺术家与科学家并非因为谋生而进行自己的创作或研究，而是他们在创作和研究的过程中感受到了愉悦。海森堡在与爱因斯坦的一段对话中说道："当大自然把我们引到一个前所未见的和异常美丽的数学形式时，我们将不得不相信它们是真的，它们揭示了大自然的奥秘"（钱德拉塞卡，2018）。这段话正好揭示了科学家进行科学研究的动机：科学家的动机从一开始就是一种审美的冲动。诗人济慈的诗句"美即是真，真即是美"也表明了艺术家的创造动机与科学家的研究动机实质上是一样的。

虽然追求审美愉悦的动机一致，但科学研究和艺术创作的目的却差异较大。科学研究的过程闪耀着理性的光辉，科学家的研究目的是能够通过理性探寻自然界背后的规律，科学成果的美在于理性与简洁的美，科学家也从这种美中获得愉悦。艺术创造却以情感震动为目的，艺术家以各种创新的手法，激发自己或受众的某种情感体验，从中获得心灵上的愉悦享受。这种目的差异体现在科学成果与艺术成果之上，前者让人惊叹于科学原理的精密及其表达形式的简洁，后者让人对那些天马行空的拼接的意象感到震撼。但无论哪一种，都基于人的感官体验，并感受到其中的美。

其实我们很难探究科学家与艺术家心灵中的那些认知方式是否有本质的区别，但以外在表达为证据并反推心智模型，很显然两者的心智模型都是基于感官体验的，但在外部表征上明显使用了不同的表征体系。科学的表征体系主要是由抽象符号（公式）、模型、数学图表等形式组成。变量是科学表征体系中非常重要的元素，科学家能够"操纵"通过外部表征构造出的心智模型（内部表征）中的变量，再经过严格的逻辑推理得出新的结论。这也是科学理论的可证伪性、可重复性与可预测性的关键。而艺术的表征体系主要由能够激发人感官体验的意象符号组成，用于表达艺术家在创作时大脑当中所想象的感官体验及由此带来的情感体验。通过使用这些意象符号，受众也能够从优秀的艺术作品中获得与创作者相类似的情感体验。

　　这一表征体系的不同，应当是从文艺复兴之后开始分野。按照埃尔金斯的分类法考察艺术图像与非艺术图像（无表现力图像），科学图像大多被归为非艺术图像（埃尔金斯，2018）。在文艺复兴时期及其之前，艺术图像与非艺术图像并无明显的分界。在追求对自然这个客观对象的表达上，文艺复兴时期精确的数学透视法的引入使得图像复制自然的精确性达到了顶峰。在文艺复兴之后，艺术逐渐追求创造手段的难度以及所传递情感体验的强度，艺术家尝试各种创新的手段来表达强烈的情感，不再以精确复制客观对象为目的。而科学更加追求对客观事物的精确描述，但因为科学发现中越来越复杂的属性无法在单一图像中表达，所以科学图像逐渐转向表达某些而非全部的属性，有意无意地抛弃了一些特征。如图 4-11 所示的日地月运动系统着重于描述日地月之间公转轨道的关系，但出于视觉考虑，日地月三星的大小比例却被有意地忽略了。

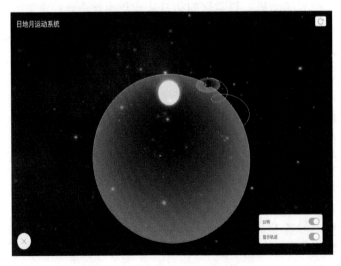

图 4-11　火花学院中关于日地月运动系统的一个动态可交互模型（视频见二维码）

即使使用了不同的表征体系，科学与艺术在图像上的视觉感知原理还是一致的：从秩序中获得美感，从中断中感知到视觉显著点；从视觉显著点引起注意，并通过大脑中的支架知识进行读解；通过理解图像中的隐喻获得意义。

从这些角度来看，在科学中使用艺术不仅是科学家个人的一种偏好，更是由底层认知机制的相似性决定的。因此科学图像的创作不应该仅仅是某种"硬核"的图表或图形的组合，而应当富有艺术创作的气息，从而帮助用户提升认知效率。

本章参考文献

埃尔金斯. 2018. 图像的领域[M]. [美]蒋奇谷译. 南京: 江苏凤凰美术出版社: 3-11.

贡布里希. 2015. 秩序感——装饰艺术的心理学研究[M]. 范景中, 杨思梁, 徐一维, 译. 南宁: 广西美术出版社: 109-132.

厚美瑛. 2014. "麦克斯韦妖"机[J]. 物理, 43(8): 554.

利维. 2019. 思想实验: 当哲学遇见科学[M]. 赵丹, 译. 北京: 化学工业出版社: 61.

罗四维. 2006. 视觉感知系统信息处理理论[M]. 北京: 电子工业出版社: 11-15.

门罗. 2015. 那些古怪又让人忧心的问题[M]. 朱君玺译. 北京: 北京联合出版公司: 13, 115, 183, 185.

纳塔瑞杰/文, 美国国家航空航天局/图. 2015. 地球与太空[M]. 董乐乐, 译. 北京: 北京联合出版公司: 72.

钱德拉塞卡. 2018. 真理与美[M]. 杨建邺, 王晓明, 译. 长沙: 湖南科学技术出版社: 99-117.

施大宁. 2005. 物理与艺术[M]. 北京: 科学出版社: 86-105.

王国燕. 2014. 科学图像传播[M]. 合肥: 中国科学技术大学出版社: 99-128.

魏屹东. 2016. 心理表征的自然主义解释[J]. 山西大学学报(哲学社会科学版), 39(4): 12-19.

魏屹东. 2017. 语境同一论: 科学表征问题的一种解答[J]. 中国社会科学, (6): 42-59+206.

吴庆文. 2019. 首张黑洞照片诞生——谈黑洞的前生今世[J]. 自然杂志, 41(3): 157-167.

杨建梅. 2010. 复杂网络与社会网络研究范式的比较[J]. 系统工程理论与实践, 30(11): 2046-2055.

赵煦. 2015. 爱因斯坦与思想实验[N]. 中国社会科学报, 825(5).

About ETS[EB/OL]. 2019. https://www.ets.org/about.

Awh E, Vogel E K, Oh S-H. 2006. Interactions between attention and working memory[J]. Neuroscience : An International Journal under the Editorial Direction of IBRO, 139(1): 201-208.

Baddeley A D, Logie R H. 1999. Working memory: The multiple-component model[M]. Cambridge: Cambridge University Press: 28-61.

Baddeley A. 1992. Working memory[J]. Science, 255(5044): 556-559.

Barabasi A L, Albert R. 1999. Emergence of scaling in random networks[J]. Science, 286(5439): 509-512.

Behrmann M. 2000. The mind's eye mapped onto the brain's matter[J]. Current Directions in Psychological Science, 9(2): 50-54.

Betsch T, Glöckner A. 2010. Intuition in judgment and decision making: Extensive thinking without effort[J]. Psychological Inquiry, 21(4): 279-294.

Biederman I. 1972. Perceiving real-world scenes[J]. Science (New York, N. Y.), 177(4043): 77-80.

Borgo R, Abdul-Rahman A, Mohamed F, et al. 2012. An empirical study on using visual embellishments in visualization[J]. IEEE Transactions on Visualization and Computer Graphics, 18(12): 2759-2768.

Chase W G, Simon H A. 1973. Perception in chess[J]. Cognitive psychology, 4(1): 55-81.

Cleeremans A, Destrebecqz A, Boyer M. 1998. Implicit learning: news from the front[J]. Trends in Cognitive Sciences, 2(10): 406-416.

Cosmides L, Tooby J, Fiddick L, et al. 2005. Detecting cheaters[J]. Trends in Cognitive Sciences, 9(11): 505-506.

Cowan N. 2001. The magical number 4 in short-term memory: A reconsideration of mental storage capacity[J]. The Behavioral and Brain Sciences, 24(1): 87-114.

Cox R, Brna P. 1993. Reasoning with external representations: Supporting the stages of selection, construction and use[J]. International Journal of Artificial Intelligence in Education, 6: 153-154.

Evans J S B, Stanovich K. 2013. Dual-process theories of higher cognition: Advancing the debate[J]. Perspectives on Psychological Science, 8(3): 223-241.

Evans J S B T. 2008. Dual-processing accounts of reasoning, judgment, and social cognition[J]. Annual Review of Psychology, 59: 255-278.

Ferrari V, Didierjean A, Marmèche E. 2006. Dynamic perception in chess[J]. Quarterly Journal of Experimental Psychology (2006), 59(2): 397-410.

Grill-Spector K, Kanwisher N. 2005. Visual recognition: As soon as you know it is there, you know what it is[J]. Psychological Science, 16(2): 152-160.

Hake R R. 1998. Interactive-engagement versus traditional methods: A six-thousand-student survey of mechanics test data for introductory physics courses[J]. American Journal of Physics, 66(1): 64-74.

Heiser J, Tversky B. 2006. Arrows in comprehending and producing mechanical diagrams[J]. Cognitive Science, 30(3): 581-592.

Johnson-Laird P N. 1983. Mental models: Towards a cognitive science of language, inference, and consciousness [M]. Cambridge, MA: Harvard University Press: 126-145.

Johnson-Laird P N. 2008. How we reason: A view from psychology[J]. The Reasoner, 2: 4-5.

Johnson-Laird P N, Byrne R M. 2002. Conditionals: A theory of meaning, pragmatics, and inference[J]. Psychological Review, 109(4): 646-678.

Kaiser M K, Proffitt D R, Whelan S M, et al. 1992. Influence of animation on dynamical judgments[J]. Journal of Experimental Psychology: Human Perception and Performance, 18(3): 669-689.

Larkin J H, Simon H A. 1987. Why a diagram is (sometimes) worth ten thousand words[J]. Cognitive Science, 11(1): 65-99.

Larkin J H. 1989. Display-based problem solving[C]//Klahr D, Kotovsky K. Complex information processing: The impact of Herbert A. Simon. Hillsdale, NJ: Psychology Press: 319-341.

Lin S, Fortuna J, Kulkarni C, et al. 2013. Selecting semantically‐resonant colors for data visualization[J]. Computer Graphics Forum: Journal of the European Association for Computer Graphics, 32(3 Pt. 4): 401-410.

Liang Y, 2016. Structure-beautiful chemistry[EB/OL]. (2016)[2024-01-20]. https: //www. beautifulchemistry. net/structure.

Lynch M, Edgerton S Y. 1987. Aesthetics and digital image processing: Representational craft in contemporary astronomy[J]. The Sociological Review, 35(S1): 184-220.

O'Brien D P. 2009. Human reasoning includes a mental logic[J]. Behavioral and Brain Sciences, 32(1): 96-97.

Oaksford M, Chater N. 2001. The probabilistic approach to human reasoning[J]. Trends in Cognitive Sciences, 5(8): 349-357.

Paivio A. 1990. Mental representations: A dual coding approach[M]. New York: Oxford University Press: 53-83.

Park Oc, Gittelman S S. 1992. Selective use of animation and feedback in computer-based instruction[J]. Educational Technology Research and Development, 40(4): 27-38.

Patterson R E. 2012. Cognitive engineering, cognitive augmentation, and information display[J]. Journal of the Society for Information Display, 20(4): 208-213.

Pedone R, Hummel J E, Holyoak K J. 2001. The use of diagrams in analogical problem solving[J]. Memory and Cognition, 29(2): 214-221.

Pylyshyn Z. 1999. Is vision continuous with cognition?: The case for cognitive impenetrability of visual perception[J]. Behavioral and Brain Sciences, 22(3): 341-365.

Reisberg D, Snavely S. 2010. Cognition: Exploring the science of the mind[M]. New York: W. W. Norton and Company: 339-360.

Reyna V F, Brainerd C J. 2011. Dual processes in decision making and developmental neuroscience: A fuzzy-trace model[J]. Developmental Review, 31(2-3): 180-206.

Rieber L P, Kini A S. 1991. Theoretical foundations of instructional applications of computer-generated animated visuals[J]. Journal of Computer-Based Instruction, 18(3): 83-88.

Scaife M, Rogers Y. 1996. External cognition: how do graphical representations work? [J]. International Journal of Human-Computer Studies, 45(2): 185-213.

Searle J R. 1980. Minds, brains, and programs[J]. Behavioral and Brain Sciences, 3(3): 417-424.

Sorensen R A. 1998. Thought experiments[M]. New York: Oxford University Press: 61+286.

Squire L R. 2004. Memory systems of the brain: A brief history and current perspective[J]. Neurobiology of Learning and Memory, 82(3): 171-177.

Stenning K, Oberlander J. 1995. A cognitive theory of graphical and linguistic reasoning: Logic and implementation[J]. Cognitive Science, 19(1): 97-140.

Sweller J. 2016. Working memory, long-term memory, and instructional design[J]. Journal of Applied Research in Memory and Cognition, 5(4): 360-367.

Watts D J, Strogatz S H. 1998. Collective dynamics of 'small-world' networks[J]. Nature, 393(6684): 440-442.

Weisstein N, Harris C S. 1974. Visual detection of line segments: An object-superiority effect[J]. Science, 186(4165): 752-755.

Winn B. 1987. Charts, graphs, and diagrams in educational materials[J]. The Psychology of Illustration, 1: 152-198.

Woodman G F, Carlisle N B, Reinhart R M. 2013. Where do we store the memory representations that guide attention? [J]. Journal of Vision, 13(3): 1, 1-17.

Zhang J, Norman D A. 1994. Representations in distributed cognitive tasks[J]. Cognitive Science, 18(1): 87-122.

Zhu M, Shu Z, von Davier A A. 2016. Using networks to visualize and analyze process data for educational assessment[J]. Journal of Educational Measurement, 53(2): 190-211.

第五章　前沿科学可视化的图像叙事

第一节　科学图像与叙事

在科学传播过程中，学术术语和大量晦涩的文本内容经常被公众认为是获取和理解科学研究结果的障碍。图式理论认为，图式是人脑中通过认知产生的结构性知识单元，而图像只是事物的外在表现形式，若想了解事物的本质和规律，需要通过图式关系推演出事物背后的逻辑关系（张之沧，2004）。科学图像则是通过一定的视觉形象，经由认知过程形成人脑中对于所传达科学知识的认识。在这个过程中，各种视觉符号组成了一套视觉叙事系统，虽有别于文字更容易达成共识的叙事方式，但视觉叙事与解读的规则依然有迹可循。

一、叙事是人类思维的默认模式

叙事为受众提供了一种理解形式来模拟可能的现实（Oatley，1999），这将有助于更好地预测信息之间的因果关系。信息结构是人类记忆的潜在基础（Schank and Abelson，1995），因此叙事认知被认为是代表了人类思维的默认模式。

研究表明，叙事在处理信息的动机和兴趣、分配认知资源、阐述和转化为长期记忆的过程中都提供了内在的好处（Glaser et al.，2009）。叙事通常与增加回忆、易于理解和缩短阅读时间有关（Zabrucky and Moore，1994）。在与说明性文本的直接比较中，无论对话题的熟悉程度或对内容本身的兴趣如何，叙事性文本的阅读速度是前者的两倍，回忆速度也是后者的两倍（Graesser et al.，2003）。Graesser 和 Ottati（2014）将类似结果描述为叙事在人类认知中具有"特权地位"。

叙事往往与描述、演绎、统计、说明或争论性传播等其他形式的传播形成鲜明对比（Avraamidou and Osborne，2009，Norris et al.，2005）。然而更为常见的是叙事经常与大多数以科学基础为逻辑的科学传播形成强烈反差（Bruner，2009；Fisher，1985）。基于逻辑的科学传播其目的是提供抽象的真理，这些真理在特定的情况下是有效的。这些抽象的事实和专业术语可用来概括一个具体的案例，并在理想情况下提供某种程度的预测能力。与之相反的是叙事传播，通过提供一个特定的案例并从中归纳出允许这种特定事件发生的一般事实（Strange and Leung，1999）。因此本质上的差别在于，逻辑科学信息遵循演绎推理，而叙事信息遵循归纳推理。

因此，基于逻辑的科学传播往往是与上下文无关的，它所涉及对事实的理解是依赖于其周围的信息单位而保留其意义的。相比而言，叙事传播则是依赖于上下文的，从组成的时间事件的持续因果结构中形成特定的意义（Trabasso and Sperry，1985）。由于基于逻辑的科学传播的目的是提供一般的真理作为结果，其信息的合理性是根据其主张的准确性来判断的。相反，叙事性传播的目的是提供个人经验的合理描述，其信息的合理性则是根据其情况的真实性来判断的。这种差异使得基于逻辑的科学传播和叙事性传播具有相反的结果，却被评判为具有同等的"真实性"（Bruner，2009）。同时，这一差异也部分地解释了为什么叙事性传播很少能被有效地用事实来反驳（Kreiswirth，1992）。范式路径影响着基于科学证据的编码，而叙事途径影响了基于情景的编码，从而导致了基于处理内容的途径在理解和掌握上的明显差异。

二、科学传播中的叙事

在科学传播领域，讲故事的方式常常伴有负面评价，被认为不够准确和专业，甚至被认为是声名狼藉（Katz，2013），这是因为对专家而言故事并非数据，它有可能是从小样本中过度概化形成的非科学的论断，甚至可能带有一定的操纵性和欺骗性。然而在面向非专业的受众传播科学时，不应忽视叙述性的交流方式。故事化叙述可以提高人们的理解力、兴趣和参与度，特别是面向一般公众时，叙事在图像表达和阅读中具有内在的说服力。当背景从数据收集转移到向非专家受众传播科学时，故事、轶事和叙述不仅变得更加合适，而且可能更加重要。研究表明叙事更容易理解，而且受众认为它们更有吸引力（Green，2006）。媒体从业者往往出于争夺受众注意力的需要，依靠故事、轶事和其他叙事形式来消除信息冗余，从而试图与受众形成共鸣。教育工作者也一直在使用数字形式的叙事来提高学生的参与度、学习动机和学习成绩。故事的方式可以增加受众流量，并在视频制作教程中鼓励故事化表达的参与度。讲故事能够向非专家受众提供有效的科学交流的潜力已经引起了科学家的重视（Dahlstrom，2014），因此科学传播者面临的挑战是，如何通过叙事来有效促成与非专业人士之间的科学交流（Huang and Grant，2020）。接触故事会对人产生一系列神经生物学效应，结构良好的故事似乎不仅在受众中（Hasson et al.，2008），而且在讲故事者和受众之间（Stephens et al.，2010）诱发类似的大脑活动。这些机制表明，讲故事是让广大受众参与科学的一种有效方式。

科学传播者应该具备"讲述一个简洁有趣的故事，同时也传达实质内容"的能力，以吸引和赢得公众的青睐（Olson，2018）。除了能够唤起兴趣和参与（Green，2006），讲故事还可以增强说服力。故事本质的说服力是由其内在的因果逻辑所驱动的，这使得故事的结局似乎是不可避免甚至是让人期待的（Dahlstrom and Ho，2012），而多项研究也表明增加受众对故事的参与可以使故事更具说服力（Slater et al.，2006；Hoeken et al.，2016）。针对科学相关问题的叙事说服，故事可以引发情绪反应，从而影响人们对环境危害的风险感知（Cooper and Nisbet，2016）。当沟通的目的是让受众了解环境危害时，故事化叙述似乎特别有效。受众的负面情绪随着故事参与度而增加，这导致了更高的风险认知。

三、科学的可视化叙事

在科学文章中，优异的可视化效果应该和在公开演讲的海报上的一样出色（Perra and Brinkman，2021），可视化能够独立存在并在确保专业标准的同时传达其观点。科学可视化是一种通过一系列相互关联的视觉叙事线索、文本和图像来传达一个完整故事的图形（Krum，2013）。人们可以将科学可视化看作是更易于理解这些科学结果和概念的视觉索引。对于受众来说，视觉化可以减少与理解相关的认知负荷（Dunlap and Lowenthal，2016）。据研究，大脑处理视觉内容的速度比文本快6万倍（Pant，2015）。大脑可以在没有提示的情况下来胜任处理视觉刺激（Houts et al.，2006），因此图片比文字更能帮助读者迅速处理信息。虽然我们的大脑评估图像的确切速度还有待商榷，但图像在传播效果中的优越性是经过多方验证的。例如，学生对使用图形作为学习工具表示高度满意（Vanichvasin，2013），这表明他们有乐观地接受意愿。

可视化可以增强对科学的理解。仅通过文本与受众进行交流，效率是较低的（Dunlap and Lowenthal，2016），而科学可视化更具吸引力，有助于弥合研究人员和其他利益相关者群体之间的差距。这种差距弥合在健康教育中得到了很好的体现。通过图片可以增加读者对医学信息的理解来帮助减轻阅读水平不足的影响，而且在未达到高中学历的患者中，科学图片协助理解的效应则更为明显（Houts et al.，2006）。

在有些公众看来，充满科学术语的学术语言就像外语一样高深莫测，但有时仅仅简化语言是不够的，尤其是遇到无法替代的精确术语时。这就是科学可视化可以发挥优势的地方，它消除了读者对难以理解的术语的关注，并专注于这些术语向人们展示的内容。例如，一项专注于关于水诱发灾害（如洪水、干旱）的交流的研究发现，与仅提供文字相比，专家和普通大众在提供图片时对术语定义的一致性明显更高（Venhuizen et al.，2019）。

可视化作为具有影响力的"视觉框架"，正在发挥越来越突出的作用，能够鼓励某些态度、行为和政策制定。这个过程中，视觉框架是指可视化的某些部分可能会被忽略，而其他部分则会被强调，从而引发某些情绪反应。例如，越来越多的研究探讨了视觉框架对气候变化等复杂问题的可视化解释的影响（Wardekker and Lorenz，2019），强调可视化的力量，也为科学家和艺术家在制作阶段选择框架的潜在后果提供了经验。

创建科学可视化的过程需要合作和协作，理想情况下是一组专家进行事实核查，识别重要信息，并了解如何设计和通过何种渠道来传达信息（Fischhoff，2013）。然而，更常见的情况是，科学家独立自主，没有专家小组，必须直接与平面设计师或艺术家合作。科学家与艺术家的合作起点是确定要传达的关键信息。你想要传达的具体信息是什么？你希望信息接收者在看完可视化图形后领会到什么？信息首先要简化，以便区分重要的信息和无关的信息。在传播过程的简化模型中，信息源（研究者和艺术家）对信息进行编码（开发），然后通过特定的媒体渠道（如科学杂志）将其发送给接收者（受众）进行解码（解释）（Jacobson，2009）。如果不同时考虑传播过程中的其他因素，就很难优化消息。经过相关信息的获取、信息内容及初步意义的解析之后，过滤掉大量冗余无效的信息，并对潜在的、有价值的信息进行深度挖掘，展现出所有真正具有价值的有效信息，接着从这些有效信息中对核心的、骨干的信息进行必要的提炼并突出放大，最后通过富有冲击力的视觉渲染造型使之展现，进行视觉分享。在对信息进行提炼的过程中，也可能回想起之前过滤掉的某些数据是至关重要的。最佳可视化往往是由知识面宽广、多才多艺的个人独立构想完成，或者通过一个能够紧密协作的小团队合作完成。科学可视化的创建过程概括为收集和确认相应的科学信息，对信息进行提炼和过滤从而删繁就简，寻求恰当的视觉元素来表征核心的信息，形成一个逻辑自洽的故事进行视觉呈现。

第二节　叙事中的科学性与艺术性

通过科学原理与技术手段来呈现科研成果，同时需要具备艺术能力来提高图像的审美性和沟通效果。因此，科学性和艺术性需要在图像叙事中达到平衡。

一、科学的理性表达

科学研究的是自然，英语中的 Nature（法语 Nature，德语 Natur，来源于拉丁语 Natura），其词源含有起源或诞生之意（李醒民，2007）。自然指的是某种事物的本质、性质事物的类型；泛指世界，尤其是物质世界或自然世界。包含"自然界""自然物""自然力""自然规律""自然本性"之类的意思，自然是空间和时间中的物质及其规律。很多科学家在探索未知的过程中不断感叹科学的神奇与美妙，进而揭示科学与艺术之间的重要关联。

哥白尼在《天体运行论》的第一句话是："在哺育人天赋和才智的多种多样的科学与艺术中，我认为首先应该全身心地研究与最美事物有关的东西"（陈曦，2013）。李政道（2000）有一句名言："科学和艺术是一枚硬币的两面，谁也离不开谁。"在人类社会早期，科学和艺术是一体的。在古希腊神话中，缪斯是主管科学和艺术之神。孔子"六艺"（礼、乐、射、御、书、数）兼习科学和艺术。16 世纪后，科学进入分析阶段，学科划分细化，造成科学和艺术的隔离。爱因斯坦和毕加索是激励了几代艺术家和科学家的天才典范。人们总是能在这两个人之间找到一些惊人的巧合现象：他们不仅在思考方式上具有相似性，在科学的创造性与艺术的创造性上也具有相似的本质。爱因斯坦（1976）曾提道："相信科学是值得追求的，因为它揭示了自然界的美"。霍夫曼在《爱因斯坦传》中提道："爱因斯坦的深刻本质藏在他质朴的个性之中，而他的科学本质藏在他的艺术性之中——他对美的非凡感觉。"学物理的人了解了科学研究中那些像诗一样的方程的意义以后，对它们的美的感受是既直接而又十分复杂的。它们包罗万象的特点以及高度浓缩性或许能用泰戈尔（Rabindranath Tagore，1861—1941）的传世名句来表达："一沙一世界，一花一天堂"或者可以用蒲柏的经典名句："自然与自然规律为黑暗隐蔽，上帝说：让牛顿来！一切遂臻光明"来描述。杨振宁（2003）认为"这些都不够，都不够全面地道出学物理的人面对这些方程的美的感受。缺少的似乎是一种庄严感，一种神圣感，一种初窥宇宙奥秘的畏惧感"。大音希声，大象无形，这种科学之美是任何语言都难以准确描述的，大美来自内心最深处的震撼。因此杨振宁认为，"科学美在于自然的理性美"（程民治，1997）。

科学是一种基于理性思考和实证验证的知识体系，它所包含的方法、知识、技术等都是由人类的理性思维所构建的。因此，科学之美可以说是理性之美的一种体现。首先是知识的美感，科学是由严谨的逻辑推理和实验验证构成的。通过思考和实验设计，科学家得到了精准的数据和结论，这种精确性和准确性本身就是一种美感。如果科学结论是错误的，那么它很容易被揭露，并被重新解释或修正，这种美感来自对自然、社会等各领域知识的掌握和认知，这种理性美感超越了任何形而上学的美感。其次，科学之美是建立在智慧和创造力之上的。科学家需要运用自己的智慧和创造力来解决问题、设计实验、推理、探索新的问题，等等。这种智慧和创造力的表现不仅源于个人的才智，还需要在团队合作和交流中发挥出来。科学的发展需要不断地创新和突破，科学家不断地进行实验和观察，不断地探索未知领域，这些突破和创新的过程给人带来的理性思维和智慧能够超越传统思维极限时所产生的某种探索和挑战的美感。最后，科学之美是和实用价值紧密联系的。科学是为解决世界上各种实际问题而存在的，它得出的结论和发展的方法都是基于现实的需求。科学成果的实用性直接决定了它的价值和美感。人们在使用科学成果时，可以体会到这种美感，感受到当科学研究能够真正实现社会效益时所带来的满足感。

因此，科学之美不仅是理性之美，而且蕴含了知识的美、严谨的美、创新的美、实用的美等美的感受。科学之所以被认为是一种美感，相对于其他类型的美学体系，在于它体现了人类智慧和探索未知的精神品质。这些理性之美，既可以通过论文的严谨论述来呈现，同时作为创新的组成部分，也可以通过科学图像来直观呈现。而图像创作需要精湛的技术和丰富的科学知识，这需要从创作者的设计与制作中得到萃取和提升，从而完成更为复杂严谨的科技工作。同时也可以诱发更为活跃的创新思维，促进科学领域方法、理论的创新变革，有利于技术的迭代、数据分析的模型优化等等。正如科学家卡尔·萨根（Carl Edward Sagan，1934—1996）在其科普视频集《COSMOS》曾经提道："科学的本质是要不断尝试新方法、新技术、新发现"。 科学之美从广义的角度而言，是对科学过程各部分的和谐秩序的欣赏，在于理论思维与科学精神的渗透交融；从狭义的角度而言，是科学过程中对于视觉、听觉等感觉器官的满足感受。20 世纪法国女神秘主义者、社会哲学家韦伊认为，科学的真正主题是世界之美。将科学探索发现用美的形式呈现出来，从而强化科学世界的美妙与神奇，从这个角度而言，具有艺术美感的科学图像是一种生动展现科学之美的重要形式。

二、艺术的情感张力

艺术可以为科学图像提供情感张力，通过艺术手段的运用，让科学图像变得更具有美感且富有生命力。通过艺术化的表现形式来推动科学图像创作，有助于提高科学研究成果对于大众的沟通和表达效率。艺术家可以通过巧妙地运用颜色、构图、线条、技法等手段来使科学图像更能体现张力和美感，且更为深刻地传递给受众科学表象所蕴含的信息的内涵。

首先是色彩的表现，如采用鲜艳的色彩表现出科学图像中的生命力和活力，采用冷静的色彩以减缓受众的情绪。而将对比明显的颜色放在一起，可以产生强烈的视觉效果，加强科学图像的表现力，增强其情感张力。冷色调会给人以沉静、清凉的感觉，而暖色调则会让人感到温暖和活力。通过运用不同的冷暖色彩，可以让科学图像表现出不同的情感张力。海洋的图像可采用冷色调的蓝色来表现冰冷的感觉，而火山的图像则可以使用暖色调的红色和黄色来表达爆发的强烈感情。在色彩的过渡方面，可以采用渐变色来平滑过渡，突出科学图像的变化和多元性。如在制作植物的图像时，可以采用从深绿色到鲜绿色的渐变色，来表现生长的过程，让人有一种变化的感觉。

其次是布局的表现，如使用明暗对比来创造印象深刻的光影，或者运用不同的线条来突出或强调科学图像中的某些特征等。艺术家可以通过精心的布局来让科学图像更加具有情感张力。运用对比强烈、鲜明的线条可以吸引受众的眼球，增强科学图像的张力。采用平直的线条与弯曲的线条来表现图像中不同部分的变化，可以让图像更加生动。对称的构图会给人以稳重、平衡的感觉，而不对称的构图会让人感到紧张、动感。通过艺术家的大胆运用，物体之间的色彩、形状的协调性可以发挥出惊人的互补效果从而提升科学图像的情感张力。通过视觉重心的把握，包括较为中心或突出的部分，以及整个图像的方向、倾斜等也可以使图像更具有吸引力和表现力。总之，科学图像的布局可以通过运用线条、对称性、不对称性、色块的构成、视觉重心的把握等艺术手法来表现其情感张力。精心构图可以让图像更加有感染力，从而突出科学信息的表达，达到更好的表现效果。

再次是技法的表现，如使用笔触的柔和与强烈，构造意想不到的形状来传达科学图像的信息，或者运用特殊的表现形式创造出独特的视觉效果。运用回避式描绘可以创造出柔和、流动、飘逸的效果，特别适用于描绘云彩、水面等具有流动感的科学图像。蜡笔技法通常用于描画柔和或分明的边缘，强调突出科学图像的形状和纹理，可以让科学图像更加协调、互相呼应。运用多种线条，例如细线、粗线、深浅线、毛笔线等来表现科学图像的形态、层次感和质感，给人一种对图像的情感感受。通过使用黑白像素点，可以有效强化科学图像的轮廓和纹理，给人一种强烈的对比感，突出图像中的物体和结构。

最后是形式的表现，如将科学图像重现为三维立体的形式，使飞行、旋转等运动形态更加真实，或者使用贴近现实的议题等来重新表达科学图像中所蕴含的科学思想。将科学图像重现为三维的立体效果，通过透视图和阴影的处理，可以更加形象地表现出物体的形状和结构，增强图像的情感张力。仿真可以让观者产生真实感，半抽象则可以让人有感性的想象空间，而完全抽象则可以让人感觉到科学图像所蕴含的无限情感和抽象思维。通过灯光和光影的处理，可以让科学图像更具有光线和色彩的变化，增强图像的情感张力和现实感。对光源的调整和使用，会产生不同的阴影效果，从而赋予科学图像不同的情感张力。通过运用不同材料的表达方式，可以让观者感受到材料的特质和纹理，增强科学图像的质感和张力。

三、科学可视化：科学与艺术的重逢

视觉艺术在人类文化中的历史悠久，可以说是自人类文明之初就产生了这一艺术形式，可追溯到早期的洞穴壁画和原始图腾，后又经历了文艺复兴、近代和当代艺术等多个阶段的演变。而科学主要是在最近三四百年中才得以蓬勃发展的。

英语中的"Science"源于拉丁语"Scientia"，在中世纪"Scientia"的根本含义是知识或学问。在古希腊和古罗马时期，科学是围绕天文学、自然哲学、医学和数学等学科展开的。在中世纪，基督教教父和修道院学者在尝试理解上帝和宇宙的关系时，对自然和哲学的研究取得了一定的进展。到了文艺复兴时期，人们更关注对自然的观察和直接实验。随着近代科学在17世纪末到18世纪初的崛起，科学成为一种独立的知识领域，独立于经院哲学和普通人的常识。到了19世纪，随着科学知识的爆发式增长、实验技术的不断发展以及学科的日益细分，科学逐渐变得更加专业化。在20世纪，科学的发展更加迅猛，出现了不少重大科学发现，如爱因斯坦的相对论、量子力学、基因工程、计算机科学等。现代科学通常与系统性、实证性、可验证性和经验性相关。

在 19 世纪上半叶，中国主要用"格致"来对译"Science"，这源自儒家思想，目的是明白事理和伦理，并强调顿悟。20 世纪初期，严复、康有为、梁启超等人借用日本的翻译把"Science"译作"科学"传入中国并泛指自然科学和社会科学，从此在中国该词有了和英文基本一致的含义。科学作为一种上层建筑在不同的社会文化语境之中有不同的理解。中国社会跟西方社会的发展历史不同，因此孕育了中国人对于科学的独特认知。1840 年鸦片战争使得中国社会强烈意识到闭关锁国就会落后，落后就要挨打。当时先进的中国人认识到，科学是使得西方人强大的根本原因。1915 年新文化运动更是把西方的强大总结为民主和科学。唯有科学和技术进步才能有话语权。"科学技术是生产力"是马克思主义的观点，而 1988 年邓小平进一步提出"科学技术是第一生产力"的重要论断，这一观点迅速成为中国现代社会的主流价值观。科学被认为是强国、强兵、富民的法宝，被理解成生产力、力量。

科学与艺术看上去泾渭分明、毫不相干，一个充满了理性的符号与公式，另一个则由感性的灵感与体验组成。这两者本质上是两种不同的知识领域，科学研究关注的是自然现象的发现，并对其进行探究、解释和预测，而艺术更关注的是个人创作表达和人文情感的传达。因此，在传统观念中，科学和艺术常常被看作是两个截然不同的领域。然而，科学可视化是可以将科学和艺术融合在一起的一种强有力的联结。通过科学可视化，科学家和艺术家可以将科学思想和现象以更直观、美观的形式呈现出来，让公众更容易理解和欣赏。而用图形图像来表达科学自古有之，传说阿基米德被士兵杀害的时候，正好就在沙子上绘制几何图形（Wang et al., 2017）。20 世纪 70 年代计算机技术的发展带动了计算机图形学的发展，并产生一个交叉学科——科学可视化。巧合的是，马斯洛也在 1970 年调整他的著名的"五大需求层次理论"，增加了求知需求与审美需求。用谷歌全球图书词频分析，我们发现科学与艺术越来越贴近，尤其是在 1970 年之后。

科学图像表达的是科学知识，其首要构成是其科学性。围绕科学成果进行图像构建并非一项孤立的美术工作，也不是抒发个人情感和态度的艺术输出品，它是要通过图像向读者介绍前沿科学的进展。生动、直观的视觉表达，不仅有利于科研工作者内部横向的信息交流，也因其降低了由大量演算数据、专业术语带来的理解难度，而有利于提升公众的科学意识和科学素养（王国燕和钱思童，2014）。这里的"科学性"不仅要求图片能正确且精准地表现和解析科研成果，也指其须合理、简明、易懂地将这些信息传达给受众。创作者在将视觉元素进行有意义的组合时，切忌过度联想，将象征和隐喻符号刻画得过于复杂和晦涩。读者对科学图像和科技期刊封面的审美是建立在可理解、可把握的基础之上的。同时，科学成果展示图不同于科学幻想画，前者需要传递较为明确的科学信息和知识。因此，科学性应该成为科学图像创作的核心，创作者需要深入了解研究对象以及拥有相关的科学知识，以确保图像准确地传达了科学信息。创作者需要熟练掌握各种科学图像制作技术，如数据可视化、数字图像处理等，以确保图像的准确性和可读性。同时创作者还需要考虑到图像的应用目的和受众群体，选择合适的视角和表现手法来确保图像的实用价值和传达效果。在此基础上，艺术性可以作为锦上添花的角色，创作者通过艺术手法来优化图像的美感和表现力。色彩搭配、光影处理、构图等可以使图像更加美观和引人入胜，从而提高受众的参与度和理解效果。但艺术手法的运用要注意不要过分夸张，避免误导或者造成误解。科学图像的创作需要具有科学性和艺术性的双重要素，并通过科学知识、技术手段和艺术美学的结合来达到平衡状态，从而确保图像在科研沟通、传播和理解方面的有效性。

正如包豪斯学派倡导的"建筑是各种美感组合的实体"，科学成果的图像强调的是美观、功能和效益的整合。不仅应从理性的角度展示图形的逻辑结构，更要看重人的视觉思维对于设计对象的理解和联想；不仅应强调客观的形式美法则，更要让观赏者深入其中品味美的观念和内容。科学图像的美学特征体现为，图像的设计应体现庄重、雅致、朴素、大方、立意深邃等特点。同时科学图像的设计应符合平面构图的基本规律，满足视觉美观的要求（崔之进，2016）。具体来说，是指包括点、线条、色块、图形、语言等元素的组合与布局、色彩的对比与均衡、画面的分割与统一，以及光影、比例、虚实等多方面的串联、关系调和等。科技期刊封面与一般的平面设计有共同遵循的原则，可因其内容独特还需要能够发散出不同的艺术气息，这需要创作者细心揣摩。

"科学与艺术的共同点是创造力"是由荷兰哲学家斯宾诺莎（Baruch Spinoza，1632—1677）所提出的。在他的哲学著作中，他将科学和艺术并列，认为它们都是人类创造力的体现，都是通过人类的思维和创造性想象力来创造新事物、新理念的。其理念也启发了许多艺术家和科学家将这两者结合起来，艺术家通常会受到科学研究的启发，而科学家则可能从艺术家的创作中得到灵感。科学可视化的出现进一步加深了这种相互关系，通过科学可视化，科学和艺术可以在一个平台上、为了一个共同的目标而交流与合作。通过科学可视化科学与艺术可以以更直观、美观和有力的方式互相补充和互相影响，从而推动人类对自然世界的认识更深刻和创造出更丰富的文化成果。在科学可视化的创建过程中，科学和艺术的共同点极为显著，两者：①**都需要创造力**。科学家需要结合观察、思考和实验设计来创造新知识和技术，而艺术家则需要表达创造性的想法和丰富的情感。②**都需要探索精神**。在科学中，探索包括观察、实验和理论建模，来深入了解自然现象。而在艺术中，创作就是一种对世界和人类情感的探索，通过不同形式的艺术表达，来揭示人们对于自己和周围世界的理解和情感。③**都追求真相**。科学家通过实验和观察来验证和证明理论，而艺术家通过作品表达自己的感受和观点，以及引导受众的感受和思考。④**都需要创新**。科学需要不断探索新的理论和现象，艺术则需要不断创新表达方式和风格。尽管在方法、目的和实践层面上，科学和艺术存在着显著区别，但它们的共同点也值得人们去认识和探索。科学和艺术都是人文社会的重要组成部分，它们的相互影响和互动也丰富了人们的认识和文化创造。

科学家是理性思维、逻辑思维占主导，艺术家是形象思维多一些，在一些伟大的科学工程中，光有逻辑思维是不行的，一个科学家只有将逻辑思维和形象思维结合，才能成为大家。国际欧亚科学院院士、国际欧亚科学院中国科学中心常务副主席、科技部原秘书长、科技日报社原社长张景安认为"科学的最高峰是科学与艺术的结合。" 钱学森也曾说过，在创造的最关键时刻，艺术的形象思维能使他不钻牛角尖。联合国教科文组织卡林加科普奖获得者、中国自然科学博物馆协会名誉理事长、中国科技馆原馆长李象益表示，为了推进科学与艺术融合教育的发展，要开展启迪好奇心、培育想象力、激发创造力的教育，同时，要充分利用技术，开展跨学科、综合性教育。

第三节　科学图像叙事的场域差异与弥合

法国社会学家皮埃尔·布迪厄（Pierre Bourdieu，1930—2002）曾提出一个重要的理论框架，即场域理论。场域被定义为在各种位置之间存在的客观关系的网络或构型，是由不同社会客观关系构成的网络所建立的社会实践空间，在此基础之上，场域理论指出人的每一个行动均被行动所发生的场域所影响。具体到科学可视化领域，科学可视化图像叙事的场域差异指的是不同领域和社会场域中对于科学图像叙事的认知和理解方面的差异。在创作科学图像时，需要考虑到许多因素，例如科学的准确性、受众的文化背景、科学概念的理解程度等等。由于不同领域和社会场域的文化特点和认知方式不同，因此在图像叙事设计时需要特别考虑到不同的受众群体，如业内同行、公众的需求，同时也需要考虑不同的文化背景差异。

一、图像叙事的学术共同体场域

在当今科技迅速发展的时代，前沿科学成果的交流变得尤为重要。这些成果通常首先以科研论文的形式发表在具有行业影响力的学术期刊上，以便同行能够及时了解最新的研究进展。在科学研究和学术交流中，学术图像扮演着不可或缺的角色。它们以直观、简洁的方式传递复杂的信息，帮助科学家跨越语言和文化的障碍，实现有效沟通。

疱疹病毒在自然界中广泛存在。中国科学技术大学合肥微尺度物质科学国家研究中心毕国强教授团队利用冷冻电镜获得了疱疹病毒外壳上DNA 通道的原子分辨率结构与大部分基因组的高分辨率三维结构（Zhang et al., 2019）。研究发现，病毒基因组具有左手超螺旋结构和一个无序的核心，并阐明了疱疹病毒基因组包装信号的传导方式和基因组通过 DNA 通道的机制。该研究首次在原子分辨率级别展示了真核生物病毒的 DNA 通道模型及其扭曲形态。图 5-1 左图以 3D 技术重建并展示了迄今为止最高

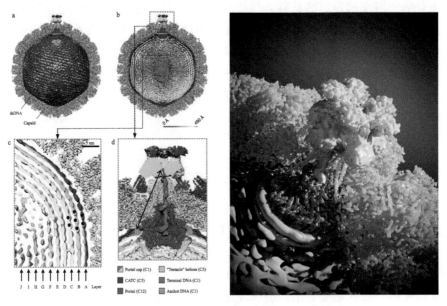

图 5-1　疱疹病毒 3D 建模的学术图像与科普图像

（右图为王国燕、马燕兵原创）

分辨率的 HSV-1 病毒 DNA 通道，其中 DNA（红色）被泵入病毒衣壳（蓝色）。研究人员将该区域的多个部分解析到单个原子的水平，以帮助人们详细理解病毒蛋白质和 DNA 之间的相互作用。如图 5-1 右图所示，该成果被选为当期 *Nature* 杂志封面。

科学成果针对业内同行的视觉传播，科学性的要求一般高于艺术性，视觉设计传达的信息务必准确，尽量表现出科学成果的核心创新点：采用了何种实验、获得了怎样的数据，从而解决了一个怎样的科学问题。因此，学术性极高的专业性期刊封面上经常会放置论文中的科研数据结构图、实验的动态过程模拟图以及实验对象的分子式符号（王国燕和汤书昆，2014）。

二、图像叙事的公众传播场域

同样的科学成果，若不变换视觉传播方式，公众是难以理解的。这就好比科学成果论文并不适合直接拿给社会大众来阅读，而科技新闻则更容易作为社会大众获得科学进展成果的一种途径。公众对于科学成果视觉传播形象的接受度，来自科学成果的价值与公众的兴趣点之间的匹配程度。了解公众状况、特征需求及兴趣点，是知识传播者所必须具备的最重要技能之一（Olsen and Huekin，1983）。这决定了需要为受众提供什么样的信息，并采用何种形式来表达这些信息。

2020 年新型冠状病毒引爆全球疫情，在实验室直接观测到的新冠病毒形象如图 5-2 左图所示，虽然最为真实，但其形象缺乏辨识度难以引起公众的注意力，因此面向公众传播的新冠病毒被艺术家重新 3D 建模渲染，突出附着在病毒表面的王冠形状的凸起被渲染成醒目的红色，表达出侵害和危险的信号。艺术加工过的形象让冠状病毒更容易被公众识别和记忆。

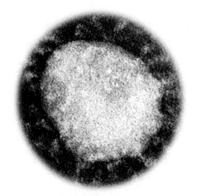
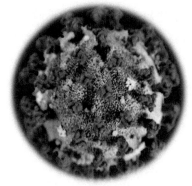

图 5-2　显微镜下真实的新冠病毒与 3D 建模渲染后的新冠病毒艺术图
（由美国疾病控制与预防中心 Alissa Eckert 和 Dan Higgins 创作）

需要关注的是，尽管科学图像的创作受到了一系列鼓励与激励，但它似乎仍被定位为这些机构对外活动的一部分，而不是被视为科学家自己的活动。科学研究与新自由主义西方国家的"创新经济"密切相关，从实验室工作台到可销售产品的距离在不断缩小，这使得投资者、企业家、监管者和决策者能够对科学研究进行快速评估，使它的意义一目了然。在此创新经济环境下，科学传播也在发生变化，它更多地强调承诺而不是预测，更多地通过情感而不是认知内容来起作用（Bauer et al.，2007），图像传播促进了这种情感交流。

视觉表达能够跨越不同的文化背景、语言环境，通过感性直观的"读图"就可以让受众快捷地接受科学新知、留下生动形象的记忆。相对于视觉感知表现形式的"看见"，以及把握视觉表征内容的视觉理解层面的"看懂"而言，"看好"则是在传播交流层面知识可视化视觉表征价值的体现（赵慧臣，2011）。而科学可视化的创建不仅靠大型计算机的视觉化模拟运算自动生成，更需要从视觉传播的角度来进行分析和研究，以更生动的形象实现更有效的知识传播。深入研究顶级基础科学研究成果的视觉表达机制，对科研工作者乃至社会大众对科学新知的理解和关注都有着重要的价值。就传播途径而言，视觉传播的形式可以达到最大效果的信息传递。"视觉信息传播分为两种形态：静态视觉信息传播和动态视觉信息传播，分别对应着两大类型的视觉艺术样式"（李强，2005）。静态视觉信息传播形式，如海报等，其所承载的形象着重于对形象的深层次发掘，侧重于对外在形象的表达，全力创造准确、鲜明、简练的画面，给人"一目了然"的感觉。与之相对应的，动态视觉信息传播的优势在于对场景的逼真呈现，营造生动、真实和强烈的现场冲击力。

面向大众场域的图像叙事，除了形象上需要更为生动和引人注目之外，在叙述的逻辑上也有显著的不同。一篇科学创新成果中，往往会包含许多关键的要素，如何在逻辑上将各个要素自洽地融合到一个故事画面中是创作科学故事的一个难点，同时也是创作过程中最有趣的部分。有时图像创作者会因为一个灵光乍现的点子而兴奋不已。这样的灵光乍现是建立在平日对身边事物的观察与不断积累之上的，更重要的是取决于自己对研究人员所论述的科研成果理解到什么程度，这直接决定了创作的方向和可视化作品与研究成果的契合程度。如何最大程度地凸显研究成果的创新点，是创作的核心宗旨和方向。

细胞自噬是一个重要的生物学过程，诱导自噬能清除神经细胞内累积的毒性蛋白，从而保护神经细胞。为了发现参与神经自噬的关键调控因子，薛宇及其合作团队利用从传统中草药钩藤中所分离的小分子化合物柯诺辛碱和柯诺辛碱 B，诱导神经细胞自噬，并开展定量磷酸化蛋白质组学分析，开发了新的计算方法 iKAP。结合薛宇团队自行开发的自噬调控相关蛋白质数据库 THANATOS，预测并发现两个蛋白激酶 MAP2K2 和 PLK1 参与调控神经细胞自噬。进一步研究表明，抑制 MAP2K2 和 PLK1 活性将显著削弱柯诺辛碱对于阿尔茨海默病及帕金森病的治疗和缓解效果。该工作不仅揭示了柯诺辛碱治疗神经退行性疾病的机理，也为揭示细胞过程中的关键调控因子提供了新的计算方法（Chen et al.，2017）。在自噬相关蛋白质库 THANATOS 中的蛋白激酶 MAP2K2 和 PLK1 的帮助下，细胞进行“自噬”，这两种蛋白激酶被证实对于神经细胞自噬至关重要。

图 5-3 描绘的便是生物体中细胞吃掉自身杂质的这种“细胞自噬”现象。左图为细胞自噬的学术叙事逻辑呈现，按照作用过程的流程模式呈现了上述生物学过程的作用机制，右图则为在此基础上按照故事化叙事逻辑创作之作。从丰富的色彩到每个细胞器的结构，以及自噬过程的流程图，我们有理由相信科学家已经很努力地把细胞自噬表现得尽可能生动。左边这张图已经做得算是非常精致了，然而作为普通公众却很难明白它在讲什么，按照学术思路设计的图像无论如何都是未曾系统专业学习过的公众所难以理解的，因此在面向公众传播的时候需要突破学术表达的思维定式。在右边这幅漫画中，一个呆萌的细胞一手拿刀一手拿着调料粉，津津有味地准备把自己给吃掉，其身后的书架是一个基因库，代表科学家从庞大的基因库中发现了两种重要的蛋白激酶，它们可以有效促进细胞自噬。所以同样的内容从学术图片转换到熟悉的、生活中的场景，故事化的叙事图像让科学成果变得容易理解也更为生动有趣。

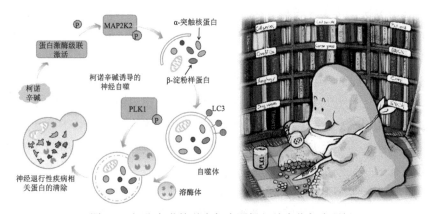

图 5-3　细胞自噬的学术叙事逻辑与故事化叙事逻辑

（右图为王国燕、陈磊原创）

　　PLKI 和 MAP2K2 两种物质是从蛋白质数据库 THANATOS 中被发现的促使细胞分解的重要元素，为了保证"进餐"的画面合理而生动，PLKI 和 MAP2K2 被表现为胡椒粉（调味品）和餐刀，故事性与研究成果中出现的关键元素因而达到了完美的逻辑自洽。自噬这个概念可能已经被科学插画演绎了很多次，原因在于这个概念从字面上理解就已经很有画面感了。正如该期刊的刊名——*Autophagy*，就是自噬的意思。其中"auto-"意为"自己"，"-phagy"意为"吃"，合起来意思就是"自己吃自己"。这听起来似乎有点可怕，如何将这个听起来有点可怕的概念呈现得诙谐一些，并且能够较之以往众多细胞自噬的作品有所突破，是一件很有趣的事。

　　值得注意的是，图像的叙事从学术共同体内转向公众传播的时候，故事化和艺术化的表现应充分建立在研究的期许和科学事实或者符合逻辑的基础上，要切合实际而非天马行空，否则过分追求视觉形式的新奇效果可能会背离科学传播的初衷。

三、中国文化的科学图像叙事

　　视觉表达的本质是文化符号的呈现与解读，符号在不同的文化中的意义可能相同也可能不同。在科学可视化的过程中，孙悟空、汉字、后羿射日、女娲补天等中国文化艺术元素常常为本土创作者提供源源不断的艺术创作素材和源泉。这些本土文化的融入，为科学可视化的叙事效果提供了鲜活的生命力，让前沿科学变得更加容易被中国公众所理解，同时也让中国元素走向了科技传播的国际舞台。

　　西游记中的美猴王孙悟空也曾做客 *Cell* 封面，图 5-4 中，孙悟空被八卦炉中的三昧真火煅烧了 49 天后，不但没有死反而炼就了火眼金睛。从逻辑关系上表达了失去活性酶（LKB1 苏氨酸蛋白激酶）的肺腺癌细胞反而具有了更强的可塑性和更好的性能。浙江大学医学院王福俤、闵军霞教授团队的研究揭示了靶向铁死亡是心脏疾病关键靶点。研究发现铁死亡特异抑制剂 Ferrostatin-1 可显著降低阿霉素对心脏造成的毒性。通过 RNA-seq，研究者发现血红素加氧酶-1（Hmox1）的显著上调可能在该过程中发挥着关键调控作用。在血红素中，自由铁离子在 Hmox1 的激活介导下被释放并积累在心肌细胞中，从而诱发了铁死亡。实验证实在阿霉素作用后，铁过载和铁死亡主要发生在心肌细胞的线粒体中。该研究为预防和治疗临床心肌梗死等心脏疾病提供了新策略，入选 2019 年 ESI 热点论文（Fang et al.，2019）。图 5-5 用"女娲补天"的神话故事展示了该研究成果。画面中，受损的心脏（天空）中最为严重的是铁离子蓄积（红色斑点）及线粒体膜脂质氧化（线粒体膜黄色斑点）。女娲则高高举起象征着铁死亡抑制剂、祛铁剂、线粒体特异性抗氧化剂、Hmox1抑制剂和低铁膳食等五种化学分子（或治疗策略）的五色石，"挽狂澜于既倒，扶大厦之将倾"，象征着这些治疗策略能够有效防治铁死亡介导所引发的心脏疾病（方学贤，等，2019）。该设计也获得了2019年中国科技期刊最佳封面奖。

图 5-4　*Cell* 封面上的齐天大圣孙悟空　　　图 5-5　女娲补天：靶向铁死亡防治心脏疾病
（季红斌教授团队创作）　　　　　　　　　　　　（王国燕、陈磊原创）

　　石墨烯是世界上最薄、最硬的材料，于2004年问世，发现石墨烯的英国曼彻斯特科学家安德烈·海姆（Andre Geim，1958—）和康斯坦丁·诺沃肖洛夫（Konstantin Novoselov，1974—）凭借着这一发现获得2010年诺贝尔物理学奖。此前尽管人们对石墨的结构已有了完全的认识，甚至预言了单层的石墨可能会具有非常好的物理性质。但如何把石墨不断地磨薄，薄到只有一个原子的厚度，这个世界难题还是让所有的科学家望而却步了。甚至有些科学界的大牛们断言，石墨烯是不可能独自存在的。海姆教授把一块石墨递给一位研究生说："去，把它磨到最薄！"于是便有了单层 2D材料石墨烯被发现的传奇故事——传说在某个神秘的星期五晚上，绞尽脑汁的研究生诺沃肖洛夫正对着导师布置的"磨出单层石墨"的任务抓耳挠腮无从下手。铁杵磨成针已经是极限，如何磨到原子级别呢？此前他磨过的石墨经过检测，结果显示仍有数千层原子厚度。此时，他突然用胶带对着石墨粘了一下，这样透明胶带上就留下了一层黑黑的石墨物质。诺沃肖洛夫打量着透明胶带上这层薄薄的黑色残留，并在显微镜下发现它竟然只有薄薄的几十层原子的厚度，这比自己辛辛苦苦用尽办法磨出来的要薄很多倍，真是不可思议！于是，诺沃肖洛夫和导师海姆在此基础上做了件更为创举的事情：他们用沾染了石墨的胶带对折再分开再对折分开，石墨变得越来越薄，就这样最终从石墨中分离出石墨烯，即单层原子的石墨，这便是科学研究史上最简单、最粗暴、最令人震撼的科学实验之一。他俩因成功分离出石墨烯而获得了 2010 年诺贝尔物理学奖。

　　石墨烯之所以如此重要是由于它是已知强度最高的材料之一，它很柔韧并且看上去还是透明的，细菌也无法在石墨烯表面上生长，同时它还具有很好的导电导热性能，因此石墨烯可以用来作为防弹衣、医用消毒品等的原材料，甚至可以用来制造超级计算机、集成电路、太阳能电池等，可能是硅电子产业的替代品，有着巨大的产业应用前景。2D 材料最重要的特征是提供了按需设计范德瓦尔斯异质结构的可能性，2D 晶体堆叠成新颖的3D 结构，开启了材料研究的新天地。石墨烯是碳的同素异形体，其成分为碳，这与中国水墨画所用的墨汁的主要成分是一致的。诺沃肖洛夫曾介绍说，发现石墨烯的过程就好像是创作一幅中国水墨画一样，所以笔者在此启发之下设计了中国水墨画风格的左右对称的石墨烯蝴蝶（图 5-6），预示

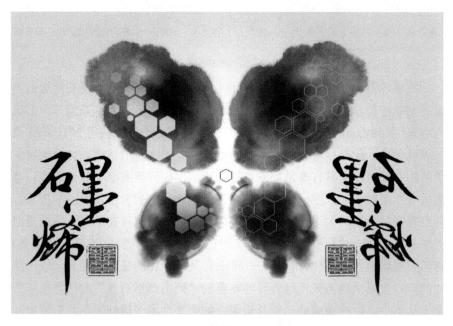

图 5-6　水墨风格的石墨烯蝴蝶

（王国燕、陈磊原创）

着石墨烯的发现就像蝴蝶扇动翅膀的效应一样，即将带来一场巨大的产业变革。这个石墨烯蝴蝶的创意和设计效果被英国学者和科普实践者大为赞叹，因此被用作世界石墨烯大会和曼彻斯特科技馆石墨烯展览的视觉标识，并供石墨烯展览期间所有游客作为现场丝网印刷体验生成的最终图案。

中国水墨画的艺术形式以及承载着中国传统哲学中阴阳互补思想的太极图，已经是世界艺术文化和哲学的重要组成部分，冲破了地域文化的边界，从而被西方世界所认知和接纳。在跨文化的图像传播中，文化符号的共有语义空间则是科学可视化国际传播的根本基础。

四、国际文化的科学图像叙事

科学是从千百年来全世界各国的社会文化环境中孕育而生的，将文化元素融入科学图像中可以让科学知识更加生动有趣，同时也为受众带来了更加丰富的文化体验。这不仅增加了科学图像的吸引力和趣味性，也有助于帮助受众更好地理解和接受科学知识，还有助于促进不同民族、种族和不同文化的交流与融合。

将本土文化元素融入科学图像中可以让受众更容易理解和接受科学知识。例如，利用传统服饰、建筑风格、特色食物等元素来表达相关知识，不仅能够增强科学图像的吸引力，而且还能让人感受到自己文化的独特性。例如，由日本分子生物协会主办的专业学术期刊 *Genes to Cells*，将生物领域的专业知识和研究成果融入浮世绘风格的绘画或经过后期处理的照片中，形成了自身别具一格的封面美学。这幅期刊封面呈现出典型的歌川广重浮世绘的风格。第 27 卷第 8 期封面图中的青山、小舟与落日来自日本志摩半岛区域的菅岛，画面的透视感既带来开阔空间，又突出日本美术的华丽色彩。在三座岛屿之间那些浮萍一样的圆形物体的原型是名古屋大学科学研究院菅岛海洋实验室（NU-MBL）于其周围海域收集的酵母和丝状真菌样本。第 20 卷第 8 期封面图中的科学成就来自 1948年诺贝尔奖获得者、美国女性细胞遗传学家芭芭拉·麦克林托克（Barbara McClintock，1902—1992）在玉米中发现了转座子（transposon，又称跳跃基因 jumping gene），其 DNA 序列可以改变其在基因组中的位置。转座子的转座可以在宿主基因组中引入突变。而转座子与江户时代的文化之间有着紧密而惊人的关系——在江户晚期，分离出了大量的突变体日本牵牛花，并开始被大量种植。

引用民间故事或传说、具有国际影响力的文学或影视作品都可以增加科学图像的叙事吸引力，同时也让受众感受到更为丰富的科学文化交互融合体验。例如，精神分裂症是一种慢性、高致残性精神障碍，其临床诊断与治疗主要基于临床医生的直观经验，缺乏有效、可靠、有指导意义的生物标记物用以辅助诊断及个体化治疗。刘冰等基于多水平多组学，发展了一套精神疾病研究框架，首次发现了精准诊疗精神分裂症的有效生物标记——纹状体环路功能异常（Li et al.，2020）。该成果利用精神分裂症多组学大数据和人工智能技术，可对个体病患的纹状体病理性功能损伤进行定量化评估，在此基础上构建的精神分裂症的精准诊断与疗效预测模型，已在多个影像中心得到验证。该研究的科学元素能够被抽象为精神分裂和大脑纹状体，可如何利用图像有效表达精神分裂症？其主要症状为幻听，特别需要注意的是不能丑化病人。据推测，梵高可能终生被精神分裂症折磨，他的作品总是充满一种在精神世界自由驰骋的感觉。他一生中创作出了大量风格鲜明的作品，也因为割掉自己耳朵，甚至自杀而终结了郁郁的、传奇的一生。于是，创意拟用梵高的经典作品《星空》的风格作为参考，将大脑纹状体比喻成天空中的漩涡，以表达精神世界的美景。如图 5-7 所示，一个人正在看着扭曲的世界，这个世界被一些夸张的、不自然的、鲜艳的色彩所笼罩。整个画面营造了一种扭曲的错觉，试图反映对精神分裂症的妄想、幻觉等症状的感受。在画面中央，突出显示了一个类似太阳的

图 5-7　梵高的星空：精神分裂症的医学　　　图 5-8　达利梦境：复发肝癌的微生态
　　　　　　　　诊断标记　　　　　　　　　　　　　　　　系统

　　　（王国燕、陈磊原创）　　　　　　　　　　（王国燕、陈磊原创）

纹状体，暗示该纹状体可能与精神分裂症有关，也隐喻了纹状体潜在作为神经影像生物标志物。

肝癌复发的过程也可故事化演绎出谍战剧。迄今为止，手术仍是肝癌患者获得长期生存的主要治疗手段，但即便是根治性切除治疗，在 5 年内仍有 60%～70%的患者会出现肝癌复发，这已然成为进一步提高肝癌手术疗效和病人长期生存的瓶颈。复旦大学附属中山医院肝肿瘤外科樊嘉院士、孙云帆等研究者，通过运用单细胞测序技术，全面解析了早期复发肝癌微生态系统的细胞组成及其相互作用机制。研究发现，复发肝癌呈现显著富集的新型免疫细胞亚群，并揭示了复发肝癌的免疫逃逸机制，这一研究成果为肝癌免疫治疗和预防肝癌复发的治疗策略提供了更多的理论依据和实验证据（Sun et al., 2021）。此外，复发性肝癌肿瘤细胞与免疫系统博弈的微观过程堪比一个精妙的谍战情节。受到达利画风的启示，图像展示了复发肝癌与原发肝癌截然不同的肿瘤微生态。图 5-8 中肝脏右侧的孔洞象征着被切除的原发肝癌，而左肝上长出的岩石象征着微生态截然不同的复发肝癌。观看这幅科学可视化作品，仿佛体验了科学家本人正漫步于达利的绘画世界，既是研究发现科学未知又是创作艺术作品的过程。

浙江大学王福悌教授的研究阐明了转铁蛋白受体（Tfr1）通过特异机制调控棕色/米色脂肪细胞产热和分化的过程。在米色脂肪细胞上，活化的缺氧诱导因子 HIF1α 通过转录机制调控 Tfr1 的表达，从而促进铁的吸收以维持线粒体功能；在棕色脂肪细胞上，Tfr1 可能以铁依赖方式控制细胞产热，以非铁依赖方式调控细胞分化（Li et al., 2020）。该成果首次报道了转铁蛋白受体和铁稳态代谢在调控棕色/米色脂肪细胞产热和分化中的关键作用，并揭示了缺氧诱导因子 HIF1α 通过转录调控 Tfr1 促进白色脂肪米色化的新机制。这一发现将为研究者理解肥胖及相关代谢性疾病机制和靶向治疗提供新的思路，有望进一步推动脂肪细胞生理和机体铁稳态代谢研究。该成果也被遴选为 Hepatology 期刊内封面亮点故事推荐发表。如图 5-9 所示，该封面《卖火柴的小女孩》的叙事是利用冬季夜晚的环境来类比实验中的冷刺激，被冻得瑟瑟发抖的小女孩则代表受到冷刺激的脂肪细胞。小女孩只有通过点燃火柴才能获得片刻温暖，这比喻了脂肪细胞因敲除 Tfr1 而失去了铁离子的供给，不能正常产热的过程；相对地，小女孩在幻想中穿着华丽的衣服，裙摆上的线粒体和小油滴象征着健康的脂肪细胞，手提篮里满满的食物和火柴则对应了充足的上调 Tfr1 和保障铁离子供给的关键调控因子 HIF1α，温暖的火把代表了 Tfr1 能够充分表达，比喻了正常产热的健康脂肪细胞（Fang et al., 2023）。

图 5-9　卖火柴的小女孩：转铁蛋白受体　　图 5-10　偷天陷阱：实验实现哺乳动物
　　　　　调控产热脂肪　　　　　　　　　　　　　　　红外视觉
（王国燕、陈磊原创）　　　　　　　　　　　　（王国燕、陈磊原创）

从功能性产热脂肪细胞和功能异常的细胞类型（包括白色脂肪细胞和肌细胞）之间相互转化的角度出发，该设计需要突出 Tfr1 和铁是两种细胞状态转变的关键节点。例如，对滑雪员来说，Tfr1 是雪橇，有雪橇的滑雪员可以畅通无阻，而没有雪橇则障碍重重；对于地铁或者铁路轨道转换来说，Tfr1 是变轨控制器，含铁的小车可以通往城市，而不含铁的小车只能去往荒地；时间维度的转换也暗示了细胞状态的转换等等。为突出故事化表达，最终拟从卖火柴的小姑娘入手，用火柴的明灭代表两种状态：一种充满希望，一种悲惨不已。封面《卖火柴的小女孩》深刻形象地诠释了 Tfr1 和铁稳态代谢调控脂肪细胞产热的科学发现，可谓科学与艺术的较为完美的结合。

中国科学技术大学生命医学部薛天教授团队则研究发现，自然界中的电磁波波谱范围很广，能被人们眼睛感受的可见光只占电磁波谱里很小的一部分，人们看不到红外光。为发展裸眼无源红外视觉拓展技术，薛天研究组和韩纲研究组合作，利用一种上转换纳米材料，将所吸收的红外光转换为可见光并导入动物的视网膜中（Ma et al., 2019）。作为一种"纳米天线"，该材料实现了哺乳动物近红外光感知和近红外图像视觉。该研究成果被 Cell 杂志选为 2019 年 3 月唯一科普视频进行重点推广，并入选 2019 年

"中国生命科学十大进展"及 *Cell* 杂志年度最佳研究来源。这项技术不仅能赋予人们超级视觉能力，还有可能辅助修复色盲等相关疾病以及眼底药物的局部缓释。在叙事表现上，哺乳动物被赋予红外视觉超能力，便能够感知更广泛的外界信息，故事化叙事的方式呈现出了小鼠的红外视觉能力。如图 5-10 所示，研究人员构造了类似电影《偷天陷阱》里的一个故事场景：一只特工老鼠正在红外密布的机关中偷取奶酪。红外线映衬在它的眼底，成为红色的互补色——绿色，表达出老鼠已经看到了红外线并准确地避开，从而如囊中取物般偷到那块奶酪。

在世界科学成果交流平台上，来自全世界的文化也伴随着科学知识而融入图像之中，但不难发现一个共性：具有跨文化穿透力的文化艺术更容易作为视觉符号来承载科学知识，无论是电影还是文学作品，它们本身就已经在科学成果发现之前被广为流传，因此带来了科学图像理解上的易读性和流通性。

五、科学图像叙事的场域弥合

场域理论源于物理学中的场理论，但在人文社会学科中逐渐发展成熟，是指由多个参与者、具有共同目标、价值观和利益之间的关系组成的互动系统，场域在具体实践中可以通过比喻、象征或者其他符号来界定。在传播学领域，场域理论被广泛应用于分析媒介、社交网络、文化产业和政治过程等方面的影响力和竞争关系，认为媒介、社交网络和文化产业等参与者之间的关系和力量分布决定了信息传播效果及其影响力。传播学者从场域的角度出发，将媒介、社交网络和文化产业视为不同的场域。在媒介领域，传媒机构、记者、广告商及其他相关产业参与者之间的力量和关系，会影响信息的发布和传播过程，而信息传递的效果和影响力则取决于受众、用户和其他媒介参与者的接受和反应。在社交网络领域，社交网络平台、用户和其他参与者之间的力量和关系，决定了信息的传播路径、影响力和传播速度。在文化产业领域，文化产品生产和传播中，相关产业参与者的力量和关系，决定了文化产品的制作、发布和消费方向。在前沿科学的可视化传播过程中，图像生产者、图像消费者以及图像的传播环境都可能存在文化语义空间和真实地理空间上的巨大差异，这些差异造成可视化的叙事方式应充分考虑其目标人群特征及预判可能的接受反应，充分考虑目标文化语境是否具有共同的语义空间，从而积极地弥合场域差异。

分子的尺寸一般在 1 nm 左右，相当于人的头发丝直径的六万分之一。如此小的尺度，不仅肉眼看不到，连光学显微镜都无能为力。在纳米甚至亚纳米尺度上"看见和识别"单个分子的结构，是科学家梦寐以求的目标，也是人类实现在单分子水平上解析微观物质世界、理解生命过程的重要途径。董振超等通过巧妙调控纳米针尖"天线"的局域电磁场限域与增强特性，首次实现了亚纳米分辨的单分子光学拉曼成像，并将空间成像分辨率提高到 0.5 nm，在保持化学识别能力的基础上，还可识别分子内部结构和分子表面的吸附构型。2013 年 6 月，时任中国科学技术大学校长的侯建国院士团队成果亚纳米拉曼成像在 *Nature* 上发表（Zhang et al.，2013），立即引起了国际科技界的广泛关注。它对于研究微观世界中的生物或纳米分子构造以及催化反应机制等均具有重要的科学意义和实用价值。

　　与此同时，笔者创作了多幅科学可视化平面作品。由于该技术的关键是达到成像分辨率低于纳米级，因此称为亚纳米，通过模拟实验的微观环境，创作出了图 5-11 左图的微观摄影风格设计；又因为卟啉分子在绿色激光的渲染之下有中国古代玉如意的感觉，所以同时也创作了"玉如意"风格的另一个方案（图 5-11 右图）。当科研团队把这两幅图交给 *Nature* 作为封面备选的时候，同时也交给了国内外众多媒体用于科技新闻报道。其中通过自然出版集团提供给 *Nature* 官方网站、美国全国广播公司（National Broadcasting Company，NBC）、《化学与工程新闻》（*Chemical & Engineering News*，*CEN*）等多家国际权威学术及大众传媒发布，并推送到《人民日报》、

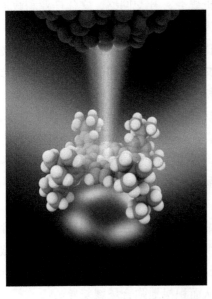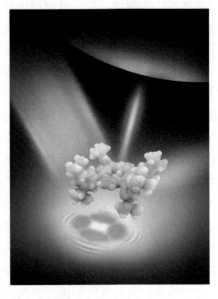

图 5-11　亚纳米拉曼成像的中外场域传播差异

（王国燕、梁琰原创）

新华社、中央电视台、《光明日报》、《科技日报》、《中国科学报》、果壳网等国内具有高度影响力的传媒机构，短短几日内从中央到地市级媒体纷纷转载。在这项科学创新成果新闻的传播中发现一个非常有意思的现象：国内媒体普遍采用玉如意的图像作为配图，而国外的媒体则全部采用了微观摄影风格。笔者此后在国内外的多次学术报告中也以此案例来收集现场观众对两幅作品的评价与反馈，得到与媒体报道非常一致的结论：无论年龄和文化程度，中国乃至新加坡、韩国等亚洲公众更偏爱玉如意风格，西方公众更认可微观摄影风格，原因在于他们对中国的玉文化缺少认知和接纳。

　　以上案例反映出科学可视化图像的审美的确是存在文化差异的：本土文化元素在当地受众之间具有更容易传播和被认可的优势，这反映出图像中的文化符号与受众的文化背景具有接近性。文化接近性指的是不同文化之间的相似程度。在图像传播中，文化接近性对于意义和价值有着巨大的影响。首先，文化接近性可以促进图像传播的传达效果。当接收者和传达者的文化背景相似时，接收者更容易理解和接受传达者的图像信息。例如，本案例中的美玉符号，中国人和日本人可能会有不同的表现方式，但互相都能够被理解和接受，因为它们有文化接近性。其次，文化接近性可以增强图像传播的影响力。当图像传达者和接收者拥有共同的文化背景时，传达者可以更加准确地抓住接收者的情感需求和文化共鸣点，从而使图像传播获得更广泛的共鸣和认同。这也意味着在面对不同的接收者时，传达者需要对不同的文化背景做出不同的应变策略。最后，文化接近性可以提高图像传播的可持续性。当图像传达者和接收者之间存在文化共同点时，传达者能够更好地理解接收者的文化需求和消费习惯，从而在传播过程中更好地满足接收者的需求，维护其信任和忠诚度，实现长期的可持续性发展目标。因此，文化接近性对于图像传播的意义和价值非常重要，它可以促进图像传播的传达效果、增强图像传播的影响力和提高图像传播的可持续性。

　　然而文化接近性的使用通常会带来图像叙事的一个陷阱：图像创作者经常会习惯性抓取手边大把本土文化的素材来创作图像，忽略了图像的主要受众，特别是如果以非本土化受众为主时，他们是否能够理解图像中文化元素的意涵。例如，笔者在和科研团队沟通图像创意的时候，科研人员通常也会提出自己的文化创意思路，例如用"南橘北枳"的故事来表达环境对于生物特性的影响，但作为本土任何一个受过教育的公民所普遍理解的故事，"南橘北枳"在学术舞台上却难以为西方学者所理解。又比如，哪怕是中国人耳熟能详的四大名著之一——《西游记》，其中三打白骨精、哪吒闹海等经典故事也并非理所应当地被世界公众所知晓。因此，当用本土文化叙事之时，一方面应充分合理评估文化所影响的地理范围：大多数中国主流文化是能够在华语地区和东亚文化圈中被理解的，但是否能够被以欧美为主的西方世界所理解还需进一步评估。

　　肿瘤微环境是肿瘤细胞产生和生活的内环境，为肿瘤的生长提供营养、能量和信号，支撑肿瘤增殖、免疫耐受、营养摄取等过程。但对于肿瘤是如何响应微环境变化，并启动肿瘤微环境重塑的机理仍知之甚少。浙江大学林爱福教授的研究揭示了肿瘤细胞微环境的调节机制（Sang et al.，2018）。研究发现在肿瘤细胞增殖聚团的过程中，肿瘤细胞在感应到生长环境中氧气供给下降时，通过 LncRNA CamK-A 介导的 CaMK-NF-κB 信号通路做出响应，分泌各类细胞因子以促进肿瘤血管增生、巨噬细胞聚集，从而重塑微环境，加强肿瘤养料攫取、免疫逃避，最终导致肿瘤持续恶性进展的过程。该研究进一步通过临床样本分析及动物实验，为肿瘤临床诊疗揭示了新的潜在分子靶标，为肿瘤治疗提供了靶向 CamK-A 破除肿瘤微环境的新思路。围绕该成果，研究团队强烈倾向于构建一个"哪吒闹海"的故事（图 5-12）：滔天海浪代表肿瘤微环境，恶龙代表肿瘤，哪吒手持长矛对抗恶龙则代表靶向治疗。该封面受《西游记》中"哪吒闹海"的故事启发，展示了在漆黑的（象征肿瘤微环境的缺氧条件）暴风雨中（象征肿

图 5-12　*Molecular Cell* 封面："肿瘤吊床"与"哪吒闹海"

（王国燕、陈磊原创）

瘤缺氧诱导的钙离子流)一条恶龙(象征促癌因子 LncRNA CamK-A)抓着两颗龙珠(分别象征 PNCK 及 IκBα 分子)引导大海啸(象征汹涌的肿瘤进展及复杂的肿瘤微环境)。最终恶龙(CamK-A)被制服,这象征 CamK-A 是肿瘤临床诊治的潜在靶标,靶向 CamK-A 的小 RNA 干扰疗法或将为临床肿瘤诊治提供新策略。

　　然而,根据多年的设计经验笔者判断,这个虽然在中国语境下人尽皆知的《西游记》桥段却难以被西方世界所理解,这个故事本身也过于复杂,如果不了解中国文化,读者只能看到一条体形硕大的巨龙被一个小孩所击杀,虽是一个以小胜大的故事却并不能准确表述肿瘤生存的微环境被破坏。于是笔者提出了另一个思路——"肿瘤吊床"。图中,肿瘤细胞原本舒适地躺在自己的吊床(肿瘤血管样)上,床头的绳结弯曲成非编码 RNA 的形状,周围落满了肿瘤相关巨噬细胞,这象征非编码 RNA CamK-A 帮助肿瘤血管生成及巨噬细胞的聚集,重塑了适于肿瘤生长的微环境。然而科研人员发现了一种能够阻断肿瘤细胞进行自我复制的方法,通过切断遗传信息的通路达到杀死肿瘤细胞的目的。于是利用"剪刀"和"吊床"来营造出一种危机感。面对一把靶向非编码 RNA CamK-A 绳结的剪刀时,肿瘤魔鬼露出了惊吓的表情,这象征着靶向非编码 RNA CamK-A 的策略或将为肿瘤临床诊疗提供新思路。在可视化表现过程中,通过将研究成果中的科学机理(图 5-13)进行故事化叙述处理,图 5-14 展示了"肿瘤吊床"方案的草图。一种常见的科学可视化表现方法是,将科学成果中的核心元素及其相互关系,通过投射到人们熟悉的故事化对象中实现。这种方法构建了逻辑上的相似性,用以表达科学成果,不仅赋予图像强烈的代入感,更使原本晦涩的内容变得生动有趣。

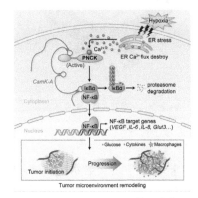

图 5-13　RNA CamK-A 的工作机理

图 5-14　"肿瘤吊床"方案草图

（陈磊原创）

　　光子的对立互补特性，用到了中国元素——太极图，这是笔者的设计在 2012 年第一次登上 *Nature* 的封面。关于光的本质是波还是粒子是一个长期争议的话题，有人证明光具有波动性，也有人证明光具有粒子性。但是从来没有人证明它同时既有波动性又有粒子性。中国科学院量子重点实验室的郭光灿院士、李传锋教授通过构造惠勒（John Archibald Wheeler，1911—2008）的量子选择性延迟实验，让人们可以选择不同的视角来理解玻尔的互补原理和光子的性质，并制备出了粒子和波的叠加状态，也就是通过一个实验同时观测到了光子的波动性和粒子性特征，作为 *Nature Photonics* 的封面故事论文发表（Tang et al.，2012）。道家"万物负阴而抱阳"的哲学理念很早就揭示了对立互补特征是大自然的存在方式，故在该科学原理展示的创意上，借用水晶球暗示光的真实本性，用太极影子暗示本次实验观测到的波粒叠加两种状态的结果（图 5-15）。本工作拓展和加深了人们对玻尔互补原理的理解，也使得人们对"光是什么"这个萦绕千年的问题有了更进一步的认识，成为当期杂志的封面故事。

(a) 实验观测到光子波粒互补特性叠加态（王国燕原创）　　　　(b) 量子力学奠基人玻尔的家族徽章

图 5-15　太极图表达对立互补的量子哲学

　　巧合的是，在光学领域研究的发展史上，量子力学之父尼尔斯·玻尔也曾使用中国的太极图来阐述光具有波粒二象性，他认为波动性和粒子性这两种属性既对立又互补的特征与中国的道家思想具有异曲同工之妙。丹麦科学家玻尔因对量子力学的杰出贡献而被丹麦国王封为爵士，但是当时玻尔家族并没有族徽，丹麦国王就让他设计一个族徽后才能授予荣誉徽章。作为量子物理学的重要奠基人，玻尔对量子的特性有着深层次的理解，而中国传统哲学中的太极图案无疑是量子对立互补特性的最完美的表达形式，于是玻尔就把太极图与拉丁文：CONTRARIA SUNT COMPLEMENTA（对立即互补）一起设计在家族徽章中，这就是玻尔太极族徽的来历。

玻尔族徽的文化传播事例表明，作为东方古典哲学的太极图符号虽然源自中国，但已被西方学界特别是量子物理学领域所认可和接纳。因此，笔者以"太极"为核心元素呈现对立互补的视觉特征，促成了这一科学成果与科学思想的有效表达。该设计图经过设计团队和科研团队的反复沟通，是科学原理和数字艺术融合的结晶，其创意来源于《道德经》四十二章老子关于万物起源的思想："道生一，一生二，二生三，三生万物。万物负阴而抱阳，冲气以为和。"故在该科学原理展示的创意上，借用水晶球暗示光的真实本性，用太极影子暗示本次实验探测到的光的特征。虽然以往的实验也是在通过各种测量得到的影子还原真相，但在科学研究中对于真相的追求是永无止境的。笔者为量子惠勒延迟选择实验成果设计了科学原理展示图。该图既在该期杂志封面上登载，也正式公布在 *Nature* 的网站上。

1986 年，丹·斯珀伯（Dan Sperber）和威尔逊以认知理论为基础，提出了关联理论（Relevance Theory）来探讨传播与沟通的问题（Sperber and Wilson，1995）。在此过程中，他们提出了"明示—推理"模式，认为传播过程是传者提供关于其意图的明示刺激，受众推理寻求最佳关联理解的过程（陈开举，2002）。明示主要指传者的行为，推理是受众方的行为。在这个理论中，认知语境和认知努力是影响交际的重要因素。认知语境是接收者的认知心理结构，是个体的物理环境与自身的认知能力作用的结果，既包括已知晓的事物，也包括可知晓的和可推理的事物，且是动态的（陈开举，2002）。认知努力是个体处理话语所需要的处理努力。最佳关联即是指受者在理解信息时付出适当的认知努力可以获得足够的语境效果。获得最佳关联，主要在于两方面：一是说话者的语言能够吸引听话人的注意力；二是听话者需要付出一定努力，以保证语境效果的存在。关联理论实际上是一种语用学理论，后被应用于文体学、修辞学、大众传播学等领域。如学者云燕从关联理论出发，认为在文本解读中，接收者会根据从一个文本中得到的初步的片面的信息先建立一个初始语境，并根据以往经验和目前认知语境来判断大概需要付出多少认知努力，以此决定是否继续接收理解该文本。叙述文本要想得到有效解读，要在文本和接收者之间寻找最佳关

联性（云燕，2015）。学者胡涛晖从关联理论的角度，得出新闻标题是语境
效果和处理假设付出努力之间最佳比率的产物，标题交际功能的本质即是
新闻与读者间的最佳关联。他认为具备最佳关联的新闻标题能够满足人们
的认知需要，吸引读者，激发读者阅读整则新闻的兴趣，并指出关联性可
以作为新闻标题创作的一种评估手段（胡涛晖，2005）。

　　基因剪切是一个重要的转录后生物学过程，对人类疾病和其他生物学
过程有重要影响，研究基因剪切因子能够为人类疾病的生物学机制研究提
供有效指导。四川大学华西医院生物医学大数据中心俞鹏特聘研究员分析
了共超过 6.6 TB 的 1321 个核糖核酸测序样本，首次实现了最完全的大规模
剪接因子核糖核酸测序数据分析，用以寻找雷特综合征和冷诱导生热生物
过程中的关键剪接因子（Yu et al.，2020）。如图 5-16 的上图所示，一大堆
凌乱的冷色调的数据比特中，逐渐凝聚衍生出一段像丝带一样的单链 RNA
片段，一把剪刀正在剪切这个片段。而最右侧的 RNA 链由冷色变成了暖
色并释放出热量，同时周边的一些白色脂肪细胞正向右逐渐变成棕色脂肪
细胞。另外，由于该图像将作为在线出版期刊 *Scientific Data*（*Nature* 子刊）
封面，其形式表现为进站画面，要求尺寸为窄长的结构。创作采用一些生
动的形象表达这些脂肪细胞散热的细节，例如，白色脂肪奔跑之后，变成
大汗淋漓的棕色脂肪，表达了这些核糖核酸和脂肪细胞产热有关。

图 5-16　大规模核糖核酸测序的基因剪切过程图像创意

（王国燕、陈磊原创）

　　然而令人万万没有想到的是，棕色脂肪版设计投稿给期刊之后收到了编辑的修改建议：由于当下正值美国白人警察跪杀黑人事件之后的舆论风波期，为避免卷入意识形态之争议，请不要在画面中出现"白色脂肪"和"黑色脂肪"这样具有种族暗示的视觉形态。此前笔者一直以为学术研究领域对意识形态问题并不敏感，但国际学术顶刊编辑煞有介事的回复暗示了意识形态的正确性确实已经渗透到学术舞台上。因此笔者进行了一轮修改，两个脂肪细胞都用白色表示，转而采用字母缩写和两个细胞体型的差别来表达白色脂肪和棕色脂肪这两种不同的细胞。

　　综上而言，图像叙事传播过程中，需要不同场域主体之间的互动和交流来加强图像所承载的科学知识和信息的传达效果。对于前沿科学可视化的不同特征的主体，如科学家和社会大众、中国语境与国际语境、艺术领域与科学领域等等，这些领域和群体的文化特征及认知方式都存在着客观差异，因此在传播过程中需要通过一定的方法来加强不同场域之间的联系与沟通，从而确保科学信息能够穿透文化场域壁垒，以图像为载体来达到传者和受者之间的信息对称。

第四节　前沿科学图像叙事的典型路径

　　图像叙事的构成要素包括图像的主题、情感、构图、色彩、整体感和语言，这些要素相互作用构成了一个完整的图像叙事创作。同时，图像叙事也具有多重解释的特点，因为受众的背景、文化和经验等因素不同，可能会对同一个图像产生不同的理解和反应。图像叙事的过程融合了观者对于图像的观察、理解、情感体验和意义反思等环节，而图像叙事的作用和意义也在于传递信息、引发情感、启迪思想，从而对受众的思维和认知产生影响和启示。因此，前沿科学成果的可视化叙事形态，包括以超写实再现微观世界的科学现象、构造前沿科学在社会中的应用场景、实验成像的深度加工与艺术化渲染、以故事形式呈现逻辑相似的视觉隐喻等等。

一、超写实：再现科学奇妙景观

　　超级写实主义是一种视觉艺术形式，旨在以最精细的方式复制真实世界中人物、场景或物品的细节和细微差别。它是一种极度精细的绘画风格，以逼真程度的高度为目标，通常是属于现实主义绘画的一个分支。超级写实画家通过运用绘画媒介（如油画、丙烯等）和技术（如风干、擦拭等）

来展现绝大部分小到几乎不可见的细节和视觉效果。这些作品特点是极具光泽感和明亮的色彩，并体现了极强的形式和深度感。超级写实主义的起源可以追溯到 20 世纪 50 年代的美国。当时的艺术家着重于通过构建逼真的视觉和感知体验来表现现代文化的冷漠和荒诞。超级写实主义的作品通常是对当代社会和文化的强烈反思，探讨人类的认知和表现力。在这些作品中，物体的细节和形状对于物体的真实性和现实感都至关重要。今天，超级写实主义仍然活跃在当代艺术场景中，有着广泛而持续的影响力，并且作为现代艺术的一种形式，已在许多国家和地区得到了广泛发展和认可。

意大利当代超写实主义画家卢西安诺·文特罗恩（Luciano Ventrone，1942—　）其作品画风稳健、形象生动，所描绘的景物常给人一种跃然而出的错觉。中国画家冷军的超写实油画是本土超写实油画的一面旗帜。他的油画作品在细节处理上非常精细、详尽，可以大大超越照片。他甚至通过绘画手法表现出了无法用照片捕捉到的细小颜色变化和局部着色。这些细节和差别都可以反映出一个艺术家的个人风格和主题。相比之下，照片只能传达一种视觉信息，即捕捉瞬间的外部特征，而在情感和真实性方面的表现力，则受到了限制。因此，照相写实主义在艺术性方面的表达和细腻度方面都会被超写实油画等绘画作品所超越，但在现实性和完整性方面则需要依靠摄影来实现。

超写实风格在科学可视化领域有着重要的应用，尤其是针对显微镜无法拍摄出的微观世界的景象，可通过超写实风格来逼真地再现出来，其真实程度往往让不知情的观众以为是借用超级分辨率的科学仪器拍摄的显微摄影。例如，四膜虫核酶结构是四川大学生物治疗国家重点实验室苏昭铭课题组的重要发现（Su et al.，2021）。RNA 是生命过程中的重要大分子，能够以三维结构完成酶催化、转录和翻译等功能。四膜虫核酶是人类发现的首个具有酶催化活性的 RNA，但其全长结构一直未知。苏昭铭团队运用前沿冷冻电镜技术，首次解析了四膜虫核酶的全长高分辨结构，阐明了在底物结合和催化过程中 RNA 的构象变化。该成果为研究者们 40 年来对四膜虫核酶催化反应的研究提供了结构基础，并为将来高分辨 RNA 冷冻电镜结构研究提供了范式。图 5-17 用 3D 建模渲染的形式艺术化再现了四膜虫核酶的冷冻电镜图。四膜虫核酶结合底物后进行催化反应，5′外显子（黄色）和 3′外显子（橙色）在核酶作用下链接形成新的外显子并离开核酶。四膜虫的外部轮廓用浅蓝色半透明材质渲染，而四膜虫体内的核酶结构则用浓郁的蓝色和绿色材质渲染，采用超写实的表现手法使之仿佛冷冻电镜下真实看到的结构。

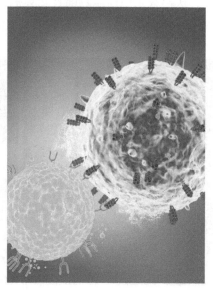

图 5-17　3D 渲染的四膜虫核酶冷冻　　　图 5-18　肿瘤细胞与 NK 细胞的配体结合
电镜结构　　　　　　　　　　　　　　　（王国燕、马燕兵原创）
（王国燕、马燕兵原创）

　　同样的表现手法还有中国科学技术大学田志刚教授课题组作为 *Cancer Research* 封面故事的成果——判断肝癌病人预后的重要指标。人的肝癌组织中 NK 淋巴细胞上 CD160 降低，伴随 NK 细胞分泌 IFN-r 减少，NK 细胞杀伤肿瘤能力耗竭，这会使得病人预后很差，生存期短；而预后好的病人，NK 细胞上 CD160 高，分泌 IFN-r 高，NK 细胞有能力杀伤肿瘤。一系列实验证明，CD160 是作为判断肝癌病人预后的重要指标，也是未来药物治疗的明星靶点。如图 5-18 所示，3D 建模和渲染使得该封面具有科技艺术美感。画面中展示了 NK 细胞正在贴近肿瘤细胞，肿瘤被杀伤而有部分溶解，通过画面可以清晰地看到肿瘤细胞上 HVEM 和 NK 细胞上的 CD160 的配体正在相互结合，这个微观世界中的精彩瞬间是无法被摄像机记录的，无论是从清晰度还是从过程的抓拍来看，现有摄影技术根本无法实现。

　　超写实风格的实现，在技术手段上一方面可以通过按照实物比例和外形来 3D 建模渲染实现，另一方面也可通过精细的数字艺术绘画手段达成。在医学和古生物学领域的超写实绘画最为普遍。特别是考古学家的研究对象往往是骨骼化石，在普通大众眼里所有爬行动物的骨骼结构是极其相似的，因而揭示史前生物的真实外形通常需要艺术处理来"复原"古生物，图 5-19 为艺术家 Paleorex 尝试复原的冠龙和三角龙。

图 5-19　Paleorex 尝试复原的冠龙（左）和三角龙（右）

不仅生命科学领域多采用超写实风格，物理和天文学领域同样适用。实空间的拓扑缺陷和倒空间的能带拓扑相互作用，可以产生更丰富的拓扑现象。苏州大学物理学院蒋建华教授课题组和北京理工大学物理学院李锋教授课题组设计了具有螺位错拓扑缺陷的高阶拓扑声子晶体（Lin et al.，2022），为拓扑物态的研究提供了一种有力的工具，有助于人们更深刻地理解低维和高维拓扑现象之间的联系。谱流不依赖于手征对称性和具体的边界条件，可用于调控经典波、波导输运、增强催化等。图 5-20 采用 3D 建模的方式表达了在声学晶格中引入局域赝磁通，让不同对称性的瓦尼尔态循环演化，逼真地呈现出"拓扑与磁通共舞"的假想画面。

中子星具有超高密度、超强磁场等极端性质，是检验基本物理规律极佳的天然实验室。尽管关于中子星的研究已产生两次诺贝尔奖，但其某些基本属性仍属研究空白。例如，人们通常认为黑洞是双中子星合并的直接产物，但有理论预言其产物也可以是大质量毫秒快转的极强磁场中子星——磁星，然而多年来该理论尚未被观测证实。中国科大天文系薛永泉教授等在七百万秒钱德拉南天深场里发现了首例双中子星合并形成的磁星及其产生的 X 射线爆发事件。该研究新发现磁星距离地球 66 亿光年，磁场是地表磁场的千万亿倍，其 X 射线爆发仅持续七小时，发光强度是太阳的万亿倍。该发现证实了之前的理论预言，表明双中子星合并的直接产物可以是大质量毫秒磁星，有力约束了中子星物态方程与极端磁场强度等基本物理，排除了一批物态方程偏软的核模型，并指出了研究双中子星合并乃至中子星基本属性的新视角（Xue et al.，2019）。图 5-21 采用绘画的方式呈现了对于遥远宇宙中双中子星合并形成的大质量毫秒磁星的艺术假想图。该图在视觉效果上尽量去模拟真实宇宙中的天文现象，一颗双中子星合并产生的磁星在遥远的太空中美轮美奂。该艺术图也被用于《人民日报》、《科技日报》、《中国科学报》、《大公报》等媒体报道中。

图 5-20　拓扑与磁通共舞　　　　　图 5-21　双中子星合并形成磁星创意图
（王国燕、马燕兵原创）　　　　　　　　（王国燕、欧楠均原创）

　　超写实风格在前沿科学可视化领域的应用，大大增加了艺术化创作科学图像的可信度。在创作过程，研究对象的形态以客观的科学事实作为基石，艺术化仅仅用于提升材质和色彩的逼真，无限接近地还原一台理想化的摄像机镜头捕捉到的关键景象。就好比将超写实风格应用于人像绘画中，也是无限接近高清照相机快门下捕捉到的人脸，以达到"以假乱真""真假难辨"的极致视觉效果。

二、连接生活：构造科学的社会应用

　　现代科学的绝大多数研究包括物理、生物、化学、材料、医学等，都是以光子、原子、分子、细胞等为对象，在纳米级的微观尺度来进行精准的探索，因而科学可视化的直接表现形式往往也以微观景象的再现为主要思路。然而科学技术是社会发展的原动力，科学研究对社会的价值非常重要和深远，它可以帮助人们了解自然界和人类行为的规律、发现新的知识和技术、改善人类生活、推动经济增长和社会进步。科学研究为新技术的发展提供了基础和支撑，也为解决医疗卫生、环境污染、交通安全等社会问题提供科学支持和解决方案。因此，让科学研究与社会生活勾连起来，构造科学在社会中的应用场景能够激发人们对科学价值的认同以及对科学研究意义的期望，从而更加有助于人们理解科学发现的核心贡献。

　　燃料电池汽车承载着人们对未来能源高效利用的美好愿景，高性能氧电催化剂则是维持其高能量转换效率，提升其续航里程的关键。中国科学技术大学国家同步辐射实验室刘庆华课题组发现了新型高性能氧关联电催化剂（Cheng et al.，2019），其研究表明通过巧妙的光照激活，可以数十倍乃至百倍地提升金属有机框架材料的氧电催化活性，使其成为理想的高性能燃料电池氧电催化剂。研究组还实验观察了该催化剂表界面的动态变化过程，厘清了其基本的工作过程。该项研究成果发表在 2019 年的 *Nature Energy* 上，这个结果有助于人们深刻认识氧电催化剂的催化过程机制，设计出更加"物美价廉"的电催化剂，从而推动燃料电池汽车在未来的应用进程。如图 5-22 所示，通过运用汽车在森林中驰骋的画面，表达了该项研究成果在未来生活中将应用于氢燃料汽车中，更加环保、续航能力更强，黄色的路标也预示着高性能电催化剂有望将燃料电池汽车的巡航里程提升至 1000 km 以上。

　　氢气作为汽车清洁新能源一直备受关注，然而 PEMFC 的氢燃料中通常含有 1%左右的 CO，这会毒化燃料电池昂贵的铂催化剂，成为阻碍燃料电池推广应用的难题。中国科大杨金龙院士、路军岭教授充分利用原子层沉积（ALD）技术，在 Pt 纳米颗粒表面上原子级精准构筑了大量的 $Fe(OH)_3$-Pt 单位点界面活性中心，从而制备了极高活性的催化剂，首次实现从零下 80℃至 110℃温度范围的 CO 完全转化（Cao et al.，2019）。此外，该催化剂 160 小时无明显失活现象，表现出优异的稳定性，具有良好的应用前景。如图 5-23 所示，新型氢燃料汽车飞驰在南极大陆上，表达其能够实现在极宽的温度范围内正常工作。

图 5-22　双功能氧电催化剂的新能源应用

刘庆华教授等 *Nature Energy* 成果图像

（王国燕、陈磊原创）

图 5-23　新型催化剂攻克氢燃料电池 CO
难题：极地赛车

杨金龙院士等 *Nature* 成果图像

（王国燕、马燕兵原创）

中国科学院外籍院士、美国佐治亚理工学院王中林教授课题组通过采用二硫化钼二维单原子层材料进行观测实验，首次验证了压电电子学效应存在于单层二维材料中（Wu et al., 2014），并首次实现了单原子层尺度下由机械能到电能的转化。这项研究成果有望推动单原子层尺度自驱动纳米系统的形成，堪称纳米科技发展过程中的新里程碑，在传感系统、生物探针、人机互动等方面具有广泛的应用前景。图 5-24 展示了二硫化钼压电效应实验的 3D 模拟效果图，多个单层二硫化钼材料源源不断地产生电流，就像发电机一样，运用二硫化钼的压电效应有望研发出全球最纤薄的纳米级发电机。

近半个世纪以来，快速涌现和发展的单分子技术使人们对微观世界的认知得到前所未有的深化和提高。磁共振技术在获取物质的组成和结构信息方面，拥有准确、快速和无破坏性的独特优势，已广泛应用于物理、化学、材料和生物医学等领域。通用的磁共振技术通常仅能得到数十亿个分子的统计平均信息，将其灵敏度推进到单分子水平一直是磁共振领域最重要的课题之一，但同时面临诸多挑战。采用钻石量子探针，中国科学院微观磁共振重点实验室的杜江峰院士、石发展教授带领的团队在室温大气下

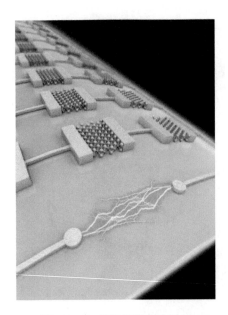

图 5-24　二硫化钼的压电效应　　　　　图 5-25　首次实现单分子磁共振成像

王中林院士等 *Nature* 成果（王国燕、孙大平原创）　杜江峰院士等 *Science* 成果（王国燕、马燕兵原创）

测得世界首张单蛋白分子磁共振谱（Shi et al.，2015）。这一新型单分子磁共振技术将顺磁共振分辨率从毫米推进到纳米，灵敏度从十亿个分子推进到单个分子，有望从单分子层面解决基础科学领域的重大问题，以及实现生物医学领域的相关重要应用。*Science* 杂志的"展望"栏目撰文报道称赞其为"通往活体细胞内单蛋白成像的里程碑"。图 5-25 中一个蛋白质分子DNA 平躺在核磁共振设备中即将进行"全身"扫描，就如同现实生活中的人类在医院进行核磁共振检查一样，借用与社会生活场景的连接关系，清晰地表达了该技术突破正是用于蛋白质尺度的生命组织来达到磁共振成像的技术，展示了基于该成果技术的其中一个未来发展方向——单分子磁共振成像。

三、眼见为实：实验成像的再加工

实验成像的艺术化加工是一种科学可视化的方式，让实验仪器直接生成的科学成像在保留大多数基本信息的基础上，通过艺术处理手段呈现出绚丽色彩、丰富质感，从而更加生动和富有吸引力。这种方式通常涉及对科学图像进行修饰、增强或修改，以突出图像中的重点信息和美学价值，同时遵循科学事实和原则。通过艺术化加工，科学成像可以更好地呈现出其独特的美感和表现力，更加具有视觉冲击力，增加人们对科学的兴趣。需要注意的是，艺术化加工并不是为了取代或美化科学事实，而是为了更好地传达科学成像所蕴含的信息和科学内涵，因此在进行艺术化加工时，也需要考虑到可能存在的误导性和失真性问题，保持科学诚信和透明度。

　　人类基因组 80%以上的转录产物并不能编码蛋白质，如非编码 RNA（ncRNA），其大部分功能仍未被人类了解。长链非编码 RNA（lncRNA）是 ncRNA 中最多的类型，其被发现能够参与调控多种生命活动。对 ncRNA 的系统破译或将是对生命科学理论的重要补充，值得深入研究。通过建立细胞器免疫亲和分离纯化体系，结合转录组学、生物信息学，浙江大学生命科学学院林爱福课题组成功绘制了细胞器 lncRNA 图谱，展示了 lncRNA 定位与功能的紧密联系。线粒体细胞器是细胞的能量代谢中心，该课题组研究揭示了非编码 RNA 可调控线粒体代谢（Sang et al.，2021），发现能够定位线粒体的特定抑制生长 lncRNA5（GAS5）是一种能够维持细胞能量稳态的肿瘤抑制因子。如果肿瘤中的 GAS5 失活，将会解除代谢限制，造成肿瘤恶性进展，这种特性赋予了 GAS5 作为肿瘤诊断及预后评判标志物的转化潜力。图 5-26 为超分辨显微镜拍摄经简单艺术加工后的线粒体及 GAS5 荧光图像，发表为当期 *Nature Metabolism* 封面故事。山东第一医科大学附属省立医院赵家军、高聆课题组发现甲状腺功能紊乱损害心血管健康（Yang et al.，2019），首次提出，在亚临床甲状腺功能减退的状态下，促甲状腺激素的异常升高，可以直接作用于动脉粥样硬化斑块中的巨噬细胞，加重疾病。血清促甲状腺激素的升高是亚临床甲状腺功能减退的患者的关键特征。通过在动脉粥样硬化斑块中标记巨噬细胞（图中红色区域）及促甲状腺激素受体（图中绿色区域），该研究发现巨噬细胞是动脉粥样硬化斑块中促甲状腺激素受体的主要表达细胞，并进一步表明促甲状腺激素能作用于巨噬细胞促进动脉粥样硬化的发展。实验观察过程中拍摄了大量研究对象的电镜成像，因此选取视觉效果较好的成像进行适当美化处理，形成可视化方案（图 5-27）。

　　科学研究中使用的成像技术非常多样，可以根据不同的样品和研究需求选择最适合的成像技术。科学研究用的成像技术通常包括：①电子显微镜成像技术：包括透射电子显微镜（transmission electron microscope，TEM）和扫描电子显微镜（scanning electron microscope，SEM），适用于纳米和亚微米级别的材料分析，能够提供高分辨率、高对比度和高放大倍数的成像效果。②光学显微镜成像技术：适用于生物学和医学等领域的样品成像，主要特点是样品不受明显损伤且适用范围广。③X 射线成像技术：主要应

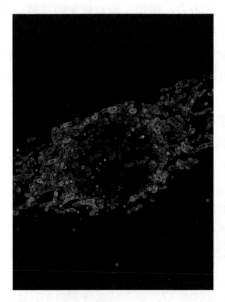
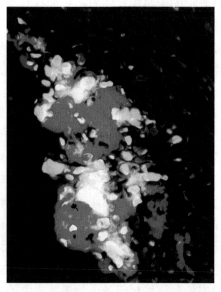

图 5-26　非编码 RNA 可调控线粒体代谢
林爱福教授 *Nature Metabolism* 封面故事
（王国燕、陈磊原创）

图 5-27　解析促甲状腺激素如何促成动脉
粥样硬化
赵家军教授 *JEM* 成果图像（王国燕、陈磊原创）

用于材料科学和生命科学研究领域，可以提供非侵入性和高分辨率成像效
果。④磁共振成像技术：主要应用于医学和生命科学领域，采用强磁场和
无线电波对样品进行成像，可以提供高分辨率的内部结构成像信息。⑤显
微荧光技术：主要应用于生命科学领域，利用荧光标记物对样品进行成像，
可以在细胞和分子水平上提供高对比度的成像。⑥红外成像技术：适用于
材料科学和生命科学领域，可以通过检测样品的热量红外分布成像，提供
样品表面及内部结构的信息。⑦顶点成像技术：利用光学感应和细胞自动
聚合技术配合的顶点成像技术，主要应用于生命科学和医学领域，提供了
原初神经细胞及神经轴突的生长以及细胞互动等信息。

　　其中电镜成像因其成像精度高、细节丰富而被广泛用来作为科学可视
化创作的基础数据。电子束在电子显微镜中是光学束的千倍甚至万倍，因
此电镜照片的像素密度比光学显微镜照片的更高，可以观察到更多细节。
电子束比光子具有更高的能量和更短的波长，因此电镜照片的对比度比光
学显微镜照片的更高，可以清晰地显示细胞或物质内部的结构和细节。由
于镜头相对小，并且需要在真空中工作，因此拍摄对象通常是高分子化合
物、生物细胞、超细物质等。总的来说，电镜照片具有高分辨率、高对比
度和无彩色等特点，被广泛应用于生物学、医学、材料科学、纳米技术等

研究领域。图 5-28（a）是由北京大学生命科学学院仪器中心董鹏媛、刘轶群共同创作的中国科学技术大学第九届显微摄影比赛的一等奖作品《浮世繁华》，这是一张由 Thermo Fisher Quanta FEG 450 扫描电子显微镜拍摄的电镜照片，图中的样品是牵牛花花粉散落到柱头位置的照片。牵牛花的柱头是由三个一样的柱头相连接，像繁华的花簇一样，这张图展现的是其中一个牵牛花柱头与花粉连接的位置。花粉的形态像一个大大的刺球，紧紧地连接在花粉的柱头上面，寓意着人们也要像花粉一样，在繁华世界中去寻求属于自己的归宿。这张图的右上角是电镜拍摄原图，主体部分则为渲染色彩之后的视觉效果。图 5-28（b）是华东师范大学与上海交通大学医学院共同完成的《青面兽》，MOR174-9-ires-GFP reporter 小鼠嗅上皮冠状切面的荧光染色结果。红色表示嗅觉神经元，绿色表示嗅觉受体 MOR174-9 阳性的嗅觉神经元。荧光染色的效果使这张图像整体上看起来就像是一个怪兽的面部。

 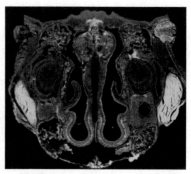

(a) 浮世繁华　　　　　　　　　　(b) 青面兽

图 5-28 中国科学技术大学第九届显微摄影比赛获奖作品

四、故事讲述：逻辑相似的视觉隐喻

视觉隐喻是一种有效的方式，可以帮助将抽象的科学概念转化为可视化形式的图像。比喻、拟人、类比都是视觉隐喻的方式，可用于创作科学图像。

比喻：比喻可以被用来说明科学概念之间的相似之处，因此通常使用一个类比来解释或展示科学概念。例如，将 DNA 描绘成一条颜色斑斓的彩虹蛇，或将细胞表达成一座城市，这样可以让人们通过想象类比对象来更好地理解科学概念。

在使用比喻作为视觉隐喻之前，首先需要充分理解科学概念，研究相关背景、数据和实验结果，比喻必须能够准确地反映科学概念的核心特点，这样才能更有效地传递信息。接着是选择一个比喻对象，这个对象可以是通用的或个性化的，例如，将某个化学化合物类比成"摩天大楼"。选择比喻对象时，要根据其属性和特征来判断它与科学概念之间的相似程度，接下来需要描述比喻对象并将其与科学概念进行比较，找到它们之间的相似之处，这有助于更清楚地定义将要创作的视觉图像。CRISPR-Cas 基因编辑技术为生物、医药和农业领域的基础与应用研究带来了革命性的新发展。但以 Cas9 和 Cas12a 核酸酶为核心的基因编辑器往往受制于其庞大的分子尺寸，难以被常用病毒载体包装和递送。上海科技大学物质科学与技术学院季泉江教授课题组吴兆韡等鉴定并开发了一种 CRISPR-AsCas12f1 基因编辑系统（Wu et al.，2021），其核酸酶仅包含 422 个氨基酸，基因尺寸不到 Cas9 和 Cas12a 的一半。AsCas12f1 核酸酶天然具有基因编辑能力，可在细菌和哺乳动物细胞中实现高效的基因编辑。这一发现为基因编辑领域提供了一种全新的、易于递送的、高效的新微型基因编辑工具。作为目前"最小的基因组编辑器"，AsCas12f1 核酸酶比 Cas9 核酸酶更加小巧，但在基因组编辑中同样高效。因此在创作这一研究成果的科学图像时用螃蟹来比喻基因编辑工具，其大大的钳子可以切断 DNA 片段（图 5-29）。灰蓝色的大螃蟹比喻传统的基因编辑工具，然而身材娇小灵巧的橙色寄居蟹也可以轻而易举地切断基因片段，从而实现同样的功能。

图 5-29　基因编辑的更小工具

季泉江教授 *Nature Chemical Biology* 成果

（王国燕、陈磊原创）

图 5-30　量子自旋双人舞：宇称时间对称观测的量子比特调控创意图

杜江峰院士 *Science* 成果（王国燕、陈磊原创）

拟人：拟人是一种常见的视觉隐喻方式，通过将人类特征赋予非生命体或抽象概念，创造出让人容易理解的、人性化的形象。通过拟人化的手法可以将科学变得更加生动有趣，让人们更容易理解和接受。这不仅能够提高公众对科学的认知度，也能够激发人们对科学的热情和好奇心。例如原子是构成物质的基本单位，它们在化学反应中起着关键的作用。如果把原子拟人化，它们可能会像一群小精灵一样，在各种化学反应中跳跃、旋转，创造出新的物质。这样一来，通过这个形象展示原子的工作过程，能够让人们更加直观地理解原子的作用。

宇宙中的对称性无处不在，经典物理世界已经实现了对宇称时间对称状态的调控，而量子体系中宇称时间对称状态的实现却十分困难。如果一个电子想要通过自旋，在量子世界中得到一个和当前的自己在时空上都对称的自己，这几乎是不可能的。基于近年来对于单自旋体系的量子控制研究，中国科学技术大学物理学院杜江峰院士、荣星教授团队"打破了对称性的量子自旋双人舞"（Wu et al.，2014），将金刚石中的一个氮-空位缺陷中的电子自旋作为系统比特，巧妙引入了一个核自旋辅助比特，引导着另一电子完成美妙的"双人舞蹈"，实现了量子世界中的宇称时间对称的构建，从而完成了这个领域"零的突破"。这项工作有助于人们更好地认识微观世界的奇妙性质，为进一步研究非传统量子体系所描述的新奇物理奠定了坚实的基础。如图 5-30 所示，研究者通过先将两个电子拟人为"小莉"和"小明"两个实体形象，再将两个电子自旋的动力学演化过程描述为和谐的双人舞。与单自旋的独舞不同，双人舞将呈现出更多独特迷人的特性，例如，在该工作中表现出的宇称时间对称性破坏。拟人是一种强大的视觉隐喻方式，能够将抽象的科学概念转化为人性化的形象，这有助于受众更容易理解和记忆科学概念，并激发他们进一步的思考和探索。

类比：类比也称为"借用"，是将一个已有的概念或知识，与未被研究或处于初始阶段的概念或知识进行类比，从而来创作科学图像。使用"借用"的方式能够帮助人们更容易理解和记忆复杂的科学概念。例如，借用罂粟来表达镇痛，用生日蜡烛来表达年龄。

在学界，对于亚型阿片受体怎样调节疼痛感一直是未解决的问题。研究发现，事实上对于不同的人群受体，其 MOR 与 DOR 的不同直接影响着疼痛感。这一科学成果的视觉表达围绕"疼痛感"这一核心元素，并未从研究的直接对象即抽象难懂的 MOR 和 DOR 入手。众所周知罂粟花具有镇痛的疗效，于是选择与镇痛密切相关的罂粟花作为"疼痛感"的表达符号，容易被理解，也容易被人记住该项成果的研究意义。产自法国的大片美丽罂粟花展示了一个与"疼痛"有关的研究。图 5-31 讲述的是科学家通过确定新的机制来调节干细胞功能的变化，探索了在衰老过程中的基因表达。画面通过一个杯子蛋糕与蜡烛象征着青春的活力和时间的流逝。衰老是一个抽象的概念，在视觉符号上并未直接展示一张苍老的面容，是因为有可能会涉及对人物的丑化或者其他肖像问题。最终通过蛋糕、蜡烛来表达青春的活力，但燃烧的蜡烛正在熄灭，象征着生命在不断消耗，青春的活力正在流失。

图 5-31　干细胞在衰老过程中的基因表达
（创作者：Sean Morrison 教授团队）

使用视觉隐喻来创作科学图像时，需要保持准确度，确保隐喻能够准确地表达科学概念的核心特征，并且不会误导受众。此外，隐喻的使用方式需要与受众的文化和背景相适应，以确保他们能够理解和接受视觉隐喻。因此，在创作科学图像时需要审慎考虑与选择隐喻方式，以确保所创作的图像能够有效地传达科学概念，同时有吸引力、有趣味并且能够达到其指定目的。

五、大国重器：大科学装置的创新呈现

在今天这个全球化时代，经济、科技、文化等领域之间的联系和互动日益紧密，科技创新已成为全球竞争力的重要指标。只有拥有自主创新能力，才能在激烈的国际竞争中立于不败之地。科技创新是引领社会进步和发展的力量。一个科技强国必须具备较强的自主创新能力，以推进高质量、可持续的发展。为此，国家设置了许多大科学工程的项目，如北斗导航卫星系统、超级计算机等。这些项目涉及不同专业、领域和产业，对国家经济、科技和社会发展都有着重大的影响。大科学工程建设促进了科学技术创新，推动基础研究的深入探索和应用技术的不断提升。大科学工程建设涉及国家的基础设施建设、科技人才培养、政府科技管理和对社会发展的带动等方面。大科学工程的顺利开展与推进对提高国家的科技创新能力、增强国家的自主发展能力以及推动国家的经济和社会发展都具有积极的意义和作用。

中国天眼是 500 米口径球面射电望远镜（Five-hundred-meter Aperture Spherical radio Telescope，FAST），为世界上口径最大的单眼射电望远镜，是中国在射电观测领域的重大科技项目之一。该望远镜位于贵州省黔南布依族苗族自治州平塘县的大窝凼洼地，建成于 2016 年，由中国科学院国家天文台主持建设，反射面直径为 500 米，比美国波多黎各的阿雷西博天文台和德国的埃贝尔斯多夫天文台都要大。其反射面由 4450 个可控的三角形铝板组成，质量达到了 3000 吨之多。天眼的工作频段覆盖了 70～3000 MHz，比其他射电望远镜更宽，是目前最灵敏的射电望远镜之一。同时，其对地方干扰呈现较完美的自保护机制。中国天眼的主要科学目标包括探索和发现更多的天文现象，如引力波、脉冲星、暗物质等。天眼的建成，将对天文学、粒子物理学、天体物理学、宇宙学等领域的研究和探索带来突破性的进展。天眼酷似一个天然植物花瓣中心端口，隐藏在层层山峰之中，造型十分奇特。天眼的建设过程异常复杂，工作人员需要将数百个尺寸、重量、形状都不相同的反射面运送到山顶，并进行自动同步控制，以达到高精度引入光束的目的。天眼利用射电技术，通过电磁波测量天体，捕捉远古宇宙中微弱的射电信号，以检测星际物质、中子星和黑洞等的存在。射电望远镜开启之初，就立刻记录下太阳爆发的射电波，实验证明了天眼对于射电波的敏感程度和设备精度。目前，天眼已经帮助科学家发现了来自星际水分子、射电脉冲和类星体等丰富的数据。

快速射电暴是一种高能的天体物理现象，在极短的时间内可以爆发出非常高的能量。从 2007 年首例快速射电暴被发现至今，该领域取得了飞速发展，近几年已经成为天文学研究的热点之一。目前观测证据表明快速射电暴的产生可能与磁星有关，但人们仍然不能确定快速射电暴的起源。按照探测到的爆发次数，快速射电暴可以被分为重复暴和非重复暴。在目前已探测到的六百余例样本中，重复暴只有 24 例，而其中活跃的重复暴只有不到 10 例，且这些活跃的重复暴存在着爆发窗口期，只能在某一时段被探测到。近期由国家天文台李菂研究员领导的国际合作团队利用 FAST 探测到了世界首例持续活跃的快速射电暴 FRB 20190520B（Niu et al.，2022）。该源在每次 FAST 对其观测时都能捕捉到爆发，引起了天文界广泛关注。在 FRB 20190520B 爆发位置还发现了一颗致密的射电持续源，这是迄今为止第二例被观测到与 FRB 同源的射电持续源。有研究指出，射电持续源与快速射电暴的产生有着密切关系。FRB 20190520B 的发现表明这类伴随有持续射电源的活跃重复暴很可能处在快速射电暴演化的早期阶段，有望帮助人们揭开 FRB 起源的神秘面纱。图 5-32 为 FAST 多科学目标漂移扫描巡天项目探测到的世界首例持续活跃快速射电暴 FRB 20190520B。实际观测的电暴现象是极其微弱的，并不能自然形成具有视觉冲击力的画面，因此对该现象进行了艺术化的深度加工，使其呈现出绚丽多彩的星云，并有一束光从电暴中心垂直照射在天眼正中心。在这一科学图像的创作过程中，在天眼基地提供的各个角度照片的基础上进行了仿真的 3D 建模，找出了一个既能俯瞰天眼全貌、又能仰视电暴现象的远景视角，从而创作了天眼探测宇宙射线的互动过程。

图 5-32　中国天眼探测宇宙射线　　　　图 5-33　中国锦屏地下实验室探测宇宙起源
李菂研究员 *Nature* 成果（王国燕、陈磊原创）　　何建军教授 *Nature* 成果（王国燕、陈磊原创）

中国锦屏地下实验室（China Jinping underground laboratory，CJPL）是我国在四川省凉山彝族自治州锦屏水电站锦屏山隧道内建设的宇宙探测实验室，开展包括暗物质、中微子、超新星等方向的研究，是我国探索宇宙起源等前沿领域的重要实验基地。CJPL 位于锦屏山下的花冈山地下，是目前中国最大的深地实验室之一，距离地表 700 m，比国际上同类实验室都更深。实验室拥有近 2000 m^2 的地下研究场地，是我国最先进、最具挑战性的科学研究基地之一。CJPL 是我国在暗物质和中微子探测领域的重要研究基地。暗物质是宇宙学的重要研究方向，目前无法与普通物质电磁相互作用，揭示其性质是探索宇宙起源和演化的重要问题。中微子则是弱相互作用的基本粒子，能够提供对宇宙早期宏观结构演化的重要线索。

对于宇宙中已知最古老的第一代恒星中的钙元素起源问题，天体理论认为钙可能来源于碳氮氧循环的突破反应。然而 19F（p，g）20Ne 突破反应在天体物理关注的伽莫夫能区反应截面极小，同时受到宇宙射线本底影响，在地面开展直接测量实验十分困难。深地核天体物理实验装置安装在中国锦屏地下实验室（图 5-33），该深地实验室覆盖岩层厚达 2400 m 之多，宇宙射线通量可降到地面的千万分之一至亿分之一，环境本底极低，有利于开展稀有反应事件的精确测量。2022 年 11 月，北京师范大学何建军教授团队与国内外合作者利用中国锦屏深地核天体物理实验装置，直接测量了关键核天体反应——氟辐射俘获质子的突破反应截面，将测量范围推进到世界最低能区并发现了一个新共振，成果以"第一代恒星中突破碳氮氧循环的 19F（p，g）20Ne 反应测量（Measurement of 19F（p，g）20Ne reaction suggests CNO break-out in first stars）"为题，于 2022 年 10 月 26 日在线发表于 *Nature* 期刊。研究团队利用锦屏加速器提供的强流质子束，将 19F（p，g）20Ne 突破反应推进到国际最低的能量点，并在 225 keV 处发现了一个新的共振。在第一代恒星典型温度（0.1 GK，即 1 亿摄氏度）附近，这一新共振的发现使得 19F（p，g）20Ne 的反应率比 NACRE 数据库中的推荐值大 5.4～7.4 倍，并将之前 0.1 GK 温度附近的反应率误差从几个数量级缩小至 50%左右，极大降低了该反应率在天体网络计算中所引入的误差。模型计算表明该突破反应从碳氮氧循环突破出去的概率比之前的预想值要大 7 倍左右，验证了第一代恒星中观测到的钙元素起源于突破反应这一假说，有力支持了第一代恒星的弱超新星爆演化模型，即恒星爆发后中心产生了黑洞，外层较轻的元素被抛出去，内层较重的元素被吸入黑洞这一过程。该研究解释了宇宙中已知最古老的第一代恒星的钙元素起源问题，也将为太空望远镜未来观测的第一代恒星和星系的研究提供可靠的核物理输入量。因此在科学图像表达上，采用透视的方式让位于地下 2400 m 处的实验室变得可见，同时结合天文现象、锦屏山、深地实验室形象进行了融合创作。

本章参考文献

爱因斯坦. 1976. 爱因斯坦文集: 第一卷[M]. 许良英, 范岱年, 编译, 北京: 商务印书馆: 304.

陈开举. 2002. 认知语境、互明、关联、明示、意图——关联理论基础[J]. 外语教学, 1: 29-32.

陈曦. 2013. 浅谈从技术艺术到技术美学[J]. 艺术科技, 26(1): 241-242.

程民治. 1997. 杨振宁的科学美学思想述评[J]. 自然辩证法通讯, 19(6): 25-31.

崔之进. 2016. 世界顶级科技期刊封面艺术学研究及对我国的启示[J]. 中国科技期刊研究, 27(2): 136-141.

方学贤, 蔡昭坚, 王浩, 等. 2019. 铁过载及铁死亡在心脏疾病中的研究进展[J]. 科学通报, 64(28): 2974-2987.

胡涛晖. 2005. 从关联理论看新闻标题[J]. 湖南人文科技学院学报, 3: 77-79.

李强. 2005. 新媒体与视觉文化时代视觉设计转向[D]. 无锡: 江南大学.

李醒民. 2007. 论作为科学研究对象的自然[J]. 学术界, 2: 185-206.

李政道. 2000. 科学与艺术[M]. 上海: 上海科学技术出版社: 9.

王国燕, 钱思童. 2014. 中外科技进展新闻图片的调查与研究[J]. 科技传播, 2: 295-298+291.

王国燕, 汤书昆. 2014. 前沿科学成果的图像传播范式[J]. 中国科学技术大学学报, 44(9): 754-760.

杨振宁. 2003. 美与物理学[J]. 武汉理工大学学报(信息与管理工程版), 25(1): 1-5.

云燕. 2015. 从关联理论看叙述文本的接受及有效解读[J]. 河南师范大学学报(哲学社会科学版), 42(2): 137-141.

张之沧. 2004. 论维特根斯坦的"图式实在论"[J]. 江苏行政学院学报, 2: 5-9.

赵慧臣. 2011. 观看: 知识可视化视觉表征意义解读的方式[J]. 远程教育杂志, 29(3): 44-48.

Avraamidou L, Osborne J. 2009. The role of narrative in communicating science[J]. International Journal of Science Education, 31(12): 1683-1707.

Bauer M W, Allum N, Miller S. 2007. What can we learn from 25 years of PUS survey research? Liberating and expanding the agenda[J]. Public Nnderstanding of Science, 16(1): 79-95.

Bruner J S. 2009. Actual minds, possible worlds[M]. Harvard University Press: 12-43.

Cao L N, Liu W, Luo Q Q, et al. 2019. Atomically dispersed iron hydroxide anchored on Pt for preferential oxidation of CO in H-2[J]. Nature, 565(7741): 631-635.

Chen L L, Wang Y B, Song J X, et al. 2017. Phosphoproteome-based kinase activity profiling reveals the critical role of MAP2K2 and PLK1 in neuronal autophagy[J]. Autophagy, 13(11): 1969-1980.

Cheng W R, Zhao X, Su H, et al. 2019. Lattice-strained metal-organic-framework arrays for bifunctional oxygen electrocatalysis[J]. Nature Energy, 4(2): 115-122.

Cooper, Kathryn, Nisbet, et al. 2016. Green narratives: How affective responses to media messages influence risk perceptions and policy preferences about environmental hazards[J]. Science Communication, 38(5): 626-654.

Dahlstrom M F, Ho S S. 2012. Ethical considerations of using narrative to communicate science[J]. Science Communication, 34(5): 592-617.

Dahlstrom M F. 2014. Using narratives and storytelling to communicate science with nonexpert audiences[J]. Proceedings of the National Academy of Sciences, 111(supplement_4), 13614-13620.

Dunlap J C, Lowenthal P R. 2016. Getting graphic about infographics: design lessons learned from popular infographics[J]. Journal of Visual Literacy, 35(1): 42-59.

Fang X, Ardehali H, Min J, et al. 2022. The molecular and metabolic landscape of iron and ferroptosis in cardiovascular disease[J]. Nature Reviews Cardiology, 20(1): 7-23.

Fang X, Cai Z, Wang H, et al. 2019. Role of iron overload and ferroptosis in heart disease[J]. Chinese Science Bulletin, 64: 2974-2987.

Fang X, Wang H, Han D, et al. 2019. Ferroptosis as a target for protection against cardiomyopathy[J]. Proceedings of the National Academy of Sciences of the United States of America, 116(7): 2672-2680.

Fischhoff B. 2013. The sciences of science communication[J]. Proceedings of the National Academy of Sciences of the United States of America, 110(supplement_3): 14033-14039.

Fisher W R. 1985. The narrative paradigm: In the beginning[J]. Journal of Communication, 35(4): 74-89.

Glaser M, Garsoffsky B, Schwan S. 2009. Narrative-based learning: Possible benefits and problems[J]. Communications, 34(4): 429-227.

Graesser A C, Olde B, Klettke B. 2003. How does the mind construct and represent stories? [J]. Narrative Impact: Social and Cognitive Foundations, 121.

Graesser A C, Ottati V. 2014. Why stories? Some evidence, questions, and challenges[M]// Knowledge and memory: The real story. Psychology Press: 121-132.

Green M C. 2006. Narratives and cancer communication[J]. Journal of Communication, 56(s1): S163-S183.

Hasson U, Landesman O, Knappmeyer B, et al. 2008. Neurocinematics: The neuroscience of film[J]. Projections, 2(1): 1-26.

Hoeken H, Kolthoff M, Sanders J. 2016. Story perspective and character similarity as drivers of identification and narrative persuasion[J]. Human Communication Research, 42(2): 292-311.

Houts P S, Doak C C, Doak L G, et al. 2006. The role of pictures in improving health communication: A review of research on attention, comprehension, recall, and adherence[J]. Patient Education and Counseling, 61(2), 173-190.

Huang T, Grant W J. 2020. A good story well told: Storytelling components that impact science video popularity on YouTube[J]. Frontiers in Communication 5, 86.

Jacobson S K. 2009. Communication skills for conservation professionals[M]. Washington: Island Press: 10-18.

Katz Y. 2013. Against storytelling of scientific results[J]. Nature methods, 10(11): 1045-1045.

Kreiswirth M. 1992. Trusting the Tale: The narrativist turn in the human sciences[J]. New Literary History, 23(3): 629-657.

Krum R. 2013. Cool infographics: Effective communication with data visualization and design[M]. Wiley: 8.

Li A, Zalesky A, Yue W, et al. 2020. A neuroimaging biomarker for striatal dysfunction in schizophrenia[J]. Nature Medicine, 26(4): 558-565.

Li J, Pan X, Pan G, et al. 2020. Thermogenesis: Transferrin receptor 1 regulates thermogenic capacity and cell fate in brown/beige adipocytes[J]. Advanced Science, 7(12): 2070066.

Lin Z, Wu Y, Jiang B, et al. 2022. Topological wannier cycles induced by sub-unit-cell artificial gauge flux in a sonic crystal[J]. Nature Materials, 21(4): 430-437.

Ma Y Q, Bao J, Zhang Y W, et al. 2019. Mammalian near-infrared image vision through injectable and self-powered retinal nanoantennae[J]. Cell, 177(2): 243-255. e15.

Niu C H, Aggarwal K, Li D, et al. 2022. A repeating fast radio burst associated with a persistent radio source[J]. Nature, 606(7916): 873-877.

Norris S P, Guilbert S M, Smith M L, et al. 2005. A theoretical framework for narrative explanation in science[J]. Science Education, 89(4): 535-563.

Oatley K. 1999. Why fiction may be twice as true as fact: Fiction as cognitive and emotional simulation[J]. Review of general psychology, 3(2): 101-117.

Olsen L A, Huekin T N. 1983. Principles of communication for science and technology[M]. New York: McGraw-Hill Companies: 50-55.

Olson R. 2018. Don't be such a scientist: Talking substance in an age of style[M]. Washington: Springer: 89-126.

Pant, R. 2015. Visual marketing: A picture's worth 60, 000 words. Business 2 Community. https://www.business2community.com/digital-marketing/visual-marketing-pictures-worth-60000-words-01126256.

Perra M, Brinkman T. 2021. Seeing science: Using graphics to communicate research[J]. Ecosphere, 12(10): e03786.

Sang L J, Ju H Q, Liu G P, et al. 2018. LncRNA CamK-A regulates Ca2+-signaling-mediated tumor microenvironment remodeling[J]. Molecular Cell, 72(1): 71-83.

Sang L J, Ju H Q, Yang Z Z, et al. 2021. Mitochondrial long non-coding RNA GAS5 tunes

TCA metabolism in response to nutrient stress[J]. Nature Metabolism, 3(1): 90-106.

Schank R C, Abelson R P. 1995. Knowledge and memory: The real story[M]//Robert S, Wyer J R . Advances in social cognition: Volume VIII. Psychology Press: 1-85.

Shi F, Zhang Q, Wang P, et al. 2015. Single-protein spin resonance spectroscopy under ambient conditions[J]. Science, 347(6226): 1135-1138.

Slater M D, Rouner D, Long M. 2006. Television dramas and support for controversial public policies: effects and mechanisms[J]. Journal of Communication, 56(2): 235-252.

Sperber D, Wilson D. 1995. Relevance: Communication and cognition[M]. Oxford: Blackwell: 118-132.

Stephens G J, Silbert L J, Hasson U. 2010. Speaker-listener neural coupling underlies successful communication[J]. Proceedings of the National Academy of Sciences of the United States of America, 107(32): 14425-14430.

Strange J J, Leung C C. 1999. How anecdotal accounts in news and in fiction can influence judgments of a social problem's urgency, causes, and cures[J]. Personality and Social Psychology Bulletin, 25(4): 436-449.

Su Z M, Zhang K M, Kappel K, et al. 2021. Cryo-EM structures of full-length Tetrahymena ribozyme at 3. 1 Å resolution[J]. Nature, 596(7873): 603-607.

Sun Y F, Wu L, Zhong Y, et al. 2021. Single-cell landscape of the ecosystem in early-relapse hepatocellular carcinoma[J]. Cell, 184(2): 404-421.

Tang J S, Li Y L, Xu X Y, et al. 2012. Realization of quantum Wheeler's delayed-choice experiment[J]. Nature Photonics, 6(9): 600-604.

Trabasso T, Sperry L . 1985. Causal relatedness and importance of story events[J]. Journal of Memory and Language, 24(5): 595-611.

Vanichvasin P. 2013. Enhancing the quality of learning through the use of infographics as visual communication tool and learning tool[C]//Proceedings ICQA 2013 international conference on QA culture: Cooperation or competition: 135.

Venhuizen G J, Hut R, Albers C, et al. 2019. Flooded by jargon: How the interpretation of water-related terms differs between hydrology experts and the general audience[J]. Hydrology and Earth System Sciences, 23(1): 393-403.

Wang G Y, Gregory J, Cheng X, et al. 2017. Cover stories: An emerging aesthetic of prestige science[J]. Public Understanding of Science, 26(8): 925-936.

Wardekker A, Lorenz S. 2019. The visual framing of climate change impacts and adaptation in the IPCC assessment reports[J]. Climatic Change, 156(1-2): 273-292.

Wu W Z, Wang L, Li Y L, et al. 2014. Piezoelectricity of single-atomic-layer MoS_2 for energy conversion and piezotronics[J]. Nature, 514(7523): 470-474.

Wu Z, Zhang Y, Yu H et al. 2021. Programmed genome editing by a miniature CRISPR-Cas12f nuclease[J]. Nature Chemical Biology, 17: 1132-1138.

Xue Y Q, Zheng X C, Li Y, et al. 2019. A magnetar-powered X-ray transient as the aftermath of a binary neutron-star merger[J]. Nature, 568(7751): 198-201.

Yang C B, Lu M, Chen W B, et al. 2019. Thyrotropin aggravates atherosclerosis by promoting macrophage inflammation in plaques[J]. The Journal of Experimental Medicine, 216(5): 1182-1198.

Yu P, Li J, Deng S P, et al. 2020. Integrated analysis of a compendium of RNA-Seq datasets for splicing factors[J]. Scientific Data, 7(1): 178.

Zabrucky K, Moore D W. 1994. Contributions of working memory and evaluation and regulation of understanding to adults' recall of texts[J]. Journal of Gerontology, 49(5): 201-212.

Zhang R, Zhang Y, Dong Z C, et al. 2013. Chemical mapping of a single molecule by plasmon-enhanced Raman scattering[J]. Nature, 498(7452): 82-86.

Zhang Y B, Liu W, Li Z H, et al. 2019. Atomic structure of the human herpesvirus 6B capsid and capsid-associated tegument complexes[J]. Nature Communications, 10(1): 5346.

第六章　从认知到叙事的图像表达

针对前沿科学成果，从图像的认知到叙事的逻辑是一个互相影响、相互关联的过程。通过合理运用图像元素和叙事规律，我们可以创造出有感染力的视觉故事，引发受众的情感共鸣，传达出前沿科学的核心信息和意义。

第一节　认知逻辑：科学要素的可视性

科学可视化是对科学内容进行视觉加工的过程，其核心是对科学的视觉表达。但一件好的科学可视化作品不一定完全来自对所有科学信息内容原原本本的视觉展现，应该有所取舍，保留那些有价值的、重要的信息，剔除掉细枝末节的冗余信息，追求富有视觉冲击力的形象来突出关键的科学内容，寻求科学和艺术之间的最佳平衡点。科学研究从研究对象、研究工具、研究结果的各个层面，都可通过一定的视觉化形态呈现，这是科学研究可视性的基础所在。同时，间接可视性表现为属性或者关系的视觉化表达，对间接可视性内容进行视觉特征提取和逻辑构建，从而使不可见变为可见的创作过程则为可视化（图6-1）。总而言之，科学研究的可视性来自实体、属性与关系这三方面中的至少一方面的明确视觉表达需求。

一、实体的可视性

作为自然哲学的概念，实体、属性与关系源自亚里士多德，他在《范畴篇》中把实体的客观存在方式与属性和关系的寄生方式进行了分析，提出"实体是可以独立存在的，属性与关系则只有作为实体的性质或实体之间的关系时才能存在"（奥康诺尔和高湘泽，1984）。亚里士多德认为各种属性依附的基础乃是实体，实体最基本的特征是作为个体事物独立存在，

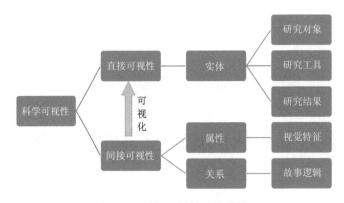

图 6-1　科学可视性的关系图

是一切变化之主体及人们认识之客体，因而是具有独立性与特征性的。亚里士多德的主要意图是把实体所特有的独立存在方式与关系和属性的寄生存在方式进行对比分析，认为实体是可以独立存在，而作为实体的属性或实体间的关系是寄生存在的。在亚里士多德之后，由古希腊哲学家和形而上学家德谟克利特（Democritus，460BC—370BC）创立了古代原子论，该理论认为万物是由原子构成，并且认为原子是不可再分的物质微粒。笛卡儿在发展亚里士多德实体论的时候把"实体"区分为不动的"实体"和运动的"实体"，实体不是绝对不变而是相对稳定的个体。接着伊壁鸠鲁（Epicurus，341BC—270BC）、卢克莱修、康德（Immanuel Kant，1724—1804）、笛卡儿、斯宾诺莎、莱布尼茨等也对实体属性与关系进行了诸多探讨。

　　由于实体是独立存在的客观对象，实体的可视性来自实体的外在形象基础，例如，苹果、地球、昆虫、细菌等，实体会占据一定的空间并呈现出具有辨识度的形象。在科学研究中，研究对象如生物学研究的小白鼠和细胞、天文学研究的天体和星云、物理学研究的原子和离子、化学研究的分子或者材料结构等，均是作为独立存在的客观实体，它们无论是宏观尺度还是微观尺度，均具有常态下的恒定外形。其形象在科学研究领域具有区别于其他对象的辨识度，即使是暗物质或者暗能量这种形象难以描绘的研究对象，也可以随着科学研究的深入和观测手段的不断丰富，不断增加对其的了解，从而勾绘出其可见的外形。

　　在化学领域，人们对于分子的认识便是经历了这样一个不断增加理解的过程，在显微镜技术还不足以观察过于细微对象的时候，早期的化学研究对于分子的形象无从得知。化学家奥古斯特·威廉·冯·霍夫曼（August Wilhelm von Hofmann，1818—1892）为了方便教学，就创造出了球棍模型，其中的"棍"代表原子之间的化学键，可连结的"球"则代表原子。球棍模型是最初对分子形象的一种猜测性理解，后来随着显微技术的发展，大的分子可以被直接看见，原来分子真实的外形不是球棍，而是更接近于另一种表达——原子模型（图6-2）。

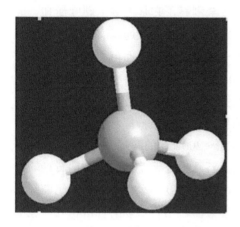

图 6-2　甲烷分子的球棍模型与原子模型

二、属性的可视性

属性即实体所具有的性质。实体的属性可能是多方面、多层次的，实体的本质属性或核心属性关乎实体的本质，是近乎恒定不变的属性。而外部属性或者称为一般属性，与实体的本质无关，是暂时具有的、可能变化的属性。例如，一只受伤的小鸟，它的外部属性正在发生变化，但作为实体依然是鸟类；一个腐烂的苹果它的本质属性仍然是苹果；水加热变成了水蒸气，其实体依然是水。实体是属性存在的前提和基础，属性的存在只作为实体的一部分因素，一个实体失去了某一外部属性仍然可以保持为该实体，但失去了核心属性实体很可能就随之发生改变，离开了本质属性则无实体可言。例如，一个病人身患绝症，生命很快就要结束，这个患病的人失去了心跳以及新陈代谢的生命属性，就成为一个化学实体而不是生命实体。

实体的属性是需要基于人类先验性认知基础的，先验认知的错误可能会导致对实体的核心属性和一般属性的混淆。例如，在科学史上，作为近代物理学的奠基人牛顿，曾在晚年耗费大量的时间和心血沉迷于炼金术，期望能够通过外在条件的改变让普通的金属变成真正的黄金。数千年来，世界各国都有各种各样的人为了寻求炼金术、长生不老术而献身。在牛顿的时代，化学尚未启蒙，人类当时的先验知识并不足以理解物质是由元素构成的这一化学常识，外在属性表现为黄色的金属，其原子结构却和黄金并不相同，牛顿终其一生也只得到了黄色的合金，而黄金的核心属性则是其原子结构为金原子，这是超越了牛顿时代所有人的先验知识的。

另一个典型的例子是金刚石，即钻石，是一种天然矿物。大自然在非常苛刻的环境下才会由碳原子结晶形成金刚石，它是世界上硬度最强、成分最简单的宝石。之前的很长一段时期，人类是无法通过实验室环境来合成金刚石的，因此天然矿物是钻石的一个重要属性。但自然界中的金刚石十分稀有，因此价格昂贵，一克拉即 0.2 g 的钻石作为宝石销售价格可高达数万元，尺寸较大的钻石常被冠以无价之宝。然而随着科学技术的不断发展，1955 年日本首先研制成功了合成钻石，通过实验室营造的高压高温环境，即压强在 4.5～6.0 GPa（相当于 150～200 km 的深度），温度为 1100～1500℃，实验环境下也可生成与天然钻石几乎毫无差别的人造钻石。随着技术不断提升，钻石的成本大幅降低，甚至净度、颜色、大小等属性都可以通过加入微量元素来任意定制。这一方面对钻石市场的价格和利益造成了巨大的冲击，另一方面，钻石的诸多属性——天然矿石、价格昂贵等属性也随着科学技术的发展发生根本改变。

三、关系的可视性

关系是指实体事物之间的相互联系和相互作用，韩民青认为关系是由实体间的联系与相互作用而形成，具有连续性、相互性、活动性以及间性的特征（韩民青，1997）。关系的连续性是指关系必须发生在两个以上的实体之间，由实体的相互连结而形成。关系的相互性指的是关系不是某个实体单独发生的，而总是在实体之间发生的，也就是说关系参与了实体之间的相互作用过程。关系的活动性指的是关系属于一种动态的范畴，不是一成不变的。而关系的间性是指关系总是作为实体之间的中间事物存在，不能被简单划归到实体的某一方，它是双方或者多方之间的交叉性中间体。

自然界的物质之间存在着四种宇宙基本力，分别为万有引力、电磁作用力、强相互作用及弱相互作用，这四种力成为物质之间联系的普遍性关系基础，这也是物理和化学的物质关系基础。宇宙基本力是基本粒子同周围世界发生联系的方式，这些关系具有相对独立性，不能因为物质之间离不开相互作用力就否认它独立存在的意义。从物质角度来审视，自然界可被认为是由基本粒子、原子、分子、生物及其宏观群体组成，这是实体要素的一种表达。从关系角度而言，自然界也可被认为是由生命、化学、物理的相互关系组成，这是要素之间关系的一种表达。视觉化所展示的要么是实体、属性、关系中的一种，要么展示实体和属性，或者实体和关系，要么同时展示实体、属性及关系，科学的视觉化是对实体、属性、关系这三者中至少一种的明确表达。同时，直接可视性多以展示实体为内容，间接可视性较为抽象，往往展示属性及关系的可视化。总之，科学的可视化离不开对实体、属性及关系的视觉表达。

第二节　认知界面：叙事的可视性转化

自然学科的研究对象在一定程度上都可被肉眼或借助工具和方法观测到，例如，用电子显微镜观测生物细胞或者病毒的结构，而在早期古人通过肉眼来夜观天象，伽利略也曾借助望远镜观测木星的卫星、月球的陨石坑。科学研究具有广泛的直接可视性基础。

一、研究对象的可视性

科学诞生的标志被认为是"自然的发现"，即科学的核心是用自然的东西来解释自然而不诉诸超自然的神话。其中的"自然"有两层含义，第一层为本质、本性，通过追寻自然，探求事物的内在本质和规律；第二层为与人造物相对的自然物，也就是自然系统（吴国盛，2008）。

研究对象的可视性涉及科学研究中研究对象是否能够被观察或观测到。科学研究的对象作为客观存在的客体，无论所占空间的大小，都有其外在形态和内在的结构。在一些科学领域中，研究对象具有直接可视性。作为生物学的研究对象，DNA 结构、细胞、微生物、动物、植物等也都可以借助于微观显影设备甚至可直接用肉眼观察到。物理学是研究物质世界结构及其运动规律的学科，其研究对象小到量子、电子、原子，大到天体、宇宙，物质世界的结构均有其"形"；物质随能量的不同呈现出气态、液态、固态，或是现代物理学揭示的其他状态，如离子态、中子态（超固态）等。物质的机械运动、分子热运动、电磁运动以及原子及原子核内部的运动均有其"态"，皆可用特定的视觉形式来表征。化学是研究物质的组成、结构、性质、变化（化学反应）规律及其制备方法的科学，无论是经典的无机和有机化学还是新涌现出来的生物化学、环境化学、食品化学等化学交叉学科分支，其研究的物质组成、结构和变化反应，有的可以直接用裸眼观测到，有的借助一定的工具和手段也可以被人眼观测到。其他的天文地理、农业、医学等学科，其研究对象也都具有广泛的可视性基础。而另外一些科学领域中研究对象则具有间接可视性。例如，天文学研究中的宇宙现象需要通过天文望远镜或卫星来观测，而不能直接被肉眼所见。地球科学研究中的地质变化需要通过地质勘探和地球物理仪器来观测和测量。社会科学中的人类行为和社会经济现象通常需要通过调查问卷、访谈和统计数据分析来获取信息。

科学研究的对象，除了自然之物，也包含人造之物。19 世纪开始，科学理性和工匠传统结合，从而孕育出了众多的新兴产业和人造系统，如石油、塑料、玻璃、钢铁、混凝土等自然界原先并不存在的物质，这引发了人类生产和生活方式的根本改变（杜鹏，等，2021）。据估算，2020 年，人类亲手制造出的人造物质量约为 1.1 万亿吨，与地球上所有生物的重量相近。如果保持现有的发展趋势，在 20 年后人造物质量将 3 倍于生物世界的总质量（Elhacham et al.，2020）。因此，科学研究正在从以自然系统为主的对象拓展到以自然系统和人造系统并重的研究对象。而这些人造物的形象和用途，人类甚至比对自然之物更为熟悉。

直接可视性的研究对象可以让科学家进行直接地观察和测量并获取数据，间接可视性的研究对象则需要科学家通过仪器、数据和建模进行观察和理解。对于不能直接可视化的研究对象，科学家需要依靠理论和模型来揭示其特性和行为。

二、研究工具方法的可视性

科学研究工具方法的直接可视性是指通过肉眼或器械直接观察和观测到的现象或实验结果。物理及化学实验研究物质变化用的各类器皿，如升华器、蒸馏器、研钵、刻度尺、游标卡尺、螺旋测微器、电流表、电压表、电阻、天平、电火花计时器等等；用于科学研究的各种实验方法，如研磨、混合、溶解、灼烧、熔融等。此外，在物理学研究中常用到的理想模型、极限思想，都具有一定的视觉形态基础。

工具和方法的可视性在科学研究中同样具有重要的作用，因为它可以保证实验的可靠性和可重复性，并对研究结果进行验证和解释。首先，直接可视性可以帮助科学家观察到实验中的各种现象和变化。例如在生物学研究中，通过显微镜可以直接观察细胞的结构和功能；在化学研究中，实验室中使用的化学试剂和仪器可以直接观察和测量各种化学反应的速率和产物；在物理学研究中，科学家可以通过仪器观察到粒子的运动和电磁波的传播。其次，直接可视性可以帮助科学家获取可靠的实验数据。通过直接观察和测量实验结果，科学家可以对数据的真实性和准确性进行评估。最后，直接可视性还可以提供对实验结果的直观解释和理解。通过直接观察实验现象，科学家可以进行更深入的洞察和了解，从而推导出实验结果的原因和机制。在天文学研究中，通过直接观察天体的运动和光谱，科学家可以推断出天体的性质和演化过程。

研究工具和方法的可视性对于科学可视化视觉表达具有重要的意义。它不仅为科学研究提供了数据收集和处理的基础，也帮助科学家更好地展示研究结果，并能够激发受众的兴趣和想象力，从而推动科学的传播和发展。

三、数据、信息与理念的可视性

间接可视性是指对科学研究的信息进行处理加工，以视觉化的形式呈现以便发现或阐明其规律，是对本来"不可视"的内容进行"可视化"处理的结果，包括了数据、信息与科学思想的可视性，如威尔逊云室的电子轨迹、戴维孙和革末的电子衍射图样。俄国化学家门捷列夫于 1869 年总结出的元素周期表是非常典型的间接可视性。元素周期表分有七个主族、七个副族，把特性相近的元素归在同一族中，使得人们首次清晰地发现元素之间相近特性的周期性规律，并且能够准确预测元素之间的关系，可谓是化学史上的里程碑，被演绎成很多不同设计风格的版本广为使用。

科学数据可视化与信息可视化也是间接可视性的一种表现路径。数据可视化主要旨在借助于图形化手段，将科学与工程计算等产生的错综复杂的数据转换为直观的图形图像，以便发现其中暗含的关系。特别是随着大数据的涌现，数据可视化的作用变得日益重要。

科学结论与思想的表达在一定程度上也是可视的，这往往依赖于故事化的表达。例如，看到坐在苹果树下思考的学者，或者苹果从树上掉落下来，人们会联想到牛顿的万有引力。看到一只装在盒子里的猫，具备物理学素养的人往往会把它和"薛定谔的猫"联系起来。在浴缸泡澡的时候，人们会联想到阿基米德发现浮力的故事。原来浮力的大小等于泡澡时人体排开的水的总重量，并基于这个思想阿基米德测试出了国王的王冠到底是不是纯金打造的。关于浮力的重要发现后来被称为阿基米德定律，这一结论还可以推广到所有的液体和气体中。科学思想的故事化表达，这种可视化形式也是让科学史上的经典传颂续存的有效传播方式之一。

爱因斯坦的质能方程和麦克斯韦方程组是间接可视性的典范，质能方程以其简洁的形式体现了前所未有的智慧与美感。而在人类科学史上可与之媲美的还有勾股定理、牛顿第二运动定律、万有引力定律、欧拉公式等。19 世纪最重要的科学事件，毫无疑问是麦克斯韦发现了电动力学定律。麦克斯韦的电磁学方程组完整地说明了变化的磁场如何产生变化的电场，以及电流的变化如何影响磁场和电场，并因此预测了穿越时空的电磁波。很明显，在此之前人们一直无法理解光的本质，按照麦克斯韦的思想，其本质是一种电磁波，而并不是什么其他神奇的实体。电和磁本身是肉眼无法看到的，但通过对其相互转换规律的理解和把握，可以形成间接可视性的表达。

意大利著名作家卡尔维诺（Italo Calvino，1923—1985）曾在《看不见的城市》中描述，"眼中所见的不是物品，而是意味着其他事物的物品的形象"（卡尔维诺，2006）。而科学研究中的对象、数据、工具、方法、思想所转换而成的科学信息和知识，都可以通过直接或间接可视化的手段来表达和构建。这些视觉形象的交织融合，能创造出有别于语言文字的韵律以及和谐的美感，从而丰富和延伸着我们对这个神奇世界的认知和理解，让我们得以透过表面现象来洞察世界的本质和秩序。

四、可传播性与可表达性

科学研究的过程，是发现物质世界隐性规律并将其揭示出来的过程。因此科学研究的发现和结论，往往以"科学知识"的形态呈现。科学研究的基本任务就是探索未知，拓展已知，让人类的知识盲区不断缩小，让未知领域不断转化成已知领域，并在这一过程中不断创造和发掘出新知识。

可传播性是科学知识的重要特征和属性。前沿科学研究的发现主要表现为科学新知，可以通过文字、图像、影像、语言等载体进行传播，受众通过对这些媒介载体形式的阅读、观看和理解消化，试图来解码还原作者本来想要表达的意图与想法。其中，从知识管理的角度来讲，科学知识可分为显性知识和隐性知识，通过科学研究发现的科学知识作为显性知识具有可表达性、可传播性的特征。我们所广泛分享的知识主要为显性知识，但它好比是冰山露出水面上的一角，而潜藏在冰山底部的主体则是占据更大比例的隐性知识。学者们一般认为所有知识中显性知识只占 10%，隐性知识占据 90%。隐性知识往往具有"只可意会，不可言传"的特征，两个文化背景与知识技能相似，且志趣相投互有默契的人之间才具有隐性知识传播的基础（苏新宁，等，2004），因此隐性知识的显性化是促成传播的关键。隐性知识的显性化可通过社会化、外显化、组合化等途径来实现。显性的科学知识可以充分利用各种表达形式和媒介渠道来增强科学知识的传播深度和广度，从而有效提升科学知识自身的价值和力量。

可表达性即"凡可意谓皆可言表"（魏钢焰，2007），是哲学家约翰·塞尔言语行为理论的基础，即意义（谓）是能够表达的，且意义总可以用语言加以表达。意谓对应于英文的动词 mean 和名词 meaning，言者所意谓的总可能以某种方式表达出来。科学研究的成果作为知识的集合，也可以用学术研究的语言体系来表达。而相对于语言表达，图像表达包含两层含义：第一层是可以从语言表达的意义中提炼需要视觉表达的内容和信息；第二层是语言表达有一定限度，并非无所不能，百闻不如一见便是同样的道理。作为一种直观的视觉形态，图形图表、图像影像等视觉形式是对语言表达的有效补充，正如物理学家玻恩所说："科学结论应该用每一个思考者都理解的语言予以解释"（Born, 1956）。用图像来表达科学，是对语言文字解释特性的互补形态。作为一种视觉语言，图像以其感性、直观、清晰的特征较之于抽象的语言符号更容易被理解，这便是幼儿时期为何更喜欢看绘本和动画片的原因。

五、可视性与可视化的转换

化者，变也。通过一定方式将不可视的内容转换为可视的过程，或者将间接可视转换为直接可视的过程，称为可视化。可视性的基础是视觉渠道的信息获取。而视觉结果能在脑中产生记忆表象，以某种生理密码的形式存在，因此视觉记忆是"混沌"的，需要借助于图形、图像等辅助转换手段来转化再现，因而这也是形象思维的一个显著特点（张士庆和倪树楠，2008）。大数据信息资源原本并不可视，然而通过信息提取和图形化处理亦可实现其可视化。

随着新工具新方法的不断涌现，原本不可视的内容不断变得可视，间接可视的内容也不断转为直接可视。科学技术延伸和丰富了人们的视野范围。在古代神话中，千里眼和顺风耳一直是古人心目中神通广大的本领。葫芦娃通过千里眼随时能察看到敌后情况，齐天大圣孙悟空更是在太上老君的炼丹炉里练就了一双火眼金睛，不但能看见千里之外，甚至具有透视功能来辨别出妖怪的真假。在现实世界里，天文望远镜、显微镜、红外以及医学成像等技术，早已经让人类可以看到遥远的星云宇宙，也可以看到细胞病毒和分子的结构，甚至能快速找到身体中的病变。例如，X 光让人体内部结构的可视成为可能，在爱丁堡国际科学艺术节上笔者拍到了一张照片：一对情侣在接吻，本来温馨的画面用 X 光摄影就只剩下肉眼无法观测到的两个骷髅头（图 6-3）。现代技术的发展使得间接可视性的科学内容不断向直接可视性转化。

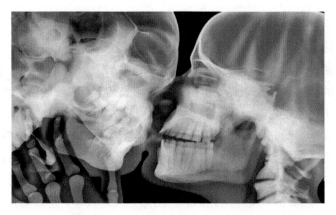

图 6-3　间接可视转化为直接可视：X 光透视接吻的情侣
（王国燕于爱丁堡国际科学艺术节上现场摄影）

第三节　叙事塔：前沿科学的图像层级模型

前沿科学成果的视觉表达，可能是直接或间接、抽象或具体、生动或严肃、精准或宽泛，似乎千变万化让人难以捕捉其背后深层次的规律。科学成果的视觉传播有不同层级的表现，可能带给受众不同程度的理解和关注。张楠和詹琰认为现代科学传播并不是单纯的知识传播行为，而是科学传播主体通过对科学内容的解读与延伸，从而复合思想理念、艺术价值、娱乐效果等文化属性的传播过程（张楠和詹琰，2012）。结合面向公众传播的效果，从科学新知传播的精准程度，科学成果的可视化由浅及深的层级可分为学科与领域属性、特定研究对象、实验与数据、科学问题以及科学思想五个层级（图 6-4）。

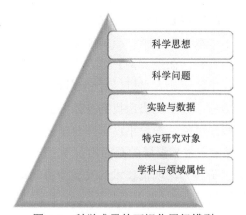

图 6-4　科学成果的可视化层级模型

一、层级一：学科与领域属性

学科与领域属性是视觉传达中最基本的表现层级，一般是指运用指代学科或者研究领域中典型的视觉符号来表现出专业领域特征。每个学科都充斥着大量的基本视觉符号，例如，用试管、烧瓶、化学键、化学式来指代化学领域的实验，用白大褂来指代生物医学领域的医生或研究人员，用DNA双链结构来指代生物医学有关的研究，用天体来指代天文学研究，用比特流来指代信息科学领域。

大量的科技图像案例表明，看到一幅图像的第一眼一般就可以判断出来该图像是属于哪个学科，化学和材料科学的图像中分子结构占比极高；物理学中的光学类图像大多为光影艺术，粒子物理领域的图像为各种粒子的表现；生命科学的图像中常常展现生命体的宏观或者微观结构，这些都是学科与领域属性在图像中的渗透与表达。科技期刊中常运用大量相关学科的照片来突出本学科特性，例如，用大量植物形象来指代植物学领域的研究，大量的环境照片指代环境科学的研究。

在学科范围内进一步细分，则是专业及研究领域的科学成果的视觉指向。例如，遗传学作为学科专业主要有三个研究方向：植物遗传、动物遗传和微生物遗传。物理学涵盖光学、粒子物理与原子核物理、天体物理、物理电子学、微电子与固体电子学、核能科学与技术等多个具体的二级学科。研究方向是在基本学科属性上的细分，为进一步细化到具体的科学问题奠定了基础。例如，纠缠量子的视觉符号（图6-5）指代量子领域的研究可归结为物理学领域的粒子物理与原子核物理专业方向，其视觉辨识度较高，多以两个相互纠缠的量子对形式呈现。但随着技术的不断进步，八光子量子纠缠、十六光子量子纠缠等不断刷新着多光子量子纠缠的新里程碑。

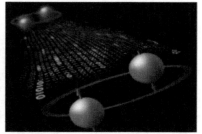

图6-5 量子纠缠的多种视觉表达

（图像由潘建伟团队提供）

同样地，基因编辑是生命科学最近几年的热点研究方向，其视觉表现通常体现在对 DNA 结构的修改中。

二、层级二：研究特定对象

研究对象的呈现是科学可视化最简单直接的形式，微观层面的粒子与纳米材料，中观层面的生命体，宏观层面的星云宇宙，皆是科学图像的重要展现内容。

生命科学领域的研究经常会以小白鼠作为研究对象，因此生物学的科学图像中小白鼠频频出镜，表达这是一项有关老鼠的生物学实验。

2017 年 12 月，中国科学技术大学蔡刚课题组在 *Science* 上发文，首次揭示了 ATR-ATRIP 复合体的近原子分辨率结构，为研制新型 ATR 激酶抑制剂用于肿瘤治疗奠定了结构基础。图 6-6 的左图为论文中的学术原图，右图在原图基础上进行了 3D 建模与艺术化渲染，它为成果发布后的新闻报道配图以及向 *Science* 封面投稿图像提供了备选方案。

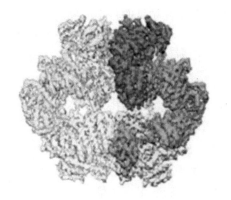

图 6-6　ATR-ATRIP 复合体的近原子分辨率结构
（右图为王国燕、马燕兵原创）

三、层级三：实验与数据可视化

科学家描述和解释科学问题的方法在于观察与实验，通过某项具体的实验设计，生成实验数据并得出一定的结论，促成对科学问题的有效解答，而实验与方法是科学问题得以解决的关键性技术。这一部分往往是科学成果论文中的主体，这些论文使用了大量的数据和图表来揭示科学实验的内容和方法，因此很多有效的科学可视化艺术设计往往从实验的数据图中得到启发，然后在实验数据图的基础上进行美化设计，形成最终的视觉化方案。

图 6-7 描绘的是中国科学技术大学单分子科学团队侯建国院士、董振

超教授研究小组利用纳腔等离激元增强的亚纳米空间分辨的电致发光技术，在国际上首次实现在单分子水平上对分子偶极间相互作用的直接成像观察，从实体空间上展示了分子间能量转移的相关特征。该研究成果发表在 2016 年 3 月 31 日的 *Nature* 上。这一图像通过构造具体的实验过程和环境，展示探针观测到两个卟啉分子之间的相互作用。图 6-8 中国科学技术大学李传锋教授课题组的 *Nature* 成果图像描绘的是一种新型的量子中继架构，即基于吸收型的多模式的量子中继存储器。

 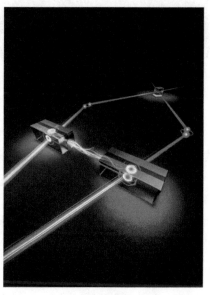

图 6-7　分子偶极间的相互作用　　　　图 6-8　多模式的量子中继存储器
（王国燕、孙大平原创）　　　　　　　　　（王国燕、马燕兵原创）

　　将科研过程中计算生成的大规模数据转换为直观的图形图像，以便发现其中暗含关系的科学数据与计算可视化，也是"实验与数据"的表现。图 6-9 的电脑绘画描述了以千万光年为单位的宇宙暗物质网络，暗物质在网络空隙中聚集，形成宇宙网络的星系物质、丝状物和隔墙。这一幅作品是 2011 年国际科学与工程可视化挑战赛中信息图形类的第一名作品，由 Miguel A 和 Julieta Aguilera 等创作。实验得到了一系列表征暗物质可能存在及分布的数据，然后通过艺术创建还原成网状结构。这些数据的可视化本身是没有颜色也没有质感的，通过艺术化深加工赋予其颜色和质感，突出视觉表现力，使得暗物质的网络形象更加富有冲击力。

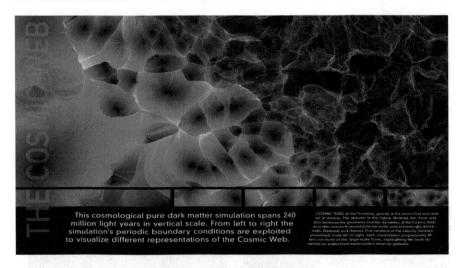

图 6-9　暗物质的宇宙网络

（创作者：Miguel Aragon-Calvo）

同时，随着技术的进步，一些学科实验直接观测到的数据信号，抛开其表现的科学内涵，单独就其视觉形象而言，往往也是丰富绚烂的，具有一定的美感，例如，Science 子刊 Signaling 的所有封面，都展示了多彩的信号之美。还有一些是科学探索过程中发现的"震撼视觉的瞬间之美"，这种"科学之美"经常源于特定的科学实验观测过程，虽然不一定揭示科学研究的核心成果，但是在特定的实验环境中才能产生，因此可以归类为科学实验方法与数据层级。

四、层级四：科学问题的可视化

科学研究始于科学问题，是为科学问题的解决提供有效的理论和实践的过程。该层级的可视化向受众展示科学研究中针对的科学问题，以促进对科学成果的有效认知与理解。

2012 年的经济萧条期间，科研过程中却存在大量的浪费和效率低下的问题（Marty，2012）。Thomas Marty 研究分析了出现这种问题的根本原因在于错误认知、行政浪费以及缺乏战略思维，因此亟须提高科研效率，用更少的资源做更多的事情来让大学和研究机构的收益最大化。视觉表达上，一个烧瓶形状的垃圾桶中充满了橡胶手套、废纸、试剂等各种科研垃圾。这些视觉元素集中表达了"科研"与"垃圾"两个内容，用来指代科学研究中的各种浪费。

科学来自生活，是人类在观察自然世界和理解人类世界的过程中形成的，因此最深刻和重要的科学问题，往往不是脱离生活的纯粹理性的专业化问题，而是和现实世界密切相连。例如，我们每天都要睡眠，日常所能接触到的各种动物也都如同人类一样在睡眠和活动中往复循环。然而为什么需要睡眠？从生活常识的角度可能很快会被这样回答：当然是为了休息，即使机器也不能总是连轴运转，何况人类。但这并非科学本质上的解答。*Science* 在 2021 年发布的最具科学挑战性问题之一就包含了这个问题。图 6-10 为该研究问题的多种图像表达形式。在该问题的科学阐述中，睡眠是一个重要的生理过程，在睡眠中，我们的身体可能是安静和基本静止状态，但大脑是高度活跃的，一天中积累的代谢物和其他毒素会在睡眠过程中被清除，因此新进的记忆会得到巩固。科学家开始详细研究睡眠的有益功能，*Science* 针对该问题的研究推出了一期专刊，涉及的文章包括睡眠的诸多益处、睡眠和安静的重叠机制、大脑神经模式与睡眠记忆功能、睡眠在大脑中相互关联的原因及后果、睡眠的转化神经科学，等等。我们的大脑在睡眠中执行的功能之一是巩固记忆。我们日常生活中最近发生的事件都经过了长期存储处理。

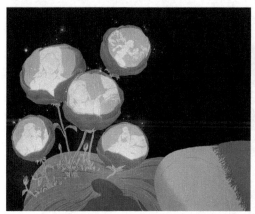 

图 6-10　我们为何需要睡眠
（创作者：Dion MBD）

除了上述问题外，*Science* 杂志在 2021 年创刊 125 年之际发布了 125 个最具有挑战性的前沿问题。这些问题包括：宇宙是由什么构成的？水的结构是什么？人类寿命可以延长多久？地球内部如何运行？生命如何产生？时间为何不同于其他维度？基因组中的"垃圾"有何作用？什么是人类文化的根源？为何一些国家发展，另一些国家却停滞不前？（见表 6-1）

表 6-1　2021 年 *Science* 杂志发布的最具有挑战性的前沿科学问题选摘

人类为什么会做梦？	人类寿命可以延长多久？
信息素影响人类行为吗？	地球内部如何运行？
为何孕妇的免疫系统不拒绝胎儿？	生命如何产生？
使地球磁场逆转的原因是什么？	时间为何不同于其他维度？
水的结构是什么？	基因组中的"垃圾"有何作用？
语言和音乐演化的根源是什么？	什么是人类文化的根源？
为何改变撒哈拉贫困状态的努力全部失败？	为何一些国家发展，另一些国家却停滞不前？

　　Science 发布的前沿科学问题不仅包含自然学科问题，还有相当比例的人文社科问题，例如，表 6-1 中所列出的最后 4 个问题涉及语言、艺术、文化、经济发展等。不只是理工科的研究可以用图像来展示科学意义，人文学科的实证研究也可以有相似的表达形式（图 6-11）。以上每个前沿科学问题的解决，往往不是某一篇研究论文能够完成的，甚至不是一个课题可以阐述清楚的，通常需要该领域所有同行前仆后继地创新突破，一点一滴汇聚起来形成共同的解答。这个过程往往持续少则几年，多则十几年、几十年，甚至几个世纪都可能未能解密。

图 6-11　前沿科学问题的可视化：引发孤独症的原因是什么
（创作者：He Pingting）

　　值得一提的是，图像语言本身没有标点符号，在视觉表达的过程中我们往往无法诉诸疑问句来表达科学问题，这是视觉语言和文字语言的一个显著差异。因此，一个有效的处理方式就是从问题中提炼出关键词来进行视觉逻辑重构。

最后，可视化过程中对于研究问题的选择也是一个巧妙的平衡，若把问题归结得过于"大"，则因为过于宽泛而失去了独特问题属性，并增强了普遍问题属性，会转而推向下一个层级"研究方向属性"。由于公众的科学素养分布不均衡，掌握某门学科较为专业科学知识且具有科学探索精神的受众较少，因此相对于"具体研究的小问题"而言，某个领域的"大问题"更容易找到共识领域的视觉符号，这就使得视觉表达的时候不能一味追求对于具体科学成果中精准小问题的表达，更容易使人理解的往往是这个领域的同行们集体探索的具有代表性的前沿科学问题。

五、层级五：科学思想的可视化

科学实验有效解决了科学问题，于是科学研究走向科学对社会的影响、科学价值这一传播层级。科学思想的视觉化具有人文关怀特征，与多种学科领域融通，也更容易被受众所理解和接受。如果说呈现硬科技内容的可视化是技术派路线，展现的是科学探索过程中难得窥见的奇妙景象，那么以科学思想为创意出发点的前沿科学可视化，往往融入了来自社会文化生活中的元素，拉近科学与公众的心理距离，呈现出有温度的科学。这一层的表达如果有比较恰当的构思创意，反而不像第三和第四层级那样难以理解。

图 6-12 是 AXS Studio 所创作的 *Nature* 2018 年 5 月 3 日的封面故事：肝脏的生命线。肝脏移植成功与否的一个关键限制因素是捐赠器官的可用性和质量。在本期杂志中，David Nasralla、Constantin Coussios、Peter Friend 及其同事报告了一项研究移植前肝脏保存新方法的试验结果。通常情况下，捐赠的肝脏被保存在冰中，但这可能会对器官造成损害。研究人员通过部署一种称为常温机器灌注的技术来解决这个问题。该技术允许更多的捐赠肝脏被移植，其保存时间可以在以往基础上增加 54%，并且与用冰保存的器官相比，移植损伤减少了 50%，从而为未来增加可用于移植手术的可行肝脏器官数量。在视觉呈现上，考虑到真实肺部以及实验图片的不适感，用绿色树冠来指代肝脏器官，植物的生命特征也表达了在移植过程中的肝脏一直处于活体状态，因而创造性表达了肝脏移植中保鲜的核心思想。

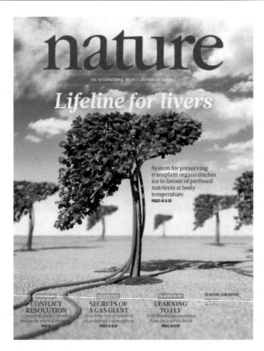

图 6-12 2018 年 5 月 3 日 *Nature* 封面故事：肝脏的生命线

"减肥药 GLP-1 有望战胜肥胖"为 *Science* 2023 年度世界十大科学突破之首。肥胖既是一场个人的战斗，也是一场全民健康危机。在美国和欧洲，分别有大约 70% 和超过 50% 的成年人受到超重的影响，而在中国，这一数字约为 34.8%。肥胖被认为是 2 型糖尿病、心脏病、关节炎、脂肪肝和某些癌症的诱因。GLP-1 最初是为治疗糖尿病开发的，它可显著减轻体重，且副作用大多可控。GLP-1 的减肥机制是通过与胃肠道 GLP-1 受体结合，抑制胃肠蠕动、延缓胃排空；通过与中枢 GLP-1 受体结合，增强饱腹感、抑制食欲。而在 2023 年的临床试验发现，它们还可以减轻心力衰竭的症状以及降低心脏病发作和中风的风险。这是迄今最令人信服的证据，证明这些药物除了减肥之外还有其他主要的健康益处。基于这些原因，*Science* 杂志将 GLP-1 药物评为 2023 年度世界十大科学突破之首。图 6-13 是层层覆盖下的美食被揭开，它们被盛在一个非常小巧的餐盘代表了其对肥胖的威胁变得渺小可控。

　　笔者原创的前沿科学可视化案例中有多项成果也在表达着科学思想层级的可视化。

　　关于前沿科学可视化不同层级表达的可理解性可以从丹·斯珀泊和迪尔德丽·威尔逊（Deirdre Wilson）提出的关联理论的角度来阐释。关联理

图 6-13　减肥药 GLP-1 有望战胜肥胖

（创作者：Stephan Schmitz）

论认为，话语的关联性取决于两个因素，一是认知/语境效果，二是认知/处理努力（Sperber and Wilson，1995）。这三者之间的关系可表示为：关联性=认知效果/处理努力（White，2010）。信息带来的认知变化越大，其关联性就越高；处理信息所需的认知努力越大，其关联性就越低。认知效果即新信息引起的接受者对世界旧有的心理表征和信念的变化。关联理论最开始被应用于一系列以心理学为基础、认知为导向的语用学研究中，试图揭示大脑如何处理话语，或者说不同的语言元素（如助词、状语、语调等）对理解的贡献（Cruz，2016）。而在科学图像的认知理解中，信息加工的程度越高，或者越远离生活和已有知识本身，越会引起读者对图片信息处理能力的高要求，这一方面源于相应的科学素质，另一方面取决于视觉素养，即读图和理解图像能指与所指的解码能力。从这个角度而言，第三层级的实验与数据可视化以及第四层级的科学问题都需要较高的信息处理能力。而第一层级的学科或领域属性以及第五层级的科学思想，则包含较多公有知识领域的视觉符号，因而在认知处理过程中具有一定的优势。

综上，前沿科学成果在视觉表达上包含学科与领域属性、特定研究对象、实验与数据可视化、科学问题与科学思想五个层级。在视觉呈现的过程中，往往并不是单纯停留在某个层级，而是以某个层级的表达形式为主，又兼具附近层级的部分特征，同时对向上层级和向下层级都可能有所涉及，例如，科学思想的表达离不开以特定研究对象的呈现为基础。然而这并不意味着顶层表达一定是更优思路。这主要是因为顶层表达的难度高，一方面读者需要特定的素养才能够领会和理解，另一方面，顶层表达的思路是需要较强的创新，有可能因找不到共识领域的视觉符号，或者为了表达科学思想不得不放置太多的信息，而这些冗余的信息则可能干扰读者的理解以及形式的美观。而低层次的表达，有可能呈现出极强的视觉冲击力，让人产生难以磨灭的印象。总而言之，科学成果的可视化应该根据研究的具体特征以及面向的受众群体和传播环境来选择合适的表现层级及表现形式。

目前中国科技期刊封面中可视化的通病，即是虽然想要以视觉形式表现某篇论文成果，但由于视觉设计提炼和表现力不足，最终仅能以学科属性和专业属性层级的可视化形式来表达。这种处理方式的优势是可以有海量的素材资源供选择，但鲜明的缺点就是成果的针对性不足。这也将成为办好中国科技期刊的发展方向之一。

第四节　叙事策略：消除科学与公众的鸿沟

通过图像可以将前沿科学的研究成果转化为可视化的形式，以直观、生动和易于理解的方式展示给公众。这有助于消除科学与公众之间的鸿沟，提升公众对科学的理解和认同，同时也能够促进科学传播及提高公众的科学素养。

一、减少学术符号：消除受众畏惧心理

科学可视化源自科学家想要从复杂的数据和信号中寻求科学发展的规律，在学术交流层面往往极其严谨缜密，这也是学术论文中的学术图像充斥着大量学术符号和海量数据的原因。但随着非专业读者对象的介入，在新的环境下要想有效传播科学成果，大量的学术符号难免会筑起一道让人敬而远之的学术壁垒。纯学术化的表达仿佛在表达一种强硬的态度：这是给专业人士看的，外行莫进来。所以，促进科学成果向公众传播的第一步，就是要从生动的图像上入手，少用甚至不用学术符号，消除受众对于专业化领域的畏惧心理。如果符号的使用必不可少，一方面可考虑使用简单符号，对于接受过普通高等教育的一般大学生而言可以较为轻松地理解，另一方面可倾向于使用共有基础知识和科学文化领域的符号，例如，DNA及其双螺旋结构代表生物基因信息，烧杯和烧瓶代表化学实验，针管代表医疗，等等。

二、增强艺术表现力：让科学更好看

艺术表现张力决定着读者看到图像的第一眼是否愿意更为长久地注视，太过普通的图像很难吸引读者的注意力，削弱了他们想要进一步了解学习的欲望。例如，图6-14"迄今为止最详细的艾滋病毒3D模型"（科学工程可视化大赛图片展，2011），获得了由 Science 杂志和美国国家科学基金会组织的2010年国际科学工程可视化挑战赛图解类一等奖，其原型来自图6-15所示的微观显影的艾滋病毒影像。图中的双色图表达了橙色的艾滋病毒正在攻击并融入一个灰色的免疫细胞。三角形剖面展示了这一过程的内部结构：艾滋病毒正在把免疫细胞变成一个病毒加工厂，而这个过程是无法通过微观摄影观测到的。如果将图6-15呈现在科学公众面前，虽然从科学角度而言绝对准确，并且是通过实验直接观测获得的第一手原始图像，但由于其外形与普通细胞或者病毒没有显著区别，因而难以引起读者的好奇与注意，图像传达的效度则十分有限。相比之下，经过艺术渲染加工后的图6-14，虽然已经不是直接获得的原始图像，但质感细腻，形象辨识度极高，反而容易给人留下深刻印象。

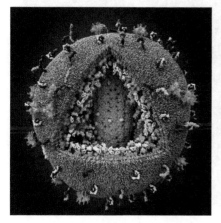
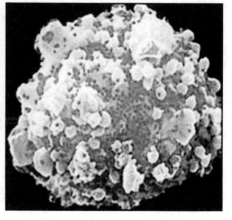

图6-14　迄今为止最详细的艾滋病毒　　　　图6-15　微观显影的艾滋病毒影像
　　　　　3D模型

（创作者：Visual Science）

三、比喻和类比：增进认知理解

使用熟知的视觉符号和构图来表现科学原理不失为一种有效的方法，某个独特专业领域的知识想要容易被理解，则需要尽量使用公有文化生活领域的视觉符号或者概念。

　　2022 年 3 月 17 日的 *Cell* 封面图像（图 6-16）以"凤凰涅槃"的故事为原型，描绘了米色脂肪在调节系统能量平衡中起到的关键作用。图像灵感来自凤凰浴火重生，成为幸福使者的故事，这虽是希腊神话中获得的灵感，但在中国传统文化中具有一致性的理解。米色脂肪细胞在高温（火）环境下产生热量和能量（凤凰），并对人类健康产生有益影响。2020 年 2 月 6 日的 *Cell* 封面（图 6-17）讲述的科学发现故事是卵巢衰老的分子机制和女性年龄相关的生育能力。研究人员描述了年轻猴子和年老猴子卵巢的单细胞转录组图谱，并揭示了人类卵巢衰老的新诊断生物标志物和潜在治疗目标。图像采用了中国皮影戏的风格，表现了中国民间故事《猴子捞月》，其中猴子的目标是捕捉水中的月亮倒影，象征着尚未经历与衰老相关损害的卵巢。

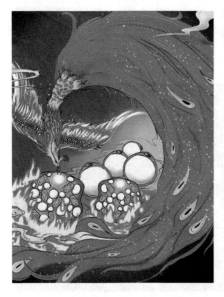

图 6-16　米色脂肪的"凤凰涅槃"　　　　图 6-17　人类衰老卵巢的"猴子捞月"
　　　　　　故事表达　　　　　　　　　　　　　　故事表达
　　（创作者：马欣然、徐凌燕团队）　　　　　　（创作者：王思教授团队）

　　在 *Nature*、*Science*、*Cell* 封面中这类封面故事的思路较为常见，它们以隐喻或类比的手法、用公众熟悉的符号和元素揭示科学基本原理，从而将难以理解的专业知识以较为通俗易懂的"视觉故事"形态展示给读者。图像与所要表达的概念存在物理或心理相似性，物理相似性指的是外形和功能上的相似；心理相似性则是由于文化等因素而在某些方面产生的相似性。这些让人熟悉和接近常物的视觉形象更容易被公众理解。

四、故事化构建：让科学更生动

故事化叙事被认为是公众理解科学的一种行之有效的手段（Dahlstrom，2014）。虽然科学研究领域往往不屑于故事化叙事（Katz，2013），但是当科学需要从学术领域传播到非专业的社会公众领域时，故事、轶事和叙述可能更为重要（Vance，2010）。

2020 年 3 月 11 日，世界卫生组织正式将严重急性呼吸系统综合症冠状病毒 2（SARS-CoV-2）引发的 COVID-19 定性为大流行病。2021 年 3 月，*Science* 杂志推出了一周年纪念特刊，以强调国际科学界在应对新冠疫情方面取得的非凡成就。在新冠湍急的河流上，众人搭桥前行的故事表达的是全球科学家齐心协力、共克时艰来抗击新型冠状病毒感染的场面（图 6-18）。

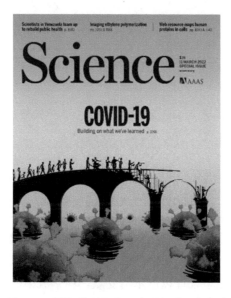

图 6-18　国际科学界共同应对新型冠状病毒

通过图片故事叙述展现科学研究主要针对的科学问题，具有较强的可读性。长期以来，盖蒂图片社、视觉无限、科学资源、Istock 图片社等多个国际科学图片机构致力于科学成果的形象设计。而随着中国科研成果的崛起以及科学可视化创作实践者的不断探索，苏州大学科技传播中心、中国科学技术大学科技传播系等大学机构以及众多国内学术图片服务商协助科研人员创作的前沿科学可视化作品也开始不断登上 *Nature*、*Science*、*Cell* 等国际学术舞台。

值得注意的是，科学可视化的创建者应当具有科学家的精神、哲学家的思维和艺术家的审美眼光，努力发掘出"科学的内涵"，而不能随意主观臆造。但为了更有效地表达科学的内涵，可借用艺术化的表现手法在构图、色彩、元素、质感、风格上进行更符合认知习惯与审美习惯的视觉表达，可视化的精神核心在于对科学的探索和表现。通常，极具美感的视觉处理方式是创新性的解决方案。但如果一个设计仅仅是为了与众不同，其新颖性与数据之间的关联性断裂，这样的可视化结果是难以适用的。在最坏的情况下，一味追求"非凡"的设计只是设计者自负的产物，脱离目标受众和基本功能，没有使用价值。

第五节　图像构建：科学可视化方案的生产流程

面向受众特别是跨学科人群及社会公众，科学成果的图像构建是一个从科学成果信息到艺术化造型设计的过程，主要过程见图 6-19。

图 6-19　科学成果的可视化流程

首先对科学成果信息进行概念化提炼，凝聚科学成果所针对的核心科学问题及思想，然后构造一个能准确表达科学成果的概念性视觉故事，最后对其进行艺术化造型设计以展示给受众。科学成果的视觉化需要符合基本的视觉设计要求。富有冲击力的形象能在瞬间俘获视觉读者的注意力，富有美感的色彩构图能让受众产生愉悦的心理感受，这决定了他们在面对视觉信息时是长久地注视还是简单地一瞥。以公众为导向的科学成果视觉设计过程与传统信息的视觉设计有所区别，主要表现在以下方面。

一、精简繁杂的科学信息

每一项前沿科学成果都是站在某个领域制高点的基础上，在苛刻的环境下得出严格的结论，从而为现有科学知识体系贡献新的结论或方法，拓展人类已有认知。科学创新的结论具有很多限制性的条件，要有缜密的方法与步骤，从而得到在有限范围内适用的结论。因此，描述清楚一项科学创新，需要非常缜密严谨、详细清晰地表达，需要一篇严谨的学术论文辅以大量的补充材料，才能够说得清楚，这就意味着并非三言两语，而是大量的科学信息的展现。笔者曾和国内较多前沿科学工作者的团队进行科学可视化合作，每一项成果的沟通，往往需要一两个小时的时间才能让一个非专业人群有基本的认识理解。

当围绕前沿科学成果进行可视化表达时，一幅图像所能承载的信息十分有限，于是就需要对整篇论文进行高度提炼，让其中严密海量的科学信息化繁为简，成为一两句话能够表达清楚的关键内容，例如，以下为中国科学技术大学薛天教授团队发表在 *Cell* 上的一项科学成果的基本文字描述：

成像视觉本身能够帮助生物体感知外界物体的形状、颜色和运动，对于其生命活动例如食物获取、交配、辨别方位、躲避天敌等具有重要作用。虽然哺乳动物包括人类感知可见光范围为 390～700 nm，能够满足哺乳动物在白昼的大部分生命活动。而显然对大于 700 nm 的红外光的感知确实对生物体尤其是哺乳动物在夜晚或者暗光条件下具有很重要的生理意义。然而，由于哺乳动物视网膜经典成像视觉的光感受器细胞的视蛋白固有的物理化学特性，哺乳动物并不具备感知红外光的能力。为了打破这一局限，我们设计了视网膜光感受器细胞特异性结合的上转换纳米颗粒。这种纳米颗粒可以锚定在视网膜光感受器细胞上，作为一种红外光的转换子来创造哺乳动物的红外视觉。通过不同水平的形态学、单细胞电生理、视网膜电图、光感知行为学、视觉诱发电位、图像视觉行为学等实验，我们验证了注射这种纳米颗粒的小鼠获得了红外图像识别视觉的能力。

这段文字已经是对该论文摘要的一个较为科普化的表达，交代清楚了该技术的研究背景、研究方法以及基本结论。但为此创作一幅科学图像，信息量依然过大，图像中无法展现这么多信息，因此还需要进一步高度提炼出其关键创新：

通过为小鼠眼睛注射纳米颗粒实现了哺乳动物红外视觉。

这一句话精练地包含了研究方法与结论，让图像表达的目标变得清晰，为下一步阐明主要科学问题奠定了基础。

又如，以下为中国科学院自动化研究所刘冰研究组的一项成果介绍：

越来越多的证据表明，在精神分裂症中纹状体的功能和连接被破坏了。研究人员开发了一种新的可能驱动神经影像的生物标志物，用于精神分裂症的识别、预后和基于纹状体功能异常（FSAs）的亚型划分。FSA 分数代表了个性化的纹状体功能障碍指数，范围可从正常到高度病态。通过对七个独立扫描仪获得的功能磁共振图像（$n=1,100$）进行不同医院的站间交叉验证，FSA 可以超过 80%（敏感性 79.3%；特异性 81.5%）的准确率将精神分裂症患者与健康对照组区分开来。在两个纵向队列中，基线 FSA 分数的个体间差异与抗精神病治疗反应有很大关系。FSAs 显示了不同神经精神疾病的纹状体功能障碍的严重程度，其中精神分裂症的功能障碍最严重，双相情感障碍较轻，而抑郁症、强迫症和注意力缺陷多动症的功能障碍与健康人无异。纹状体过度活动的基因再现了多巴胺功能的空间分布和精神分裂症多基因风险的表达谱。总之，研究人员开发了一个新的生物标志物，通过识别纹状体功能障碍来诊断精神分裂症，并在预测抗精神病治疗反应、临床分层和阐明神经精神疾病中纹状体功能障碍方面具有有效作用。

目前精神疾病的临床诊疗主要基于精神科医生的直观经验，建立一个基于生物标记的全新临床及研究框架是 21 世纪精神疾病领域最关键的问题之一。这个问题目前被科学家攻克了，因此上述文字用一句话表述为：

诊疗精神分裂症的有效生物标记被发现了，是大脑纹状体环路功能异常！

纵使该成果的阐述用了长达 28 页的学术论文，其摘要中充满了难以理解的专业术语，但在可视化表达中，最重要的信息就是该研究的核心贡献。但凡是越出色和越重要的前沿成果，其创新点越可以用简练的语言表达。因此可视化的第一步，就是要从繁复芜杂的晦涩信息中删繁就简，抓住成果的主要信息。一般来说，研究可以浓缩成一句话，这一句话既是研究的主要内容，同时也可能是主要创新点。这句话，往往也是科技新闻标题的基础。

二、阐明主要科学问题

对于科学公众而言，条件苛刻的实验过程和晦涩难懂的实验数据并不是他们最关注的内容。刘宽红认为，作为实践科学传播的前提条件，公众对科学知识的价值取向直接关系到科学传播的功效，甚至直接决定着科学传播能否顺利实施和完成（刘宽红，2011）。科学公众更关注某项科学研究解决了什么问题，具有怎样的意义和价值，在这一点上科学公众与社会大众是相似的。在为面向科学公众的科学成果进行视觉化设计时，应当力求寻找一种科学成果价值点的视觉表现，让科学公众能够在阅读视觉信息之后找到共鸣点。从这一层意义上讲，科学成果的视觉化并不是越详细越好、越精确越好，而是需要通过概念化提炼出主旨的科学创新及理念。

前述成果"通过为小鼠眼睛注射纳米颗粒实现了哺乳动物红外视觉"，小鼠实现了红外视觉，从而可以拓展到未来可能在哺乳动物甚至人类中实现普遍的红外视觉，这是对这一科学问题价值的主要理解。

2012 年 2 月 17 日 *Cell* 发表了由宾大教授 Amita Sehgal 领导研究的成果：他们在果蝇中发现了一条联系生物钟神经元与休息活动节律控制细胞的分子信号。Lili Guo 设计了一个扑克牌造型的生物钟（图 6-20），模拟在各个层面调控生命体的生物节律。扑克牌的左上角有一个太阳，上方人头是睁眼的状态；右下角有一个月亮，下方人头则闭着眼，以此对应大部分生物体日作夜息的生活规律。扑克中的人头"Jack"代表参与调节机制的 JAK/STAT 信号，而 Jack 举着的茎环结构的"剑"则代表调节信号的前导性 miR-279。两侧添加的转动齿轮，带动着生理节奏的连线，也对应着标题中的"Wiring"。本作品对一幅人们熟悉的经典图像进行元素替换和重构，

图 6-20　神经元与生物钟控制的细胞信号

（创作者：郭骊骊）

一定程度上体现着解构主义所倡导的错位、变异等理念，符合现代人热爱传统同时追求新意的审美价值趋向：既在初次呈现时让人容易接受，又在细细品读后令人耳目一新。

三、构建生动的逻辑故事

任何一种媒体，最具吸引力的往往是它最具备故事性的部分。故事具有生动形象、通俗易懂的特点，如果抽象、枯燥的理论或知识运用故事化的形式进行阐述的话，受众就能够快速地理解和接受（穆雪，2011）。一幅优质的科学成果视觉设计图不仅仅要对实验中某个对象进行简单展示，还要像电影策划或者小说编排一样，使之具有戏剧性、故事性的特征。这首先源自在对科学成果理解的基础上的一种策划与创意设计，一般即为"通过怎样的过程表现了怎样的内容"，通过图片释义的简单几句话即可理清，对照着简单的图片解释，视觉图像可清晰地表达核心原理价值及创意思路。

在可视化设计中，故事具有非凡的魔力，让人注意力专注，从而获取更多有效信息。数据和信息只是在特定的场景下才有意义，而将数据和信息作为故事的一部分是让其产生持久效应的最佳方式。最有效的可视化会成为读者心中的故事或叙事的中心情节。不是每一个可视化方案都需要讲述一个故事，虽然有些可视化看上去就很美，本身就是富有艺术感染力的作品，但是绝大部分可视化，都需要把数据和信息置于某种故事情节中来展示。

四、共识领域的视觉元素

霍尔·爱德华（Edward Twitchell Hall Jr.，1914—2009）认为：非语言符号行为占整个人类交际过程的 65%，而语言表达仅占 35%。其中的非语言符号包括肢体语、时间语、空间语、颜色语、艺术语、图画语、环境语等（Hall，1959），视觉符号占据较大的比重。视觉符号所传播的不仅仅是看上去的那些符号，隐藏在视觉符号中的意义才是要表达的主要内容。能够传播科学内容的视觉符号不仅有科学符号，也包含文化、历史、艺术等领域的符号。视觉设计的创作者和受众具有不同的科学及文化知识背景，因此视觉符号的选取应该基于共有知识与常见科学文化领域，让尽可能多的科学公众能够容易理解符号对应的指代，否则符号的视觉化编码将难以被有效解码。共识领域的视觉符号在图像传播中容易跨越语言文化而形成基本一致的理解。

共识领域视觉元素的一个重要表现形式就是视觉隐喻。人们的视觉范围有限，对于隐蔽性的微观层面反应和物质特征无法察觉，从而造成抽象性，图像作者在对抽象性内容进行艺术化表现时存在难度。由于科技期刊定位于服务社会大众，并不只面向科研工作者传播科学知识，因此，封面图像在表现抽象度和理解难度高的内容时，常选用广为人知的视觉符号作为图像素材，通过与表现对象拥有的共同性进行象征化描述，这不仅有利于从另一视角帮助读者理解，增加趣味性，也化解了抽象性带来的可视化盲点。

前述案例"通过为小鼠眼睛注射纳米颗粒实现了哺乳动物红外视觉"中，在视觉构建时，视觉元素可拆分为：小鼠、眼睛注射纳米颗粒、红外线。但在视觉元素确定时，眼睛注射纳米颗粒的视觉形象，一方面会因为"注射"的表达让画面稍有不适感，因为在文化习俗中眼睛是备受呵护的重要器官。另一方面，注射的表达很容易吸引读者注意力成为画面的故事焦点，从而冲淡了眼睛具有红外可视能力这一结论的表达。那么，注射这个视觉元素就不能够予以保留，而应该将重点放在突出眼睛的红外视觉能力。

我们从大量的科学可视化案例中进行归纳总结，重点分析了数学、物理、化学、生命科学及医学这几个基础学科的可视化特征。每个学科的科学图像都充分展示了本学科专有的一些符号和元素，例如，数学中的几何图形、化学中的结构与分子式、物理学中的光谱与成像、生命科学中丰富多彩的研究对象等等。在这些学科视觉特征差异呈现的同时，也有着大致的规律：地理与天文善用地貌与太空影像，物理、化学与生物倾向展示实验内容，视觉符号被艺术化加工，视觉隐喻与故事化表达被广泛运用等。后面我们将继续从普遍性规律的角度来构建科学成果的可视化层级，从而试图构建面向公众进行的图像模式。

五、锐意提升艺术表现力

如果科学成果的视觉表现形式具有强烈的视觉表现力，具有显著的视觉美感和独特性，即使其表达的内容难以被理解，也会在公众脑海里留下非比寻常的印象，以至于他们日后看到这幅图片，就可以和某个曾经接触过的科学成果之间产生联系。从这一点上来看，图形的视觉印象比抽象的文字给人留下的印象更为深刻和牢固。针对公众，过于专业化和美感特征不鲜明的视觉符号就好比充斥着学术用语的专业报告会一样，让公众望而生畏，即使配合简要的文字说明也不能理解，这是面向公众的视觉传播的设计失败。

前述薛天教授的前沿科学成果"实现小鼠的红外视觉"的视觉表达，笔者最终设计的几个方案，如图 6-21 所示。

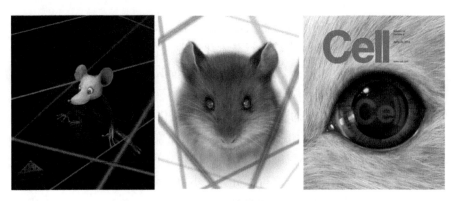

图 6-21　实现小鼠的红外视觉

（王国燕、陈磊原创）

图 6-21 的左图是按照讲述生动故事构建的思路，还原《偷天陷阱》中特工盗宝的场景，老鼠特工具有红外线视觉能力，能够灵活穿梭于其中取得奶酪。中间的图为该故事的特写表达，老鼠的眼睛中反射出来红外线的互补色——绿色，表达其具有红外视觉能力。而右图是更进一步的特写，由于文章拟作为 Cell 的封面故事，故鼠眼能看到红色 Cell（代表红外线）并映射在瞳孔深处。图 6-21 从三个不同景别对科学成果的主要创新进行了视觉化，在艺术表现力上，从生动的漫画到写实的眼睛，都在锐意提升其艺术表现力。

以下几幅具有极强的视觉冲击力的图片均是来自全球科学与工程可视化挑战赛的获奖作品。图 6-30 看上去像是某个名胜的自然风景，但它其实是由钛化合物制成的纳米层彩色扫描电子显微照片。

图 6-22　二维世界的悬崖

（创作者：Babak Anasori, Michael Naguib, Yury Gogotsi 等）

图 6-23 是用彩色偏振光显微照片把黄瓜皮上的毛状体放大了 800 倍，我们平时用手摸上去粗糙的黄瓜表面竟然长满了图中这样的毛状尖刺。

图 6-23　未成熟的黄瓜表皮
（创作者：Robert Rock Belliveau）

图 6-24 是西红柿籽的"毛发"的显微特写照片，这些毛发会分泌黏液，在籽的边缘形成一层蓝色的透明膜。这种黏液具有特殊的功能，既能够利用天然杀虫剂杀死捕食者，也能防止西红柿籽干燥以及将西红柿籽固定在土壤中。

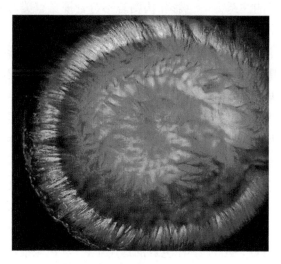

图 6-24　西红柿籽的"毛发"
（创作者：Robert Rock Belliveau）

图 6-25 展示了 noodlelike 纤维拉伸锁住一个绿球。单独纤维是无力的，但它们联合起来用力抓住 ORB，体现了在微观尺度上的合作。哈佛大学材料科学家乔安娜说："每根头发都代表一个人或一个组织，这表明我们的合作努力撑起地球保持运行。"

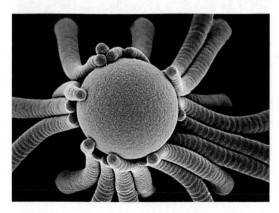

图 6-25　拯救绿色地球的纤维管
（创作者：Joanna Aizenberg）

视觉冲击力在于构图、色彩、明暗、角度、质感等元素的表现。来自对主体的强调性渲染以及与背景的鲜明反差，能够在环境和衬底中瞬间跳出来，抢占读者的注意力。色彩和构图若不符合视觉审美习惯，则容易被眼睛过滤掉，科学内容得不到有效传达。视觉图像能够激发人们多层次的、同时发生的、非线性的思想和情感的投入，并且"人对色彩的感知总包含着生理和心理共同作用下的知觉反应"（李倩倩，2010）。纽约大学神经科学中心的约瑟夫·勒杜（Joseph E. LeDoux，1949—）通过相关实验研究发现，在接收到外部信息之后，大脑的反应首先是来自情感层面的反馈，其次才是对信息内容的理性解释和评估，"情感反应始终伴随并影响其后的解释过程，当解释过程完成时形成的记忆被打上'情感的烙印'"（普莱希斯，2007）。因此，在读者的视觉观看过程中，情绪的体验显得尤为重要。基本构图要素如点、线、面、色彩、大小、形状等首先映入眼帘，激发出不同的观看情绪。"三角形、方形、圆形等几何图形使人产生锐利、简洁、秩序的美好感受"（蒋跃，2009）。在色彩的运用上，"红色象征活力与胜利，蓝色表达宁静祥和，绿色让人舒适安逸"（李珺平，2005）。虽然不同文化区域的人群在色彩偏好上也有所区别，在构图和线条的使用中也略有差异，但和谐、舒适的审美感受有着更多的共性基础可以遵循。

科学成果在视觉传播时并非单纯地完全针对业内同行，或者完全针对非同行，如广受关注的 *Nature*、*Science* 等综合性期刊，虽然在学术影响力上傲视群雄，但其期刊同时兼具业内交流和面向公众传播最新科学成果的双重定位。在学术成果载体上，总是兼具面对业内同行的交流以及面向公众的交流两种属性。只是针对学术期刊或者学术网站定位及专业特征的不同，两种受众人群的比例各不相同罢了。

　　总之，前沿科学可视化的生成，从一开始就需要考虑构建一个"以用户为中心"的可视化思路（图 6-26），从而简化交流（Rodríguez Estrada and Davis，2015）。这是因为以用户为中心的设计考虑了受众的文化背景、认知能力和交流习惯等不同视角，并致力于创造出对受众来说更实用的可视化形式，从而有助于他们较为轻松地理解、使用和分享这些可视化内容（Bowler et al.，2011）。将科学图像构建的过程呈现为一个故事，而不是一系列事实，从而将人带入故事的世界来体验"强烈的情感和动机"，这可能使他们对态度或信念的变化更加开放，更加相信在叙述中呈现的事实。

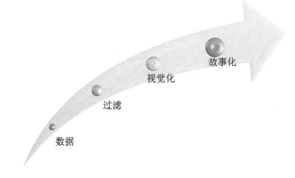

图 6-26　科学可视化的创建过程

本章参考文献

奥康诺尔, 高湘泽. 1984. 论实体和属性[J]. 世界哲学, (2): 74-79.

杜鹏, 沈华, 张凤. 2021. 对科学研究的新认识[J]. 中国科学院院刊, 36(12): 1413-1418.

韩民青. 1997. 实体与关系是相互依存的实在[J]. 江西社会科学, (7): 35-40+81.

蒋跃. 2009. 绘画艺术中的视觉形态要素与视觉心理[J]. 浙江艺术职业学院学报, 7(1): 77-83.

卡尔维诺. 2006. 看不见的城市[M]. 张宓, 译. 南京: 译林出版社: 8.

李珺平. 2005. 中国古代抒情理论的文化阐释[M]. 北京: 北京大学出版社: 149.

李倩倩. 2010. 炙热与永恒: 视觉心理学语境下彝族先民宇宙观中的色彩分析[J]. 贵州民族研究, 31(2): 26-30.

刘宽红. 2011. 公众科学知识价值取向与科学传播模式建构[J]. 当代传播, (1): 26-28.

穆雪. 2011. 浅析故事性在图书出版传播过程中的运用[J]. 出版发行研究, (10): 12-15.

普莱希斯. 2007. 广告新思维[M]. 李子, 李颖, 刘壤, 译. 北京: 中国人民大学出版社: 84-87.

苏新宁, 任皓, 吴春玉, 等. 2004. 组织的知识管理[M]. 北京: 国防工业出版社: 55.

魏钢焰. 2007. 隐性知识的混沌理论[J]. 科学学研究, 25 (S2): 369-374.

吴国盛. 2008. 自然的发现[J]. 北京大学学报(哲学社会科学版), 45(2): 57-65.

张楠, 詹琰. 2012. 科学传播中新媒体艺术的文化诉求[J]. 自然辩证法研究, 28(9): 67-70.

张士庆, 倪树楠. 2008. 论可视的心理基础及科学可视性[J]. 工程图学学报, (3): 165-169.

Born M. 1956. Physics in My Generation[M]. New York: Springer: 48.

Bowler L, Hong W Y, He D Q. 2011. The visibility of health web portals for teens: A hyperlink analysis[J]. Online Information Review, 35(3): 443-470.

Cruz M P. 2016. Relevance theory: Recent developments, current challenges and future directions[M]. Amsterdam: John Benjamins Publishing Company: 1.

Dahlstrom M F. 2014. Using narratives and storytelling to communicate science with nonexpert audiences[J]. Proceedings of the National Academy of Sciences of the United States of America, 111(Suppl 4): 13614-13620.

Elhacham E, Ben-Uri L, Grozovski J, et al. 2020. Global human-made mass exceeds all living biomass[J]. Nature, 588(7838): 442-444.

Hall E T. 1959. The silent language[M]. New York: Doubleday: 127-210.

Katz Y. 2013. Against storytelling of scientific results[J]. Nature Methods, 10(11): 1045.

Marty T. 2012. Clean up the waste[J]. Nature, 484: 27-28.

Rodríguez Estrada F C, Davis L S. 2015. Improving visual communication of science through the incorporation of graphic design theories and practices into science communication[J]. Science Communication, 37(1): 140-148.

Sperber D, Wilson D. 1995. Relevance: Communication and cognition[M]. Oxford: Blackwell: 118-132.

Vance E. 2010. Science communication: Scientist as star[J]. Nature, 468(7322): 365-366.

White H D. 2010. Some new tests of relevance theory in information science[J]. Scientometrics, 83(3): 653-667.

第七章　前沿科学可视化的量化分析与应用对策

不同学科、不同层次的科技期刊所获取的社会资源可能存在着分布上的差别，因此在期刊封面的投入上存在不均衡性。本章的量化研究主要采用文献计量分析方法，围绕 CNS 科技期刊封面图像、中国国家图书馆馆藏的所有中外科技期刊进行调研，并对历年世界科技进展新闻配图进行系统分析，从而在以下两方面得到原创性结论并进行解释讨论。

（1）登上封面故事并有效传达封面故事信息可能会扩大同一篇论文的引用率，高影响因子的学术期刊更倾向于使用图像作为封面，不同学科期刊在封面故事表现上差异显著并呈现出整体规律。

（2）世界科技进展新闻配图呈现科普化倾向，前沿科学可视化的国际生产巨头以美国和欧洲国家为主，同时国际科技期刊呈现增强出版趋势，相比之下中国科技新闻配图、主办科技期刊、科学可视化产业以及相应的跨学科教育均有巨大提升空间，需要借鉴提升。

第一节　封面图像的引文膨胀效应

在策划封面文章时，科技期刊的编辑通常会选取更受关注的文章来作为封面故事。虽然编辑的敏锐判断力可能使得封面文章的质量普遍高于普通文章，但是除此因素外，封面故事暗示的学术价值和头版头条注意力效应对进一步扩大论文引用率也是有贡献的。对于同一篇文章而言，作为封面文章发表和作为普通文章发表，其引用率也是存在差别的。因为封面文章对于读者而言一定程度上意味着这样一种暗示：这篇文章更为重要，从而使这篇文章受到读者更多关注。

　　为了揭示封面故事文章与普通文章之间的深层差异，笔者分析了 CNS 三大刊。CNS 期刊作为最有影响力的学术期刊代表，其上发表的论文包括原始研究型论文、报告、新闻、综述、社论、读者来信等等。笔者仅统计了其中的研究型论文，由此来分析封面故事论文的引用率与同期刊中普通论文的引用率之间的差异。笔者在 2014 年进行了首次采集，并在 2016 年对同样数据进行了再次验证，且增加了 *Nature* 子刊 *Nature Reviews Molecular Cell Biology* 来进行对比分析。

一、CNS 的封面图像遴选机制

　　越来越多的科技期刊使用图像作为封面，常选取具有较高显示度的文章来作为封面故事的主题。通常情况下，期刊编辑会邀请同一期的多篇高价值论文的作者来提供封面备选方案，也有一些作者提交论文的时候会主动做好封面图一起提交。高水平期刊通常沿用一种固定风格的封面（Palileo and Kaunitz, 2013），提交的封面图像必须符合这种既定的风格才有可能被选中。CNS 期刊强调封面图像的艺术性比科学性更为重要，以避免收到那些艺术感太差、只有业内同行才可能看懂的学术图片。

　　当没有合适的封面图片提交时，期刊编辑就会求助于商业插画家或图片代理机构，如盖蒂图片社（Getty Images）和华盖创意（Corbis）是为科技期刊提供最多封面图片的代理机构（王国燕和姚雨婷，2014）。现在也有专门为科技期刊做插图的商业机构，帮助那些缺乏美学造诣的研究人员来制作或者处理美化图片。例如，成立于 2007 年的视觉科学（Visual Science），总部设在莫斯科，有 70 名工作人员，包括设计师、分子建模者、科学家和网络专家，为主要期刊和出版商提供封面艺术设计方案，并为政府组织和企业提供广告图像。视觉科学曾协助诺贝尔奖获得者弗朗索瓦丝·巴尔·西诺西（Françoise Barré-Sinoussi, 1947—）艺术化处理艾滋病毒，赢得 AAAS 举办的全球科学可视化挑战赛奖项而受到高度赞誉。

　　学术图像指学术论文中能起到解释说明或体现实验结果作用的插图，能够客观直接、形象化表现科学知识，使受众更易理解和接收学术成果内容，在学术科技期刊中扮演着重要的角色。学术图像作为一种科学知识的传播形式，其特殊性在于直观形象。进入图像时代，学术图像在学术论文中的数量不断增加，这些学术图像能够通过直观的形象给受众留下强烈的视觉印象。当受众在阅读使用了学术图像的学术论文时，既能够了解科学知识的过程，也能够直观了解科学成果。

　　插图一直被认为是早期现代科学出现的决定性因素。例如，在早期现代科学的物质文化中，将图像与文物、人类学物品和自然史标本等物品放在一起，将它们描述为"无声的使者"，要求人类推断它们的意义，并将它们转化为学术话语。这种被称为"科学阐释"的独特表达方式的建立，与近代早期人文主义学术的发展有关。

二、一百年来 *Nature* 的科学图像

　　科技期刊是科学研究中前沿科学成果和知识传播的重要平台，学术图像作为学术论文的内容，同样肩负记录和传播不同时代科学知识的使命，因此，知识价值是其最基本的价值。*Nature* 学术图像作为 *Nature* 科技期刊学术论文中的一部分，同样遵循着 *Nature* 的创办宗旨，即"第一，让社会公众了解科学研究工作的重大进展，并促使科学在教育和日常生活中得到更大范围的认同。第二，为科学家提供世界上每个自然科学分支的早期进步知识和讨论不时出现的各种科学问题的机会。"因此学术期刊作为社会发展过程中的重要知识传播和交流平台，既决定了学术图像在传播过程中的知识价值，又记录着历史发展过程中科学家所发现的科学知识和科学成果。学术图像是对具体科学成果的记录和反映，其本身就具有学术论文所具有的科学知识，和学术论文发挥着同样的作用，脱离知识价值的学术图像不能称为学术图像。

　　Nature 杂志创刊于 1869 年，由英国科学家约瑟夫·诺曼·洛克耶（Joseph Norman Lockyer，1836—1920）创立，发展至今已有 150 多年的历史，它和美国的 *Science* 杂志同为世界前沿科技期刊。*Nature* 杂志的产生与发展与英国的社会环境密不可分。第一次工业革命为英国带来了物质基础的发展，也为 *Nature* 杂志的出现提供了客观物质条件。而物质条件的发展需要科学技术和科学知识的支撑，因此，第一次工业革命也为 *Nature* 杂志的发展创造了良好的科学环境。英国是现代大学制度的发源地，世界著名的牛津大学和剑桥大学分别于 1096 年和 1209 年在英国成立。17 世纪前后，以牛顿、查尔斯、达尔文等为代表的大批科学家的出现，为英国的科学研究和科学发展奠定了基础。科学的进步推动了社会生产力的进步，进而推动了社会发展，因此，英国政府大力支持科学技术的发展，且鼓励多元化科学研究。雄厚的物质基础和宽松的科学环境极大地推动英国工业革命的完成。与此同时，大量科研成果和科学知识在科学界需要通过媒介进行沟通和交流，因此，在这一历史大背景下，*Nature* 杂志学术期刊的创立不仅记录了当下科学知识及科学技术的发展，也成为科学界沟通交流的最重要媒介。

第二次工业革命的到来推动了摄影摄像技术的进步，科学家对于科学知识及科学成果的记录不再仅满足于文字的撰写，*Nature* 杂志科技期刊也开始逐步出现了学术图像。一开始，科学家通过图片来记录和解释科学实验的过程，早期的 *Nature* 杂志图像中也可以隐约找到学术图像对当时科学知识及科学技术的记录。而后，随着第三次工业革命的开始，电子信息技术的发展使人们接收信息的速度越来越快，各种先进实验器材的出现使大量的科学实验可以被记录，科学技术的进步也为学术图像的多样化、可视化提供了技术支撑，学术图像开始进入爆发式发展阶段。

多年来，*Nature*、*Science* 杂志进行了一系列调整，近几十年来，"姐妹"期刊在日益专业化的科学学科中开辟出了自己的空间，而图像始终保持中心位置。例如，1896 年，*Nature* 杂志发表了物理学家威廉·伦琴（Wilhelm Röntgen，1845—1923）的第一张 X 射线底片；20 世纪 20 年代，地图引发了对阿尔弗雷德·魏格纳大陆漂移理论的争论；1968 年，天体物理学家乔斯林·贝尔·伯奈尔（Jocelyn Bell Burnell，1943—）发现了脉冲星。从某种程度上来说，在过去的 150 年里，图片在科学出版中的作用并没有改变多少，许多科学证据都采用了可视化的形式：如插图、图形和后来的照片。而工具不可避免地发生了变化，最初，*Nature* 和其他科学杂志都以单调的印刷版画为特色。如今，图像被数字化、动态化，并呈现出生动的色彩，以反映科学技术能力和科学本身的变化。19 世纪后期，科学学科发生了剧烈的变化，它们之间的界限变得愈加模糊。尽管现在许多图像被用来展示或作为可视化数据，但这些早期的例子主要是科学数据的表示，例如日食的照片或地质构造的图画。

Nature 杂志兼有新闻性和学术性，根据官方网站主题分类，主要涉及生物科学、商业、地球与环境学科、卫生科学、人文科学、物理科学、科学界与社会、社会科学八大学科，其影响因子一直名列 SCI 期刊前茅，2023年影响因子 50.5（由期刊引用报告（Journal Citation Reports，JCR）提供），在世界科技期刊位列第 11 名。因此，通过对 *Nature* 杂志学术图像内容的计量分析，能够追踪前沿科技期刊学术图像的发展历程，并进一步映射各个学科领域在不同发展阶段的特征和概况，以此来回顾近百年来科学发展的整体历程，为科学知识发展和传播提供新思路。

在学术期刊上呈现学术图像和文字需要合理地利用版面空间，随着出版技术的提升，学术期刊中的图像总体上呈现上升趋势。*Nature* 杂志学术期刊创刊之初，对每篇学术文章的排版仅限于文字描述。随后，科学技术的进步推动了知识可视化和科学可视化的进程，尤其是在进入数字化时代后，图片制作不再受限于技术因素。另一个明显的变化是单个图像变成了图组，即包含多个小图，但考虑到版面的因素合并为一张插图来呈现，通过对论文中学术插图的抽样观察，可估计每张插图平均由3～4张小图组合而成。

每个学科的学术图像在表现上略有差异，例如，基础化学的文章配图大多数来源于各种软件绘图、三维建模抽象原型以及高清显微镜、微距、高速、X光摄像技术，这些科学技术的进步促使基础化学学科的图片从最初的纯文本方式叙述，到画质模糊的图片和简易方程式，再到如今高清显微镜镜头下美丽的化学反应。高科技手段记录了化学实验过程中原理及其发生的物质反应。最初，学术图像大多采用手绘的方式，信息量较少（图7-1）。如今绘图技术的发展使得精细化和信息丰富的图像成为常态。

图7-1　手绘学术图像

临床医学是一门与人类自身发展息息相关的学科，在20世纪中后期，科学技术的进步与发展应用到医学领域，其中，超声波诊断仪、扫描、正电子摄影、核磁共振成像等技术开始逐步得到广泛应用，它们实现了对器官视图资料的非介入式采集，为临床实践和学术型论文提供了大量丰富的图片。1947年6月7日出版的学术文章《中枢抑制的电学假说》中只是通过简要的构图和简单的符号来解释中枢抑制假说中细胞在实验过程中的变化，其中只能显示细胞变化过程中简单的结构（图7-2左）。2003年6月5日出版的学术文章《从人类FcaRI及其与IgA1-Fc复合物的晶体结构中了解IgA介导的免疫反应》，能够对细胞膜图片进行模拟，且通过不同图层的变化来说明细胞内不同物质变化的运转模式（图7-2右）。随着绘图软件的进步，精美的插图能够方便读者在阅读文献时进一步了解该实验过程中发生的变化，以增加对文章的理解。

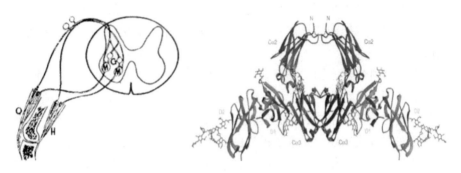

图 7-2　中枢抑制假说中细胞在实验过程中的变化

克罗齐曾说"一切历史都是当代史"。历史不仅记录每个时代发生的事情，也刻画事件背后的社会发展环境。纵观 *Nature* 杂志学术图像发展的过程，从最初稀少的黑白图像，到多样的彩色图片，再到如今读图时代的到来，图像的变化伴随着科技的发展。其实，研究 *Nature* 杂志科技期刊的学术图像，不仅在于让我们了解它的历史价值，更重要的是为现今的学术期刊发展提供借鉴和指导意义。

科技期刊作为科学知识和科学技术发展的产物，不仅向受众呈现了丰富的内容和信息，而且具有独特的文献形态。在科学传播发展的历史过程中，科技期刊是科学知识和科学成果的重要记录者。*Nature* 杂志科技期刊中的学术论文配有大量的学术图像，对于如今我们纵向研究科学历史具有丰富的文献价值。首先，*Nature* 杂志学术图像曾记载过基础化学、物理学、临床医学、生物学等学科的实验过程以及模拟物质演变过程，有通过摄像、显微镜技术等技术手段生成的图片，也有通过 DNAMAN、Clustal、MEGA、Structure 等软件绘制出来的细胞结构、微生物等等，我们能够通过这些图像了解不同时代不同学科的知识和技术的发展传播过程。例如，现今火热的量子技术领域的学术论文中出现的"墨子号"照片，为科学事业的研究打开了新的道路。一定程度上来说，*Nature* 杂志中刊登的特定历史时期的科学知识和科学成果的图像也是研究近代科学史的重要文献。

三、计量学揭示封面故事论文的引用率差异

2013 年 12 月，*Nature* 上的一篇 Noorden 撰写的文章，通过分析 Twitter 上热议的学术成果，发现社交媒体上的高关注度并未造成论文引用率的提升，从而论定学术成果在社交媒体上传播就好像蚊虫嗡嗡一样没有实质性

价值。此结论及其研究方案引起科技传播领域的一片争议。针对这一问题，笔者展开了对媒介传播与论文引用率关系的深入研究。

论文的引用率高峰通常为出版后的 2~5 年（Garfield，1955；Davis and Cochran，2015）。在这里，笔者分两步进行操作。首先，笔者于 2014 年统计了 2008~2010 年的 CNS 期刊封面故事论文引用率以及期刊中所有研究型论文的引用率数据。通过 Web of Science 中的"创建引用报告"功能统计出所有符合条件的论文的平均引用率。由于 Web of Science 的统计功能最多显示 1 万条文献数据，限制了数据的时间尺度选择，因此笔者每次统计仅选择 3 年跨度的文献。其次，对于封面故事文章，笔者首先在 CNS 期刊官方网站的"关于封面"栏目中查询出每一个封面故事对应的论文，然后在 Web of Science 中检索出这篇论文的引用率情况，从而统计出封面故事论文的平均引用率，第一次统计数据见表 7-1。

表 7-1　CNS 文章引用率（2008~2010 年）

期刊	所有论文数	封面故事文章数	所有论文平均引用率	封面文章平均引用率	引文放大率
Nature	9122	134	89.37	218.16	245%
Science	9538	110	73.66	164.98	223%
Cell	1525	76	106.62	124.68	117%

为了检验上述数据，2016 年笔者又做了一次统计，分析了 2010~2012 年的引用率情况，并增加了一本期刊来作为对比——*Nature Reviews Molecular Cell Biology*。这是 *Nature* 的子刊，和 *Nature* 有着相同的运营模式，但又和 *Cell* 的定位相同，是一个专业性期刊而非综合性期刊，因此可以用来和 *Cell* 进行类比。表 7-2 中笔者列出了前后两组数据，数据显示它们具有很好的一致性。*Nature*、*Science* 的引文放大率均较高，达 212%~262%，而 *Cell* 的引文放大率较低，不超过 120%。

表 7-2　CNS 文章进一步分析以及与专业期刊对比

期刊	年月	所有论文数	封面文章数	所有论文平均引用率	封面文章平均引用率	引文放大率
Nature	2008-10	9122	134	89.37	218.16	245%
	2010-12	7819	122	99.55	210.68	212%

续表

期刊	年月	所有论文数	封面文章数	所有论文平均引用率	封面文章平均引用率	引文放大率
Science	2008-10	9538	110	73.66	164.98	223%
	2010-12	7949	115	77.08	201.63	262%
Cell	2008-10	1525	76	106.62	124.68	117%
	2010-12	1453	79	129.03	154.67	119%
Nature Reviews Molecular Cell Biology	2010-12	207	36	81.54	167.06	205%

也就是说，*Nature Reviews Molecular Cell Biology* 的引文膨胀放大率和 *Nature*、*Science* 几乎没有差异，高达 205%。这与 *Cell* 形成鲜明的对比：*Cell* 的前后两个时间段的数据都显示出其引文放大率低，第一次为 117%，第二次为 119%。

四、封面图像引文膨胀效应的解释与讨论

上述引文放大率差异，很可能来自 CNS 期刊的论文传播渠道。绝大多数学者在检索文献时，会通过 Web of Science、Google Scholar 或者直接在 IE 浏览器中进行检索，检索任何一篇 *Nature* 或者 *Science* 论文，全文链接都指向它们的官方网站。也就是说，想要阅读这些论文的全文必须转向期刊官网。期刊官网的阅读模式就好比翻开纸质期刊一样，封面图像往往就在同一页或者附近链接上。

然而，与 *Nature* 和 *Science* 有所不同，*Cell* 的论文卖给了多个第三方数据库，例如，*Elsevier*、*Science direct* 等。*Cell* 的网站在各种检索系统中排名非常靠后，因此大部分读者将进入第三方数据库平台来阅读所搜索论文的全文，而这些平台上是不展示 *Cell* 封面图像的。尽管 *Cell* 的网站结构和 *Nature*、*Science* 一样，都在醒目的位置展示了期刊封面，不幸的是由于传播渠道的读者分流，几乎很少有读者会前往 *Cell* 官网去阅读论文。也就是说，绝大多数的 *Cell* 读者无法得知所阅读的论文是否是封面文章，因此 *Cell* 封面文章在关注度上与普通论文是无差异的。因此，仅靠学术质量的差异，造成了 *Cell* 封面故事文章的引用率仅为普通文章引用率的 120% 左右。

这种 CNS 的"引文膨胀效应"暗含了两种可能的解释：第一个原因可能来自编辑对文章价值的敏锐判断力，他们独具慧眼地选择具有高价值潜

力的文章作为封面文章。另一个可能的解释来自期刊平台本身：作为封面文章来进行展示意味着这篇文章可能更重要，从而吸引读者更多的注意力。这一点在 Cell 上得到证实：由于阅读渠道展示方式差异，Cell 封面论文隐藏了它的特殊身份之后，引用率大大下降。

以上两种解释互不排斥，互为补充，或许还有其他更多未在本研究尺度范围的解释。但上述数据足以让笔者确信：封面图像和学术论文的引用率之间存在关联。笔者无法知道在具体引用的过程中论文作者到底是何种想法，就如 Franzen 所言，"作者为何引用是一个开放性问题，引用的动机可能差别很大……尚且没有引文的理论能够解释这一问题"（Franzen，2012）。

期刊的论文引用率提升，反映出图像得到了同行专家的关注，而不仅仅是得到社会大众的关注。科研人员虽然充满理性，但其注意力依然会被视觉美感所吸引。在这里，笔者也能看到专家和普通大众之间的边界，这是科学技术与社会 STS 学科领域中经常出现的一个主题（Cassidy，2005；Cassidy，2006；Gregory，2003；Collins and Pinch，1979；Hilgartner，2016）。

五、引文膨胀效应的学术意义及社会价值

笔者与英国曼彻斯特大学科技史研究中心 Jane Gregory 合作，揭示了封面图像对于学术论文引用率的放大效应：在高水平期刊论文中，学术质量造成的封面故事文章和普通论文的引用率差异不足 20%，但当论文以封面图像的形式刊登，其引用率差异可放大两倍以上。该成果以"封面故事：一种新兴的科学声望美学"为题，作为理论研究型论文于 2017 年 5 月 7 日在线发表在 SSCI 一区的国际权威期刊 Public Understanding of Science（PUS）上（Wang et al.，2017）。根据当年的期刊引用率报告数据，PUS 是社会科学引文索引 SSCI 一流期刊中科技史与科技哲学大类中 44 本期刊的 TOP1。

此项研究的学术意义在于：为图像传播促进科技创新成果扩散提供了有力的实证依据。社会价值在于，科学家在推动科学成果的公众认知时，应充分意识到视觉图像的重要意义，在生动的视觉表达和传播渠道上多一些考虑和投入，能有效促进科学成果的传播和认知（图 7-3）。

该项研究被 PUS 期刊邀请设计宣传动画来进行成果展示（图 7-4）。在 PUS 的新闻频道、亚洲科学家、中国科学院网站、科学网、新浪、搜狐等媒体平台均作为新闻进行报道。

图 7-3　封面图像放大论文引用率成果新闻图

（王国燕原创）

图 7-4　期刊新闻平台发布的科普动画截图

第二节　基于影响因子及学科差异的图像分布规律

为了探寻高影响因子期刊和普通学术期刊在图像使用上是否存在显著差异，以及各个学科的期刊封面是否存在显著差异，笔者调研了中国国家图书馆馆藏的所有 3635 本中外科技期刊样本，以及 JCR 中各个自然基础学科的 TOP20 期刊样本，以封面是否为变化的图像为分类依据展开统计分析，笔者称具有变化图像的封面为可视化封面。

一、高影响因子期刊更倾向于采用图像作封面

考虑到 JCR 的学科分类过细，笔者将其和中国科学院期刊分类进行了

归并，这样一来学科分类则按照中国图书法分类标准统一，与中国图书馆分类法保持一致，因而具有了学科之间的可比性。JCR 中有 173 个学科分类，每个学科有很多的详细分类，例如，生命科学被划分为 13 个细目。中国科学院文献情报中心曾制定标准把 JCR 归并为 13 个基本学科：地学、天文、生物、数学、物理、化学、医药、工程、环境、农业、林业、管理科学、社会科学和综合期刊。而中国国家图书馆的分类中，地学和天文被归并在一起作为一个类别。因此，JCR 和 CAS 的期刊分类基本上与中国图书馆分类法吻合，这让两个不同数据来源的期刊有了比较的可能。如表 7-3 所示，JCR 中的期刊 TOP20 依据 5 年影响因子的数值来选择，中国国家图书馆中的所有科技期刊作为一般科技期刊全样本选择。

表 7-3　基于学科分类的顶级期刊与普通期刊封面差异

学科		Top 20 科技期刊（JCR）变化封面图像的期刊			所有科技期刊（中国国家图书馆）变化封面图像的期刊		
		样本数	数量	比例	样本数	数量	比例
基础科学	数学	20	1	5%	193	11	6%
	地学与天文	20	3	15%	284	49	17%
	物理	20	10	50%	133	40	30%
	化学	20	11	55%	81	28	35%
	生物	20	14	70%	302	136	45%
应用科学	工业与技术	20	12	60%	1238	484	39%
	医学	20	13	65%	194	35	18%
	环境	20	15	75%	123	52	42%
	平均值			46%			28%

注：统计时间为 2013 年 12 月 31 日

数据表明顶级期刊采用图像封面的比例高达 46%，明显高于普通期刊 28% 的比例数值。上述数据支持了本项研究的一个关键发现：实证揭示了高影响因子期刊更倾向于采用图像作为封面这一客观现象。

事实上，在调研中笔者也发现，高影响期刊不仅在封面上采用了大量的图片，其期刊内容中也充满了丰富多彩的图片，内容和封面的图像情况也是密切相关的。高影响因子期刊具有更好的社会资源和经济实力，更有可能在期刊图像上多投入，以便吸引更多的注意力。同时，科学研究的论文作者们也更舍得在高水平期刊上投入，他们可能会付费邀请第三方个人或者机构来创作可以作为封面的科学图像，以便期刊从中选择。此项研究也发现，科学图像不仅体现在封面上，同时也体现在期刊内页的插图上，这一点顶级期刊和普通期刊也是存在客观差异的。

二、实证揭示不同学科图像分布基本规律

上述表 7-3 清晰地显示出了学科之间的显著差异。基础学科的可视化封面比例从低到高依次为：数学、地学与天文、物理、化学、生物。应用科学如环境、医学、工业技术，它们的可视化封面比例普遍高于基础学科，其可视化封面比例都在 50% 以上，均超过了基础学科中可视化程度很高的化学。

需要特别说明的是，应用科学中只有一个例外，即医学。笔者在调研时发现，中国国家图书馆中的医学期刊封面上充斥着大量的医学商业广告，将其剔除后，医学期刊封面图像比例数值显著降低。而 TOP 医学期刊则几乎没有封面广告，因此这两者的数据差距较大。

基础科学和应用科学的各个学科也呈现出明显的结构分布。例如，生命科学期刊可视化比例要高于物理。根据马丁·鲍尔和简·格雷戈里等关于传播与经济学之间关系的论点，笔者推测这一差异代表了这些学科商业化的差异。近几十年来生命科学的商业化程度很高，而化学的商业化程度也很高，其商业应用获得了大量的专利（Lissoni et al.，2008；Powell et al.，2007）。在应用学科中，环境和医学的可视化程度较高，这两者都是高度商业化的应用学科，在公共应用领域具有很强的代表性。

此项统计数据支持了这一原创性结论：应用学科的可视化程度普遍高于基础学科，基础学科的可视化程度按照数学、地学与天文、物理、化学、生物的顺序依次递增（图 7-5）。

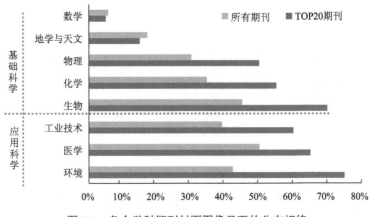

图 7-5　各个学科期刊封面图像呈现的分布规律

三、科学之美暗示商业美学

关于科学图像的几项结论，笔者认为这是在经济驱动力下形成的文化现象。科学之美也是一种商业美学：这些封面往往既形象生动，又精致华美，让人联想到商业领域的广告。能够在封面创作实践中取得成功的实践者，往往也是和商业活动关系较为密切的艺术插画师或者企业本身。科学传播本身就是从属于一种商业价值实践框架与范畴，并可称之为"公众理解科学公司"（Bauer and Gregory，2007）。

与其他科学传播领域一样，封面艺术的任务也是分包的。科学家经常花钱请专业的插画家或代理机构为他们制作科学图像，假设这个成本通过引文膨胀效应得到了间接补偿。这些科学图像更具社会性，而非纯粹学术性：它们是科学家和第三方合作的产品，旨在让未经专业学术训练的社会公众所能理解接受。科学家通过把这项"艺术"分包出去，扩大了从事科学工作的人员的范围，并衍生出来一个图像创作的商业空间。在此空间中科学传播是一种谋生的方式：通过提供科学图像，在全球科学市场上进一步增强其所在学科影响力，以及相应学术成果的影响力。

1842 年发行的《伦敦非科学画报》开创了通过丰富的视觉效果吸引大量读者的先河。历史学家梅琳达·鲍德温（Melinda Baldwin）在《创造自然》（Making Nature，2015）一书中所指出的，直到 1890 年，《华尔街日报》才首次盈利。图像的成本对利润有很大的影响。地质学家爱德华·查尔斯沃斯从劳登手中接管《自然史杂志》后，不得不把每页的图片压缩到 10 张。在 19 世纪 80 年代到 1900 年之间，旧有的合作方式让位于技术对话者：摄影师。科学杂志将摄影视为一种使"机械客观"成为可能的观察方式。人们更加相信镜头和卤化银能够用肉眼无法达到的方式捕捉世界。然而，与所有的视觉技术一样，它需要选择、组织和解释才能将数据呈现为可理解的图像。20 世纪上半叶，摄影成为科学的关键。凯瑟琳·朗斯代尔（Kathleen Lonsdale，1903—1971）开创了晶体学的形式，X 射线直接对准样品来测量衍射并确定其原子和分子结构。朗斯代尔 1928 年在《英国皇家学会会刊》上发表了她对苯 13 环的发现。她拍摄的 X 射线衍射照片——比如 1941 年拍摄的 8 颗钻石系列，经常出现在 Nature 杂志的页面上。

科技期刊不仅应具有科学美，还要具有形式美。封面作为期刊的皮肤，在期刊形象塑造、内容知识传播等方面具有重要意义。封面图片的设计有规律可循。在某种科技传播机制的促进下，中国大批优秀的设计师能和科研团队实现有效对话，通过专业的沟通实现科学原理与数字艺术的相互融合，从而更好地服务于顶级科研成果。根据哲学家多米尼克·洛佩斯（Dominic Lopes）的观点，插图之所以有意义，是因为它们代表了对物体的一种专家解释，这种解释涉及以一种信息丰富和有用的方式描述物体的特征。

第三节　科技新闻中的可视化应用

科技新闻是对科学技术领域新近发生事件的报道。新闻机构通过对科学技术领域最新研究成果及科学事件进行及时、迅速地报道，向大众传播最新科学知识和技术信息，有利于推动科学技术转化为现实生产力。新闻图像是一种对新闻事实的视觉报道，与文字相比更具视觉说服力，有一种现场见证性（邵斌，2007）。随着科学技术和大众媒体的迅速发展，社会公众常能接触到重大科技新闻，例如，各大著名杂志和网站在年末纷纷会盘点一年内重大的科技成就，多以"十大"科技成果新闻的方式来发布。而这些成果往往在公布之时就地毯式地在国际上的多个媒体平台同时发布，从而在全球范围内引起巨大的新闻效应。读者在阅读这些新闻的同时也会关注到科技新闻图像，从而加深对科技资讯和知识的理解和认知。本节拟从科技新闻配图的基本特点出发，统计分析近年中外重大科技进展新闻的图片特征，为中国顶级科技新闻的图像传播提供借鉴和参考。

科技新闻图片具有科学性和典型性的鲜明特征。新闻图片是新闻报道中的一部分，承担着报道新闻、传递信息的职责，一般都具有真实性、直观性等特性。科技新闻图片作为新闻图片中的一个分支，自然具备着新闻图片的共性，但由于其涉及领域的专业性与对象的特殊性，科技新闻图片也具备了特有的性质。

科技新闻图片对科学性提出更高的要求。科学传播的首要基础是科学性，即内容的科学和展示形式的科学（张楠和詹琰，2012）。科技新闻图片不仅仅是单纯记录某一成果从而证明其真实存在，更要求用图片来传播科技进展，让更多人可以通过科学图片的辅助来真正理解并学习新的科学知识。科技新闻图片所涵盖的内容是科学成果，拥有科学性，而图片的制作手段也应具备科学性（翟杰全，2002）。科学图片可以将晦涩难懂的文字信息转化为通俗易懂的图片信息，无论是复杂的实验数据，或是深奥的实验结论，都可以融于一张直观的图片之中。这必然要求制作者拥有极高的科学素养与科技水平，以及科学准确的绘制手段。科学图片，既要推进该领域的研究者从图片中得到有价值的信息从而激发灵感，也要满足没有接受过专业科学教育和训练的普通大众借此提升科学知识水平的需求，包含着由浅至深的科学内涵。因此，科学性是科技新闻图片必须具备的性质，在总结与论述现有科技成果的基础上，为下一步科学领域的进展打好伏笔。

科技新闻图片不只是记录一个成果的诞生，而是通过图片来承载实验所带来的科学信息与知识。法国记者布列松说："世界上的万物都具有最美妙的时刻，而这一时刻最能表现和感染人。"科学实验也是如此，任何一个实验过程中，都会有无数个值得记录的实验瞬间，而只有捕捉到最重要的瞬间，制作并挑选出最具有代表性和典型性的图片，才能使科技新闻报道所传递的信息最大化。例如，"好奇号"登陆火星的新闻中，选取的便是其着落火星的那一瞬间，这也成为人类在外太空宇宙探索中的标志性瞬间，这张照片的背后代表着美国 NASA 先进强大的航天实力。因此，科技新闻图片所捕捉的应是整个成果中最有代表性意义的瞬间，这具备一定的纪念性意义。同时，科学成果的新闻报道涉及的科学领域广泛而复杂，每一个领域都有不同的学科特点，其成果的展示方式自然也不尽相同。简单的摄影技术能够记载事物的真实面貌，但难以呈现复杂抽象的科学成果。因此，科技新闻图片需要依托先进的摄影技术与计算机技术，从不同学科的特点出发，以最大程度地呈现其成果为目标。生物学科常常聚焦奇妙的微观世界，显微摄影图片便是生物领域科学成果的呈现方式之一；天体物理学科常常涉及未知的世界，更多的认知来源于数据的采集与艺术的想象，因此伴随着计算机技术发展而诞生的科学概念图是天文领域科学成果的呈现方式之一。计算机技术推动着科技新闻图片在各种科学领域中的全面延伸，多样化的科技新闻图片形式，能够为不同科学学科提供最合适的表达方式。

一、科技新闻图片的作用

随着计算机技术与新媒体技术的不断发展，图片的质量不断提高，内容变得愈发丰富，所能传达的信息也日益增加。同时，人类的视觉体验和阅读行为正在从以文字为基础的阅读方式向以视觉形象为基础的阅读方式逐步过渡（赵莉，2014）。因此图像在新闻报道中出现的频率愈来愈高，可以说是新闻报道中不可缺少的一部分。科技新闻是一种新闻，科技新闻的图像自然也是其中的一部分。随着科技的飞速发展，在拥有与其他种类新闻图片的共性之外，科技新闻图片在发展中还逐渐产生了其自身独有的特殊性质，使其在科技成果的新闻报道中发挥着愈来愈明显的作用。

（一）增强科技新闻的真实性

新闻的制作要素之首便是真实性，正如任蒂夫·拉森所说："图片是对一个瞬间的即时记录。这一点被改变时，我们的立场就危在旦夕了"（威尔金斯，2006）。新闻的生命力在于真实，因此真实性也是科技新闻的生命。科技与创新已经成为国家发展的根本动力，科技成果往往象征着前沿科学技术的发展动态，体现出世界先进科学领域的最新进展状况，所以，科技进步是全人类共同追寻的目标，科技新闻自然也成为全民追捧的对象。不仅是本国科技新闻，全球化的趋势之下，民众应能够将目光聚焦于全世界，关注着代表世界最先进的科学动向。而每一项全新的科技成果，往往都是前沿先进的、不同寻常的，更有甚者是超出现有认知范围的。从某些角度来看，前沿科技成果是"不真实"的，是容易令读者产生疑惑甚至质疑的。单一的文字和语言描述，难以完全准确地描绘出现场感与真实感，难以充分阐述科学原理，它要求民众发挥自己的想象力，依靠自身的认知水平去接受新的科学发现。例如，新物质或者新物种的诞生，倘若没有相应的图片加以佐证，人们不可避免地会对其是否真实存在产生怀疑，导致相关新闻报道丧失一定的可信度。所以，单一文字的科技新闻容易让读者有一种"雾里看花"的无力感，这种无力感来源于对于未知而不可及的痛苦。因此，文字之外的图片必不可少。附上相应的科技图片，可以作为事件的佐证，不仅可以证明该项成果确实是最近发现的新的科学事实，也能让读者对事件与场景有清晰准确的认知，从而增强科技新闻的真实性与权威性，让该成果变得更为可信。同样，科技图片往往是实验场景或实验数据的纪实，这也能够成为检验实验真伪性的重要标准，从而增强成果的可信度。

（二）促进科技新闻的易读性

新闻的首要功能是传达信息，特别是大众"欲知应知而未知"的信息（王国燕，2014）。前沿科技成果代表着世界上最领先的科学发展，其严谨性与先进性无可比拟，但伴随而来的，便是它对于普通民众而言是有一定阅读门槛的、晦涩难懂的。天文物理，生物医学，自然地理等学科的科学进展与研究成果具有极强的专业性，由专业术语组成的实验方法与实验结论都带着各自领域独有的特点，因此，没有接受过专业学科教育的普通大众或者不是相关领域的研究者，都难以从文字描述中真正理解该成果的意义，从而导致科技新闻无法发挥其"传递信息"的作用。而科技图片，可以用最直观、低门槛的方式，来诠释研究成果。单一的文字或语言所遇到的表达困境，在图片的帮助下得以缓解。例如，在 *Science* 杂志上刊登发表的"特定有机小分子化合物结构"的新闻，新闻文字讲述了实验员通过向微小的 3D 晶体发射激光束，跟踪衍射模的变化从而生成分子结构图的过程，这是一项重大的突破。然而仅仅依托文字，普通大众可能无法理解何为衍射模，何为分子结构图。因此，该条新闻配上了显微镜所捕捉到的分子结构图片。图片中，黑色晶体与白色细胞形成鲜明对比，简洁明了，可以清晰地发现 3D 晶体在该实验中所发挥的作用，从而令缺乏相关知识的大众也对该科学成果有一定的具体的认知，使得该成果得到更广泛传播。科技新闻图片帮助科技新闻成为更加"平易近人"的存在，有助于大众理解科学新闻，从而推动科学新闻向公众传递更多的科学信息与知识。

（三）利于科技新闻国际传播

俗话说"艺术没有国界"，图片也属于艺术创作的一部分。世界上不同种类的文字众多，各民族有其特有的表现形式和语言习性。纵使翻译系统已经日益成熟，但是不同文化之间的差异，会导致相互理解上的困难，甚至在语言转化的过程中，使原来的语句含义产生变化。例如，中国文化中，"龙"代表着飞腾，是神圣的象征；而在西方文明中，龙往往是邪恶势力的代表。文字虽然能够较为清晰地描述出一个场景或一个事件，但对于来自不同阶级、背景、文化的人们，可能都会对其产生不同的理解。科技报道亦是如此，甚至由于科技报道无可比拟的严谨性与专业性，其对于文字的准确度要求也更高，这对于翻译技术和跨文化表达方面不断提出新的挑战。不同语言在转化过程中可能会产生偏颇与歧义，但图片不会受此影响。在传播的过程中，只要图片不是被有意地加工或曲解，都可以被完整且准确地传播与理解。这一认识不受民族语言、读者水平和地理环境的制约，是所有人都能读懂的语言（高瑞，2014）。不论是哪一个国家的前沿科学成果，都期望能在国际上得到广泛传播与认可，因此，科技图片承担了国际科学传播的重任。

（四）增强科技新闻的吸引力

图片不仅是新闻的组成部分，还能够成为新闻的"兴趣点"。科技新闻自古以来便是"不接地气"的代表，其没有民生新闻的平易近人，也没有娱乐新闻的哗众取宠，因此科技新闻需要一个能吸引读者兴趣的"亮点"。

在此背景下，科技图片以先进的计算机技术为支撑，能够表现出丰富绚丽的色彩、不同寻常的场景、独一无二的成果，来弥补科技新闻的不足之处，从而往往能立刻吸引读者的注意并引起他们的兴趣。例如，2022 年两院院士评选的世界十大科技进展新闻之一——"人造心脏研究取得重要进展"。为了从头开始构建人类心脏，研究人员需要复制构成心脏的独特结构。这包括重建螺旋几何形状——当心脏跳动时，螺旋几何形状会产生扭曲的运动。这种扭曲运动对大量泵血至关重要，但由于制造具有不同几何形状和排列的心脏难度较大，这项工作极具挑战性。美国哈佛大学约翰·保尔森工程与应用科学学院生物工程师使用一种新的增材纺织品制造方法，开发了第一个具有螺旋排列跳动心脏细胞的人类心室生物杂交模型，并证明其肌肉排列确实会显著增加每次收缩时心室泵出的血液量。相关研究结果发表于 2022 年 7 月 7 日出版的 *Science* 杂志。该研究的目标是建立一个模型，测试心脏的螺旋结构是否对达到大的射血分数（即每次收缩时心室泵送的血液百分比）至关重要，并研究心脏螺旋结构的相对重要性。这项工作是朝着器官生物制造迈出的重要一步，使人们更接近于建立用于移植的人体心脏的最终目标。

二、世界科技进展新闻图像调研分析

随着科学技术的突飞猛进，创新突破此起彼伏。"科学界的奥斯卡奖"——*Science* 杂志在每年年底都会评选出年度世界十大科技突破，以作为国际科学研究的"风向标"。*Science* 杂志负责新闻的副主编罗伯特·孔茨（Robert Coontz）曾说："当 *Science* 杂志的作者和编辑们着手挑选今年最大的科学进展时，笔者关注的是那些能够解答一些重大问题的科学研究，比如宇宙如何运作，以及那些为未来新发现奠定基础的科学研究。"

在中国，每年举办的"瀚霖杯"是中国科学院院士和中国工程院院士评选"中国十大科技进展新闻"和"世界十大科技进展新闻"的年度评选活动，此项活动至今已经举办了 19 届，在社会上产生了强烈反响。它使公众进一步了解国内外科技发展的动态，对宣传、科普起到了积极作用。

前沿科技成果的新闻中，一般都会伴随着相关图片共同发布来加强信息和知识传递效率。笔者搜集了 2012~2021 年这三个评选的新闻配图，由于评选活动中会出现重复新闻，或者新闻没有相应配图的情况，例如，2012年"'好奇号'着陆火星"与 2020 年"超压下实现室温超导"新闻均同时出现在世界十大科技突破之中，因此，样本共计 292 张科技图片。为了探求不同类型科技图片的特质与传播效果，笔者根据图片的性质以及使用方式，将其分为六类，分别为学术图片、普通摄影、特殊摄影、科学漫画、数据可视化、科学概念图。

学术图片即学术论文中所制作并使用的图片。照片等原始类科技图片包括摄影和通用图片。摄影又包含了普通摄影和特殊摄影，即显微摄影与太空摄影。科技艺术图片包括科学漫画、数据可视化图、科学概念图。详细研究每一种图片的特质与呈现效果，能够揭示何种图片才能实现某种科技成果传播效率与效果的最大化。

根据所分类别，将上述 292 张图片分别归类，以此得出三类评选活动结果中的科技新闻图像类型分布，并对科技新闻的学科领域进行了划分。

世界科技进展新闻配图中，生命科学和物理的成果占比最高，数学的成果最少。这也暗示了生物医学是创新爆发较为集中的学科。在所有科技新闻图像中，摄影和科学概念图所占的比重最大，这是最为常用的科技新闻图片类型。

（一）学术图片

学术论文中使用的图片通常是以量表、图表、逻辑图等形式出现，并利用专业领域中常见的专业图形软件来处理科学数据（王国燕和汤书昆，2014）。学术图片常常反映一个实验的整体过程和内在逻辑，具有较强的专业性和特殊性，对于制作者和受众都提出较高的学术素养要求。学术图片现正在被广泛地使用，并且国内已有 CNKI 学术图片库，涉及社会科学、医药卫生科技、信息科技等多个领域。同时，科技新闻中也不乏学术图片的身影，对科技新闻的专业性有进一步的提高作用。

2014 年中国十大科技进展新闻之一的"量子通信安全传输创世界纪录"，首先发布在《物理评论快报》。其中所使用的学术图片展示了利用超导单光子检测器实现远距离传输的全过程。同年的榜单中，清华大学施一公院士首先将蛋白三维结构研究以长文形式发布于 *Nature* 杂志。图片显示了通过冷冻电子显微镜对得到的复合体进行分析，最后得到了具有 4.5 埃分辨率的 γ-secretase 复合体的立体结构。这项发现还促使科学家开始对阿尔茨海默病进行新的研究，但这类学术图片对公众而言往往非常抽象难懂。

（二）照片

照片是指未经过后期处理或艺术加工的原始图片，以其真实性、直观性在前沿科技成果的新闻图片里占有极为重要的地位，具体数据见表 7-4。

表 7-4　科技新闻图片中摄影图片汇总表

照片类型	普通摄影	显微摄影	天文摄影	通用图片
中国十大科技进展新闻	47	2	6	3
世界十大科技进展新闻	24	8	13	0
Science 世界十大科技突破	43	5	6	3
总计	114	15	25	6

摄影作为反映事实最真实的手法，以其真实性与客观性在新闻图片中占有主要地位。新闻摄影作为有关图片信息的新闻生产实践活动，具有真实、客观、及时等属性（盛希贵和贺敬杰，2014）。在前沿科技成果的新闻报道中，也有相当一部分摄影图片被直接刊登。

除此之外，还有运用特殊设备或技术来进行摄影而得到的图片，天文类摄影就是其中之一。天文摄影需要专业的设备仪器与专业人员进行操作，能够展现光年之外的景象。从图 7-6 可见，"好奇号"成功着陆火星，图片是对"好奇号"外观的摄影照片。借由空间站和其他专业设备，把"好奇号"在火星上的活动拍摄下来，让公众看到火星上的奇妙景象，给公众最直观的现场感受。《我国第一次火星探测任务圆满完成》位列 2021 年中国十大科技进展新闻之首。国家航天局公布了"天问一号"着陆火星的首批

图 7-6　"好奇号"成功着陆火星

（图片来自 NASA 官网）

影像（图 7-7）。该图片拍摄了环绕器与火星相遇的场景，视觉主体是"张开翅膀"的智慧结晶——环绕器，背景是虚焦的庞大火星。这二者被捕捉在一张图片之中，而真实而又清晰的影像包含着对于未知的好奇与向往，给公众展现出宇宙中宏大的静谧感与科技的发达性。

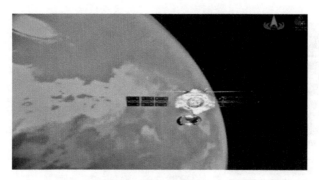

图 7-7　我国第一次火星探测任务圆满完成

（图片来自中国国家航天局）

显微摄影可以帮助人们看到难得一见的微观世界，可以捕捉到发生在咫尺之间的自然变化，其在化学、生物医药等领域具有光明的应用前景。2014 年 *Science* 年度世界十大科技突破中，《可控核聚变研究的第一个能量增益》对控制核聚变的试验进行了详尽的描述。对于一根头发粗细的核燃料，科学家采用了显微摄影对其进行拍摄。在显微技术下，实验所用到的"球状颗粒""微型胶囊"，以及实验中加热到爆炸的现象，都清晰可见，给公众展现了奇妙的科学景象（图 7-8）。

图 7-8　可控核聚变研究的第一个能量增益

（创作者：Eduard Dewald）

2018 年中国十大科技进展新闻之一——《科学家首次揭示水合离子微观结构》也采用了摄影技术。该实验主要依靠高精度显微镜对水合离子进行观察，再对观察结果进行拍摄，给公众展现了在高科技显微镜下的微观世界（图 7-9）。

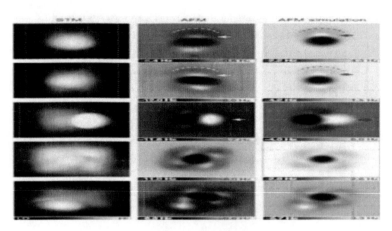

图 7-9　科学家首次揭示水合离子微观结构

（创作者：江颖教授团队）

照片不仅是事件的"记录者"，也是科技世界的"传播者"。通过摄影技术，公众能直截了当地获取信息，看到平时不常见的景象，还能进入到科技所带来的奇妙世界中。

通用图片是指不受专业限制、不受场景限制的常规图片。许多针对某一现象的研究，由于没有具体的特定研究对象，常常会使用通用图片来显示研究对象的广泛与普遍。

（三）科技艺术图片

科技艺术图片是指借助计算机技术，在事实和数据的基础上进行自主创作的科技图片，往往具有很强的科幻感与艺术性，是艺术与科学的完美融合，包括科学漫画、数据可视化图、科学概念图等。

1. 科学漫画

漫画作为一种艺术形式，简明而夸张地描绘人物或事件，具有极强的生动性。科学漫画也是前沿科技成果的一种表现形式，由于其独特的艺术特点和表现方法，常常可以起到教育、歌颂或讽刺等作用。选择科学漫画，往往代表着该论文背后隐藏着深深寓意。

2020 年 *Science* 年度世界十大科技突破之首，便是对抗新型冠状病毒感染的 COVID-19 疫苗以创纪录的速度开发和测试，这是 2020 年最大的科技突破。对于这一重要新闻，*Science* 选择了用漫画的形式加以呈现。画面中一个巨大的球体覆满了绿色的毒株，象征着整个地球正在遭受病毒的入侵（图 7-10）。漫画将画面分成 9 个部分，展现出医护人员与群众面对新型冠状病毒感染时做出的活动。医护人员或是在研制疫苗，或是在研究病毒，公众或是支持，或是做出不理性的行为。一幅漫画，将不可能聚集在一起的场景浓缩于一张图片，并在其中反映面对这一全球灾难时人性的复杂。画面整体采用了明亮的色调，暗示着光明的未来。

图 7-10　抗击新型冠状病毒感染
（创作者：Adam Simpson）

科学漫画可以通过色彩、构图、内容等方式反映出作者的态度与价值取向，虽然整体数量偏少，但是由于其直观性和易读性，以及所蕴含的深意，拥有很大的发展空间。

2. 数据可视化图

数据可视化图是指对于人眼无法观察到或者设备无法直接成像的物体，用特殊仪器或手段对它们进行数据采集与分析，最终通过构建模型的方式来形成图像。《人类历史上首张黑洞照片问世》被评为 2019 年 *Science* 年度世界十大科技突破之首。虽然科学家称其为首次直接拍摄到的黑洞照片，但这张照片实则是数据分析后的结果。通过事件视界望远镜项目，汇聚全球 8 个射电望远镜，利用甚长基线干涉技术得到黑洞的数据，并借助超级计算机来处理数百万亿字节的数据，最终得到黑洞图像。通过数据捕捉和计算机技术，人们看到了第一张黑洞照片，同时，由于最后得到的黑洞图片的阴影大小和形状与广义相对论中对于黑洞的预测相符合，这张照片也增加了天文物理学家对于广义相对论的信心。

《"洞察号"首次绘制火星内部结构》中"洞察号"依托超灵敏地震仪监测地震来绘制火星内部结构。火星震的数据显示火星有一层薄薄的地壳、浅层的地幔和一个巨大的液态核心，加上研究者们多年来对于火星内部构成的分析，绘制工作得到很大进展，由此创作了火星内部结构图（图 7-11），该发现也被 Science 评为 2021 年度十大科技突破之一。

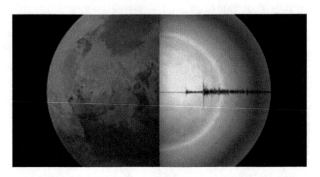

图 7-11　"洞察号"首次绘制火星内部结构
（创作者：Chris Bickel）

受限于技术和客观条件，我们还无法揭开许多神秘领域的面纱。但是通过数据可视化，科学家可以构想出这些未知的真面貌，对于公众理解与科学研究有重要作用。

3. 科学概念图

科学概念图往往用线条或螺旋结构等来表现不可被捕捉的过程，并常常伴有明亮的色彩，以展现科学之美。科学概念图一般由艺术家和科学家以数据和拍摄到的照片为基础，借助计算机技术制作，以展现超出当前技术能力而无法观测到的现象。宇宙图像是科学概念图创作中极为重要的模块，针对未知而庞大的宇宙，太空望远镜和太空站观测到的图像以及科学家画出的对数图，都是艺术家创作的基础。艺术家根据 NASA 哈勃望远镜捕捉到的数据资料展开想象，将肉眼不可见的过程通过概念图呈现出来。以现在的技术水平，人们依然无法直接观测到黑洞，因此需要运用计算机技术，用线条来绘制黑洞，展现黑洞合并时引力波的运动。

三、中外顶级前沿科技成果新闻图片的对比

在经过数据的比对之后，不难看出，中国的科学水平正在飞速发展，许多前沿科技成果也得到了全世界的关注与认可。但是就相应的科技新闻图片而言，中国在制作与选取方面仍有所欠缺。中国科技新闻图片中，相对枯燥和晦涩的普通摄影图片和学术图片使用率高，而更具有艺术性和趣味性的科技艺术图片则相对欠缺。

（一）普通摄影使用率高

从表 7-5 可以看出，在所搜集的 292 张图片之中，普通摄影共占据全部图片的 39%。而中国十大科技进展新闻图片中，普通摄影所占比例达到了 48.9%，也就是说中国科技新闻中将近半数的科技新闻图片都是普通摄影照片。而世界十大科技进展新闻与 *Science* 世界十大科技突破中，普通摄影的比例分别占到 25% 与 43%，均低于中国的数据量。

表 7-5　普通摄影使用率统计表

	普通摄影	全部图片	普通摄影所占全部图片比例
中国十大科技进展新闻	47	96	48.9%
世界十大科技进展新闻	24	96	25%
Science 世界十大科技突破	43	100	43%
总计	114	292	39%

中国的这些普通摄影图片中，最典型的问题是缺乏与新闻本身的关联度，导致图片与内容脱节。并且所传递的信息量有限，质量不高，不但不能为文字补充细节，甚至可能导致读者在第一眼见到时便失去对该新闻的兴趣。

新闻图像不应只是简单的一张图片，而是要将科技成果视觉化，从而传播核心科技成果（崔之进，2016）。科技图像承担着传播科学知识的任务，更要简洁明了，与文章形成强关联性，促进传播效果。

（二）学术图片使用率高

笔者对样本中的全部学术图片进行数据分析，发现在所搜集的 292 张图片之中，学术图片共占据全部图片的 9.2%。中国十大科技进展新闻图片中，学术图片所占比例达到了 19.8%，而世界十大科技进展新闻与 *Science* 世界十大科技突破中，学术图片的比例分别占到 4.2% 和 4%，见表 7-6。

表 7-6　学术图片使用率统计表

	学术图片	全部图片	学术图片所占全部图片比例
中国十大科技进展新闻	19	96	19.8%
世界十大科技进展新闻	4	96	4.2%
Science 世界十大科技突破	4	100	4%
总计	27	292	9.2%

学术图片一般来源于学者的学术论文，用专门的学术绘图软件来进行数据处理，从而生成具有极强专业性与学术性的图片。学术图片追求详尽准确的数据、完美无误地呈现，这不仅要求制作者需要有强大的科学知识背景，也需要读者具有一定的学术素养与学习能力，这就难免给想要迈入科学世界的普通大众设置了不低的门槛。面对复杂的专业符号与学术展示，读者往往会敬而远之，从而停止继续读下去的念头。因此，在希望得到更多读者青睐的科技新闻中，复杂难懂的学术图片很难拥有良好的传播效果。

在中国科技新闻报道中，应适当降低学术图片的出场率，采用更通俗易懂的图像形式来表达新闻中的科学原理，从而吸引读者，降低阅读难度，不让读者"望图生畏"。

（三）科技艺术图片使用率低

在本次的样本中，科技艺术图片主要包括科学漫画、数据可视化图和科学概念图。统计数据见表 7-7。

表 7-7　科技艺术图片使用率统计表

	科技艺术图片	全部图片	科技艺术图片所占全部图片比例
中国十大科技进展新闻	16	96	16.7%
世界十大科技进展新闻	47	96	48.9%
Science 世界十大科技突破	39	100	39%
总计	102	292	34.9%

科学漫画可以将科学成果以幽默生动的形式展现，并注入作者的思想与深意；数据可视化图可以令枯燥的数据丰富纷呈，直截了当；科学概念图运用色彩冲击与模型渲染，将科学之美展现得淋漓尽致。科学艺术图是科学与艺术的完美融合，在表达美的同时传递科学知识。经过数据分析可

以得知，在所搜集的 292 张图片中，科技艺术图片占全部图片的 34.9%。而中国十大科技进展新闻图片中，科技艺术图片所占比例仅为 16.7%，而世界十大科技进展新闻与 Science 世界十大科技突破中，科技艺术图片的比例分别达到 48.9%和 39%。可以说，对于世界其他国家而言，科技艺术图片已经成为科技新闻图片的主要组成部分，占据着举足轻重的地位。然而，纵使我国的科技水平在不断提升，可国内对于科学的艺术性表达的重视程度仍然偏低，其发展速度落后于世界水平。在本次研究所选取的样本中，中国 10 年来只出现了 1 张科学漫画，而 Science 则出现了 8 张科学漫画。数据上的巨大差异，能体现出中国在科学的趣味性与艺术性上的建树不足，在科技艺术方面的创造力不足。

虽然中国在科技艺术图片的发展上略逊于世界其他国家，但是从近些年的数量分析上可以看出，中国的科技新闻中，科技艺术图片的使用率正在平缓上升。可见，中国也正在重视科技图片的艺术性表达，只是整体发展较为缓慢，仍有较大的进步空间。

随着我国科研能力的不断提升，我国的科技水平已进入新的阶段，公众对于科研发明的关注度在不断提升。要想让公众在享受艺术之美的情况下，更积极参与科学原理的传播过程，了解最新的科学研究成果，还需要中国科技图片创作者在创造具有艺术性的科技图片上下功夫。

第四节　前沿科学可视化的领军创作者

据笔者统计，作为科技期刊封面图像的前沿科学可视化的主要创作者来自期刊美编和第三方创作者两大群体。其中第三方创作者包括大型商业图像库、中小型视觉创意公司和自由设计师等，大型的图像库机构则往往成为封面图像供应的主力军。其中有盖蒂图片社、华盖创意、iStock 图库（iStockphoto，2006 年被盖蒂图片社并购）、尚图图片库（Shutterstock）等综合性图像库，也有视觉无限、科学资源、威尔康图像和其他专门从事科学视觉传播的图像供应商。这些机构除了设有基本的线上图像搜索功能，还提供人工定制化的查找和创作服务，帮助顾客快速获取适合的图像商品。一般来说，当论文被确定为封面文章候选后，期刊的美术编辑会寻求论文作者的封面图像建议，若作者未能提供合适的图像，美编则可能会转向图像库，这些供应商会推荐符合本期封面要求的作品或有能力进行创作的设计者。美编在取得图像使用许可后，可简单修改或以此为素材进行再加工和创意，因此我们时常可以看到作者署名中有多个并列的个人和组织。目前我国已有越来越多的个人成为顶级科技期刊的封面图像作者，但尚缺乏国际化和科学专业化的商业图像库。

一、世界综合图像库的领军巨头

盖蒂图片社和华盖创意作为国际商业图像库的两大巨头，是目前为科技期刊封面图像提供数量最多的机构。盖蒂图片社是世界领先的商业图像、影视素材和多媒体产品制作商及销售商。通过近二十年的自我革新和战略合作，盖蒂图片社已成为全球最大的图像产品提供商，其业务涵盖特约拍摄、版权清除、项目咨询和数字媒体管理等专业服务项目。华盖创意则是盖蒂图片社在全球范围内的主要竞争对手，除了为客户提供高品质的照片、插画、影片等素材外，华盖创意更倾向于承接整体的视觉创意方案。

盖蒂图片社成立于 1995 年，总部位于美国华盛顿特区，是全球领先的视觉素材提供商之一。该公司的业务范围非常广泛，包括了图像、视频、音频、艺术、插图、编辑和出版服务等。作为一家领先的视觉传媒公司，它专注于收集、整理和销售具备高品质、版权清晰的摄影、插画、视频、音频等创意素材。盖蒂图片社所拥有的素材涵盖了各个领域，包括新闻、娱乐、体育、科技、商业和艺术等。同时，它也提供具备专业特长的图像客户服务和创意解决方案，以满足各种客户的多样需求。盖蒂图片社会从全球各地的摄影师和摄影机构采购高质量的图片素材。图片编辑团队会对采集到的素材进行筛选、分类、标注、修图等，然后为客户提供多种授权方式，并通过自己的网站和合作伙伴渠道向客户销售图片素材。盖蒂图片社提供了一系列高质量的科学图像，涵盖了医学、生命科学、环境科学、工程技术等领域。除此之外，盖蒂图片社也与世界各大科学机构进行合作，为它们提供专业的科学图片或照片。例如，NASA 和盖蒂图片社合作，提供一系列关于宇宙、行星、恒星、深空等的精美科学图片。

华盖创意是一家全球知名的视觉传媒公司，成立于 1989 年，总部位于美国华盛顿州。该公司致力于提供高质量、版权清晰的摄影、插图、音频和视频素材，提供的素材种类包括新闻、历史、体育、娱乐、旅游、商业、环境、科技等。同时，华盖创意也对素材进行分类和整理，便于客户快速找到所需素材。除此之外，华盖创意还提供各种人工智能及数据分析应用，以帮助用户更好地理解和运用素材。例如，通过分析用户的搜索历史，华盖创意可以根据用户的需求推荐更适合的素材。华盖创意在科学图像方面的关注重点倾向于医学领域图片，每年拍摄大量无病毒仪器及设备细节照片，并在量身定制服务、全面的组织和标注方式等方面提供先进品质的科学图像服务，从而提供支持和帮助科学家、医生和其他研究人员推进医学和生物学的新发现。

盖蒂图片社和华盖创意提供的图像主要为宏观世界中具象物体的摄影作品，有些照片可直接被用作封面，有些照片则为美编提供了创意素材。

二、微付图库的先锋机构

随着数码相机的普及，越来越多的摄影爱好者们可以自己拍摄照片，大量的图像影像开始充斥着大众信息网络。2000 年第一家微付图像库iStock 图库在加拿大诞生，为业余摄影师和年轻的艺术家提供了一个崭露头角的平台：人们可以通过低价和免版税的形式出售自己的作品，包括照片、插图、矢量图和视频等视觉内容，供个人和企业使用。这些图像通常由摄影师和设计师上传，并以较低的价格出售或以订阅方式提供下载，因此称为"微付图像库"。2003 年，另一家在纽约注册的公司 Shutterstock 将图像众包市场和基于用户订阅的商业模式相结合，又推动了这一市场走向鼎盛。2006 年，iStock 图库被著名的广告公司盖蒂图片社收购，成为全球最大的微付图库之一。

相较于盖蒂图片社和华盖创意等大型百科图像库，微付图像库的设计师创意似乎更加新潮和活跃。

三、自然与生命摄影专家

视觉无限（visuals unlimited，VU）是一家以图像授权为业务核心的美国公司，1989 年，VU 的创始人伦尼·高利奥蒂（Lenny Gogliotti）开始经营一家名为"nature production services"的公司，这是一家专门从事野生动物和自然景观摄影服务的公司。几年后，他决定将业务扩展到图像授权和视觉内容交付服务，于是成立了 VU。在其成立之初，VU 主要从事野生动物和自然景观摄影的图像授权服务，但随着业务的发展，公司逐渐涉足医学和科学图像授权领域。目前，VU 拥有超过 50 万张高品质、高清晰度的图像和影片，涵盖了自然、科学、医学、环保、生活方式等多个领域。作为科学图像供应商中的翘楚，来自美国的 VU 在 2008 年至 2013 年仅为 *Science* 就贡献了至少 10 幅封面。VU 拥有独立签约的摄影师，目前出售的科学图像素材主要集中在显微镜摄影、生物医学摄影、野生动植物摄影、水下摄影、农业生产摄影等领域，覆盖面较广并且仍在快速扩充。经分析，这 10 幅图像基本可分为两种类型，一是研究对象的宏观照片，如 2008 年 9 月 19 日刊登的棉铃虫进食的照片，二是电子显微镜下研究对象微观结构成像的伪色图，如 2011 年 3 月 25 日刊登的胰腺癌细胞、2011 年 5 月 20 日展示的裂殖酵母子囊、2011 年 12 月 23 日发表的 HIV 病毒、2012 年 6 月 22 日刊发的 H5NI 禽流感病毒、2013 年 10 月 11 日呈现的红细胞等。这些特殊摄影的照片能帮助人们获得直观的视觉认知和立体的美感体验，并且画面生动、重点突出，符合 Science 严肃、简洁的期刊形象。

科学图片库（Science Photo Library，SPL）的历史可追溯到 1994 年，科学摄影师 Steve Gschmeissner 创立 SPL 企业，旨在向科学界提供高质量、有创意的科学摄影作品。SPL 在发展过程中得到了许多科研机构和科学出版社的认可，成为国际上首屈一指的科学图片库。2006 年，SPL 被纽约私人股本投资公司 Carlyle Group 以 1.26 亿英镑的价格收购，这意味着该企业可以获得更多的投资和更大的发展空间。2012 年，SPL 开始向数字图像服务方向转型，并改名为 Science Photo Library Digital。2014 年，该企业并购了名为 Science Faction 的科学图片库，以拓展其图像资源库。2015 年，SPL 旗下的 Science Photo Library Digital 更名为 Science Source。此时，其收录了超过 50 万张高质量生命科学、医学和自然科学图片，并不断发掘、采集、整理更新最新的科学图像，为科技类图书出版商、报纸、杂志、网络媒体，甚至医院、卫生组织、大学、博物馆和科研工作者个人提供了丰富的视觉传达素材。其在科技期刊封面上也贡献了诸多优秀作品，例如，2011 年 9 月 2 日 Science 封面展示了一个利用玩具积木建构的细菌模型，表明通过合成生物学设计和构建遗传模块，具有提升生物体机能，甚至开发全新生物系统的潜能；2013 年 7 月 Nature Medicine 专题讨论近期预防和治疗肝炎的突出进展，封面为一张乙肝病毒的电子显微照片。这些图像素材创作角度新颖，主题明确，充分展现出 SPL 长期积淀而来的优异资质。

Wellcome Images 科学图像库驻扎在英国伦敦，"为满足不可治愈的好奇心"，Wellcome Images 一直致力于从视觉表达中研究医学、生活和艺术在时空中的各种联系——"从社会历史到现代医学，从疗法到魔法，从神圣到亵渎，从科学到讽刺，你总能从这里了解更多"。特别的是，Wellcome Images 每年会组织专家团队评出 Wellcome Images awards（曾称作生物医学图像奖），以表彰杰出的作品并公开展出，此举一直得到生命医学领域中的科学界和艺术界的欢迎及赞誉。

从以上案例可以看出，百科类图像库提供的封面图像主要是与日常生活实物或宏大科学命题有关的摄影素材，有利于二次编辑或再次创作；微付图像库的创意度更高，漫画、模型等形式更加多元丰富，而本书中列举的较大型的科学图像库则擅长展示显微镜头下的微观世界。同时也不难看出，在世界上最具影响力的科学图像机构多发源于美国、英国、加拿大等发达国家，我国目前尚没有具有国际竞争力和显示度的科学图像库。

四、中国的科学可视化业界

近年来，我国的 SCI 论文发文数量迅速增加，越来越多的顶级刊物上发表了中国学者的科学作品，被邀请作为封面论文的数量也逐年增多。通过 SCI 期刊封面来展示自己的论文，十分有利于科研成果的传播，提高论文的关注度和影响力。SCI 期刊封面设计是一项复杂且技术性较强的工作，许多科研工作者对这类摘要、示意图的设计制作感到陌生，也受限于时间精力的不足，软件不会使用等外在条件，不得不放弃原本可以展示成果的绝佳机会。

（一）"视觉中国"互联网科技文创上市公司

在前沿科学可视化的产业领域，中国陆续成立了一些图像机构。最具代表性的企业为视觉（中国）文化发展股份有限公司（简称为"视觉中国"），是一家国际知名的以视觉内容生产、传播和版权交易为核心的互联网科技文创公司，2014 年成功在深圳 A 股上市（股票代码：000681）。视觉中国是中国领先的视觉内容服务提供商，致力于为全球用户提供高质量的图片、影音和艺术品，并为媒体、广告、设计和个人用户提供全方位的视觉产品和服务。视觉中国与国内外多家科研机构合作，为科学领域提供了大量的图像素材。这些图像包括了地球科学、生物科学、物理科学、天文学等多个领域的图像，涵盖了从微观到宏观的各个层面。视觉中国也在科学图像处理技术方面处于领先地位。他们拥有专业的图像处理团队，能够对科学图像进行修复、增强和分析，使得科学家可以更清晰地观察和研究图像中的细节和特征。此外，视觉中国还为科学图像的版权和授权提供了便捷的服务。科学家可以通过视觉中国的平台，获取并使用相关图像，以推动他们的研究成果传播，从而促进科学的进步。

2019 年 4 月国际天文联合会发布了现象级的黑洞天文图片"甜甜圈"，4 月 11 日上午，主打"正版商业图片"的视觉中国网站上出现了这张在互联网上疯传一夜的"甜甜圈"，并打上了"视觉中国"标签。该图片注明

"此图为编辑图片，如用于商业用途，请致电或咨询客户代表"。这意味着
视觉中国拥有这张黑洞照片的版权。而黑洞图片的原版权方欧洲南方天文
台介绍，使用其网站上的图片、文字等，如果没有特别说明，一般都应遵
循相应的授权协议：清晰署名即无须付费使用。视觉中国将黑洞照片添加
到了其版权库中，并试图通过水印等手段来管理该照片的版权。这一行为
将视觉中国卷入了知识产权争议风波。在舆论的压力下，视觉中国最终向
国际合作团队致歉，并主动撤回了相关照片的版权索赔。视觉中国引发的
"甜甜圈"照片事件引发了人们对于版权保护、科学成果共享以及图像使用
伦理的广泛讨论。

（二）苏州大学科技传播研究中心：前沿科学可视化的图像研究与实践

　　在科学可视化的学术机构领域，苏州大学科技传播研究中心负责人王
国燕教授在 2019 年从任职的中国科学技术大学科技传播系转而加盟苏州大
学，其搭建的前沿科学可视化创作与研究团队自 2009 年协助潘建伟院士
"自由空间量子隐形传输"系列成果开始，十余年来协助诺贝尔奖获得者安
德鲁盖姆、中国科学院潘建伟、侯建国、郭光灿、樊嘉、王中林，杜江峰
等院士科学家的百余项 *Nature*、*Science*、*Cell* 成果（并称为 *CNS* 期刊）创
作科学可视化作品，这些作品多次发表在 *CNS* 期刊封面上和网站上以及用
作中国十大科技进展新闻图片。这些设计分布在物理、化学、工程、材料、
生物、医学、天文等学科中，并呈现出显著的规律性特征。因此通过故事
化叙事与学科设计元素的差异分析，展示每个学科成果可视化的不同生产
方式和内容要素，形成学科特征的差异化分析以及科学可视化图像的实用
创建路径。在此基础上，在 *Science Communication*、*Public Understanding of
Science*、*Science as Culture*、*Science & Education*、*Journal of Informetrics*、
Leonardo 等 SSCI/A&HCI 国际权威期刊发表了 20 余篇论文，在 CSSCI 等
中文核心期刊发表了 40 余篇论文。代表性学术贡献为：封面图像引文放大
效应、转基因漫画中的中国故事、科学家社会声望测度、计算山水画千年
留白史等。

　　围绕前沿科学可视化方向，王国燕团队主持 2020 年国家社科重点基金
"前沿科学可视化的图像认知与叙事研究"、2014 年国家社科青年基金"前
沿科学成果的图像传播研究"、国家自然科学基金"基于公众心理与行为大
数据的流行病预测研究"、国家自然科学基金专项"长三角面向公众的双碳
科普互动实践"、中国科学院课题"前沿科学之美"等课题。科学可视化的
研究与实践相互促进，自 2009 年 1 月以来截至 2023 年 7 月落笔之时，王

国燕团队协助国内科学家的 110 项前沿成果设计了 300 余幅 *Nature*、*Science*、*Cell* 封面，并于 2017 年 8 月登上中央电视台 CCTV2 科普节目演讲《科学与艺术的重逢》，2019 年登上中国科协&果壳网的"我是科学家"栏目公开演讲《用视觉艺术捕捉前沿科学的精彩瞬间》，2021 年在"赛先生说"苏州科学文化讲坛公开演讲《从微观到宇宙：科学新"视"界》。

（三）MY SCImage：北京静远嘲风动漫传媒科技中心

北京静远嘲风动漫传媒科技中心（简称为"静远嘲风"），"嘲风"取自中国传统文化中龙生九子、子子不同的传说，嘲风为守护屋脊之瑞兽，喜登高望远。"静远"取自成语"宁静致远"，登高莫忘初心，远观而不可务远。静远嘲风成立于 2007 年，主要专注于学术领域图形图像的设计，是国内最早进入科研图像领域探索的团队之一。团队创始人宋元元本科毕业于化学专业，硕士就读艺术方向，在艺术表现力与科研内容深度挖掘方面有较为深入的研究与实践经验，联合创始人祝宏琳则出身传统艺术世家，在艺术形式方面造诣深厚。联合完成专著《科学的颜值》《科技绘图/科研论文图/论文配图设计与创作自学手册丛书》等。团队自 2012 年至今，保持每年完成作品千余张，在生物学、微生物学、化学、化工、医学、环境学等研究方向均有涉及，服务对象为高等教育机构、学术研究机构、科技型研发企业及从事学术研究的科学研究人员等。

静远嘲风旗下已经孕育出两个子公司：2015 年在江苏镇江市成立子公司——镇江图研科技有限公司，致力于科研论文配图和科学图像的设计及发展。图研科技依托于北京静远嘲风动漫传媒科技中心，发展科研领域延伸产业链，自建有数十万幅科学绘图元素（细胞膜、分子、箭头标注、纳米管等）的数据库，科学艺术衍生礼品。图研科技大力推动艺术与科学的结合，通过数字化形式创新业态、开发市场，把科学文化和科学事业以视觉传达形式传播到世界各地。2021 年在江苏南京市成立子公司——静远嘲风文化艺术产业（南京）有限公司，致力于科技图像领域数字化、产业化发展，主要业务包括面向欲从事科学绘图行业的设计师或意欲提高科研配图技巧的科研工作者，提供职业培训。与 Autodesk、Corel 等软件商达成合作，推广计算机图形图像领域教学培训。与 Wiley 达成教育教学合作，共同开发科研图像教学市场，帮助更多科研领域工作者提升图像制作能力。

（四）中国科大艺术与科学研究中心：前沿科技科普视频的创作与传播

中国科学技术大学科技传播系副教授、化学博士梁琰持续多年来为来自世界各地的研究人员提供科学可视化服务。2012 年他参与开发《地球上的生命》，这是一本具有革命意义的基于苹果 iBooks 平台的数字教科书。在 2013 年加入中国科大之后，他牵头开发了富有国际影响力的《美丽化学》科学影像，并获得了 2014～2015 年度 Science 杂志社举办的 Vizzies 国际科学与工程可视化挑战赛视频类专家奖。2020 年底，梁琰出任中国科大艺术与科学研究中心常务副主任，并为中国科学技术大学和中国科学院的前沿科技成果创作了近 20 部科普视频。这些科普视频可分为三类：①解释说明型，借助视觉设计和语音讲解，详细解读一项科研成果，使科学原理便于理解；②汇总宣传型，汇总多项科研成果，统一不同成果的视觉风格，突出某一组织的集体成就；③影视艺术型，注重科研成果的艺术化呈现和影视效果，强化科研成果的美感以吸引大众。

中国科大艺术与科学研究中心所创造的前沿科技科普视频的传播路径主要包括：①完整视频在《人民日报》、《新华社》、《央视新闻》、《学习强国》等主流媒体的新媒体平台传播；②与主流媒体合作改编的视频内容在新媒体平台传播；③视频片段被《新闻联播》等新闻节目选用播出；④完整视频或经主流媒体重新加工的视频在海外平台传播。例如，团队为中国科大潘建伟、陆朝阳团队创作的"九章二号"影视艺术型视频，被新华社、共青团中央等新媒体平台完整或改编转载，全网播放量超过 1000 万，并且视频片段曾三次登上《新闻联播》节目。

中国科大艺术与科学研究中心与中国科大薛天团队合作创作的《纳米技术赋予哺乳动物红外视觉》被评为 2019 年度全国优秀科普微视频；与中国科大魏海明团队、徐晓玲团队合作的《新冠肺炎炎症风暴机制与救治方案》被评为 2020 年全国科学防疫优秀科普微视频。

第五节　国际科技期刊的增强出版趋势

伴随着数字出版技术的深入发展和媒介融合语境的推动，科技期刊的出版呈现出视频化、社交化、互动化的趋势。增强出版应运而生。学术论文的增强出版是指为了提高读者对内容的理解能力和信息获取效率，在论文内容结构的基础上，综合运用视听化、脚本语言等技术，呈现论文相关的富媒体资料的出版形式（宋宁远和王晓光，2017）。增强出版以协同传播的方式扩展了出版的内容容量，丰富了学术论文内容的层次，突破了传统纸质出版表现形式上的限制，实现了科技论文出版从一维到多维，从静态到动态的融合转变。

2006 年 Moshe Pritsker 创办了 *Journal of Visualized Experiments*（JoVE），这是世界上第一个以视频形式出版的同行评议期刊，致力于将医学、生物、化学等领域的研究过程和成果以视听化的形式呈现，从而有效提高科学研究的效率和再现性。目前 JoVE 已经被 Web of Science、Pubmed / Medline、SciFinder 等数据库收录（陈汐敏和丁贵鹏，2017），这说明视频出版的形式越来越被研究者认可。JoVE 对于科技期刊的创新具有革命性意义，很多国际著名出版集团和科技期刊，例如 *Cell*、*Elsevier*、*Wiley*、*BMJ* 等也纷纷开始尝试视听化实践。视听化手段既被研究人员用来呈现研究过程、阐释结论和推广成果，又被科技期刊用以增加论文表现维度，丰富出版形式，成为国际科技期刊增强出版的新趋势。

国内对于增强出版的研究聚焦于两方面，一是在理论层面上对增强出版的概念、意义和特征等进行介绍，如宋宁远等界定了增强出版物的概念，并对现有的五种增强型出版物模型进行了对比分析（宋宁远和王晓光，2017）。徐立萍等总结了学术期刊增强出版的优势特征，认为增强出版呈现形式多样化特征，能有效实现学术资源关联共享并防止侵权（徐立萍，等，2020）。二是在实践层面上对增强出版的模式、路径等进行探讨，例如崔玉洁等提出了网页增强出版、微信增强出版等新路径，为期刊数字化建设提供了思路和方法（崔玉洁，等，2018）。还有学者关注我国增强出版的发展现状，例如占莉娟与胡小洋认为期刊参与动力不足、作者积极性不高和数字出版平台商推进乏力等是制约我国增强出版发展的主要原因，并提出了相应的推进策略（占莉娟和胡小洋，2019）。目前，对于国际科技期刊的研究集中于其数字化和新媒体使用情况，魏佩芳、程启厚、张静跟踪报道国际科技期刊视听化增强出版实践的较少（程启厚和张静，2015；魏佩芳，等，2020），而且通常只关注视听化形式中的某一形式，例如，视频摘要（鲁翠涛和赵应征，2018）。

总体而言，国内期刊正在积极实践增强出版，2017 年中国知网推出了论文增强出版服务，平台支持上传与论文相关的支撑材料。此外，部分学术期刊，例如，《中国普通外科杂志》通过设置超链接、添加二维码等形式局部实现了论文的增强出版（谭潇，等，2018）。但是，中国科技期刊的增强出版对于视听化手段应用仍然不足，整体上面临诸多瓶颈，与国外的增强出版实践还有较大差距。因此有必要对国际科技期刊的视听化实践进行分析和借鉴，以促进我国全面实现新型视听化论文出版，提升中国科技期刊影响力和公民科学素养。

一、内容增强型

内容增强型是指对论文中某个实验细节、数据、结果等以视听化的形式进行展示或补充，是对论文内容的延伸，具有积极的作用和意义。一方面，丰富了科技期刊的呈现形式，扩大了单篇论文的信息容量；另一方面，提升了学术信息的清晰度和表现力，为隐性知识提供了显性的表达出口，缩短了读者从文字转化成想象所需的路径，同时为作者和读者提供了便利。

内容增强型的视听化方式主要有以下三种类型：

（一）大型 2D 图像

学术出版业巨头 *Elsevier* 为 ScienceDirect 平台上 HTML 版本的论文提供了"虚拟显微镜"工具，以便展现具有复杂细节的大尺寸图像，用户通过单击超链接调取查看器，能够在交互式查看器中平移和缩放图像。在论文《颌骨中央性黄瘤：一种临床病理实体》中作者上传了 5 幅显微镜下的染色细胞图像（图 7-12），以供读者利用虚拟显微镜查看，既清晰呈现了实验细胞细节，又增强了期刊的互动性。

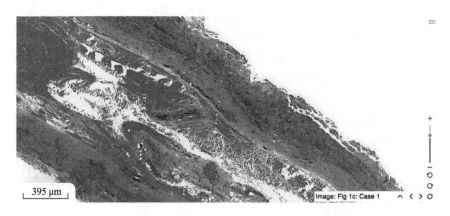

图 7-12　虚拟显微镜下的染色细胞图像

（资料来源:https://www.sciencedirect.com/science/article/pii/S2212440314012723）

（二）动态 3D 图像

泰勒-弗朗西斯出版集团的数字化期刊平台 Taylor&Francis Online 和

数据转储平台 ScholeXplorer 合作，在文章及 3D 模型等关联材料之间建立永久链接，以帮助研究人员查找和访问数据。3D 模型主要用于分子模型、晶体结构、神经影像数据等内容的可视化，在论文《一种新型超分子化合物的合成与晶体结构》中作者通过链接 ScholeXplorer 展现了新型超分子化合物的结构，打破了传统纸媒对其一维呈现的限制。读者通过旋转图片能够察看晶体的空间结构，有助于增强学术内容的解释力和传播力（图 7-13）。

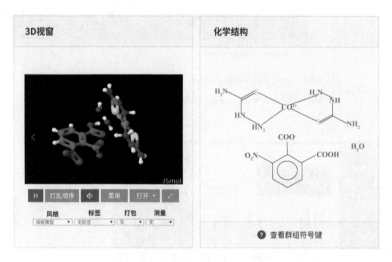

图 7-13　新型超分子化合物的 3D 模型和 2D 结构

（资料来源:https://www.ccdc.cam.ac.uk/structures/search?id=doi:10.5517/cc8wmk9&sid=DataCite）

（三）增强视频

在增强视频方面 Cell 进行了很多有益尝试。期刊的增强视频主要分为两类。一类是实验过程视频，用以呈现文字难以描述的方法或实验中的关键性或细微差别的部分。论文《利用可编程生物分子组件低成本快检寨卡病毒》中作者通过视频呈现了纸基无细胞试验的细节（图 7-14），提高了实验信息的透明度，便于研究人员重复试验。

另一类是图表数据解释视频，Cell 开设了一个叫作 Figure360 的视频栏目，读者点击论文中的图表即可在右侧观看相关视频（图 7-15）。Figure360 由图表配合语音讲解输出而成，时长一般在 2 分钟以内，是对论文某一核心数据的阐释和强调，能够帮助读者更好地理解论文内容。

black, clear bottom 384-well plates (Corning 3544). See Movie S1 for the paper-based cell-free reaction methodology.

Download .mp4 (164.27 MB)　　　　　　　　　Help with .mp4 files
Performing Paper-Based Cell-free Reactions

图 7-14　*Cell* 网站中嵌入的纸基无细胞试验的细节视频
（资料来源:https://www.cell.com/fulltext/S0092-8674(16)30505-0）

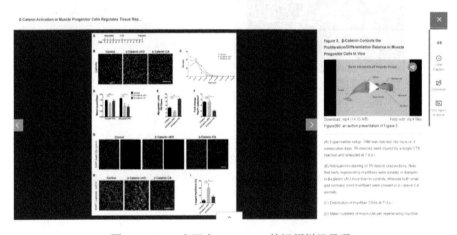

图 7-15　*Cell* 官网中 Figure360 的视频栏目呈现
（资料来源:https://www.cell.com/cell-reports/fulltext/S2211-1247(16)30435-1）

二、增强型摘要

增强型论文摘要用以生动地向读者展示科研论文的研究背景、研究方法、研究结论、应用前景等内容，但并不是对文字摘要的简单复述，而是根据呈现形式重新梳理逻辑和节奏，最终形成"引人入胜"的论文概述。该类视听化手段的意义在于：①起到导读的作用，帮助读者快速把握论文的核心内容，提高信息获取的效率；②为作者全面、个性化地阐释学术观点提供机会，同时有助于促成期刊编辑与优质作者的深度交流；③有助于提升论文的传播质量，最终促进科技期刊影响力的提升和期刊品牌形象的强化。已有研究证明应用视频摘要的学术期刊，其影响力均呈现上升的趋势（Spicer，2014）。

论文摘要型的视听化方式主要有以下三类：

（一）图片摘要

图片摘要即使用精心的图文设计为读者呈现论文精华，有助于读者快速把握文章的核心内容，让非专业的读者也能理解复杂的技术概念。Elsevier 认为图片摘要能够鼓励读者浏览跨领域的内容，扩大读者的知识版图，促进跨学科的交流。此外，图片便于在社交媒体上进行传播，更容易推广该研究。

（二）音频摘要

音频摘要即研究人员作为论文的叙述者用语音陈述论文的主要内容，有助于增强与读者的交流感。音频摘要的时长一般在 8～15 分钟，扩大了摘要的信息容量，让作者能够更全面地阐述观点。但是由于听力对于语言的要求较高，音频摘要增加了语言障碍对于信息理解的影响，不利于读者对于一些专业名词的识别和查询，信息呈现的清晰度不高，因此可以借鉴临床胃肠病学和肝病学的形式，用文字罗列论文的重要信息配合音频摘要呈现。

（三）视频摘要

视频摘要融合了文字、图片、音频等多种媒介，弥补了文字摘要和音频摘要的不足，成为科技期刊视听化的重要趋势。Cell Press、Elsevier、Springer Nature 等都鼓励研究人员提供风格各异的视频摘要。视频摘要的表现形式丰富多样：①有声幻灯片。Elsevier 鼓励作者通过 5 分钟内的有声幻灯片——幻灯片和旁白录音创建交互式演示文稿来充实自己的文章。Elsevier 的内容创新项目负责人表示，推出有声幻灯片是为了提高该论文对年轻一代研究人员的吸引力，这些伴随 YouTube 成长的研究人员喜欢使用这种形式进行学习。②动画。动画具有不受时空等现实条件限制的独特优势，这一优势决定了动画可以把复杂的科学原理、抽象的概念用简化、夸张、拟人等手法加以具体化和形象化（郝雷，2010）。动画视频摘要主要使用 Flash、AE 等软件制作，还有研究人员使用手绘动画和定格动画的创意形式，独特新颖。③专家讲授视频。该类型的视频摘要由研究人员直面镜头，深入讲解论文的核心问题，并在画面上配以相应的图文辅助读者理解，让人产生一种现场聆听作者陈述的感觉，增强了与读者的交流感。

三、科普展示型

科技期刊除了学术性之外，还具有新闻属性（高健，等，2009），需要承担将最新的学术观点、科研成果等引入大众视野的社会责任，科普性内容是其新闻属性的重要体现。科普展示型与论文摘要型的主要区别在于传播对象，科普展示型视听化内容主要针对跨专业研究者和非专业读者，其目的一方面在于消除传统学术论文抽象化、枯燥化和高度专业化的弊端，有助于打破科学知识在理解和传播过程中的壁垒，促进研究成果的推广；另一方面能够使科技期刊的内容分层化，扩大期刊的受众群体，提升期刊的社会影响力。

科普展示型内容的呈现形式主要以图片和视频为主。例如，*Cell* 致力于推动整个科学事业在社会中的发展，设置了"社会中的科学"这一栏目，包括图片展示、新闻博客、新闻视频等板块。*Cell* 独有的图片展示板块以图片墙的形式，展示了各类科学摄影比赛（KI 图像奖、科学艺术影像大赛等）中的获奖作品，以及一些实验室和摄影师拍摄的优质科学图片，向大众展现了别样的科学之美。值得注意的是，国际科技期刊的科普内容注重时新性和接近性，凭借其强大的专家资源，就学界和社会的热点问题发声。

四、增强内容的传播渠道

（一）期刊官网

学术期刊的网站建设是数字化出版的重要组成部分，能够提高期刊的传播效果和核心竞争力（程维红，等，2012；刘飚，等，2009）。国际科技期刊通常将视听内容应用于在线数字期刊中，主要有两种模式：一是在HTML 版论文中直接嵌入音频或视频文件，读者可以直接查看，也可以下载保存或分享到社交媒体；二是将发布在第三方平台的视频链接置于文章中，并设置提示标签，引导用户点击链接，跳转查看内容。该方式依托既有的网站传播模式，以期刊读者为主要传播对象，有利于实现视听内容的精准传播，但传播范围有限。

随着网站建设的重要性日益凸显，相关的学术研究也逐渐增多。有些学者从网页设计（李博和程琴娟，2014）、网站互动性（王谦，2010）等角度切入，就网站建设的某一方面进行深入探讨；还有学者对大量网站进行调研，以分析国内或国外期刊网站建设的整体情况和特征（程维红，等，2016），而国内外网站的对比研究较少。鉴于此，本书从内容建设和功能建设两方面对国内外顶级学术期刊的网站进行调研，剖析两者的异同，并借鉴国外期刊网站建设经验，针对国内期刊网站建设的现存问题，提出改进策略。根据 2020 年度《期刊引证报告》，选取影响因子排名前 20 的国外学术期刊和排名前 20 的国内学术期刊作为研究对象。因为选取影响因子排名靠前的学术期刊能够反映中外期刊网站建设现阶段的较高水平，具有一定代表性和可比性（Garfield，2006）。

　　"衡量学术期刊网站质量的关键在于提供给用户的信息量和服务水平"（刘飚，邢飞和刘威，2009），为了全面、系统地了解这 40 个学术期刊网站的建设质量，本书从内容和功能角度出发设计调查类目，数据结果如表 7-8 所示。

表 7-8　国内外 TOP20 期刊网站对比调查结果

调查类目	国内占比/%	国外占比/%	调查类目	国内占比/%	国外占比/%
平台类型			内容呈现形式		
依托出版商网络平台	65	55	图片	100	100
依托行业协会网络平台	0	15	音频	5	25
自建网站	35	30	视频	15	40
内容类型			文章全文获取方式		
最新一期	100	100	PDF 版下载	100	100
论文推荐	95	100	HTML 版在线浏览	65	95
研究集合	75	50	链接跳转至出版商	25	0
专业资源	0	20	平台的 HTML 版		
科普教育	0	35			
科技新闻	25	25	网站功能与服务		
			稿件在线处理	100	100
利用 XML/HTML 技术实现的功能			E-mail Alert	75	90
结构化标引	70	80	RSS 订阅	25	90
跨平台资源链接	60	90	文章分享插件	75	95
相关内容推荐	80	90	互动评论	0	20
补充材料下载	65	80	特色服务	65	90
导航设置			网站布局		
总网站导航栏	35	45	一栏式	45	70
期刊导航栏	80	90	二栏式	50	30
功能导航栏	60	40	三栏式	5	0
底部导航栏	75	95			

调查发现尽管国内期刊网站在基础内容和功能的建设上较为完备，但是在内容类型的丰富性、呈现形式的多样性、学术交流的互动性等方面仍有欠缺。因此我国应加快建设具有国际影响力的数字出版平台，并在网站建设的具体实践中丰富期刊内容和呈现形式，提升网站页面的视觉效果，搭建学术互动交流平台，开发特色服务。

（二）视频网站

随着移动互联网和网络视频的迅速发展，通过视频网站获取有用信息逐渐成为很多人的习惯，因此视频网站已经成为科学传播的重要渠道之一。YouTube 作为世界上访问量最大的视频网站，很大程度上扩大了科技期刊的潜在受众群体。*The Lancet*、*Nature*、*New Journal of Physics* 等著名科技期刊都开设了 YouTube 频道用于分享视频内容，并且对视频内容进行分类，便于用户查询和浏览。此外，在视频介绍处附上论文原文链接，还能实现从 YouTube 到期刊官网的引流。

（三）社交媒体

不少国际科技期刊都开通了社交媒体账号，已有研究证实期刊公众账号是推动学术文献向社会传播的有效方式（张立伟，等，2018）。社交媒体具有互动性强、传播场域氛围轻松等特点，改变了科学信息传播的话语形态，能够促进公众对科学的理解。此外，社交媒体能够将具有相同研究兴趣的用户联系到一起，形成科学网络社群，促进研究者之间的学术交流与互动（黄彪文和胥琳佳，2015）。例如，在 2012 年 *Nature* 就开通了官方 Twitter 账号，目前拥有 180 多万的关注者，推文主要采用"文字+图片/视频"的形式来呈现优秀论文的研究成果，内容凝练、精悍，符合社交媒体用户碎片化的阅读习惯。

第六节　前沿科学可视化的启示与建议

可视化呈现在前沿科学的传播中扮演着至关重要的角色，需要期刊编辑、科研工作者、科普产业、专业教育等多方共同努力，才能有助于提升科学传播的效果，推动科学与社会的互动与合作。

一、学术平台的可视化机制改进

（一）设立可视化部门，重视专业可视化编辑的培养

专业的可视化编辑操作在科技期刊中发挥着重要的作用，能够确保可视化内容的准确性和高质量，增强科学信息的理解和传播。科技期刊设立专业的可视化编辑部门，让专业人员来负责可视化内容的策划、设计和编辑工作，能够为科技期刊提供专业性的可视化支持，从而提升期刊的可视化水平和影响力。具体来说，可视化编辑队伍的培养首先需要编辑具备专业的可视化知识和技能，熟悉各种可视化制图工具、软件，同时他们还应该具备一定的科学背景知识，能够在编辑的过程中与作者进行有效的沟通，对可视化内容进行质量把关和审校工作，确保图像内容符合科学规范，能够准确传达研究结果，并在视觉上具备专业性和美感。

在国际上，优质的插图更受编辑和审稿人的青睐，高质量的插图能够提高 SCI 论文的接受率。编辑和审稿人是期刊插图质量是否合格的第二道关卡。虽然目前我国不少科技期刊的编辑在校稿的过程中与作者积极探讨插图的规范，但是相较于国外顶级期刊，我国期刊编辑对于稿件插图的审核相对来说还是过于宽松。从国内科技期刊的许多插图来看，色彩和线条粗陋、排版不规范等问题都存在。因此，我国科技期刊的编辑还需要加强对科技论文插图质量的把关。同时，编辑还应当尝试增加学术性杂志的非学术文章，使得杂志结构丰富化，使得插图类型得以更自由，提升期刊整体的亲和力，同时起到活跃版面和提升插图设计水平的作用。

（二）重视期刊的可视化表达，提升图像原创水平

科技期刊的封面表达是可视化手段在科学图像创作中的重要实践，在塑造期刊形象，促进科学知识的理解、传播、创新、合作和应用等方面具有重要意义（王国燕和姚雨婷，2015）。与 *Nature*、*Science*、*Cell* 国外顶级期刊相比，目前我国出版的科技期刊封面可视化表达整体质量不高，存在信息冗余、规范性和设计创意不足等问题。因此，作为科技期刊发展的重要方向之一，期刊封面的可视化表达值得引起重视，以提升图像设计水平和整体的视觉表达效果。首先，期刊需要明确自身的学术定位和目标受众，确保封面设计能够准确反映期刊的特色和内容，以吸引目标读者并增强期刊的可辨识度。其次，封面图像对于科研成果的传播具有重要意义，在设计时应与期刊学术成果相对应，可以使用相关的图像、符号或标志来呈现期刊的核心主题，使封面与期刊内容紧密关联，并删减封面内容中广告等

冗余信息，降低读者对封面图片的认知障碍。再次，还可以使用具有稳定风格的动态可变封面，保持封面图片与期刊内容的动态一致性，加强可视化表达。最后，封面图像的可视化表达需要遵循相应的规范，注重信息的传达和可读性。期刊封面在编排过程中需要规范颜色、刊名、卷等标示信息，注意版面的平衡和视觉层次的建立，避免版面中有效信息量的减少，从而确保封面整体的美感和视觉平衡。

插图也是可视化的重要组成部分。插图既是论文整体的一部分，也是文章使读者产生第一眼印象的重要内容，科技期刊的插图风格应当重视和科技期刊的整体风格相匹配。插图作为科技文章的重要组成部分，其质量在某种程度上反映了期刊的水平，重视科技期刊插图的设计对于科学传播和提高期刊影响力有一定的作用。"除了要客观传递事件发生的过程，信息的视觉呈现还应该顾及信息传递过程中给读者营造的阅读氛围"（王国燕和汤书昆，2013）。科学规范且视觉效果优良的插图不但能吸引读者的注意力，激发读者的阅读兴趣，也为科学知识的传播提供了便利。关注如何在准确表达科学内容的同时提升期刊插图的质量，对科技期刊插图的美学进行思考，重视插图的绘制和编辑，是国内大部分科技期刊应该关注的问题。

原创设计和内容创意度在期刊的可视化表达中起着重要作用，能够提升期刊的吸引力和影响力，推动科技期刊可视化的进一步发展。据已有研究，目前中外科技期刊间存在着学术水平、美学水准和设计水平上的差异，其中不少国内科技期刊缺乏明确定位，对顶级期刊的封面图片设计进行模仿，缺少自主设计意识。基于此，我国科技期刊一方面需要明确自身定位，根据期刊的类别、受众等规划合适的可视化表达风格，适当转变设计理念，增强原创意识，鼓励并支持作者创作原创的可视化内容，不要局限于传统的图表和插图，而要探索更多的可视化方式，通过创意挖掘创作出适配的可视化作品。另一方面期刊还可以与专家或专业团队进行跨学科、多领域的交叉合作，引入新的思维和技术，提供专业的指导，提升可视化设计水平和表达能力。

（三）制定可视化规范，注重可视化版式设计和信息密度考量

制定明确的可视化准则和规范旨在确保科技期刊图像在风格、色彩、标注和排版等方面呈现出一致性和专业性，不仅能够提升期刊整体的可视化质量，增强期刊的视觉吸引力和专业形象，而且可以促进读者对内容的理解。其中，科技期刊中清晰的标注可以解释图表和图像中的数据和内容，帮助读者更好地理解可视化内容。在标准和规范中需要明确规定标注的位

置、字体、字号等要素，以此保证标注内容的清晰度和可读性。在排版和版面设计时，需要确保可视化内容与文本以及其他元素的整体呈现相协调，合理安排图像的位置和大小，确保信息的有效传递和阅读流畅性。此外，对于色彩的规范性使用也能够提升整体配色的一致性，使图像更具可读性，这也能在一定程度上满足对色彩存在理解障碍的读者的需求。

在科技期刊中，合理的版式设计和适当的信息密度可以很大程度上提升可视化内容的吸引力和信息传达效果，使读者更容易理解可视化内容。例如，对于期刊来说，可以提供相关指导以帮助作者在可视化创作中平衡信息密度，避免出现信息过载或信息不足的问题，确保提供足够的信息量和保证易读性；期刊还可以引导作者注重可视化设计中的布局、比例和视觉层次，通过合理的布局，确保信息在可视化中清晰表达，同时注重比例和视觉的平衡，以达到增强可视化视觉吸引力的效果。通过提供相关指导，有助于提升读者对可视化的阅读体验，提高科技期刊在科学可视化领域的影响力。

（四）开发特色服务，提升学术网站的视觉效果

传统出版行业的理念是"以产品（期刊）为中心"，因此提供的是面对广大读者的标准化服务。而在数字出版条件下，用户拥有更多的选择权与话语权，因此转向"以用户需求为中心"的运营思维至关重要。学术期刊网站要重视作者、读者的需求，提供论文内容加工、技能培训等专业性服务，以及科技新闻等拓展性社会服务，以增强用户对于期刊网站的使用意愿。同时特色服务能够帮助期刊建立差异化的发展策略，形成独特的竞争优势。

当下的文化已经从以语言为中心转向了以视觉为中心，视觉效果决定了访客对网站的第一印象，因此有必要优化页面的视觉设计，给予用户良好的浏览体验。首先，建议提升图像在页面中的占比，一方面选择合适的背景图片奠定网页的整体色调与风格，另一方面运用插图提高网站的视觉冲击力与生动性。其次，建议使用自定义栅格合理划分网页区域，精心组织内容元素，然后通过合理编排，提升网页的层次感与序列感，突出重点信息，并起到引导用户浏览的作用。

（五）设立可视化专栏或专题，加强与设计团队合作

当前科学可视化作为一个跨学科领域，涉及多个学科领域的知识和技能，其方法、技术和应用正在不断演进和发展。而通过设立专栏，发表关

于科学可视化方法、技术或案例等的研究论文，期刊能够为科学可视化研究与交流提供一个专业平台，而聚集科学可视化的研究成果，有助于促进学者之间的合作与互动。在加强学术界对科学可视化的关注和认可的同时，帮助读者全面了解科学可视化，反向推动该领域的发展。在此基础上，期刊还可以组织相关的会议和研讨会，分享学者们的研究成果、经验和技术，促进可视化方面的交流与合作。

期刊杂志社可以内部组织设计团队或者与外部专业设计团队合作，对将发表的科技论文插图在保证科学准确性的前提下进行专业的设计编排。学习国外顶级科技期刊重视美术编辑队伍建设的经验，培养科学素养和美学素养兼备的专业编辑团队，同时加强同相关设计机构或专业团队的合作。我国科技期刊插图的质量提升是循序渐进的过程，加强对插图设计的重视，积极向国际顶级科技期刊学习，加强期刊设计队伍的建设是提高我国期刊插图的有效方式。

二、学术平台的数字化传播策略

（一）善用数字化平台，扩展可视化展示内容

与传统印刷媒介相比，数字化出版平台可以提供更大的展示空间，容纳更多的图表、图像和动画，使可视化内容更加丰富和详尽。作者可以充分利用平台展示大量数据、复杂图表和交互式可视化工具，从而更好地展现研究结果。借助多媒体和互联网络，数字化平台能够支持多媒体内容的集成，如视频、音频和动画等形式，这可以帮助作者更生动地模拟情景发生，呈现研究过程、研究结果，从而增强可视化内容的表达能力和视觉效果。总之，通过推动科技期刊采用数字化出版平台，有助于期刊充分利用数字技术发展带来的优势，提供更好的可视化展示和传播环境，如在线期刊或电子出版平台等等，既能提升读者的兴趣和理解，同时也能推动科技期刊在数字时代的创新和发展。

在数字化出版的基础上，国内科技期刊可考虑富媒体出版。富媒体是指具有动画、声音、视频和/或交互性的信息传播方法，通过整合流媒体、声音、Flash 以及 Java、JavaScript、DHTML 这些程序设计语言等网络技术和形式，更具交互性，能够更加丰富用户体验。目前我国科技期刊的数字化出版主要依托于网络期刊、自建网站、微信公众号和期刊 APP，但和国外期刊相比，在内容展示方面仍存在不足。富媒体出版的核心是内容增强，主要体现在作者的可视化数据、大数据和事实型科学数据库、在知

识提取基础上的数据可视化呈现，进而实现可视化资源的高度整合。通过富媒体展示，科技期刊可以实现在内容展示层面上的服务升级（王永超，2021）。

业界通常注重学术期刊作为学术载体的属性，而忽视其新闻属性及作为科普载体的功能（黄延红和侯修洲，2020），学术期刊应凭借其资源优势促进科研与科普的共同发展。学术期刊可以报道和评论全球前沿领域的突破，同时邀请专家学者，就学界或社会的热点问题发声；在呈现形式上，应利用新媒体技术，加强内容的视听传播。例如，制作图片、音频、视频等形式的论文摘要，以促进学术成果在社交媒体、视频网站等平台的分享和传播；还可以在HTML论文页嵌入增强图片或增强视频，以实现学术内容呈现从一维到多维、从静态到动态的融合转变。

（二）拓展新媒体渠道，扩大可视化内容传播范围

社交媒体等传播渠道具有受众广、易分享等特点，能够快速传播可视化内容，吸引更多读者的关注和参与，传播科学知识，提高公众的科学素养。科技期刊积极利用新媒体渠道对可视化内容进行传播，可以扩大其传播范围和影响力，提高科学信息的可理解性，促进与读者的互动和参与，有助于加强科技期刊与读者之间的连接和交流，提升期刊的知名度和影响力，还能够有效推动科学知识的普及和科学传播的创新。具体而言，可以通过以下方式进行：

首先，期刊可以充分利用社交媒体平台，积极发布可视化摘要、图表和动画等形式的内容。通过发布相关内容，期刊可以吸引更多读者的注意力和兴趣。短小精悍的可视化摘要能够吸引读者的目光，图表和动画形式能够更加生动地呈现作者的研究成果，提高科学信息的可理解性。其次，科技期刊可以与相关的科学传播渠道合作，例如，科学博客、科技新闻网站等，提供高质量可视化作品，共同推广可视化内容。通过这一措施，期刊可以扩大可视化内容的传播范围，并吸引更多的读者和科学爱好者。这些科学传播渠道可以根据受众的特点和需求，将可视化内容转化为易于理解和共享的形式，从而进一步促进科学知识的普及和传播。最后，科技期刊还可以与科学类的媒体进行合作，例如，科学类电视节目、科学杂志等，通过在这些媒体上展示和讨论可视化内容，期刊可以进一步扩大其知名度和影响力。媒体通常拥有可观的受众群体，通过将可视化内容融入科学传播活动中，可以使更多人了解和认可科技期刊的可视化质量与价值。

（三）探索可视化交互性与可访问性，满足广泛需求

期刊网站的深度互动是丰富期刊内容、优化论文质量、创建特色期刊的关键环节，因此期刊网站要通过搭建互动交流平台为用户提供更具参与性的阅读体验。例如期刊网站能够利用 XML 结构化技术，在文本的段落层面开发"讨论"功能，让不同时空的读者能够就某一观点或实验细节进行集中探讨。读者能够从被动的信息获取转向主动的知识创造，并在互动中完成对内容的深度挖掘；期刊网站也可以利用评论区进行内容造血，利用独特的"用户生产内容"提高网站的访问量和活跃度。

可视化的交互性主要是指通过可缩放、可交互的图表和图像，使读者可以更深入地探索数据和研究成果。传统的静态可视化作品往往只能呈现有限的信息，而交互性可视化通过提供交互元素，如滚动、缩放、过滤和排序等功能，读者可以根据自己的兴趣和需求，自由地探索数据和信息的不同层面。这种交互式的体验可以提供更深入、更个性化的视角，让读者能够更好地理解和发现数据背后的模式和关联，从而提升科技期刊可视化内容的吸引力和价值。对于可访问性的关注也是有必要的，可访问性需要确保可视化内容对于视觉障碍人士和其他特殊需求读者来说是可理解和可使用的。为了实现可访问性，期刊可以采用一系列策略和技术，例如，使用无障碍的图像描述、提供可读性较高的文本补充信息、使用有辅助功能的交互元素，等等。这些措施可以使阅读不便的读者能够通过屏幕阅读器等辅助技术获取可视化内容的信息，确保他们能够获得与其他读者相似的科学理解和体验。

（四）设立可视化评估与反馈，鼓励作者与读者互动讨论

科技期刊设立反馈机制并鼓励作者与读者进行互动和讨论有助于提升可视化质量和效果，这种反馈机制可以提供宝贵的数据和见解，帮助期刊指导作者改进和优化可视化内容，既有利于满足读者需求，同时也起到了加强读者与期刊之间的互动与合作的效果。通过持续地评估、反馈与互动，期刊可以不断提升可视化表达的质量和影响力，更好地实现科学传播的效果。

一方面，通过设立如用户测试和读者反馈调查等方法，期刊可以系统性地评估可视化内容的效果和影响。通过邀请读者参与实际操作和交互等用户测试手段，来评估可视化内容的易用性、信息传递效果，也可以通过问卷等形式来调查读者的反馈，以此了解读者对可视化内容的理解程度和

满意度，为期刊的可视化改进提供有效的数据和见解，帮助期刊了解可视化作品的优势和改进点。在此基础上，期刊可以根据得到的评估结果向作者提供反馈和改进建议，包括对于可视化图表的审美、可读性、信息传递等方面的评价，进而提升可视化内容的质量和效果。另一方面，鼓励作者与读者进行互动和讨论也是非常重要的。期刊可以提供互动平台，例如在线论坛、社交媒体和专题讨论等等，促进作者和读者之间的交流和讨论，使作者可以更好地了解读者对可视化内容的反馈和理解程度，从而根据读者需求进行改进和优化。这种互动和讨论不仅可以提供有价值的反馈，还可以增强读者与期刊的互动体验。

三、对学术平台增强出版能力的启示

（一）采取激励措施，提高研究人员参与增强出版的积极性

研究人员制作视听化的论文支撑材料需要投入较多的时间和精力，而我国的科研评价体系并未给予相应的认可，导致作者参与积极性不高，这已经成为制约我国科技期刊增强出版发展的瓶颈之一。借鉴国外科技期刊的经验，建议从以下方面来提高作者的积极性：①制定详细的规范，降低作者的创作难度。例如，*Cell* 为研究人员提供了 Figure360 的指导手册，帮助其高效地制作优质图表详解视频。该指导手册包括创意指导（内容、受众、渠道等）和技术规范（时长、文件大小、文件格式、制作软件等），并在官网提供优秀范例供研究人员参考。②提供专业的服务，提高视听化内容的质量。Elsevier、JoVE 等建立了专业的视听制作团队，为研究人员提供付费的视听内容制作服务，帮助作者将想法和脚本变成专业的插图和视频。③鼓励良性竞争，激发研究人员的创作热情。例如，Elsevier 曾发布工程有声幻灯片比赛，获得前三名的研究者可获得 250 美元的奖金，并且在该出版商的各个渠道获得视频展示机会，这不仅能够为研究人员树立优质榜样，也能够激发他们的创作兴趣。

（二）注重视听化内容的细节设计与用户体验，提高读者的满意度

互联网的出现彻底改写了大众传播的图景，使得信息的流动从单向线性传播模式转变为以用户为中心的网状传播模式（闫伟娜和刘明洋，2019），用户从被动的信息接收者转变为主动的信息生产者和传播者，在科学传播的各个环节中发挥着日益重要的作用，因此改变运营思维，以用户为出发点进行科技期刊的增强出版是必然趋势。

国际科技期刊主要从以下两个方面入手：①注重网站的细节设计，以提高用户满意度。例如，JoVE 网站设计了两个视频窗口，一个在正文上方，可以配合文字摘要观看；另一个在下拉文本的右侧，翻阅论文时文本与视频保持同一界面，能够同步查看。此外视频还设置了时间节点，读者可以自由选择感兴趣的部分观看，体现了网站设计的用户友好性。②优化内容传播场景，提升用户体验。移动互联网时代，信息传播强调场景化，移动传播的本质是对场景的感知及信息或服务的适配，场景的构建需要围绕用户的需求展开。有研究表明 49.7% 的科研人员偏好移动文献阅读（占莉娟和方卿，2018），可见科技期刊的使用场景正在从传统的纸刊阅读转变为移动端电子阅读，因此视听化的内容与形式要顺应移动场景中的用户习惯。一方面可视化内容要简单、凝练、创新，适用移动端碎片化的信息获取，避免读者产生疲劳感；另一方面要提升电子期刊在各平台的可访问性和兼容性，例如，Taylor&Francis 的新电子阅读器能够自动适应不同屏幕的尺寸，且增加了添加注释、图标导航等新功能，给予用户更便捷的体验。

（三）善用视听增强内容，扩大成果的社会影响力

国外科技出版界充分认识到，通过视听化内容能使受众即时、快速地了解研究动态与价值，因此它们针对不同受众群体，制作分层化的视听内容。例如 JoVE 不仅出版针对研究者的视频期刊，还关注科学教育，建立了科学教育视频库，致力于通过简单易懂的视频向大众教授基础科学知识。Wiley 在进行视听化实践时推出了视频摘要与短视频两种形式：视频摘要时长为 2～3 min，面向专业受众，简要阐释研究过程和成果；短视频时长约 1 min，面向非专业受众，概述研究内容和该研究对社会的影响。为了扩大期刊的社会认知度和影响力，国外科技期刊还利用多种传播渠道来推广视听内容，除了期刊官网，视频网站、社交媒体也成为必争之地。在场景传播时代，传统媒介的作用锐减，而个人作为媒介符号的作用日益凸显（蒋晓丽和梁旭艳，2016），因此国际科技期刊官网支持用户将图片或视频转发至 Twitter、Facebook、Mendeley 等平台，而且鼓励作者将视听内容上传至个人网站和社交媒体，提高了资源的利用率和内容曝光度。

增强出版是科技期刊进行媒体融合和数字出版转型的必然选择，而视听化手段是现阶段科技期刊实现增强出版的重要抓手，是科技期刊发展的重要方向。通过对国际科技出版界视听化表达的分析，为中国科技期刊探索视听化增强出版提供借鉴，从鼓励研究人员创作、提升用户体验、优化内容生产和传播等方面出发，来提升论文的学术品质、扩大科技期刊的影

响力。随着 5G 时代的到来,视听媒介必然更加深刻地影响互联网用户,科技期刊必须把握机遇,以更智慧的方式传递科学知识,激发科技传播生态圈的无限潜力。

四、对中国科技新闻配图的建议

在现代社会,科学、技术和创新已成为经济和社会变革的主要驱动力。在国际竞争中,科学技术是国家经济发展的重要组成部分。中国是全球最大的发展中国家,它正逐步成为一个现代化的科技大国,科学传播与科技创新是必不可少的支撑。培根曾言,知识的力量不仅仅在于其自身的价值,还在于其传播的范围和深度。中国的科技交流将不再由精英阶层垄断,而是真正转化为"公众科学"模式。

因此作为科学传播的一部分,科技新闻图片也在不断优化与发展。根据科学技术部发布的 2022 年度全国科普统计数据显示,2022 年全国科普专、兼职人员 199.67 万人,呈现逐年上升趋势。而同年我国公民具备科学素质的比例为 12.93%,拥有良好科学素养的人在中国依然是少数,因此,这也对科技新闻图片的制作与传播提出了新的要求。

(一)科技新闻的科学可视理念转变

纵观我国的科技新闻配图,主要分为三大类别:第一类是对科学家、团队、仪器的现场摆拍摄影,往往传达给公众的是"科学家的形象""科学家及其团队""科学家及其设备"这样的信息,无法传达前沿科学成果的信息。第二类是从科学研究发表成果中摘录出论文插图来示意,这类图片经常由于晦涩难懂,不仅不能吸引公众的注意力,反而浪费了版面。第三类则是从已有素材库中寻求某个可以直接可视化的研究对象或者研究工具来展示,这类图像表达的信息泛泛而谈,放之四海而皆准。总之,在中国的科技新闻业界目前为了成果而创意表达或者设计适合公众观看的科学可视化方案的案例极其鲜见。

科学可视化不仅仅局限于摄影,还包括数据可视化、信息图表、模拟动画等多种表达方式。通过使用各种创新的技术和工具,科学可视化能够更好地表达复杂的科学概念和现象,使其更容易被公众理解和接受。传统的科技新闻图像往往只是简单地展示科技产品或科学实验的照片,但科技新闻图像往往需要传达一些抽象的科学概念,如量子力学、天体物理学等。转变的思路是将这些抽象的概念转化为具体的故事叙述,以引发公众的情感共鸣和思考。科技新闻图片的制作者必然需要极强的科学能力与艺术创作能力，然而对于受众，也要求其提高科学素养，自觉参与到科学传播的过程之中。根据科学技术部发布的 2020 年度全国科普统计数据，2020 年专职科普创作人员达到 1.85 万人，比 2019 年增加 6.5%。科学传播者的规模正在不断扩大，中国的科学环境正在一步步向更好发展。对于科学传播而言，这不仅仅是一个单向的、简单的传授，更应该是一个双向的交流过程，需要在公众认知习惯的基础上不断钻研如何提升科学信息的传播效果。

（二）科技新闻图片简洁直接，精准传达科学信息

科技新闻图片是对科技新闻的总结凝练，著名的新闻学家戈公振曾说过："图片是新闻中最真实的东西，无须思索，便可直接印在脑子里，一目了然，没有文字的深浅，也没有高低之分。"（陈申和沈阳，2007）可见，图片是新闻中最真实、最易懂的部分，对于深奥复杂的科技新闻而言，科学图像更是如此。因此，为了让读者可以直截了当地通过图片了解一个科技新闻，便要求科技新闻图像做到既科学又简洁，并且与文章的内容直接关联。

内容的科学是指图片所展现的是准确的科学原理，是运用科学的手段制作而成的。简洁是指画面清晰明了，在富有科学知识的同时能让人一目了然。古人曾言，过犹不及。科学原理繁多复杂，如果要将一篇文章的内容全都囫囵吞枣般融于一张图片之中，那这张图片必然是冗杂不堪，没有重点。这要求科学家找寻并判断一项科学成果中最重要、最具有价值的部分，通过凝练关键点，将其制作成画面简洁却又不失科学原理的图片。这不仅便于公众达成对其的正确认识，也能促进该成果的进一步传播。

同时，科技新闻图片承担着补充文字细节的作用，文字所无法精准描述的场景与事件，图片可以"情景再现"。这就必然要求图片需要与文字保持一致，二者之间有极高的关联度。倘若一张科技新闻图片仅仅是对新闻场景的拍摄，与所报道的科学成果没有太大的联系，不仅会导致受众无法从图片中得到主要信息，甚至还会影响到该新闻的可信度。

科技新闻图片的制作不能随意用缺乏信息的场景照片来糊弄，而应追求最有意义的瞬间的捕捉，同时，在饱含科学原理的情况下争取简洁明了的表达。

（三）科技新闻图片须兼具艺术性与趣味性

科学是严谨专业的，但这不意味着科技新闻的内容与方式不能有所改变。图片既能"提高新闻之价值"，又能"调剂篇幅枯燥"（刘俊，2014）。

或许科学实验的数据与表格难以有全新的表达方式，但是科技新闻图片可以为科技新闻点缀亮丽的色彩。它不仅可以成为科技成果的信息"承载者"与"传播者"，还能用独特的图片魅力，来呈现科学的美丽之处。

而要突显出"科学之美"，需要科学家对所研究的对象有准确清晰的认知，能够挖掘研究对象深处的美妙，并且将其完整表现出来。或是科学家与艺术家进行合作，发挥艺术家天马行空的想象力，将科学的专业同艺术的炫目结合在一起，然后依托先进的计算机技术，最终制作出具有艺术性的科技新闻图片。如极具视觉冲击力的宇宙引力波线条，具有反差色彩、对称相应的 DNA 螺旋结构都来自艺术与科学的结合，它们拥有普通摄影难以匹敌的感染力与吸引力。同样，科学不代表着死板沉闷，遥不可及，科学揭示的往往是发生在公众身边的奇妙现象的原理，因此，采用更加艺术化的手段来进行科技新闻图片的绘制，在美丽的同时不失科学原理的表达，能够更好地吸引公众的兴趣，从而促进全民参与到科学探索中来。

五、对科学传播研究与教育的建议

（一）组织跨界研讨，促进科学可视化交流与探索

鼓励科技期刊之间的交流与合作是推动科学可视化发展的重要举措，通过组织行业会议和研讨会，期刊可以促进学术界和出版界之间的交流与合作，共同推动科学可视化领域的发展。会议和研讨会的组织和举办为期刊编辑、科学可视化研究者和专业的出版人员、编辑人员提供了一个交流的平台，大家可以分享经验、讨论挑战、探讨新的技术和方法，并交流最佳实践方法，这样的交流与合作有助于促进创新和发现新的趋势，提高科技期刊在可视化领域的贡献。同时，通过交流与合作，期刊可以形成更加广泛的合作网络，彼此分享资源和专业知识，为读者提供更具创新性、前沿性和专业性的可视化内容，提高整个行业的水平和影响力。

其中，可视化专家或团队作为可视化领域的重要参与者，他们在可视化技术、工具和实践方面具有丰富的经验和知识，科技期刊可以与可视化团队或专家建立合作关系从而获取最新的可视化技术动态和前沿研究成果，并将其分享给读者，这有助于期刊保持与可视化领域的接轨，获取更具创新性和前瞻性的可视化内容。可视化专家或团队通常具有不同领域的背景和专业知识，对可视化的要求和标准也有着深入的理解，他们能够为可视化内容提供评估和建议，带来跨学科的视角和创新思维，有助于提高期刊的可视化质量和水平，也可促进可视化合作研究和跨学科的交叉合作。

推动科学可视化发展的另一可行建议就是支持和鼓励相关研究和创新项目的推进，期刊可以设立奖项和基金，以资助科学可视化的研究和创作。这些奖项可以鼓励学者和专业人士在科学可视化领域进行创新性的研究和实践，推动相关技术和方法的不断发展与进步。同时，基金的设立可以提供经济支持，帮助研究者开展科学可视化项目，并促进跨学科的合作与创新，这种支持和鼓励机制不仅可以激励科学可视化领域的人才，为相关领域的研究者和创作者提供更多的机会和资源，还能够推动可视化作品的质量和影响力的提升，促进可视化在科学传播领域的广泛应用。

（二）加强与商业图片库的合作机制，推动科学图像产业发展

作者对于插图质量有着不可推卸的责任，插图质量与作者的审美和设计能力息息相关，提高作者对于插图的绘制能力，鼓励设计师参与科技图像创作都是从源头提高插图质量的有效方式。作者对插图的知识体系的表达首先需要准确，其次是要符合视觉审美的要求，这就需要作者有一定的美学修养和版式设计能力。囿于专业的限制，科技论文的作者在论文插图绘制表达上可能有所欠缺，在从事科研和论文写作的同时还需要提高对可视化软件的操作和使用能力，近年来出现的 BioRender，常用的制图软件PS、AI 等都是需要作者掌握的软件工具。除了科技论文作者需要提高视觉设计基础能力之外，鼓励专业设计师的参与是提高科技插图质量的另一手段。专业设计师的参与，能够很好地解决由于科研人员美学素养不足导致插图质量难以提高的问题。现在，越来越多的插画师和动画师作为职业的期刊插图设计者涌现，他们积累了非常多的论文配图，有丰富的封面绘制和科技绘图的经验。相信在他们的参与下，我国科技论文期刊插图的质量能够得到有效提升。

科技期刊封面图像主要来自论文作者、期刊美编和第三方创作者三大群体，其中第三方创作者又包括大型商业图片库、中小型视觉创意公司和自由设计师等（王国燕和姚雨婷，2014）。而商业图片库在科学可视化领域起着重要的作用，其丰富多样的高质量图像资源可为科技期刊提供优秀的科学图像素材。例如，盖蒂图片社、华盖创意、Shutterstock、科学资源等国外图片库为国外顶级期刊提供了大量优质的可视化作品，并且各个图片库都有各自的风格和偏好，能够满足不同的图像设计需求。然而，相比之下，我国在科学图像库的发展上还存在一定的不足之处。

目前国内虽然有一些图像资源平台，但其规模和内容相对有限，难以满足科技期刊和研究机构对于高质量科学图像的需求，与国外相比，我国

仍缺乏国际化和科学专业化的商业图片库。同时,科学图像的商业化运作和发展需要专业的图像企业来推动,而国内科学图像企业的发展滞后也进一步影响了科技期刊获取高质量科学图像的能力。

因此,加强与商业图片库的合作机制、推动科学图像企业的发展十分重要。首先,科技期刊可以积极与国内外商业图片库建立合作关系,共享图像资源和技术经验,提高期刊科技图像的可视化质量。其次,国内科学图像企业应加强创新和发展,提升图像库的质量与种类。通过引进先进的图像采集技术和编辑软件、培养专业的图像编辑人员等措施,科学图像企业可以提供多样化、高质量的科学图像素材。最后,科学图像企业可与期刊、研究机构建立合作关系,了解研究人员的需求,提供定制化的可视化设计。此外,科学图像企业的发展离不开政府和相关机构的支持与引导,政府可以加大对科学图像产业的扶持力度、提供资金支持、鼓励企业创新发展,相关部门和机构可以组织会议和活动,促进科学图像企业与期刊及研究机构的交流合作,从而推动相关产业的发展。

(三)加强科学可视化教育和实践,促进跨界人才培养

除专业的可视化编辑队伍外,注重跨界人才的培养对于加强科技期刊可视化表达也起着重要作用。目前国内在可视化的教育与实践方面仍有所欠缺,例如,科学与设计的融合不够深入、科学图像创作的职业发展路径不够明确等等,而通过培养跨界人才,能够打破学科壁垒,促进科学、设计和其他相关领域知识的融合,有利于提升科技期刊可视化内容的质量与创意,使科学图像更具表达力和吸引力。而对于跨界人才的培养措施,可以从教育和实践两方面展开。

一方面,学校在课程设置中,应考虑引进相关专业或课程,例如,图像设计、数据可视化、科学可视化等涵盖了科学、艺术和技术等多领域知识的课程;或者为学生提供跨学科的课程和项目,鼓励学生在不同的专业领域内进行交流合作,完成跨专业的合作项目,培养创作科学图像的思维和能力。另一方面,学校或机构应提供参与科学图像创作的实践项目或实习机会,例如,与研究机构、出版机构、媒体等进行项目合作,鼓励学生或机构人员积极参与并将所学知识应用于实操中,同时配备具有跨学科、跨领域的专业指导老师团队,通过个人或团队的指导和反馈,帮助学生发散创作思维,获得更全面的知识和技能,提升其科学图像创作水平。

此外,学校还可以设立相关的可视化创作实验室或可视化研究中心,为学生提供必要的资源和设备支持,例如,设计软件、摄影设备、后期处

理软件等等，给予学生创作环境和技术支持。通过教育和实践层面的措施，有助于培养出具备科学图像创作潜能的跨界人才，这些跨界人才将具备科学、艺术、技术等多领域的专业知识，有利于自身创作出兼具科学性和艺术性的科学可视化作品，从而提高科学信息的可视化表达水平。

本章参考文献

陈申, 沈阳. 2007. 关于中国摄影史研究[J]. 艺术教育, (9): 9+7.

陈汐敏, 丁贵鹏. 2017. 我国医学期刊视频出版存在问题及 JOVE 的经验[J]. 编辑学报, 29(3): 278-281.

程启厚, 张静. 2015. 科技期刊对微媒体的应用与启示——以四大国际权威医学期刊为例[J]. 科技与出版, (9): 91-95.

程维红, 任胜利, 路文如, 等. 2012. 2007—2011 年中国科协科技期刊网站建设进展[J]. 中国科技期刊研究, 23(4): 519-525.

程维红, 任胜利, 沈锡宾, 等. 2016. 2011—2015 年中国科协科技期刊网站建设进展[J]. 中国科技期刊研究, 27(11): 1156-1161.

崔玉洁, 包颖, 廖坤. 2018. 全媒体出版中增强出版的模式研究[J]. 编辑学报, 30(1): 70-73.

崔之进. 2016. 世界顶级科技期刊封面艺术学研究及对我国的启示[J]. 中国科技期刊研究, 27(2): 136-141.

高健, 陈新石, 游苏宁. 2009. 应增强综合性医学学术期刊的新闻属性[J]. 编辑学报, 21(2): 99-101.

高瑞. 2014. 论数字化背景下新闻图片真实性的困境及出路[D]. 哈尔滨: 黑龙江大学.

郝雷. 2010. 浅析计算机动画在科普片中的应用[J]. 科学大众(科学教育), (12): 175.

黄彪文, 胥琳佳. 2015. 社会化媒体对科学传播的影响与因应策略[J]. 科普研究, (1): 26-33.

黄延红, 侯修洲. 2020. 科技期刊全流程数字出版平台的构建[J]. 中国科技期刊研究, 31(1): 51-55.

蒋晓丽, 梁旭艳. 2016. 场景: 移动互联时代的新生力量——场景传播的符号学解读[J]. 现代传播(中国传媒大学学报), 38(3): 12-16.

李博, 程琴娟. 2014. 国外科技期刊网站主页设计的分析和思考[J]. 中国科技期刊研究, 25(12): 1486-1490.

刘飚, 邢飞, 刘威. 2009. 国外科技期刊网站的调查与思考[J]. 中国科技期刊研究, 20(3): 479-483.

刘俊. 2014. "大跃进"时期《人民日报》新闻图像研究[D]. 长沙: 湖南师范大学.

鲁翠涛, 赵应征. 2018. 国际科技期刊视频摘要发展概况及其启示[J]. 编辑学报, 30(1): 25-28.

邵斌. 2007. 略论新闻图片的图像修辞[J]. 新闻界, (2): 69+80.

盛希贵, 贺敬杰. 2014. 宣传话语的视觉"祛魅": 新媒体环境下网民对政治类新闻图片的再解读[J]. 国际新闻界, 36(7): 38-51.

谭潇, 高超, 邹晨双, 等. 2018. 二维码在科技期刊中的应用实例分析[J]. 中国科技期刊研究, 29(1): 48-54.

宋宁远, 王晓光. 2017. 增强型出版物模型比较分析[J]. 中国科技期刊研究, 28(7): 587-592.

王国燕, 汤书昆. 2013. 论科学成果的视觉表达——以 Nature、Science、Cell 为例[J]. 科学学研究, 31(10): 1472-1476.

王国燕, 汤书昆. 2014. 前沿科学成果的图像传播范式[J]. 中国科学技术大学学报, 44(9): 754-760.

王国燕, 姚雨婷. 2014. 科技期刊封面图像及创作机构的案例研究[J]. 科技与出版, (10): 67-71.

王国燕, 姚雨婷. 2015. 顶级科技期刊封面可视化及典型案例研究[J]. 出版科学, 23(2), 46-50.

王谦. 2010. 学术期刊网站的互动性研究[J]. 现代传播(中国传媒大学学报), (7): 153-154.

王永超. 2021. 基于资源整合的科技期刊富媒体平台建设的研究[J]. 天津科技, 48(4), 78-82.

威尔金斯. 2006. 媒介伦理学: 问题与案例(第四版)[M]. 李青藜, 译. 北京: 中国人民大学出版社: 225-226.

魏佩芳, 包靖玲, 沈锡宾, 等. 2020. 国外顶级医学期刊的数字化及新媒体平台发展现状——以《柳叶刀》系列期刊为例[J]. 中国科技期刊研究, 31(2): 166-172.

徐立萍, 何丹, 程海燕. 2020. 学术期刊增强出版的有效策略研究[J]. 科技与出版, (3): 104-108.

闫伟娜, 刘明洋. 2019. 媒体融合视域下我国科技期刊可视化出版路径[J]. 中国出版, (11): 37-41.

翟杰全. 2002. 再论科学传播[C]//中国科技新闻学会. 科技传播与社会发展——中国科技新闻学会第七次学术年会暨第五届全国科技传播研讨会论文集. 北京理工大学人文学院: 24-34.

占莉娟, 方卿. 2018. 学术论文移动出版服务科研用户存在的问题及对策[J]. 出版发行研究, (6): 29-33.

占莉娟, 胡小洋. 2019. 我国学术期刊论文增强出版的现状、瓶颈及推进策略[J]. 编辑之友, (8): 38-43.

张立伟, 陈悦, 刘则渊, 等. 2018. 期刊公众账号对学术文献社会传播的推动作用分析[J]. 中国科技期刊研究, 29(9): 925-934.

张楠, 詹琰. 2012. 科学传播中新媒体艺术的文化诉求[J]. 自然辩证法研究, 28(9): 67-70.

赵莉. 2014. 新媒体科学传播亲和力的话语建构研究[D]. 合肥: 中国科学技术大学: 112-120.

Bauer M, Gregory J. 2007. From Journalism to corporate communication in post-war

Britain[M]//Bauer M W, Bucchi M. Journalism, science and society. Routledge: 33-52.

Cassidy A. 2005. Popular evolutionary psychology in the UK: An unusual case of science in the media? [J]. Public Understanding of Science, 14(2): 115-141.

Cassidy A. 2006. Evolutionary psychology as public science and boundary work[J]. Public Understanding of Science, 15(2): 175-205.

Collins H M, Pinch T J. 1979. The construction of the paranormal: nothing unscientific is happening[J]. The Sociological Review, 27(Sl): 237-270.

Davis M P, Cochran A. 2015. Cited half-life of the journal literature[J]. CoRR, abs/1504.07479.

Franzen M. 2012. Making science news: The press relations of scientific journals and implications for scholarly communication[J] // Rödder S, Franzen M, Weingart P. The Sciences' Media Connection-Public Communication and its Repercussions. Sociology of the Sciences Yearbook. Dordrecht : Springer: 333-352.

Garfield E. 1955. Citation indexes for science: A new dimension in documentation through association of ideas[J]. Science, 122(3159): 108-111.

Garfield E. 2006. The history and meaning of the journal impact Factor[J]. The Journal of the American Medical Association, 295(1): 90-93.

Gregory J, Miller S. 1998. Science in public: Communication, cutlure and credibility[J]. 48(1): 75.

Gregory J. 2003. The popularization and excommunication of Fred Hoyle's "life-from-space" theory[J]. Public Understanding of Science, 12(1): 25-46.

Hilgartner S. 2016. The dominant view of popularization: Conceptual problems, political uses[J]. Social Studies of Science, 20(3): 519-539.

Lissoni F, Llerena P, Mckelvey M, et al. 2008. Academic patenting in Europe: New evidence from the KEINS database[J]. Research Evaluation, 17(2): 87-102.

Palileo B M U, Kaunitz J D. 2013. Covering digestive diseases and sciences: How to judge a journal by its cover[J]. Digestive Diseases and Sciences, 58(3): 592-595.

Powell W W, Owen-Smith J, Colyvas J A. 2007. Innovaton and emulation: Lessons from american universities in selling private rights to public knowledge[J]. Minerva, 45(2): 121-142.

Spicer S. 2014. Exploring video abstracts in science journals: An overview and case study[J]. Journal of Librarianship and Scholarly Communication, 2(2): eP1110.

Wang G, Gregory J, Cheng X, et al. 2017. Cover stories: An emerging aesthetic of prestige science[J]. Public Understanding of Science, 26(8): 925-936.

附录　前沿科学可视化的公开演讲
与其他原创案例

附录 A　其他原创案例

自 2010 年以来，笔者持续协助各个学科的科学家的前沿科学成果创作科学可视化图像已超过 110 项，除了前述章节中提及的案例，以下的原创案例按照学科进行了归类。手绘作品皆为王国燕团队的原创作品，合作者包括陈磊、马燕兵、程永立、何聪、欧楠均、金鸽等艺术家。

一、生命科学

（一）NK 细胞促进胚胎发育

合作科学家：中国科学技术大学生命科学与医学部魏海明教授课题组

研究来源：Fu B Q, Zhou Y G, Ni X, et al. 2017. Natural killer cells promote fetal development through the secretion of growth-promoting factors. Immunity, 47(6): 1100-1113.e6.

研究简介：自然杀伤细胞（NK）在早孕母胎界面大量存在，然而，NK 细胞在胎儿生长中的作用尚不清楚。该研究发现 CD49a$^+$Eomes$^+$ NK 细胞亚群，在人类和小鼠中分泌生长促进因子（GPFs），包括多效生长因子和骨生成诱导因子，显著促进胚胎发育。HLA-G/ILT2 信号触发 NK 细胞分泌上述生长因子。这群 NK 细胞亚群的减少，损害了胎儿的发育，导致胎儿生长受限。体外诱导的 CD49a$^+$Eomes$^+$ NK 细胞过继转移，可以重建适宜的子宫微环境，恢复胎儿的生长。这些发现揭示了 NK 细胞促进胎儿生长的特性，提出治疗性 NK 细胞过继转输可以改良子宫早期微环境，有利于胚胎生长。

图像创意：自然杀伤细胞在妊娠早期母胎界面大量存在，与胎儿体重呈正相关。在本期的 *Immunity* 中，Fu 等描述了早期妊娠蜕膜 NK 细胞如何促进胎儿生长。CD49a$^+$Eomes$^+$子宫 NK 细胞在人和小鼠体内都能分泌生长促进因子（growth promotion factor，GPF），包括多效生长因子和骨生成诱导因子。CD49a$^+$Eomes$^+$ NK 亚群的减少会损害胎儿发育，导致胎儿生长受限。

如图 A-1 所示，图像展示了子宫 NK 细胞（黄色细胞）作为早期保姆，通过分泌促生长因子（蓝色和白色）来照顾胎儿。这一过程是由滋养层外细胞（绿色细胞）和 NK 细胞之间的相互作用触发的，图 A-2 展示了其作用机制。NK 细胞（黄色）作为给早期胚胎提供主要营养物质的"保姆"团队，正在不断将神奇的营养物质释放到胚胎体内，而绒毛外滋养细胞（绿色）被发现可以起到协助引导的作用。一个滋养细胞正在向一个 NK 细胞传授"育儿"技巧，在一旁的 NK 细胞们正在认真地翻阅一本"育儿指南"，而另一旁的 NK 细胞们正齐心协力地运来一个大奶瓶，NK 细胞和滋养细胞通力协作、各司其职，为胎儿早期在母体中的健康发育贡献着自己的力量。

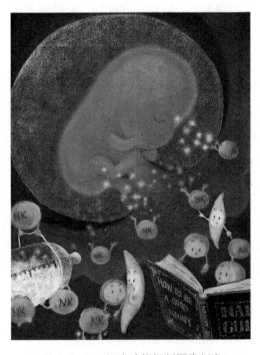

图 A-1　NK 细胞功能机制图像创意

　　此设计采用了童话插图的风格与笔触，画面以暖色调为主，一方面希望给故事营造一个温馨、安详的氛围，另一方面也与母体内的子宫环境相吻合。图 A-3 展示了 NK 细胞封面的创作手稿，而它也不负众望地登上了 2017 年 12 月 19 日的 *Immunity* 封面。

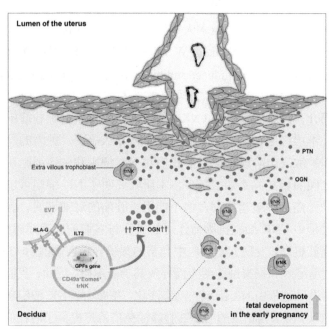

图 A-2　NK 细胞促进胚胎发育的作用机制

图 A-3　NK 细胞促进胚胎发育的作用机制的创作手稿（陈磊）

生命科学相关领域的研究成果与每个人的生命息息相关，非常适合用故事的形式来表现。正因为这些内容能够与大众产生紧密的联系，这种"天生"自带的感染力很容易使观者与创作画面产生共鸣。

（二）肿瘤逃逸 NK 细胞的杀伤力

合作科学家： 中国科学技术大学生命科学与医学部魏海明教授课题组

研究来源： Cong J J, Wang X W, Zheng X H, et al. 2018. Dysfunction of natural killer cells by FBP1-induced inhibition of glycolysis during lung cancer progression. Cell Metabolism, 28(2): 243-255.e5.

研究简介： 自然杀伤细胞（NK）是一种在人体抗多种肿瘤中起关键作用的效应性淋巴细胞，NK 细胞功能障碍常导致癌变。肿瘤的发展分为启动、增殖和扩散三个阶段，但目前我们对 NK 细胞和肿瘤细胞在不同肿瘤发展阶段之间的相互关系知之甚少。本研究证明了 NK 细胞可以有效阻止 KRAS 驱动肺癌的肿瘤起始期，但不能阻止肿瘤的后期进展。此外，在肿瘤的进展过程中，NK 细胞抗肿瘤作用的丧失与它们的功能障碍密切相关。进一步研究其机理，发现 NK 细胞中异常的果糖-1,6-双磷酸酶（FBP1）表达通过抑制糖酵解和损害细胞活力而导致其功能障碍。因此，我们的结果显示了在肿瘤进展过程中 NK 细胞的动态变化，并揭示了 NK 细胞功能障碍的新机制，为以 FBP1 为靶点的 NK 细胞癌症免疫治疗提供了潜在的方向。

图 A-4 攻打长城：NK 细胞抵御肿瘤进攻创意图

　　图像创意：图 A-4 展现了一个肿瘤敌军攻打长城的中国故事，NK 细胞在肿瘤发展过程中逐渐失去抗肿瘤作用，最终演变为功能障碍状态。肿瘤微环境通过削弱 NK 细胞的糖酵解代谢来抑制 NK 细胞，从而促使肿瘤免疫逃逸。值得注意的是，FBP1 在这一过程中扮演着关键角色。

（三）大脑神经刺激的认知功能反应差异

　　合作科学家：中国科学技术大学生命科学与医学部张效初教授课题组

　　研究来源：Yang L Z, Zhang W, Wang W J, et al. 2020. Neural and psychological predictors of cognitive enhancement and impairment from neurostimulation. Advanced Science, 7(4): 1902863.

　　研究简介：神经及精神性疾病会带来巨大的公共卫生负担。近年来，无创神经调控（如经颅电刺激、经颅磁刺激等）作为潜在的物理治疗手段，受到了研究人员和临床医生的关注。张效初等采用功能核磁共振实验揭示了神经调控敏感性的神经和心理预测因素。研究结果论证了刺激前评估的必要性，并为此建立了一套可操作的刺激前筛查流程（图 A-5），有助于推进刺激前流程的标准化，从而预防经颅电刺激治疗手段的滥用，该研究于 2020 年作为封面文章发表于 *Advanced Science*（图 A-6 左图）。

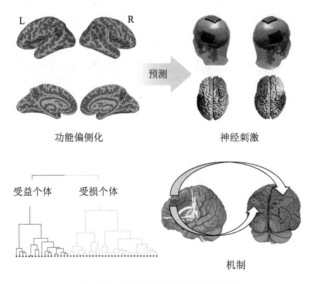

图 A-5　刺激前筛查流程示意图

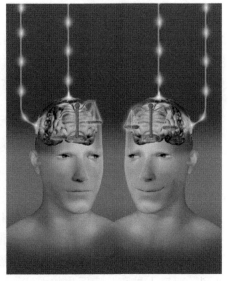

图 A-6　*Advanced Science* 杂志封面

图像创意：电刺激究竟是增强还是减弱了认知能力，这取决于内侧额叶和颞顶联合之间的耦合作用，在神经刺激前进行筛查具有必要性和可行性，颞顶关节功能不对称程度越小，社会相关困难程度越高，左、右颞顶关节刺激对社会能力的影响越大。内侧前额叶皮质与双侧 TPJ 结合，是调节脑刺激效应的潜在中枢。基于颞顶关节功能不对称程度的差别，人们形成不同社会交流活动的巨大差异，图 A-6 左图创意地展示了社会交往场景中的多种差异，右图则通过人物表情给出了社会状态的差异对比。

（四）TNA 对非天然核酸沉默 RNA 的识别

合作科学家：南京大学现代工程与应用科学学院于涵洋教授课题组

研究来源：Wang Y Y, Wang Y, Song D F, et al. 2021. An RNA-cleaving threose nucleic acid enzyme capable of single point mutation discrimination. Nature Chemistry, 14(3): 350-359.

研究简介：苏糖核酸（threose nucleic acid，TNA）是一种化学结构相对简单的人工核酸，能够与天然 DNA 和 RNA 进行碱基配对，因此 TNA 可能是地球早期生命形式的原始遗传物质。TNA 具有相对优越的生物稳定性，还能有效抵抗核酸酶的分解，功能性 TNA 的发展在生物医药领域具有重要的应用前景。

研究人员综合运用合成化学与定向进化的手段，从随机文库中鉴定了有催化活性的 TNA 酶 Tz1，Tz1 能催化 RNA 在特定位点发生切割反应，而且对突变非常灵敏。Tz1 迅速降解发生突变的基因，但并不影响正常的基因。该研究进一步展示了 Tz1 在细胞内介导高度选择性的基因沉默。发现 TNA 的催化活性为 TNA 作为原始遗传物质提供了实验支持，催化 RNA 发生切割反应的 TNA 酶为基因治疗提供了新型工具。

　　图像创意：如图 A-7 所示，A 为科学原理展示图，TNA 酶切割突变的 RNA；B 以故事化形式表达了 TNA 在 RNA 链上搜索突变并切割，就好像具有灵敏嗅觉的小狗，准确找到突变的位置；C 则以古老的岩洞壁画形式进行表达，显示 TNA 可能是早于 RNA 和 DNA 的原始遗传物质。

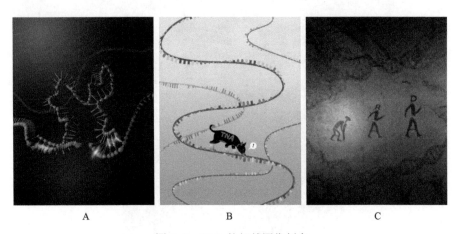

A　　　　　　　　　　B　　　　　　　　　　C

图 A-7　TNA 的相关图像创意

（五）高尔基体：天然免疫的新兴平台

　　合作科学家：中国科学技术大学基础医学院周荣斌教授、安徽省立医院龚涛博士

　　研究来源：Tao Y, Yang Y Q, Zhou R B, et al. 2020. Golgi apparatus: an emerging platform for innate immunity. Trends in Cell Biology, 30(6): 467-477.

　　研究简介：高尔基体是真核细胞中的一种膜性细胞器，被称作"细胞的加工厂"。来自内质网的蛋白质和脂质在这里被加工修饰后，以囊泡的方式运输到其他部位，例如，溶酶体、细胞表面或者细胞外。除了大家所熟知的传统功能之外，研究表明高尔基体可以作为整合天然免疫信号的平台，对天然免疫的启动和激活至关重要。不仅如此，由于高尔基体可以与其他膜性细胞器，例如，内质网、线粒体、核内体、自噬体等进行动态的膜转运，这为天然免疫信号转导以及后续的效应反应提供了便利途径。该课题组首次系统整合了高尔基体在启动和激活天然免疫信号中的作用，并进一步总结了病原微生物通过劫持高尔基体抑制天然免疫反应的机制。

图像创意：高尔基体可作为通过天然免疫反应抵抗病原微生物感染的战场。如图 A-8 所示，天然免疫相关受体蛋白、接头蛋白以及效应蛋白分别作为指挥官、通讯兵和战士参与战斗，消灭病原微生物。当然，病原微生物也会通过与士兵搏斗或者投掷炸弹等方式抵抗天然免疫的进攻。

图 A-8　高尔基体中的天然免疫反应

（六）线粒体产生的新型 RNA 分子

合作科学家：中国科学技术大学生命科学与医学部单革教授课题组

研究来源：Liu X, Wang X L, Li J X, et al. 2020. Identification of mecciRNAs and their roles in the mitochondrial entry of proteins. Science China Life Sciences, 63:1429-1449.

研究简介：线粒体是真核生物不可或缺的细胞器，被称为"细胞的能量工厂"。线粒体有一套自身的基因组，但其所包含的遗传信息很少，仅能编码十余种蛋白质及二十多种非编码 RNA，线粒体内的绝大多数蛋白都是由细胞核而来的。不编码蛋白质，却能在细胞中起调控作用的一类 RNA 分子被称为非编码 RNA。该研究发现，多细胞动物的线粒体 DNA 可以编码数以百计的环形非编码 RNA，并将这类 RNA 命名为 mecciRNA。进一步研究发现，此类环 RNA 可以在线粒体外的细胞质中与正在翻译的蛋白质结合，从而促进该蛋白质转运入线粒体。该研究加深了研究者们对线粒体与细胞核双向交流的认知，也进一步丰富了环 RNA 以及非编码 RNA 种类和功能。

图像创意：如图 A-9 所示，线粒体（蜂巢）产生的 mecciRNA（蜜蜂）正在协助细胞质中的蛋白质（花粉）转运进入线粒体内。且图像上会有一些文字和标签，因而设计构图时主要元素需要适当绕开，以免被遮挡。

图 A-9　mecciRNA 转运功能的图像创意

（七）激酶别构调节的结构

合作科学家：中国科学技术大学生命科学院蔡刚教授课题组

研究来源：Xin J, Xu Z, Wang X J, et al. 2019. Structural basis of allosteric regulation of Tel1/ATM kinase. Cell Research, 29(8): 655-665.

研究简介：肿瘤细胞的基因组并不稳定，且易突变，此过程常伴随大量稳定和修复基因组 DNA 的功能缺失，使得癌细胞更加依赖 ATM 激酶。因此，ATM 抑制剂能够有助于肿瘤治疗，ATM 的别构调节位点在研制新型 ATM 抑制剂的过程中发挥着重要的作用。

图像创意：如图 A-10 所示，对称性二聚体的形状像一只蝴蝶，而有活性的不对称性二聚体相比之下则稍微收缩些。Tel1/ATM 激酶负责启动细胞对 DNA 双链断裂的响应和修复。基于以上基本点，图像创意将 Tel1 结构抽象成蝴蝶，停在像 DNA 的枝叶上（我们也找到了非常像 DNA 双螺旋的植物——绥草，见图 A-10（b）），对应断裂 DNA 位点处的 ATM 激酶。期刊封面的最终效果如图 A-11 所示，多只翅膀开合状态不一的蝴蝶则对应了非活性（对称性二聚体）和有活性的（非对称性二聚体）的不同状态。

对称性二聚体　　　　　　　不对称性二聚体

(a) 对称性/不对称性二聚体结构

(b) 绥草　　　　　　　　(c) 蝴蝶

图 A-10　Tel1/ATM 激酶修复 DNA 的创意元素

（八）动粒招募到着丝粒的新机制

合作科学家：军事科学院军事医学研究院生命组学研究所/蛋白质组学国家重点实验室/国家蛋白质科学中心（北京）滕艳/杨晓团队，中国科学院生物物理所陈润生院士团队，加州大学圣迭戈分校付向东教授团队

研究来源：Zhang C, Wang D, Hao Y, et al. 2022. LncRNA CCTT-mediated RNA-DNA and RNA-Protein interactions facilitate the recruitment of

CENP-C to centromeric DNA during kinetochore assembly. Molecular Cell, l82(21): 4018-4032.

图 A-11　*Cell Research* 封面

　　研究简介：细胞分裂依赖位于染色体着丝粒（centromere）位点的蛋白质复合物动粒（kinetochore）的精确组装。着丝粒由高度重复着丝粒 DNA 序列串联组成。虽然着丝粒是高度特化的基因组区域，但动粒在着丝粒处的组装似乎不依赖着丝粒 DNA 序列。着丝粒 DNA 可以转录产生定位在附近的着丝粒 RNA，但其功能一直存在争议。目前，着丝粒区域是否存在非着丝粒转录的 RNA 以及其功能和分子机制还有待阐明。

　　该研究把动粒的关键组分着丝粒蛋白 C（CENP-C）作为切入点。CENP-C 是动粒组装的启动者和脚手架。以前的研究提示 CENP-C 可能通过非蛋白依赖的机制被招募到着丝粒。该研究通过 RNA 免疫共沉淀结合高通量测序（RIP-seq）筛选出一个转录自人 17 号染色体长臂、与 CENP-C 相互作用的 lncRNA CCTT（CENP-C Target Transcript）。通过新开发的检测 RNA 和 DNA 直接相互作用的测序技术 AMT-ChIRP-seq，研究者发现 CCTT 特异性地富集在染色体的着丝粒区。进一步研究发现 CCTT 可以招募新的 CENP-C 到着丝粒区。在机制上，研究者发现 CCTT 可能通过形成 RNA-DNA 三链结构直接结合重复多拷贝的着丝粒 DNA 主动定位到着丝粒位点，进而招募 CENP-C。最后功能实验证实 CCTT 维持着丝粒功能，其缺失导致严重的细胞周期阻滞、染色体分离异常、核型异常，最终诱导形成异倍体。创意思路及设计效果如图 A-12 所示。

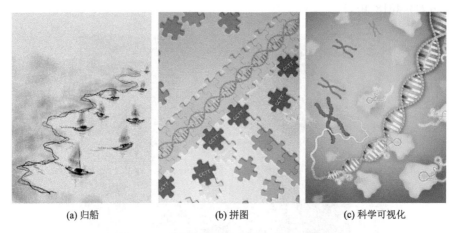

　　　　(a) 归船　　　　　　　　　(b) 拼图　　　　　　　(c) 科学可视化

图 A-12　动粒招募到着丝粒的新机制创意图

（1）归船。LncRNA CCTT 如同纤绳，一头拴住小船（CENP-C 蛋白），另一头拴住河岸（着丝粒 DNA），将 CENP-C 准确牵引到重复的着丝粒 DNA 位点。

（2）拼图。拼图游戏需要不同板块之间的精细匹配。LncRNA CCTT 通过匹配重复多拷贝的着丝粒 DNA 和 CENP-C 蛋白介导 CENP-C 在着丝粒区精准定位，并继续组装后续着丝粒蛋白，完成一幅完整的拼图（组装成动粒）。

（3）科学可视化。将本研究的主要发现进行艺术化展示。着丝粒 DNA 延伸到近景并放大，LncRNA CCTT 通过结合着丝粒 DNA 和 CENP-C 蛋白将 CENP-C 招募到着丝粒位点。

二、医学健康

（一）新型冠状病毒感染人工智能诊断系统

合作科学家：华中科技大学生命科学与技术学院薛宇教授课题组

研究来源：Ning W S, Lei S J, Yang J J, et al. 2020. Open resource of clinical data from patients with pneumonia for the prediction of COVID-19 outcomes via deep learning. Nature Biomedical Engineering, 4(12): 1197-1207.

研究简介：新型冠状病毒感染患者的临床数据整合和建模能够为后续的临床决策提供重要的参考信息。薛宇及其合作团队通过合作收集、整合和注释 1500 多例新型冠状病毒感染患者的胸部 CT 影像和临床诊断大数据，构建了综合数据库 iCTCF，数据容量为 265.1 GB。在此基础上，薛宇团队设计了"基于混合学习的新冠患者无偏预测"人工智能诊断系统 HUST-19，实现了 CT 影像学和临床诊断数据的高效融合。该系统不仅能够准确判断患者是否感染新型冠状病毒，还可以精确预测病情的严重程度以及潜在的死亡风险。iCTCF 和 HUST-19 的相关数据和工具目前已无偿移交国家生物信息中心，有力地支持了我国抗疫相关的重大战略需求。

图像创意：如图 A-13 所示，一个感染了新冠病毒的人类肺部正在被智能芯片诊断，表达了通过"混合学习"技术，CT 影像学和临床诊断数据得以融合，从而实现了新型冠状病毒感染的人工智能精准诊断。

图 A-13　新型冠状病毒感染人工智能诊断创意图

（二）假基因 HBBP1 调控人红细胞发育

合作科学家：中国医学科学院基础医学研究所余佳、马艳妮教授课题组

研究来源：Ma Y N, Liu S Q, Gao J, et al. 2021. Genome-wide analysis of pseudogenes reveals HBBP1's human-specific essentiality in erythropoiesis and implication in β-thalassemia. Developmental Cell, 56(4): 478-493.e11.

　　研究简介：长期以来，通过基因重复诞生新基因被认为是物种进化的主要驱动力。然而，大多数重复基因在演化过程中会积累各种功能丢失突变从而产生假基因。假基因数量巨大，约占人类基因组已知基因模型的 1/4，但人类对其在个体发育中的功能却知之甚少。本研究系统性地分析了假基因在人类多组织中的表达特征及与人类疾病的关联，揭示了位于人体 β-珠蛋白基因簇中的假基因 HBBP1 在红细胞发育中发挥人类特异的关键调控作用，并进化出不依赖母源序列的崭新调控方式，即通过突变获得新结合位点作为 RBP decoy 促进重要转录因子 TAL1 mRNA 稳定性。研究提出了人类特异表达的假基因可能参与人类特异性状演化的新概念，并发现起源方式不同的假基因在作用方式上存在巨大差异，为假基因功能机制研究提供了重要参考。

　　图像创意：如图 A-14 所示，图（a）中的稻草人吓跑了觅食的鸟儿，保护了庄稼。这些稻草人就像人类基因组中的大量假基因，它们虽是"真实"基因的拷贝，但能够以多种方式保护基因表达。图（b）中孙悟空吹仙气把猴毛变成了成千上万的假悟空，这些假悟空也具有降妖除魔的能力。寓意人类基因组中的大量假基因，就像这些假悟空一样，虽是从"真实"基因复制而来的，但也能够以多种方式保护基因表达，从而发挥作用。

(a) 稻草人吓跑觅食的鸟儿　　　　　　(b) 孙悟空将猴毛变成假悟空

图 A-14　假基因功能机制的图像创意

（三）脑血管调控乳酸稳态影响认知

合作科学家：国家蛋白质科学中心杨晓研究员课题组

研究来源：Wang J, Cui Y X, Yu Z Y, et al. 2019. Brain endothelial cells maintain lactate homeostasis and control adult hippocampal neurogenesis. Cell Stem Cell, 25(6): 754-767.e9.

研究简介：乳酸长期以来被认为是有害的代谢终产物，近年来的研究显示乳酸可以作为重要能量底物和信号分子。但是，乳酸对海马区成体神经发生的影响所知甚少。杨晓、郭伟翔、杨焕明等团队合作完成的研究首次揭示了脑血管在维持大脑乳酸含量平衡与协调成体神经功能的运作机制，并提供了脑血管内皮细胞 PTEN/Akt 信号通路上调乳酸转运蛋白 MCT1 将过量乳酸转运到外周血的新模型。该研究成果发表在 2019 年的 *Cell Stem Cell* 上，为理解脑中乳酸水平升高相关疾病的病理过程和发病机制提供了新的理论基础和潜在的治疗策略。

图像创意：插图采用中国宋代花鸟画风格呈现该科学发现。如图 A-15 所示，发芽或盛开的山茶花代表在成年海马神经发生不同发育阶段的神经干细胞和新生神经元，飞鸟则代表乳酸转运蛋白 MCT1，它们转运乳酸（鸟嘴中的树枝）跨越大脑内皮（河流）。

图 A-15　脑血管调控乳酸稳态创意图

（四）神经纤维瘤蛋白 2 及其突变体的肿瘤免疫机制

合作科学家：浙江大学生命科学研究院徐平龙课题组

研究来源：Meng F S, Yu Z Y, Zhang D, et al. 2021. Induced phase separation of mutant NF2 imprisons the cGAS-STING machinery to abrogate antitumor immunity. Molecular Cell, 81(20): 4147-4164.

研究简介：神经纤维瘤蛋白 2 （NF2）是一种经典的肿瘤抑制因子。NF2 基因突变和缺失是 II 型神经纤维瘤发病的主要原因，同时也频繁出现在各种恶性肿瘤中。研究发现，NF2 的点突变体可以强烈抑制核酸识别。该研究鉴定了 NF2 突变导致肿瘤发生的免疫学机制以及重要的肿瘤免疫调节功能，并提出了一类全新的天然免疫调控模式。这些新发现是天然免疫、肿瘤免疫和肿瘤抑制因子生物学功能的重要进展，也为治疗相关肿瘤提供了新的理论与实验依据。

图像创意：如图 A-16 所示，画面通过故事形式讲述了一种全新的抑癌蛋白突变导致肿瘤发生的免疫学机制。经典肿瘤抑制因子 NF2 的 FERM 结构域在病人中发生的天然突变（厄菲阿尔特），通过形成液滴状聚集，能够强烈抑制核酸识别及其参与的肿瘤免疫过程（斯巴达人）。

图 A-16　抑癌蛋白突变下的免疫机制

（五）化疗后免疫抑制的新机制

合作科学家：浙江大学医学院王建莉、蔡志坚教授课题组

研究来源：Zhang F H, Li R R, Yang Y S, et al. 2019. Specific decrease in B-cell-derived extracellular vesicles enhances post-chemotherapeutic CD8$^+$ T cell responses. Immunity, 50(3): 738-750.

研究简介：长期化疗会导致系统性的免疫抑制，使机体无法形成有效的抗肿瘤免疫记忆，会导致肿瘤复发。因此，揭示化疗后免疫抑制的机制对提高化疗效果，防止肿瘤复发具有重要意义。蔡志坚教授和王建莉教授研究团队研究发现，B细胞所释放的CD19阳性胞外囊泡含有高水平的CD39和CD73分子，这些物质会将化疗后的凋亡肿瘤细胞所释放的ATP水解为腺苷。而作为一种免疫抑制性分子，腺苷会通过抑制抗肿瘤 CD8 阳性 T 细胞的活化削弱化疗效果，导致肿瘤的免疫逃逸并造成肿瘤复发。该研究揭示了化疗后免疫抑制的新机制，有助于人们制定提高化疗效果的新策略。

图像故事：如图 A-17 所示，将化疗后免疫抑制的新机制比喻为"武松打虎"。画面中，打虎的武松（CD8 阳性 T 细胞）因喝了较多的酒（腺苷）而醉倒在酒铺（CD19 阳性胞外囊泡）之下，老虎（肿瘤细胞）得以继续耀武扬威。该设计被选为该期刊当期网站首页的亮点成果。

图 A-17　免疫抑制的新机制：武松打虎

（六）铁过载诱发肝损伤的铁死亡新机制

合作科学家： 浙江大学王福俤教授课题组

研究来源： Wang H, An P, Xie E J, et al. 2017. Characterization of ferroptosis in murine models of hemochromatosis. Hepatology, 66(2): 449-465.

研究简介： 根据已有研究可知，铁死亡是一种不同于凋亡而依赖于铁离子的细胞死亡新方式，可通过使用铁螯合剂进行特异性逆转，从而达到防治心脏疾病的目的。然而，铁过载是否会导致铁死亡、铁死亡与铁代谢之间又有何种发生机制尚不明确，该研究对此问题进行了解答。基于多个高铁蓄积血色病小鼠模型，实验发现高铁蓄积小鼠表现出铁死亡明显升高；而 Ferrostatin-1 能显著改善由铁过载而引发的疾病，说明铁死亡也是铁过载的重要机制。该成果首次揭示了肝脏疾病中铁死亡的新模式，明确了铁过载诱发铁死亡的新机制，为防治肝脏疾病及血色病提供了重要的理论依据。

图像创意： 如图 A-18 所示，这幅作品的灵感来源于一则中国民间的歇后语："黄鼠狼给鸡拜年——没安好心"。这个故事带有很强的中国文化特色，在国人中的知悉程度极广，该期刊发表也正逢鸡年，寓意吉祥，弘扬中国文化。尽管这个画面传达的信息在世界其他地方的人看来可能并无特别的意义，但黄鼬一类的凶猛野兽捕食鸡这一类柔弱的家禽，这样的情节应该会得到广泛的共识。

图 A-18　*Hepatology* 封面故事：黄鼠狼给鸡拜年

　　该画面营造了一组对立的冲突：左侧是鸡，鸡自然是弱势一方，是需要保护的对象，用来指代健康生命或健康肝细胞；右侧是黄鼠狼，作为危险的对象，眯缝着眼一心想要吃掉鸡，散落一地的鸡毛就是证据。篮子里的东西是黄鼠狼给鸡拜年的"礼物"——铁离子，可诱发肝细胞或机体损伤，从而导致"铁死亡"。在这二者之间设置了一道篱笆围栏，它指代研究成果中对心脏起到保护作用的保护基因膜蛋白 SLC7A11，篱笆的形状正是这个膜蛋白跨膜折叠的结构模式图。在画面中制造矛盾是绘画创作中比较常用的手法之一，这一方法适用于很多的研究成果可视化的创作。该封面为 *Hepatology* 期刊创刊几十年来第一个故事题材封面。

（七）脂肪肝的发病机制

　　合作科学家：山东省立医院内分泌科赵家军、高聆教授课题组

　　研究来源：Wang X L, Du H, Shao S S, et al. 2018. Cyclophilin D deficiency attenuates mitochondrial perturbation and ameliorates hepatic steatosis. Hepatology, 68(1): 62-77.

　　研究简介：非酒精性脂肪肝作为最常见的慢性肝脏疾病之一，其发病机制尚未完全明确，一直是现代医学生物界面临的重要问题。线粒体是细胞内活性氧产生的主要场所，活性氧产生过度，即会损伤 DNA，诱发脂质或蛋白代谢紊乱，导致线粒体发生氧化应激反应。传统的非酒精性脂肪肝的"二次打击"学说认为，肝脏线粒体应激发生在脂质沉积之后，并在"第二次打击"中发挥关键作用。该研究首次提出关键分子亲环素 D 表达增加诱导的线粒体应激发生在肝脏脂质沉积之前，并阐述其具体机制，阐明了线粒体亲环素 D 在非酒精性脂肪肝发病过程中的重要作用。该项科研成果为非酒精性脂肪肝早期预防和临床干预提供了新靶点，在非酒精性脂肪肝药物疗法的临床应用领域取得突破性进展。

　　图像创意：线粒体是细胞内参与能量代谢的重要细胞器，亲环素 D 是调控线粒体应激的关键分子。我们试图从一组错落的荷兰风车中找到肝脏的感觉。如图 A-19 所示，风车使人联想到能量，风车的每一片扇叶仿佛都是肝脏的样子，三片扇叶代表发病进程：正常肝-轻度肝脂肪变-重度肝脂肪变（此处只说脂肪变，不提脂肪肝炎和肝硬化是因为我们不着重研究后两者）。正常肝脏呈现深红色，存在生理量的 CypD，当 CypD 增多便会发展为轻度肝脂肪变，肝脏呈现近似黄色，CypD 再增加则发生重度肝脂肪变，肝脏呈现灰白色（也有说黄白色，颜色差异与拍摄条件有关）。风车转动寓意亲环素 D 表达增加，驱动非酒精性脂肪肝的发病过程，即正常的

肝脏（色泽红润的扇叶）存在生理量的亲环素 D，当亲环素 D 表达增加，肝脏的脂质沉积随之加重，导致不同程度脂肪肝（黄色和灰棕色的扇叶）的形成。风车磨坊上的线粒体图形，也契合了线粒体是"细胞能量工厂"的比喻，这一图像寓意维持线粒体功能的关键分子 CypD 为肝脂肪变发病的新机制新位点。

图 A-19　脂肪肝的发病机制：循环的风车

（八）线粒体动态平衡决定干细胞胚胎发育潜能

合作科学家： 中国科学技术大学高平教授课题组

研究来源： Zhong X Y, Cui P, Cai Y P, et al. 2019. Mitochondrial dynamics is critical for the full pluripotency and embryonic developmental potential of pluripotent stem cells. Cell Metabolism, 29(4): 979-992.

研究简介： 全能干细胞具有无限自我复制能力，并可以分化成机体各器官所有类型体细胞，进而发育成完整生物体。iPS 细胞是否具有真正全能性是当前研究的巨大挑战。线粒体是影响细胞多种生命活动的关键细胞器，而线粒体分裂与融合的动态平衡对于其形态和功能的维持极其重要。研究通过四倍体补偿实验结果，成功验证了线粒体过度分裂的干细胞无法发育得到小鼠个体，首次报道了线粒体动态平衡在调控 iPS 完全全能性获得中扮演的重要角色，加深了研究者对体细胞重编程和胚胎发育过程的理解。目前尚未有鉴定人类干细胞全能性的金标准，本研究也为人类全能性干细胞的甄别提供了参考。

　　图像创意：如图 A-20 所示，图像中将一棵参天大树比喻成生命之树，由于线粒体的不同状态，大树的两侧呈现出截然相反的状态：大树的一侧枝繁叶茂（代表可发育成全能干细胞），另一侧则由于线粒体过度分裂而造成无法正常发育，呈现出枯萎状态。

图 A-20　线粒体影响全能干细胞创意图

（九）胆固醇毒性

　　合作科学家：山东第一医科大学附属省立医院赵家军、高聆教授课题组

　　研究来源：Song Y F, Liu J J, Zhao K, et al. 2021. Cholesterol-induced toxicity: an integrated view of the role of cholesterol in multiple diseases. Cell Metabolism, 33(10): 1911-1925.

　　研究简介：胆固醇是人体代谢不可缺少的物质。但是当胆固醇过量时，其在血管壁沉积会引发心脑血管疾病。传统观点对胆固醇过量的危害多局限于心血管疾病的发病过程。既往研究表明，多种慢性病比如非酒精性脂肪肝炎、糖尿病、慢性肾病等常伴随有胆固醇过剩。那么，高胆固醇是否也与这些疾病相关？是否是这些疾病的直接风险因素？其机制如何？临床上对该类疾病患者是否需要采取降胆固醇治疗？该研究对近二十年间流行病学研究、临床研究、动物及细胞实验的成果进行总结，系统探讨了胆固醇在肝、肾、胰腺、大脑等体内多种器官内蓄积所导致的毒性作用，并率先提出"胆固醇毒性"这一概念。这篇文章的主要目的是拓展人们对高胆固醇相关疾病的传统认识，加深人们对降胆固醇药物治疗用途的见解。

　　图像创意：如图 A-21 所示，图像采用花和水进行隐喻：就像浇太多的水会使花枯萎一样，过量的胆固醇也可能损害我们的健康。并且，过量的胆固醇对于人体造成的危害不仅仅是诱发动脉粥样硬化，还与一些高发的慢性疾病密切相关，比如脂肪肝、甲状腺功能减退症、慢性肾病、阿尔茨海默病、骨质疏松症等，这些疾病在图中被描述为过度浇水的不良后果，如枯萎、凋零、发黄、落叶等。

图 A-21　胆固醇毒性创意图

（十）E3 连接酶 RNF138 介导炎癌转换新机制

　　合作科学家：中国医学科学院基础医学研究所宋伟、刘长征研究员课题组，中国医学科学院 肿瘤医院赵宏、应建明教授课题组

　　研究来源：Lu Y L, Huang R, Ying J M, et al. 2022. RING finger 138 deregulation distorts NF-κB signaling and facilities colitis switch to aggressive malignancy. Signal Transduction and Targeted Therapy, 13 June 2022 online published.

　　研究简介：结直肠癌（CRC）是全球范围内与癌症死亡相关的第三大原因，往往源于持续性的炎症反应。异常活化的 NF-κB 信号通路在炎癌转化中具有核心调控作用，因此，靶向这一信号通路具有潜在的临床应用价值。研究人员发现 E3 泛素连接酶 RNF138 的蛋白表达水平下调与 NF-κB 通路的活化呈现显著相关性，NF-κB 抑制剂 SC75741 可显著抑制 RNF138 低表达伴 NF-κB 活化型的 CRC 细胞增殖，为患者的干预和治疗提供了新策略；结直肠炎癌诱导模型分析显示：RNF138$^{-/-}$小鼠的结直肠炎及 CRC 显著加重，且 RNF138$^{-/-}$小鼠在致炎剂单独处理时即可诱导典型的癌前病变，表明 RNF138 在结直肠炎癌转化中具有关键调控作用；在分子机理解析显示：尽管 RNF138 是 E3 泛素连接酶家族成员之一，但该蛋白是通过 E3 非依赖方式促进 NIBP 胞核-胞浆转运进而调控 NF-κB 通路活性。

　　图像创意：如图 A-22 所示，图（a）中的弓箭通过射杀"阿喀琉斯之踵"上的病魔，从而维护人体健康稳态。寓意着 RNF138 就像这把弓一样，通过 NIBP 这支箭作用于在肿瘤进展中发挥关键功能的 NF-κB 分子，从而发挥肿瘤抑制作用，维持生理稳态；图（b）中的绿色卫士通过遥控器吸走了小怪物的武器，使之丧失了战斗力，从而被清除。这个小卫士就像 RNF138，它通过 NIBP 这个遥控器吸走了促进肿瘤进展的 NF-κB 分子，从而阻止肿瘤生存，维持机体健康稳态。

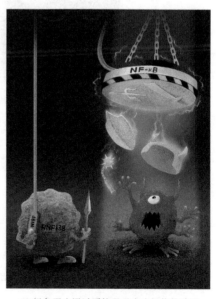

(a) 弓箭射杀"阿喀琉斯之踵"上的病魔　　　　(b) 绿色卫士通过遥控器吸走小怪物的武器

图 A-22　RNF138 通过 NIBP 抑制肿瘤的创意图

三、物理

（一）纠缠辅助新型海森堡不确定性关系

合作科学家：中国科学技术大学物理学院郭光灿院士、李传锋教授课题组

研究来源：Li C F, Xu J S, Xu X Y, et al. 2011. Experimental investigation of the entanglement-assisted entropic uncertainty principle. Nature Physics, 7(10): 752-756.

研究简介：海森堡不确定原理限制了人们同时得到两个互补物理量（比如位置和动量）输出结果的精度，它是量子力学的一个本质特征。然而，李传锋等通过实验发现了"违背"这一不确定关系的新条件，即在待测粒子的量子信息被事先存储的情况下，传统的不确定性关系将被打破。实验还验证了纠缠辅助的新型不确定关系。研究成果发表在 2011 年的 *Nature Physics* 上，有望应用于量子工程学，将有助于人们进一步理解量子力学，对量子密钥传输的安全性证明也有重要意义。

图像创意：待测粒子的量子信息能够通过纠缠辅助的条件被事先存储，使得"经典"的不确定关系被打破。图 A-23 为艺术化表现纠缠量子的不

图 A-23　纠缠辅助不确定性关系创意图

确定性关系创意图，两个纠缠量子之间通过一张曼妙神秘的网络产生着千丝万缕的联系。其中一个量子用月亮的形象表达，来源于爱因斯坦对于量子问题的一个有趣比喻："难道当我不看月亮的时候，月亮就不存在吗？"

（二）长城上16公里的量子态隐形传输

合作科学家：中国科学技术大学潘建伟院士课题组

研究来源：Jin X M, Ren J G, Yang B, et al. 2010. Experimental free-space quantum teleportation. Nature Photonics, 4(6): 376-381.

研究简介：量子态隐形传输是一种全新的通信方式，也是未来量子通信网络的核心要素。中国科大和清华大学进行了联合研究，成功实现了16公里的量子态隐形传输，比原世界纪录提高了20多倍。实验首次证实自由空间能够支撑远距离量子态隐形传输，这项研究也奠定了未来全球化量子通信网络实现的重要基础。利用量子纠缠技术，量子态从一个地方神秘消失后，不需要任何载体就能出现在另一个地方，就好像是科幻小说中所描述的"超时空穿越"。

图像创意：如图 A-24 所示，这是笔者第一次接触前沿科学可视化时所做的第一个成果设计。在这项成果的视觉表达中，有几个核心元素：量子态、自由空间传输、长城。关于量子态的表达，符号"Ψ"是量子学领

图 A-24 长城上的量子态隐形传输创意图

域经常用到的表达量子态的符号，量子是微观世界的粒子，在外观上可认为是球形的，于是我们将符号"Ψ"放入一个透明的球体来表达量子态。而"自由空间传输"是该项设计视觉表达的一个难点，作为一种能量或者信息的传播，波的形式不能是发散状，波的发散传输会暗示传输的安全性低，容易被窃取，而量子传输恰恰是安全性极高的。设计团队与科研团队经过多个回合的沟通，最后确认用定向波的形式来表达自由空间传输，辅以长城作为背景，一方面是因为在长城上进行了这项实验，更多的是表达中华儿女科教报国的爱国情怀。提交给自然出版集团的稿件见右图，之后接到编辑的回复，他们对图像效果很感兴趣，还询问了设计图中所包含的长城是否涉及照片版权问题。过了两个月，自然出版集团的网站上公布了当期封面图像，其在我们最终提供的设计图基础上又进行了再创造，如左图所示。对于这样的结果，当时整个团队都颇为纳闷，揣测了各种问题和可能，深感遗憾。

　　时隔几年有过多次设计经验后回过头来看，当初的设计稿还是有明显缺陷的：画面上的长城以素描为效果显得杂乱，没有考虑到编辑排版时需要留出一些位置给其他封面标题，而 Nature 封面上一般要放 3 个封面文章标题，这可能是个致命的问题，以至于 Nature 的美编重新建模做了一个干净的长城，并把中国红的色调改为了黎明时的湛蓝，整个画面很干净，简洁、明快，确实技高一筹。

（三）单光子多自由度量子态隐形传输

合作科学家：中国科学技术大学潘建伟院士课题组

研究来源：Wang X L, Cai X D, Su Z E, et al. 2015. Quantum teleportation of multiple degrees of freedom of a single photon. Nature, 518(7540): 516-519.

研究简介：动量、自旋、波长、轨道角动量等是粒子的基本物理性质，多自由度的量子隐形传态是目前量子领域的巨大挑战。从理论上来说，一个粒子所有的性质都可以通过量子纠缠传输到很远的地方。研究人员基于光子的轨道角动量和自旋展开了一系列实验研究，试图进行多自由度量子体系隐形传态，将相关技术提升到了一个新的水平。

图像创意：如图 A-25 所示，通过各种富有想象的形式来展现量子的自旋和轨道角动量态正在被远距离传输。多自由度的视觉表达是该成果可视化的难点，左图用纵横交错的波形来呈现，中间图形则用最常见的箭头和自旋光环来表达，右图则是通过多方向扭转的空间隧道来表达多自由度的量子态。

图 A-25　单光子多自由度量子态隐形传输创意图

（四）设备无关的量子随机数产生

合作科学家：中国科学技术大学物理学院潘建伟院士、张强教授课题组

研究来源：Liu Y, Zhao Q, Li M H, et al. 2018. Device-independent quantum random-number generation. Nature, 562(7728): 548-551.

研究简介：随机数在多项领域中都具有非常广泛的应用，比如数值计算、密码学等领域。基于无漏洞贝尔不等式检验的设备无关量子随机数产生（DIQRNG）技术可以在无须对设备内部工作进行任何信任性假设的情况下，产生不可预测的真随机性。即使设备是由怀有恶意的第三方制造甚至操控，也能保证产生的随机数不可预测。潘建伟院士、张强教授课题组将 DIQRNG 从一个概念转变为现实，研究成果发表在 2018 年的 *Nature* 上，该成果将有助于人们从根本上提高对于随机性起源的理解，同时可以产生高安全等级的随机数，并有望作为一种公共随机性资源对外提供服务。

图像创意：如图 A-26 所示，基于无漏洞贝尔不等式检验，从量子纠缠对中提取出可量子随机性，并且可自我证明来自量子相干性，从而实现设备无关量子随机数产生。图像通过一对纠缠量子产生了大量比特流来表达其正在生成随机数。

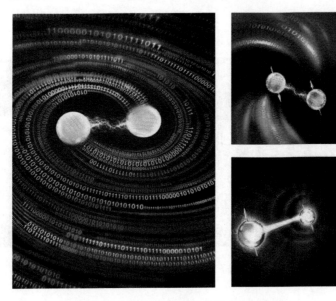

图 A-26　设备无关量子随机数产生创意图

（五）单核自旋簇原子尺度结构分析

合作科学家：中国科学技术大学物理学院杜江峰院士、石发展教授课题组

研究来源：Shi F Z, Kong X, Wang P F, et al. 2014. Sensing and atomic-scale structure analysis of single nuclear spin clusters in diamond. Nature Physics, 10(1): 21-25.

研究简介：核磁共振在物理、生物及化学材料等领域具有重要的应用，而当前实现单分子核磁共振是此领域的一大挑战。中国科大杜江峰研究组及其合作者利用掺杂金刚石中氮–空位（NV）固态单电子自旋量子干涉仪，成功在室温大气环境下实现了单核自旋对的探测及其原子尺度的结构分析。具体而言，该课题组将动力学解耦序列作用在 NV 上，在室温大气环境下成功探测到距离其约 1 纳米处的单 13C-13C 对，通过实验数据分析刻画出两个核自旋的相互作用，并且以原子尺度分辨率解析出自旋对的空间取向和结构。这些结果表明动力学解耦作用 NV 上，是核磁共振实现单分子结构解析的切实可行的手段。

图像创意：通过模拟微观环境下 NV 探针（发光原子）观测到金刚石中两个共键的 C13 原子来展现成果，如图 A-27 所示，其中 NV 在绿色激光激发下会发射荧光（见左下的发光格点），蓝色原子为同位素碳原子 13C。

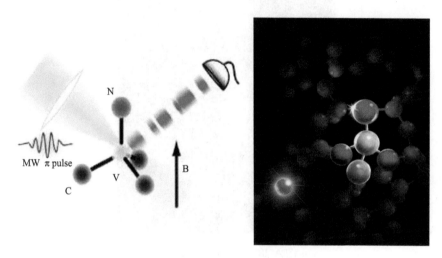

图 A-27　单核自旋簇原子尺度的结构分析

（六）三维量子霍尔效应

合作科学家：中国科学技术大学乔振华教授、南方科技大学张力源教授团队

研究来源：Tang F D, Ren Y F, Wang P P, et al. 2019. Three-dimensional quantum Hall effect and metal-insulator transition in ZrTe$_5$. Nature, 569(7757): 537-541.

研究简介：霍尔效应描述了当磁场加载到导体上时，带电粒子在电与磁的合力之下的运动规律。然而三维量子霍尔效应的观测要求非常苛刻，科学界一直未有确凿的观测证据。该研究实现了毫米级材料上三维量子霍尔效应的观测，这一成果获得了 2019 年度中国科学十大进展。

图像创意：针对在多层的碲化锆结构中观测到的"三维量子霍尔效应"，我们对这一概念进行了可视化创作。如图 A-28 所示，量子霍尔效应像水波一样流淌在三维材料的层级之间。

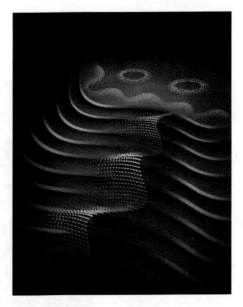

图 A-28　三维量子霍尔效应

（七）一维两分量费米气体中的自旋-电荷分离现象

合作科学家： 中国科学院精密测量科学与技术创新研究院管习文研究员课题组

研究来源： Senaratne R, Cavazos D, Wang S, et al. 2022. Spin-charge separation in a one-dimensional Fermi gas with tunable interactions. Science, 376(6599): 1305-1308.

研究简介： 多体系统中粒子间复杂的相互作用和丰富的内部自由度使系统涌现很多新颖奇特的性质。对于一维两分量费米气体，它的低能行为由朝永-拉亭戈液体理论描述，理论预示其低能激发可分离成两种彼此独立的集体运动模式：一种模式只携带自旋，另一种模式则只携带电荷，这种现象被称为自旋-电荷分离。实验通过囚禁一维超冷原子，分别独立激发自旋和电荷的密度波，测量它们的动力学结构因子对相互作用的依赖，并从动力学结构因子中提取出自旋和电荷的激发速度，成功观测到自旋-电荷分离现象，而且发现该体系中由自旋反向散射引起的非线性朝永-拉亭戈液体效应。

图像故事： 图 A-29 展示了不同方向自旋的超冷原子（用不同的颜色和箭头做区别）间正在相互发生作用，并通过绿色的光流表达了自旋密度波和电荷密度波在一维系统中正在传播。

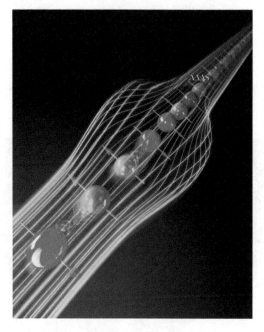

图 A-29　自旋电荷分离现象创意图

四、化学与材料

（一）单中心近邻原子协同催化

合作科学家：中国科学技术大学合肥微尺度物质科学国家实验室曾杰教授课题组

研究来源：Li H L, Wang L B, Dai Y Z, et al. 2018. Synergetic interaction between neighbouring platinum monomers in CO_2 hydrogenation. Nature Nanotechnology, 13(5): 411-417.

研究简介：单原子催化剂是指催化剂中的活性金属以单个原子中心的形式分散于载体上。然而，单原子催化体系看似"独立"的活性中心之间是否存在相互作用？针对这一问题，曾杰教授等构筑出一种铂–硫化钼原子级分散催化剂，催化剂表面的铂单原子间距离被有效缩短，从而催化二氧化碳高效转化为甲醇，实现了"单中心近邻原子协同催化"的新型作用机制。他们发现在孤立铂单原子上，二氧化碳不经历甲酸中间体而直接转化为甲醇；相反，近邻铂单原子会协同催化二氧化碳加氢反应，改变反应路径，使二氧化碳先转化为甲酸，甲酸进一步加氢生成甲醇。该成果突破了人们对单个原子之间互不干扰的传统认识，首次提出了"单中心近邻原子协同催化"这一概念，作为封面故事文章发表于 2018 年的

Nature Nanotechnology 上。

图像创意：图 A-30 通过 3D 建模构造了化学实验的微观环境，再现了近邻铂单原子协同作用能够高效催化二氧化碳转化为甲醇的作用机制，相邻的铂原子上空，二氧化碳像小虫子一样飞舞，被铂原子对催化变成了甲醇。

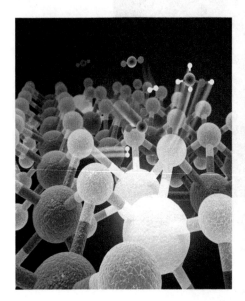

图 A-30　单中心近邻原子协同催化的 3D 效果图

（二）观测到化学反应中的"日冕环"现象

合作科学家：中国科学技术大学化学与材料科学学院王兴安教授课题组

研究来源：Yuan D F, Yu S R, Chen W T, et al. 2018. Direct observation of forward-scattering oscillations in the H+HD → H_2+D reaction. Nature Chemistry, 10(6): 653-658.

研究简介：气相化学反应从严格意义上来说是原子与分子的散射过程，比较特别的是在这一散射过程中有旧的化学键断裂和新的化学键形成。如图 A-31 所示，"日冕环"现象就是一种典型的气相化学反应。散射动力学研究，尤其是散射产物角分布的测量是研究气相分子反应机理非常重要的途径。前向散射在很多直接化学反应中都存在，但是其反应的机理迄今为止并不清楚。中国科学技术大学王兴安教授同中国科学院大连化学物理研究所的学者合作，首次观测到了 H+HD 反应前向散射产物中存在的角分布振荡现象，通过精确量子动力学计算和分析，发现这一角分布振荡现象其实是由于散射过程中的分波散射的角分布结构引起的。通过这些振荡结构测量，我们可以了解到造成前向散射的反应过渡态和中间体的大小，也可以知道这些前向振荡结构是由哪几个分波散射所造成的。这样的前向散射反应机理在许多气相化学反应中存在，这一研究对于气相化学反应机理研究具有普遍意义。

图 A-31　真实的日冕与化学反应中的"日冕环"现象

图像创意：如图 A-32 所示，分子碰撞中，微观的碰撞参数体现为一系列同心圆，它们直接的量子干涉可以表现为微分截面的精细结构。

图 A-32　分子碰撞中的量子干涉"日冕环"

（三）类石墨烯材料的运输特性

合作科学家：诺贝尔物理奖得主英国曼彻斯特大学安德烈·海姆教授、中国科学技术大学吴恒安教授

研究来源：Hu S, Lozada-Hidalgo M, Wang F C, et al. 2014. Proton transport through one-atom-thick crystals. Nature, 516(7530): 227-230.

　　研究简介：目前燃料电池中的质子传导膜容易造成燃料渗透，这限制了燃料电池的广泛应用。该研究发现，由石墨烯和氮化硼等单层平面材料所制成的质子传导膜能够减轻燃料电池的重量和厚度，使之更加高效。这个发现对燃料电池和氢相关技术的研究具有重要的启示意义，*Nature* 网站第一时间在首页头版对该成果进行了报道，同期的新闻视点栏目也对该成果给予了重点关注。

　　图像创意：石墨烯由碳原子以六边形的晶格排列而成，是一种具有平面结构的单层网状材料，二维氮化硼纳米材料也具有相似的结构，这类材料可以被统称为"类石墨烯材料"。过去我们通常认为，任何气体或流体分子，连最小的氢原子，都无法穿透完整的类石墨烯层。而最新研究表明，质子可以相对轻易地穿越类石墨烯材料。如图 A-33 所示，该课题组通过采用第一性原理计算模拟二维纳米材料的电子云密度分布，在微观层面上解释了质子穿透此二维材料的机理，并通过计算机模拟分析了质子在该过程中产生的能垒，对其进行了进一步的定量化分析。

图 A-33　类石墨烯材料的运输特性创意图

（四）超省电、不伤眼的双稳态电子显示材料与器件

　　合作科学家：吉林大学化学学院张晓安教授课题组

　　研究来源：Wang Y Y, Wang S, Wang X J, et al. 2019. A multicolour bistable electronic shelf label based on intramolecular proton-coupled electron transfer. Nature Materials, 18(12): 1335-1342.

研究简介： 长久以来，业界一直期待开发出理想的"双稳态吸光型显示材料"，认为这可能是降低当今电子的高耗能和避免显示光直射眼底伤害眼睛的途径。"双稳态"是指材料的颜色等信息变化仅需短暂的电驱动，此后维持颜色和信息的稳定不变时无须耗电。而"吸光型"则是指人类与生俱来所熟悉的自然界色彩模式（光散射型），这一模式优点是色彩柔和，不伤眼睛。张晓安等受自然界分子内协同的质子耦合电子转移（PCET）启发，巧妙设计开发了业界期待已久的高性能新型双稳态电致变色材料。这个研究结果将会激励更多科技工作者开发出更多、更好的功能仿生材料和技术，推动一系列对健康和环境友好的新型电子设备不断发展。

图像创意： 图 A-34 基于分子内质子耦合电子转移机制的双稳态电子价签，对双稳态吸光型显示材料进行了可视化呈现，稳态电驱动控制着材料呈现出不同的颜色，发出柔和舒适的光芒。

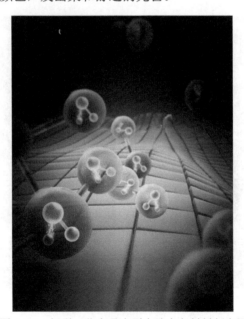

图 A-34　新型双稳态吸光型电致变色材料创意图

（五）高亮度下高效率电致发光器件

合作科学家： 河南大学材料学院杜祖亮教授团队和中国科学技术大学张振宇教授

研究来源： Shen H B, Gao Q, Zhang Y B, et al. 2019. Visible quantum dot light-emitting diodes with simultaneous high brightness and efficiency. Nature

Photonics, 13(3): 192-197.

研究简介：长期以来，量子点电致发光器件都存在着在高亮度时效率较低的问题，这制约了其在显示和照明领域的广泛应用。针对这一难题，研究者基于"低温成核、高温长壳"的技术，通过改变发光层量子点的设计，合成了一种由硒阴离子贯穿的新型量子点。这类量子点具有高质量核壳结构，荧光量子产率高、稳定性也较强。将其作为发光层能级，可以更加有效地匹配传输层能级，也克服了因量子点发光二极管（QLED）空穴注入不足、电子注入过多而引发的一系列问题，实现了三基色 QLED 高亮度、高效率、长寿命的构筑，从而大幅度提升了发光器件的整体性能。

图像创意：基于核壳结构量子点实现可见光 QLED 兼具高亮度和高效率。图 A-35 突出了三种颜色的量子点：蓝绿红，通过内核的大小反应颜色，壳层采用半透明的同一种材料，能够观察到内核，并依靠其发出三种色彩的光。

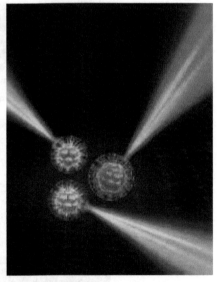

图 A-35　新型量子点发光层创意图

五、天文、地理与交叉学科

（一）宋代南海海啸冲击我国沿海区域并造成长期文明空白

合作科学家：中国科学技术大学孙立广教授课题组

研究来源：杨文卿，孙立广，杨仲康，等. 2019. 南澳宋城：被海啸毁灭的古文明遗址.科学通报, 64(1): 107-120.

研究简介： 过去对于影响我国的海啸灾害缺少明确的认识。对南海西沙群岛的考察研究首次证实了一千年前南海曾发生过海啸，在此基础上对广东南澳岛的考察研究进一步阐明了这次海啸对我国南海沿岸的影响。在南澳岛海岸带广泛分布着海啸形成的事件沉积层，位于最高处的沉积显示海啸在岛上的最大爬升高度高达二十米。沉积层中还夹杂着大量的宋代陶器和瓷器残片，未见其他时期的遗迹，表明这次灾难对岛上的文明造成了长期的空白。研究成果对海岸带的灾害防控、核电站、港口等基础设施的建设有重要意义。同时南澳岛的海啸遗址保存较好，具备典型的灾害事件沉积特征，是未来建设海啸灾害教育展馆的良好基地。

图像创意及呈现： 海啸是破坏性极强的海岸灾害，图 A-36 展示了发生在一千年前宋朝时的南海海啸袭击广东南澳岛的情景。画面中巨大的海浪冲向沿海，高度可达二十几米，破坏了岛上的建筑，造成了大量的伤亡。海啸灾害的遗迹随沉积记录被埋藏在岛上并保存下来，对南澳岛的考察和研究揭示了这次灾难，阐明了历史上我国沿海曾遭受过严重的海啸灾害。

图 A-36 考古揭秘千年海啸前的南澳宋城

（陈磊绘制）

（二）干涉单分子定位显微镜

合作科学家： 中国科学院生物物理研究所纪伟教授、徐涛院士课题组

研究来源：Gu L S, Li Y Y, Zhang S W, et al. 2019. Molecular resolution imaging by repetitive optical selective exposure. Nature Methods, 16(11): 1114-1118.

研究简介：本世纪初，几种超分辨显微镜技术打破了光学衍射限制，其中单分子定位显微镜达到 20 nm 的分辨率，使细胞内百纳米尺寸的结构解析成为可能，相关工作也获得了 2014 年的诺贝尔化学奖。但把光学显微镜分辨率进一步提高到分子水平，以观察纳米尺寸的亚细胞结构乃至单个生物大分子内的结构仍是巨大的挑战。徐涛、纪伟等提出用激光干涉条纹来激发并定位荧光分子的方法，进一步把荧光显微镜分辨率推进到分子尺度，可以解析 5 nm 的 DNA 折纸结构。该研究利用光的干涉特性解决了因光学衍射导致的分辨率受限问题，把这两个光波的特性完美地统一，为生命科学提供了强有力的观察工具。

图像创意：由于受到衍射影响，纳米尺度的荧光分子的图像呈现为几百纳米的圆斑，但同一个荧光分子在不同相位条纹下信号强度不同，因而研究者们可利用干涉条纹对其进行分子尺度的高精度定位。该工作的核心原理是利用干涉对单分子进行测量，而具体的实现方式可能比较细节。因此，我们的想法是在图中体现光的干涉以及荧光分子的激发和定位。如图 A-37 所示，图像中使用水波或合成的波形代表光源及干涉，在其中放置一段 DNA 模型代表 DNA 折纸样品，样品上有若干标记的荧光分子。荧光分子所处位置不同，发光的亮度也有差异。

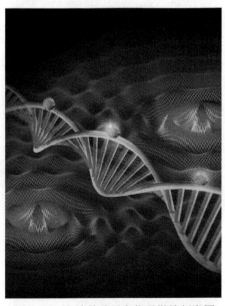

图 A-37　干涉单分子定位显微镜创意图

（三）超高通量抗体芯片技术

合作科学家：艾比玛特医药科技（上海）有限公司孟逊、王朝晖研究团队及上海交通大学系统生物学院陶生策课题组

研究来源：Wang Z H, Li Y, Hou B, et al. 2020. An Array of 60,000 Antibodies for Proteome-Scale Antibody Generation and Target Discovery. Science Advances, 6(11): eaax2271.

研究简介：抗体是科研中的重要研究工具，在制药领域帮助治疗了众多的人类疾病。然而现有的抗体开发技术仍有着耗时长，效率低的缺点，而制药领域也面临一个可以用于治疗的靶标局限性的问题。孟逊、王朝晖等注意到了抗体本性中的一个多识别特性，即传统中更为广泛接受的观点：抗体与识别目标蛋白有一一对应关系；与之相悖的是，事实上所有单一抗体都具有识别多个不同目标蛋白的潜力，本质上是免疫系统用有限资源应对无限环境可能性进化出的机制。利用抗体多识别特性，该团队开发了一个高容量（10万级别）的单克隆抗体库，与蛋白质芯片技术结合起来建立了一个抗体芯片筛选平台，并在实践上探索了应用这个平台的多种抗体开发途径，例如，可实现短期高效开发科研抗体（几周内、一次上百），即在一次筛选内可发现多个疾病治疗新靶标蛋白等多种目的。该研究加深了人们对抗体本性的进一步了解，给专业领域内提供新的抗体开发思路，并有可能在实践上促进对新疾病治疗靶标的发现进程。

图像创意：基于单克隆抗体库和芯片筛选建立起来的技术可为众多的模式生物（例如像生物进化树上的多样物种，图A-38左） 提供一个新的抗体发现工具。技术名称PETAL（proteome epitope tag antibody library）正好有英文花瓣的含义，由此设计了一个漂亮的由抗体组成的花瓣（如图A-38右所示）。

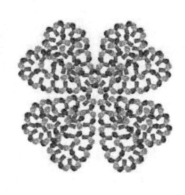

图A-38　超高通量抗体芯片技术图像创意

（四）声子晶体中的外尔点和费米弧

合作科学家：华南理工大学李锋（共同第一作者）、黄学勤（共同第一作者）、陆久阳、马佳洪和武汉大学刘正猷（通讯作者）

研究来源：Li F, Huang X Q, Lu J Y, et al. 2018. Weyl points and Fermi arcs in a chiral phononic crystal. Nature Physics, 14(1): 30-34.

研究简介：1929 年，德国物理学家外尔（Weyl）首次预言了外尔费米子存在的可能性。直至最近，科学家才终于在外尔半金属和光子晶体中分别观察到了外尔点。观察发现，外尔点附近的电子或光与外尔费米子表现相似，因而其被称为"准粒子"形式的外尔费米子。由于声子晶体一般具有宏观尺度，声学外尔点的相关研究能够把外尔物理从微观拓展到宏观，更便于实验观察及实际应用。李锋、黄学勤等制备了具有手性结构单元的声子晶体，如图 A-39 所示，清晰地观测到了声学外尔点和连接不同手性外尔点的费米弧。外尔声子晶体的实现，有望在声通信以及声表面波器件等领域普及拓扑物理应用。

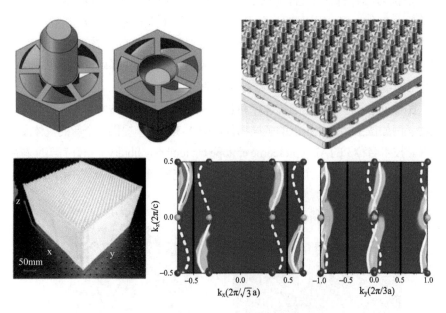

图 A-39　具有手性结构单元的声子晶体

图像创意：该研究中的材料是一种手性材料，手性即左右对称。声子晶体材料是该科研团队首次构建的一种多层叠套材料，它可以像积木一样一层一层累积起来。因此，设计突出展示手型声子晶体结构，可以是俯视只看到一层，也可以是侧面看到很多层；可以用 3D 来做，也可以尝试用平面设计的艺术化效果表现。如图 A-40 所示，思路 1 为打印制备声子晶体的 3D 建模渲染。思路 2 则突出表达声波在声子晶体缺陷处绕行。

图 A-40 声子晶体中的外尔点和费米弧图像创意

附录 B 公开视频演讲及媒体报道

一、CCTV-2《未来架构师》演讲：科学与艺术的重逢

该视频演讲于 2017 年 8 月 13 日通过 CCTV-2 的《未来架构师》栏目电视播放（视频见二维码）

国内 B 站视频网址：https://www.bilibili.com/video/av88517465/? vd_source=b18d0552d53295528be31146b2d59273

境外 YouTube 视频网址：https://www.youtube.com/watch?v=8Cjs79IR08I

大家好！我是王国燕，我和同事们一直在致力于用视觉艺术展示科学之美，很高兴能够在这里分享（图 B-1）。

图 B-1　CCTV-2《未来架构师》科学之美演讲近景

　　今天带来的东西相信大家都可以很清晰地从我身后的大屏幕欣赏到（图 B-2）。这一幅幅画面，看上去像不像是抽象派艺术作品呢？但其实，它们是我们熟知的世界三大学术期刊 *Nature*，*Science* 和 *Cell* 封面的设计方案。这样的封面艺术有个好听的名字——科学可视化艺术。记得有一次，潘建伟院士找到我们说，他的论文即将在 *Nature Photonics* 上发表需要提供一张图片做封面，可是他的研究团队画出来的图太学术了！跟 *Nature* 封面的画风完全不一样。虽然之前潘建伟院士也曾经和 MIT 的 Felice Frankel 教授合作设计发表过一篇 *Nature* 封面故事，但沟通起来太不方便了，他说中国更需要有人来做前沿期刊封面，科技传播系就应该干这样的事情！在查阅了相关资料之后我发现：登上国际前沿期刊的中国封面屈指可数，大

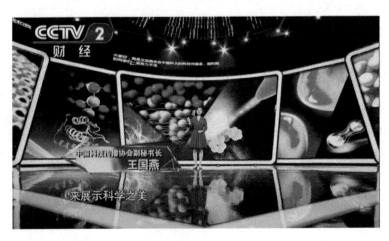

图 B-2　CCTV-2《未来架构师》科学之美演讲全景

部分还都是国外设计师的作品。当时我就想，我们在做的事情叫作科技传播，却一直忽略了传播的一个核心，那就是要让更多人、更多普通人感受到科学的美丽。电影可以用视听艺术向观众传播美感，绘画可以用线条色彩展现美的细节，音乐和文学也可以触动我们每个人的内心，那么为什么，科学不可以展现出它真正迷人的一面呢？它不应该只是一堆堆冰冷的数据符号，也可以是一个个令人惊叹的艺术品。

　　美，是无处不在的。科学实验包括化学反应也可能有意想不到的美妙。下面我再给大家放一段视频。这是我的同事梁琰博士主创的《美丽化学》（图 B-3）。他把一个个冷冰冰的化学方程式，变成一段段美丽的化学反应，并且用 4K 摄像机记录下来。

图 B-3　　《美丽化学》：硅酸钠溶液中的氯化钴

　　梁琰本来是清华大学化学系毕业，然后在美国的明尼苏达大学获得材料学博士，可是他这个人呢不是一个普通的理科男，而是一个长满了艺术细胞的理科男，喜欢从审美的角度来观察化学。所以他一直想做一个网站来展现化学之美，好让每个看到的人都喜欢上化学。有那么一天，他就突然决定，丢掉老本行"改行"去追求自己的理想，因为他越来越发现，展示化学之美比单纯地研究化学要更有趣，而他想要把这些有趣和喜悦分享给更多人。所以应该感谢他，现在我们才能有机会"看"到这些原本只在课本、试卷上出现的化学方程式，它们还有着不为人知的另一面：硝酸银和氯化钠反应，生成氯化银，这是刚才视频里的沉淀反应；还有金属置换反应，用金属锌来置换铅，生成铅树，像一片松树林一样（图 B-4）。《中国青年报》曾经报道说，《美丽化学》是一部风花雪月的化学电影，它充满了科学的浪漫主义色彩。相对于莫奈、凡高这些艺术大师的作品，大家觉得《美丽化学》会明显地逊色吗？

图 B-4　CCTV-2《未来架构师》科学之美现场实验演示

　　在艺术表现力的背后，起作用的其实是科学的理性。化学晶体结构蕴藏着对称之美，化学反应方程的平衡，其实也是数学的平衡。像达·芬奇密码一样，自然造物时留下了一些数学线索，如鹦鹉螺，它的剖面就接近是一条黄金螺旋线。这是在宽长比为 0.618 的黄金矩形内先做一个正方形，再延续下去不断做正方形，最后用扇形曲线划过这些正方形就形成一条"黄金螺旋线"。在自然界，这条美学曲线，在向日葵和松塔里我们能看到它；在宇宙星云中，我们也能看到它。在人造艺术中，像世界名画《蒙娜丽莎》《最后的晚餐》，在建筑艺术像雅典神庙、佛罗伦萨领主广场、埃及金字塔中，似乎都有人找到了黄金分割的身影。所以一直以来，黄金比例被认为是和谐美学的普遍标准。

　　再来看看封面。这是自然光子学的封面：威尔的量子选择性延迟。我突然发现，有些观众看我的眼神突然变成了这样：好像在说，这是什么？离我好远。没关系，只要知道它是一个物理实验就行了。我们先看一看这个水晶球，是不是被分成了两半？在中国传统文化中有阴阳互补的概念，"万物负阴而抱阳"。所以我用透明的水晶球来表达光子，用太极阴影来表达它对立互补的这样一个特性。威尔的量子选择性延迟实验，告诉我们的其实是光子波动性和粒子性的互补特性。也许你不一定会记住这些专业名词，但如果你记住了曾经看到过一个阴阳水晶球，它还表达着一个物理学的概念，我也就很开心了。

　　封面设计的过程很快乐，极大满足了我对于前沿科学的好奇心。因为在成果还没对外公布之前，科学家们都会细致入微地先向我科普，告诉我这些成果是怎么来的，用了什么样的技术，主要的创新点在哪里，甚至背后有什么故事……直到我首先弄懂为止。在听的时候，我脑子里就会浮现出各种画面，最后就变成了一个个设计方案。

　　亚纳米拉曼成像是一篇 *Nature* 成果，同时也是 2013 年的中国十大科技进展新闻之一。因为成像分辨率比一个纳米还要小，所以叫作亚纳米。这个名字有点拗口，大家都可以试着念一念。我们创作了两幅相似但又不完全一样的图像，左边这一张我们尽量逼真地去模拟微观场景下的实验过程，创作出了"微观摄影风格"。同时，因为这个分子结构在绿色激光的渲染下，很有中国古代的"玉如意"的感觉，所以我们又创作出了右边这张（图 B-5）。这两幅设计提交给了 *Nature* 的同时也交给了国内外新闻媒体。结果发现国内媒体非常喜欢"玉如意"，但国外媒体清一色地采用了"微观摄影风格"，可见中外文化差异还是蛮大的。在座的各位，你会更喜欢哪一幅呢？

图 B-5　亚纳米拉曼成像的两种表现形式

　　碳酸盐岩的微观结构，人工控制 pH、二氧化碳浓度和温度等条件就形成这些漂亮的花。这是同行艺术家威姆的微观摄影作品。今天，现场也准备了一台显微镜，可以来看看身边常见的东西在微观环境下是什么样的（图

B-6）。这是味精，就是我们厨房做菜用的味精，显微镜下能看到其晶体结构的细节。还有黑乎乎的酱油，一般没有人会觉得酱油好看，但在显微镜下能看见里面一粒一粒的食盐颗粒，画面也有层次了不那么黑了，看起来还有点意思是不是？

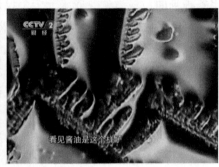

图 B-6　现场实验：显微镜下的酱油

所以科学的发展，带给我们生活便利的同时，也提供了更多观察世界的视角，视角变了，美感也就出来了。日趋完善的科学技术也在不断挑战微观领域的研究极限，最近几年有很多新的粒子被发现，就在前不久，华人科学家还发现了正反同体的"天使粒子"。

在量子物理的微观世界里，"麦克斯韦妖"式的量子冷却，把高能量的量子态也就是图中的红色小球剔除后，只剩下低能量的蓝色小球，就像一个妖怪在施展法术一样，轻而易举地实现量子冷却。为了更加生动地展现科学，我们采用了故事性的思路和手绘漫画的表现手法来表现这个研究成果，有很多学术期刊都非常乐于接收这样风格的图像。

今天，看了这么多的图像和视频，也许你的大脑会直接过滤掉所有的专业名词，但是如果大家心里对科学，哪怕从这一刻开始能够重新去看待它，有了不一样的感觉，甚至有了一丁点的兴趣，我今天演讲的目的就达到了。就像所有的电影、文学、音乐、艺术一样，科学也有它迷人的另一面，既可以给人以美的感受，也可以是一件件美丽的艺术品。

最后引用法国作家福楼拜的一句话："科学与艺术在山脚下分手，终将在山顶上重逢。"我们期待着，科学和艺术的重逢。

背景介绍：

2017 年 8 月 13 日，CCTV-2 黄金时段节目《未来架构师》呈现了一场关于"探究科学真谛，发现科学之美"的主题科普演讲，解码科学冰冷符号背后的艺术密码，让高冷知识"落地"于衣食住行。王国燕博士受邀登上讲坛，演讲并展现科学可视化艺术的成果及背后故事。并通过现场实验操作，让观众用自己的双眼直观地去感受到科学背后的艺术魅力：美，是无处不在的，科学实验和发现的过程中也可能有意想不到的美妙。她用显微镜来观察酱油、花粉、黄瓜等身边常见事物，观察的视角变了，熟视无睹的东西也会呈现出美感。尤其是每家每户每天厨房都会用到的黑乎乎的酱油，普通中甚至带点"丑"，但在显微镜下却是一幅微观世界的奇妙美景，从而引导现场观众一起发现：原来科学之美一直就在我们身边！

《未来架构师》是中央电视台主办的首档大型探索互动科普演讲新节目，每周日晚首播，以"看见不可见，敢做不可能"为创作立意。在这里能看到最极致的人生，最炫酷的科技，最异想天开的艺术，最具孩童般"初心"的创造。鲁白和吴军两位科学大咖以及科技传播者王国燕的演讲使得本期《未来架构师》不仅有深度，更有温度。节目旨在贴合社会大众的求知神经，引领不可思议的未来，推动世界未知的边界，找回每个人弥足珍贵的创造力。在全球邀请拥有改变世界影响人类力量的科技界领军人物，如《未来简史》作者尤瓦尔·赫拉利、数学家丘成桐、心理学家彭凯平、科大讯飞董事长刘庆峰等科学大咖带领人们窥探未来，在观点碰撞中产生对未来的探索，跨界分享科学背后的人文思考。

二、中国科协《我是科学家》演讲：用视觉艺术捕捉前沿科学的精彩瞬间

该演讲视频于 2019 年 7 月 19 日发表于果壳网（视频见二维码）

视频网址：https://v.qq.com/x/page/d32689hsbny.html

图 B-7　"我是科学家"演讲剧照

大家好，我是王国燕。我和我的团队一直致力于用视觉艺术来展示前沿科学之美，协助科学家们用图像来讲故事、做科普（图 B-7）。

一图胜千言。发表在国际期刊 *Nature*、*Science*、*Cell*（也称为 CNS 三大刊）里面的论文，可能在大家看来很深奥，离我们非常遥远。可是它们的封面，每一期都是一幅幅非常生动的科学艺术作品。这些科学艺术作品用图像讲故事，能够把冷冰冰的科学变得有温度。它们除了作为封面之外，也能够用在科技新闻和科普文章之中，拉近了前沿科学和社会大众之间的距离。

我们首先来举一个例子。大家看一看左边这张学术图片，它讲的是生物体内的细胞吃掉自身杂质的一种自然现象，叫作"细胞自噬"。在科研人员看来，这张图片可能已经非常精致和清晰；可是作为普通公众，我们好像不太能看明白它讲了些什么。

但是如果我们换一种表现形式，比如说右边这幅漫画：画面中一个很呆萌的细胞坐在那里，一手拿着刀，一手拿着调料粉，正在津津有味地准备把自己给吃掉。它的身后是一个书架，书代表基因库，这幅漫画表达的是科学家们从一个庞大的基因库里面发现了两种非常重要的蛋白激酶，可以有效地促进细胞自噬。所以同样的内容，如果从学术图片切换到我们熟悉的、生活中的场景，一下子就变得容易理解了，也更为生动有趣。所以我们在做的事情，就是运用色彩、材质、形象甚至故事，把每一篇抽象的 CNS 论文变成一张张生动的科学图像（图 B-8）。

图 B-8　王国燕团队的 CNS 作品部分案例

科学图像的创作过程，其实挺像是给科学成果来创作电影海报。记得最初一次 *Nature* 的封面设计，是在十年以前。2009 年的时候，潘建伟院士有一篇论文即将发表在 *Nature Photonics* 上，需要一张图片来作封面。可当时中国还没有人能做好这件事情，于是他建议我们科技传播系来攻克难关。在他的建议之下，我和系里的很多师生进行了大量尝试：我们想尽了各种办法，运用了各种资源，做了很多很多的设计稿。最终有一稿能勉强交给 *Nature Photonics*，就是中间红色调的这一张（图 B-9）。交上去之后，经过当时感觉非常漫长又煎熬的等待和期盼，最后潘建伟老师的文章成功地发表在该期刊的封面上，成了封面故事文章。然而遗憾的是，最终采用的这张封面图像不是我们当初提交的那一张，而是该期刊的美编重新绘制的一张图，就是右边蓝色的这一张。这两张图很相似，但又有不同。由于实验是在长城上做的，我们原来画面中下面有一个长城，是把一张照片进行了素描化处理。但可能是考虑到版权问题，*Nature Photonics* 的美编把这个长城重新进行了绘制，并且把画面调成了蓝色调。这样整体感就更强了，也显得很干净。

图 B-9　笔者协助潘建伟院士的第一次设计 *Nature* 封面的系列创作图

这件事情给了我很大的启发和思考：究竟什么样的图像才能够发表在 *Nature* 的封面上？经过了一番探索，我发现有这么几个方面的因素：从作者的角度，首先科学性不能有错误；同时表现形式要有冲击力；再者图像风格和期刊以往的风格要匹配，并不是说就可以任意发挥；最后呢，不能有任何著作权方面的问题。当然，从期刊的角度还有更多的考虑，例如，成果的显示度，学科的平衡，有没有其他热点主题冲突等等（图 B-10）。

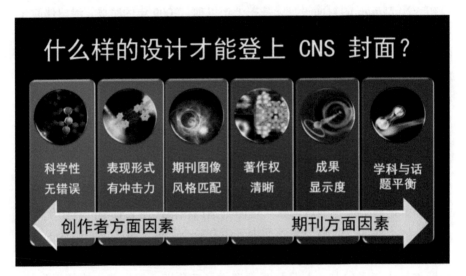

图 B-10　CNS 封面的影响因素

　　Nature 的美术总监叫凯莉·克劳斯（Kelly Krause），她之前也是 *Science* 的美术总监。她曾经说过，一个好的设计一定要具有视觉冲击力，任何人看到图像的第一眼就会被它深深地打动、牢牢地抓住。所以从这个角度来说，形象上和形式上的生动，可能比科学上的严谨更为重要。

　　从第一次创作到现在，整整过了 10 年，我们形成了一支专业的前沿科学可视化团队（图 B-11）。

　　我很享受科学图像创作的过程，因为喜欢科学，也喜欢和科学家交流——在这些科研成果还没有正式对外公布之前，我就成了第一个被科普的对象。科学家会告诉我们这些成果是怎么来的，用了什么特别的技术，取得了哪些关键性的科学创新，它们未来会在我们的日常生活中有着什么样的应用空间，甚至整个科研的过程中有哪些有趣的故事。在交流的时候，我的脑子里就会浮现出各种各样的画面，这些画面最后被我的团队成员们变成一个个漂亮的设计。

　　我们创作过很多的手绘故事，这是其中我比较喜欢的一张——NK 细胞促进胚胎发育。画面中是一个早期的胎儿，他正在被一群 NK 细胞们照顾着。它们有的在撒营养因子，有的在拽奶瓶，还有的在查找资料，研究怎么样才能当一个好保姆，很故事化。当陈磊沿着这个思路拿出设计稿的时候，我当时第一眼的感觉就是"完美"，果然这个设计最后成为 *Cell* 的子刊 *Immunity* 的封面。所以一个好的设计，首先打动了自己，才有可能打动别人。

图 B-11　王国燕的前沿科学可视化创作团队

很多中国科学家都希望能够把中国元素用在国际前沿期刊的封面上，这大概也是出于一种爱国情怀。去年有一个成果——肿瘤细胞的恶性病变被阻断。根据同样的内容，我们创作出两个不一样的故事："肿瘤吊床"和"哪吒闹海"。

文章的作者非常喜欢哪吒闹海的设计，因为这是精心打造的一个中国故事；从绘制的工夫上来讲，也是花了左边那张图好几倍的功夫。但是最后 Cell 编辑的选择却恰恰是左边的这一张。所以说从期刊的角度来看，有没有用到中国故事、中国元素都不是关键，关键是一张图像要能够直接、清晰、准确而又生动地表达科学内容。

我们的设计第一次登上 Nature 的封面是在 2012 年的时候，其中也用到了一个中国元素——太极图，对应的科学成果是光子的对立互补特性。光的本质是波还是粒子？有人证明过它具有波动性，也有人证明过它具有粒子性，可是之前还没有人能够证明它同时具有波动性和粒子性。科学家设计了一个非常巧妙的实验，同时观测到光子具有波动性和粒子性两种特征，一下就发了一篇 Nature。

这个设计，用到了中国传统哲学中阴阳互补的概念。我们用一个透明的水晶球来表达光子，它被分成了两半，形成了一个太极的阴影，传达出光子具有对立互补的特征。此外，西方著名的量子物理学家玻尔手绘的家族纹章也用到了太极图案。所以说，对立互补、对立统一的哲学思想可能已经超越了国界。

　　亚纳米拉曼成像是一篇 *Nature* 成果，同时也是 2013 年的中国十大科技进展新闻之一。成像的分辨率比纳米还要小，所以叫作亚纳米。我们模拟实验的微观环境，创作出了微观摄影风格的设计；又因为卟啉分子在绿色激光的渲染之下有中国古代玉如意的感觉，所以我们又创作了另一个设计。

　　我们在把这两幅图交给 *Nature* 作为封面备选的时候，同时也交给了国内外的很多媒体用于科技新闻报道。结果发现一个非常有意思的现象：国内媒体普遍采用玉如意风格的图像作为配图，而国外的媒体则全部采用了微观摄影风格的图像。由此也可以看出，审美是存在一些文化差异的。

　　给研究对象直接做"美颜升级"是一种很常见的设计手法。人类疱疹病毒是一个特殊的研究对象，病毒本身是没有颜色的，而我们通过 3D 渲染赋予了它不同的色彩和质感，让画面看上去显得更加逼真和生动（图B-12）。

图 B-12　人类疱疹病毒的冷冻电镜结构

　　还有另外一种创作手法叫作"无中生有"，是把看不见的东西变得可见。比如，前不久的一个成果——宇称时间对称。这个成果方方面面都非常抽象，看不见，摸不着。那怎么办呢？

　　我们尝试着从它的实验方法中去寻找设计的线索，创作了一对跳双人舞的小人（小明和小莉），来比喻科学家在此项研究中使用的一种新的实验方法——通过引入一个自旋辅助比特实现了量子调控（图 B-13）。

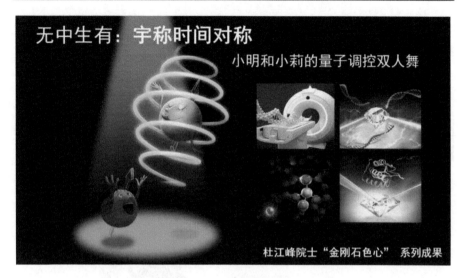

图 B-13　小明和小莉的量子调控双人舞

再比如，宇宙中有一类星体叫作"磁星"，它具有很强的磁场。但是距离地球非常非常遥远，没有人见过它是什么样子。所以我们根据一些非常微弱的线索，再加上补脑想象，形成了这样的画面：一颗由两个中子星合并而刚刚诞生的磁星，正在释放着大量的 X 射线。

最艰难的一次设计，是前年的冬天。当时下着好大好大的雪，我团队里的 3D 设计师马燕兵骑电动车摔倒，严重骨折住院了。而在这之前，我们刚刚答应了帮助曾杰老师的成果来做设计，快要过年了，时间本就非常紧张。其实对我来说，多做一个或者少做一个设计，无非是多一次少一次经验的事情；可是对于作者来说，意义或许很不一样，因为这往往就是他们人生中最重要或最有代表性的成果，容不得有半点马虎和耽搁。所以一直以来，我们都是以十二分的用心去做好每一个设计。这次的设计很特别，它似乎只适合用 3D 建模来完成。燕兵因为受伤，至少有一个月都不能恢复工作，而我的团队比较小，每个人分工各有不同。团队的其他成员和新上岗的 3D 设计师非常努力地做了很多尝试，但是效果都不理想，过不了我们自己这一关。所以很无奈，我对作者表达了歉意，这也是多年以来唯一一次我主动想要放弃设计。但是让我没有想到的是，曾杰老师做了一件很冒险的事情：他要求 *Nature* 的编辑把文章的发表时间往后推迟了一个月，一般人不敢这样。这就给我们赢来了宝贵的时间。

燕兵出院以后立即投入工作，进行了最后一次尝试，提交了方案。正是多了这最后一次的尝试和努力，多了这最后一个月的等待，这个设计不

光发表在 *Nature* 的封面上,更是作为 *Nature* 官方主页的进站画面(图 B-14)挂了整整一个月的时间,给论文带来了极大的关注度。

图 B-14　被用于 *Nature* 官方主页由燕兵设计的封面

　　看了这么多的科学图像,也许有人会问：这些图除了好看一点,除了能够帮助科学家们登上 *Nature* 封面风光一下,又有什么用呢？

　　我和英国合作者曾一起做了一项实证研究,我们发现封面故事和封面图像的使用可以让论文的引用率放大到两倍以上。科学图像除了能够提高论文的引用率之外,还有积极的社会价值。我们国家正在努力成为世界上的超级科技强国和大国。我们产出了大量的科研成果,同时也需要努力做好科学普及,提高全民的科学素质。培根曾经说"知识就是力量",这句话大家都很熟悉；可是它的上下语境是,"不光取决于知识本身,还在于它是否被传播,以及被传播的深度和广度"。所以我们一方面呼吁科学家重视科普的力量和价值,另一方面也在协助他们,让科学更吸引人,吸引更多的人。

　　前沿科学的艺术设计就像是一个钟摆,来回在科学和艺术之间摆动,寻找着一个平衡点。我们努力地想要把前沿科学探索发现过程中最美的瞬间用艺术作品展现出来,希望有更多的人可以领略到前沿科学的魅力。谢谢大家！

三、果壳网演讲：杂志封面上的科学之美

果壳网《万有青年烩》第 45 期论坛演讲（2016 年 5
月 28 日）（视频见二维码）

视频网址：https://www.bilibili.com/video/BV1s7411
V7Ks/?spm_id_from=333.788.videocard.15&vd_source=b18
d0552d53295528be31146b2d59273

提起杂志封面，大家一定并不陌生，杂志封面上一般都是什么图片呢？
美女？帅哥？这个真的是最常见的，杂志的封面就好像人的脸面一样，漂
亮的封面更容易吸引读者的注意力和阅读欲望（图 B-15）。

图 B-15　果壳网演讲剧照

学术期刊封面又是什么画风呢？红皮书、白皮书、黄皮书、蓝皮书……
确实有不少学术期刊封面非常简约，但是，统计分析也表明，影响因子高
的期刊更倾向于使用封面图片。例如，国际顶级三大名刊 *Nature*、*Science*、
Cell，它们的每期封面都像是一幅美丽的科学艺术作品，并且大多数是由
论文作者提供，由某些科学插画师创作，是科学与美的结合。今年是猴年，
美猴王孙悟空也跑到 *Cell* 系列期刊的封面上去啦！孙悟空被八卦炉中的三
昧真火煅烧了 49 天后，不但没有死反而炼成了火眼金睛。从逻辑关系上表
达了失去活性酶（ LKB1 苏氨酸蛋白激酶）的肺腺癌细胞反而具有了更强
的可塑性和更好的性能。

中国的万里长城也多次登上顶级期刊封面。中国科学技术大学的潘建
伟院士第一次成功实现自由空间量子传输的实验就是在长城上相邻 16 公

里的两个烽火台之间完成的，那是我和很多同事第一次创作顶级期刊封面，不太好把握期刊的风格和品位，所以做了不少版本，最终上了 *Nature Photonics* 的封面是这样的。后来潘建伟院士又实现了百公里量子通信试验，而且即将在今年 7 月份发射全球首颗量子通信卫星。但他第一次试验选择在长城上完成，主要是想表达一种爱国精神和民族情怀。

除了长城、孙悟空之外，后羿射日、汉字等元素也登上过国际学术杂志封面，中国科学家是想借此告诉大家这些是中国人的研究成果。虽然科学没有国界，但科学家是有国籍的。

用图形图像来表达科学自古有之，传说阿基米德被士兵杀害的时候，正好就在沙子上绘制几何图形。随着 20 世纪 70 年代计算机技术的发展，产生了一个交叉学科——科学可视化。巧合的是，马斯洛需求层次理论也在 1970 年调整，增加了求知与审美作为人的两大需求。用谷歌全球图书词频分析，我们发现科学与艺术越来越贴近，尤其是在 1970年之后。

我刚才用到一个分析工具——"谷歌图书馆"。谷歌干了一件很可怕的事情，把全球 3000 多万本各个历史年代的图书扫描成了电子版，占到现存图书总量的 1/4，并且计划在最近几十年把全世界所有的图书都扫描完成，这件事情太了不起了！不光方便查资料，也可以用来做文化历史研究，所以上了 *Science* 封面，是一个用图书做成的时空隧道。

怎样才能创作出一幅科学图像呢？最简单直接的办法就是展示研究对象，从微观的细胞组织和材料结构，到宏观的生物体甚至宇宙星云，这是最常见的思路。此外，实验直接观测到的数据与信号经常也很漂亮。可是光展示研究对象是不是太单调了？生物试验经常用到小白鼠，可是都只用小白鼠来呈现怎么能区别每个实验的不同呢？ 所以更生动一些的表现方式是展示多个视觉元素及其逻辑关系。

关于光子的波动性和粒子性一直都有争议，中国科学技术大学李传锋老师的团队通过一个试验设计同时观测到了光子的波动性和粒子型特征，我就用太极水晶球来表达光子对立互补的特性。

碳酸盐岩的微观结构，通过人工控制 pH、二氧化碳浓度和温度等条件就形成这些漂亮的花，当然这些彩色是人工添加的（图 B-16）。

图 B-16　碳酸盐岩的微观结构

（创作者：化学家 Wim L. Noorduin 团队）

　　Science 杂志每年都举办全球科学可视化挑战赛，这是其中的一幅获奖作品，是暗物质的宇宙网络。色彩渲染让画面非常具有视觉冲击力。

　　亚纳米拉曼成像是 2013 年的中国十大科技进展成果，模拟科学试验的环境和过程我们创作出了两幅不同风格的作品，很有趣的是，国内媒体报道都用右边这幅"玉如意"风格，国外媒体都用了左边这幅"微观摄影风格"，可见审美也是存在文化差异的。

　　石墨烯是当前的热门材料，单层石墨烯的特性之一就是任何物质都不能穿透它。于是就有人来尝试从最小的物质来一个一个试验，发现氢离子也就是质子是可以穿过的。这个脑洞大开的人就是我家的邻居吴恒安老师，他的这篇文章发在了 *Nature* 上。诺贝尔奖获得者诺奥肖洛夫说发现石墨烯的过程，就是像是创作一幅中国画，用透明胶带对折再对折，然后就从石墨上分离出了单层石墨烯分子。于是我和好朋友陈磊就做了一个石墨烯蝴蝶的设计，作为国际石墨烯大会的视觉标志。

　　诺贝尔奖得主李政道曾说："科学和艺术是不可分割的，就像一枚硬币的两面。"而科学之美就像是一个钟摆，它来回在科学与艺术之间摆动，因为贴近科学而理性，因为贴近艺术而显得可爱，这就是科学之美。

四、"赛先生说"苏州科学文化讲坛：从微观到宇宙，科学新"视"界

视 频 网 址 ： https://www.bilibili.com/video/BV1AS4 y1y7is?spm_id_from=333.999.0.0（视频见二维码）

大家好，我是王国燕，很高兴能够再次来到"赛先生说"的讲坛上，不过这一次，我不是来主持节目，而是跟大家分享科学图像背后的故事（图 B-17）。

图 B-17　"赛先生说"演讲剧照

在古代神话中，千里眼和顺风耳，一直是古人心目中神通广大的本领。葫芦娃通过千里眼能随时察看到敌后情况。齐天大圣孙悟空，更是在太上老君的炼丹炉里练就了一副火眼金睛，不光能看见千里之外，甚至能够具有透视功能，辨别出妖怪的真假。

在现实世界里，其实千里眼和顺风耳的神话早就实现了！天文望远镜、显微镜、红外线以及医学成像等技术，让我们的眼睛可以看到很远，远到遥远的星云宇宙，也可以看到很近，近到细胞病毒和分子的结构，甚至能快速找到身体深处的病变。从微观到宇宙，科学技术延伸着我们的视觉，已经超过了千里，万里，甚至亿万光年。

科学技术也在不断重塑着媒介形态。从口头传播到文本时代持续了上千年，直到 1937 年，哲学家海德格尔提出：我们正在进入一个"世界图像时代"，也就是读图时代。从文本印刷到图像影像，再到虚拟现实和元宇宙，科学技术推动着媒介不断地推陈出新，极大丰富着我们的感官系统。这恰

恰印证了传播学者麦克卢汉（Marshall McLuhan，1911—1980）曾经说过的，媒介就是人体的延伸。然而在信息获取中，眼耳鼻口手的五官分布并不均衡，视觉信息的获取量占到所有信息的80%，听觉占到13%，嗅觉、触觉和味觉加起来只有7%。所以视觉是人类获取信息的最主要渠道。

科学技术延伸着我们的视觉，让习以为常的事物变幻出全新的视角（图B-18）。比如，左边这张图中，大家能看出来是什么场景吗？这其实是我在爱丁堡国际科学艺术节上拍到的一张作品——一对情侣在亲吻，本来温馨的画面，用X光摄影立马就变成了恐怖片，两个骷髅头。右边这幅图中，这个神秘的天体有没有人能认出来是什么呢？它来自我们经常吃的一种蔬菜，今天中午我还吃了，它就是西红柿。西红柿里面软软的籽如果在显微镜下放大800倍，细微的绒毛就可以看得清清楚楚，像一个燃烧的巨大太阳一样。

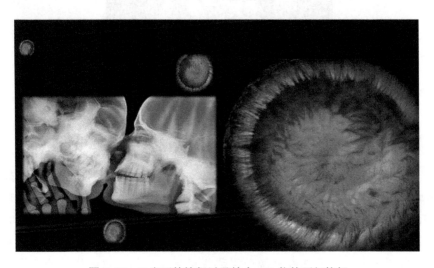

图B-18　X光下的情侣以及放大800倍的西红柿籽

科学技术还可以打破人类肉眼观察的极限。虽然我们常说眼见为实，但如果速度过快，比如说一颗子弹飞过来，我们只能听见"啪"的一声枪响而看不见子弹的轨迹。这是因为人类视觉神经的反应速度，只能区别出来最短0.1秒的光线，也就是说如果每秒钟超过10帧画面，我们的眼睛看它们就是连续的画面，而不是一帧一帧的图像，这种现象就叫作"视觉暂留"。电影电视和动画片都是利用了视觉暂留现象。一杯牛奶被打翻了，我们几乎看不见牛奶被打翻的过程。然而利用高速摄影技术，艺术家可以让美女穿上牛奶做成的礼服，只不过这个礼服的有效期非常短，只有一瞬间

（图 B-19）。相反的是延时摄影技术，可以让长时间的图像压缩在很短的画面里，让花朵在一瞬间绽放，让荧光棒在空中挥舞的过程保留下来，画出荒野中一匹北方的狼。

图 B-19　高速摄影

（创作者：Jaroslav Wieczorkiewicz）

刚才大家看到的，都是公有领域的科学知识。前沿科学也在不断探索着未知世界，在微观和宏观尺度上创造出了更多的奇幻景象。从 2010 年以来，我的科学可视化团队就一直致力于前沿科学的可视化设计。我们协助科学家发表的 *Nature*、*Science*、*Cell*，统称为 CNS 三大刊，总共 130 多项成果创作了 200 多幅前沿科学可视化作品。这些作品或者用来作为 CNS 的封面，或者作为科技新闻插图，促进公众对前沿科学的理解和认识。

原创的图像故事从量子开始讲起。量子是什么，通俗来说，是物质或能量的最小单元。宏观世界的单位一般认为是连续变化的，但在微观世界，小到不可再分割的时候，就变成是一份一份不连续的最小单元，具有最小能量。郭光灿院士团队的海森堡不确定性原理，画面中是一对量子纠缠在一起，相互交换着信息，有着千丝万缕的联系（图 B-20）。也许不需要弄得很明白，看到这样的画面，知道它是量子纠缠，又像是宇宙中的神秘现象，因此记住了这个画面，也就足够了。

图 B-20　新型海森堡不确定性原理

　　光子也是一种量子。光是什么？是波还是粒子？这是个古老的科学问题。爱因斯坦说，为什么光不能既是波又是粒子呢？大自然喜欢矛盾。没错，双缝干涉实验证明了光的波动性，光电现象又验证了光的粒子性，可是之前从未有一个实验能够同时观测到光的波动性和粒子性这两种特征。通过惠勒的量子选择性延迟实验，科学家首次观测到了光的波动性与粒子性的对立互补的叠加状态。我们用中国传统文化中的太极图来构思创意，这是一个非常贴切地用来表达对立互补、对立统一概念的形象。刚才提到的量子叠加态，是什么又能做什么呢？这么来说吧，传统计算机的信息只有 0 和 1 两种状态，而量子信息是 0 和 1 之间以概率形式存在的波函数，是 0 和 1 的多种可能的叠加状态，在这个基础上，量子信息的存储和计算就有了无限的可能性，于是就有了 2020 年的"九章"量子计算机，《九章算术》的"九章"，传统超级计算机需要一亿年才能完成的项目，量子计算机一分钟就可以完成了。

　　在 0.3 nm 的尺度，传说在某个神秘的星期五晚上，安德烈·海姆和诺沃肖洛夫用透明胶带蘸了一下石墨，然后不断对折再分开再对折，最终从石墨中分离出石墨烯，也就是单层原子的石墨，二人因此获得了诺贝尔物理学奖。石墨烯为什么这么重要呢？它是已知强度最高的材料之一，它很柔韧并且看上去还是透明的，细菌也无法在石墨烯上生长，同时它还具有很好的导电导热性能，因此石墨烯可以用来作防弹衣、医用消毒品，甚至可以用来制造超级计算机、集成电路、太阳能电池等，可能是硅电子产业的替代品，有着巨大的产业应用前景。诺沃肖洛夫曾介绍说，发现石墨烯的过程就好像是创作一幅中国水墨画一样，所以我们设计了这个水墨画风格的石墨烯蝴蝶，预示着石墨烯的发现就像蝴蝶扇动翅膀的效应一样，即将带来一场巨大的产业变革，这个石墨烯蝴蝶被用作世界石墨烯大会和曼彻斯特科技馆石墨烯展览的视觉标识（图 B-21）。

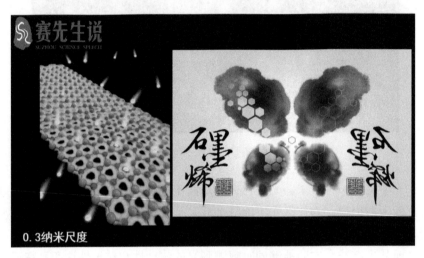

图 B-21　0.3 nm 尺度的石墨烯

在 0.5 nm 的尺度，侯建国院士的团队采用拉曼成像技术，也就是基于分子振动的一种化学成像技术，看清楚了卟啉分子的内部结构，他们发展了成像技术的同时，生成了两个分子之间偶极相互作用的图像，还完成了两篇 *Nature* 正刊级别的成果。关于相互作用力，又称为宇宙基本力，自然界共有四种，分别是强相互作用力、弱相互作用力、电磁力和万有引力。在天体尺度和万有引力层面相互作用可能更好理解一些，所以我们也尝试借用天体的外形来表达这种相互作用力。

"钻石恒久远，一颗永流传。"钻石，除了作为爱情的见证，还可以成为科学研究的金钥匙。在 10 nm 的尺度，杜江峰院士利用钻石探针搜寻到了电子与核子的相互作用，探测到了以前不可想象的极其微弱的信号，这种弱相互作用力很可能被暗物质相关的粒子所激发，从而为暗物质的探测和研究打开一扇新的大门。同时，钻石探针也可以应用于蛋白质分子的磁共振成像，最终通往活体细胞 DNA 的实时成像，有着巨大的医学应用前景。

而在 100 nm 的尺度，则是病毒的世界。利用冷冻电镜成像技术为人类疱疹病毒和四膜虫核酶拍照，通过我们 3D 渲染后，它们的颜值得到了明显的提升。

在宏观世界的尺度，小老鼠的眼睛可以具备看到红外线的特异功能，科学家往小老鼠眼睛里注射一种纳米材料，它就能够看到红外光线，就像是电影《偷天陷阱》里面的特务一样。小老鼠可以顺利地避开红外线，最终偷到一块奶酪。

燃料电池技术的不断优化，让新能源汽车能够适应极其低温或者高温的恶劣条件，也能够增强电池的续航能力，让新能源汽车能够尽快地在极端恶劣的温度环境中普及应用。

2009 年，在长城上相隔 16 公里的两座烽火台之间，潘建伟院士首次实现自由空间量子隐形传输实验，为后来的一系列量子技术发展埋下了伏笔，仅仅过了 6 年，他主导的"墨子号"量子通信卫星发射上天，接下来实现了几千公里尺度的量子纠缠、量子保密通信和量子密钥分发，为量子技术领跑世界奠定了基础。大家思考一下，这颗卫星为什么叫作"墨子号"？墨子是中国古代的先哲，他的"小孔成像"实验开启了光学的研究。该卫星取名"墨子号"，计算机取名"九章"，在长城上做实验，这些都体现了潘建伟院士的爱国情怀，值得各位特别是同学们来好好体会和学习。

在 66 亿光年外，66 亿年前，有两个中子星合并产生了一颗磁星。磁星是一种特别的天体，有着极强的磁场，在磁星形成的一瞬间会有 X 射线大爆发，但这种大爆发仅仅能持续很短的时间——7 个小时。它的 X 射线信号经过 66 亿年来到了地球，恰好被地球上的科学家监测到了，这是多么神奇的事情。虽然发现了这颗磁星，但其距离地球几十亿光年，没有人真正见过磁星长什么样，我们根据科学家提供的线索加上想象力来为磁星"画像"，于是，一颗刚刚诞生的、正在释放大量 X 射线的、有着极强磁场的磁星，它的形象就呈现在我们面前了。

从微观到宇宙，科学技术让我们打开世界，也让我们大开眼界。眼界有多宽，世界就有多大，梦想能走多远，未来就有无限可能。最后，让我们通过一个叫作《宇宙之眼》短片，再来欣赏一下从微观到宇宙的世界吧！

五、《新安晚报》：给前沿科学"画像"

发表于《新安晚报》2019 年 7 月 28 日

2019 年春节，国产科幻电影《流浪地球》作为贺岁片在各大院线热映，并获得票房大卖。值得注意的是，《流浪地球》在宣传期的海报比电影先行得到了科幻电影迷的一众好评。该海报用浮雕的形式描绘出了太阳系的几大行星，其中地球的外廓用虚线描绘，象征地球的脱离，用生动的方式向观众讲述了"流浪地球"的概念。科学技术是一切科幻作品的基础，读图时代，为科研成果设计的海报也将科学拉近生活。在中国，有这样一支团队，专门为 *Nature*、*Science*、*Cell*（自然、科学、细胞）等世界前沿的科学杂志，绘制科研成果海报与杂志封面，把一篇篇抽象的论文，变成一张张生动的科学图像。作为团队的灵魂人物，中国科学技术大学科技传播系的王国燕老师已经在这个领域里耕耘了十年。

成绩：用三年登上顶级杂志封面

王国燕回忆，与科学海报的首次接触发生在十年前。2009 年的时候，中国科大潘建伟教授团队第一次成功实现长城上量子隐形传输实验并在 *Nature Photonics* 上发表论文，当时他们需要一张图片来做封面。可当时中国还没人能做好这件事情，于是他建议王国燕所在科技传播系来攻克难关。"在此之前，我们的确有过一些微电影拍摄等方面的积累，可是为科学画海报还是第一次。"

王国燕告诉记者，接下这个任务之后，她需要做的第一件事情，是搞清楚什么是量子隐形传态。"现在量子技术已经耳熟能详，但当时我还没有听过什么是量子。"在接下来的一个月时间里，通过与潘老师团队不断地交流学习与查资料，思路才渐渐清晰起来。

最终，虽然 *Nature Photonics* 并未使用王国燕团队设计的原画，而是采用原画的构思重新绘制，但这件事，却让王国燕在心中萌生了踏入科研成果可视化领域的想法。"我觉得对我们来说那是一个最好的结果，一方面，让我们觉得这件事离我们不远，另一方面也让我们思考我们到底有哪些方面不足。"

2012 年，*Nature* 杂志终于使用了王国燕团队的原图作为封面，那是他们做出的第五个设计，这个设计，用到了中国传统哲学中阴阳互补的概念，成果是光子的对立互补特性。"我们团队用一个透明的水晶球来表达光子，它被分成了两半，形成了一个太极的阴影，传达出具有对立互补的特征。"王国燕说，对于科研海报设计者来说，在 *Nature* 上刊登封面，五分之一已经是一个很高的比例了。

十年来，王国燕和她的团队为诺贝尔物理学奖获得者安德烈·海姆、中国科学院院士潘建伟、侯建国、郭光灿、王中林、杜江峰等科学家的 *Nature*、*Science*、*Cell* 成果创作科学可视化作品，也将晦涩的科学原理通过易懂的方式传播给大众。

过程：设计思路与电影海报不同

电影海报常见，可科研海报设计起来，会有什么本质的不同？"如果说电影海报是关键人物在关键地点摆造型，那么科研海报则更加看重关键元素之间的逻辑关系。"王国燕说，如果大家留意的话，电影海报可以从电影成品中提取关键人物和场景，再进行一些艺术化处理，从而达到视觉冲击。而科研成果是一个较为抽象的概念，需要在绘制前将其转化为具体的场景。这是一个艰难的过程，也非常考验逻辑思维。

今年3月份，中国科大薛天教授研究实现哺乳动物红外视觉。在该科研成果的实验中，为小鼠注射了一种由稀土元素构成的纳米材料，从而达到了小鼠裸眼可看到红外线的效果，这为人类拓宽视觉提供了很大的希望，也许未来人类也可以不再只看到可见光。

为了突出小鼠能看到红外线，又不可以把小鼠、红外线这些科学元素简单堆砌在海报上，王国燕的设计团队，沿用电影《盗梦空间》的思路，利用故事化方式，描述了小鼠为了拿到远处的奶酪而躲避红外线的画面，生动而简明。"通过故事化的手段，把科研成果的关键想法体现出来，这也就是科研海报与电影海报的最明显区别。"

在多年科学海报的设计过程中，王国燕也总结了很多经验，"其实一个科学家的前沿成果写成论文会很长，我会请他们用一句话概括整个论文最核心和创新的点，那就是我们在图片中需要呈现的画面。"

期待：前沿科技离大众并不遥远

"说起科研成果，除了真正对科学感兴趣的人群，很少会有人关注。很多人都会觉得高端科技离他们很遥远，但其实不是这样。"王国燕说，每个科研成果都关系到人类的方方面面，包括生命健康、通信技术等各个方面，与社会生活密切相关。到目前（2019年）为止，王国燕和她的团队已经为中国科学家的61项成果设计过科学图像，虽然这些作品登录的都是国际前沿科学期刊，可是随着科技新闻以及科普文章的传播，科学海报也有了更多的普通受众。

每周都会陪家人看电影的王国燕，也会从电影、生活的各个方面汲取创作的灵感，在她看来，接地气的表达往往有着跨文化的力量。王国燕说，以薛宇教授的细胞自噬原理为例，生物体内的细胞会降解自身杂质，以达到更新营养物质，循环利用的效果。"用常规的流程图来解释，普通公众并不能理解这一过程，我们想着用漫画来解释了这一细胞机制。"漫画中呆萌的细胞手中拿着餐具与调料，正准备将自己吃掉。同样的科研理论，用不同的表现形式，将晦涩的理论转化成公众熟悉的场景，变得人人都可以看懂，这就拉近了大众与高端科研成果的距离。

这些年来，参与科学海报设计也给王国燕带来了很多乐趣。"因为我喜欢科学，也喜欢和科学家交流——在这些成果还没有正式对外公布之前，我就成了第一个被科普的对象。"科学家们会把成果得来的过程、关键性的创新点乃至在日常生活中的应用空间一一告诉她，对她来说也是一笔难得的提升科普素养的财富。

"而我们在创作过程中，也会一直想着怎样协助科学家，怎样向公众更好地科普，因而想让科学成果的推广不再局限于一张图片。"王国燕在谈到未来的发展方向时这样表示，目前他们团队已经在通过视频、动画等更加多维的角度尝试可视化的科普作品，未来将会继续在科普的道路上探索，不断让科学走到百姓身边。

后　记

如果不是接触了前沿科学可视化，我的人生轨迹很可能一直在另外一条道路上。

记得是在 2009 年冬天，中国科大的量子物理学家潘建伟找到当时我所在的科技传播系，说他的一篇关于"量子隐形传输"的论文即将在 *Nature Photonics* 上发表，需要一张图像来竞争 *Nature Photonics* 封面，并说在麻省理工学院有一位叫 Felice Frankel 的学者创作了大量的 CNS 封面图，现在中国急需有人能胜任这样的重要工作，而且科技传播系就应该做这样的事情！在查阅了大量资料之后我发现：登上 *Nature*、*Science*、*Cell*（CNS）三大刊的中国封面屈指可数，大部分还都是国外设计师的作品。

这让人非常触动！我也万分珍惜这宝贵的成长机会。从小梦想当科学家却阴差阳错来到了人文学科的我，或许可以通过协助科学家的创新成果来创造更多的社会价值，因此投入了所有的精力和可用资源来创作前沿科学可视化图像，并得到了科学家的认可和信任。之后包揽了中国科大量子三剑客"GDP"（郭光灿、杜江峰、潘建伟院士）的设计，并且不断地有更多国内高校、科研机构、医院和企业的科学家主动来寻求合作。从 2009 年到现在，协助中国科学院各院所、浙江大学、复旦大学、清华大学、上海交大、华大基因等单位科学家的总计 130 多项一流成果创作过数百张 *Nature*、*Science*、*Cell* 等封面图，其中很多被顶刊封面采用发表和作为科技新闻图像。在这个过程中也不断琢磨研究，拿到了多个国家社科和自科基金，并被邀请在中央电视台 CCTV-2 做了《前沿科学之美》的演讲。记得 2017 年 8 月，央视演讲播放后有很多电话打过来，印象最深的是一位老院士，他说他看到电视节目后激动不已，一直苦于找不到合适的人来协助科学可视化图像，这么重要的工作终于有人在做了！

科学可视化创作的过程极大地满足了我对于前沿科学的好奇心，在成果尚未对外公布之前，科学家们会细致入微地向我介绍这些创新是怎么来的，用了什么样的技术，甚至背后有什么故事……在专心聆听的时候，脑子里就会浮现出各种画面创意，最后由我团队的设计师们转变成一个个设计方案，科学图像的创作过程，其实挺像是给科学成果创作电影海报。而且，和科学家交流的过程往往是很快乐的，充满了人文和科学两个截然不同领域的相互赞叹和惊喜，因此结交了很多科学家朋友，大家除了合作交流也经常聊到很多其他方面的内容。我逐渐发现，这些持续发表 CNS 成果的科学家们的成长和创新过程往往有着清晰的脉络，任何重大的科学创新都不是一蹴而就的。因此，我们不要去神话这些 CNS 作者来给自己的成长空间画上一道不可逾越的沟壑，普通的学术青年如果具有一双善于观察的眼睛、一颗善于思考的大脑以及勇于尝试，也有可能终有一天做出重要的创新贡献。

因此和科学家沟通的最大收获，可以说是他们的学术创新思维启发了我在人文社科领域研究的敏锐创新意识。我的第一篇 SSCI 论文发表在科技传播领域 TOP 期刊 *Public Understanding of Science* 上，这项实证研究发现，CNS 等顶刊封面图像的使用可以让论文的引用率放大到两倍以上。第二篇发表于 *Journal of Informetrics* 的论文是和物理学家合作的，通过媒介大数据来计算科学家的长周期社会影响力。前几年的一篇发表于 *Leonardo* 文章，则计算了上千年来的中国水墨山水画，发现了"留白变化的秘密"，也是得益于很多科学家希望用水墨风格来创作科学图像，因此用科学的眼光来做了个"计算艺术学"的有趣尝试。这样的研究还有很多，因此后来我在苏州大学成立了科技传播研究中心，来推动传媒专业和各自然科学技术学科的深度交流与合作，现在有很多更有趣的研究正在探索中。

对于普通社会大众来说，前沿科学发现往往高深莫测、不明觉厉。然而科学不应该只是一堆堆冰冷的数据符号，也可以是一件件令人惊叹的艺术品。科学图像除了能够协助科学家提高其论文的关注度之外，还有积极的社会价值。我们国家正在努力成为世界科技强国和大国，产出了大量从"0"到"1"的原始创新成果，渐渐地从跟跑、并跑到某些领域已经领跑世界，这些都是我亲眼看到的，甚至常常觉得往后的几十年中，随着这些成果中的一些在社会应用中的普及，多个中国诺贝尔奖可能已经在路上。因此对中国的科学创新，我个人是有信心的。在科学创新的同时也需要及时做好科学普及。培根曾经说"知识就是力量"，这句话的上下语境是，"知识的力量不仅取决于其本身价值的大小，更取决于它是否被传播，以及传播的深度和广度"。所以我们一方面呼吁科学家重视科普的力量和价值，另一方面也应致力于让科学传播更有魅力。就像所有的电影、文学、音乐、艺术一样，科学自有它迷人的另一面，也能够给人以美的感受，也可以是一件件美丽的艺术品。所以，我想把前沿科学中最美的瞬间展现出来，吸引更多的人关注、理解和反思科学，从而推动科学不断发展和全社会的科学文化建设。

前沿科学可视化具有显著的交叉学科属性，兼顾实践的研究较为鲜见。同类书为 2012 年 MIT 麻省理工学院 Felice Frankel 教授作为前沿科学可视化的创始人出版于耶鲁大学出版社的专著 *Visual Strategies: A Practical Guide to Graphics for Scientists and Engineers*（《视觉策略：科学家与工程师的图像实践指南》)，她曾是笔者启蒙时期的学术榜样。如今，经过 15 年的实践积累和研究思考沉淀，笔者协助海内外华人科学家 *Nature*、*Science*、*Cell* 成果持续设计了数量和质量亦可比肩 Felice Frankel 的前沿科学可视化作品。笔者第一次集中将该领域的研究结合实践经验来结集成书，这也将是国内第一本基于人文学科视角和大量亲身实践的原创设计的基础上的关于前沿科学可视化的著作。

拙著的原始创新性主要体现在科学可视化认知模型的理论创新、图像传播促进科学创新扩散的实证研究、基于大量原创实践揭示科学可视化的图像创建路径与学科规律。总体而言，书中的主要观点可概括为以下七个方面：①**前沿科学可视化是源于计算机图形学的、多学科交叉的新兴领域。**我们将源于计算机图形学中的概念引入到传播学视域展开前沿科学可视化的理论与应用研究，是科学传播、认知心理学、科技哲学、图像学、艺术设计、科技期刊编辑等多学科交叉的领域。②**前沿科学迫切需要传播给公众，以减少现代科学与社会之间的摩擦。**前沿科学代表着未来社会发展的风向标，可能与公众的切身利益密切相关，民众的科学知识匮乏会造成错误的认知，甚至导致科学谣言横行威胁社会稳定。因此让公众理解前沿科学有助于及时检测和调整科研的方向，也可最大限度减少科学带来的负面影响。③**图像叙事有益于消减科学与公众间的知识鸿沟。**尽管长期以来故事化叙事被传播学者关注和研究，却少有对科学议题进行深入探索。当科学需要从学术领域传播到非专业的社会公众领域时，故事化叙事可能显得更为重要。现代科学的细分特征使得任何人都难以同时深入了解多个科学领域，且中国公民科学素养整体偏低，知识鸿沟客观存在，这也促使图像叙事适合于面向跨学科和公众来传达科学。④**"意象-图式-表征"模型是可视化的认知机制。**这主要解释了在大脑内部基于视觉意象进行认知的机制：意象是记忆的基本单元，图式是认知主体对意象进行组织的方法，而组织后的意象成为表征被存储到记忆中。⑤**逻辑推理过程和启发式过程的**

双向模型是可视化的补充机制。通过整合自上而下与自下而上两种认知研究思路，加入逻辑推理过程和启发式过程的双过程理论，解释了认知主体的先验知识对这个认知过程的影响。⑥**科学可视化创建需要删繁就简、故事化叙述、生动化表达。**面向公众的科学图像应该精简繁杂的科学信息从而阐明主要的科学问题，运用共识领域的视觉符号来构建生动的逻辑故事，并最后呈现时锐意提升艺术化的生动表现力，以达到有效的图像传播效果。⑦**可视化表达可有效提升前沿科学的传播效果甚至论文引用率**，原创计量分析揭示了封面图像对于学术论文引用率的放大效应，并对科技新闻和科技期刊运用可视化手段增强传播效果提出了诸多建议。

　　本书主要由我和徐奇智老师共同撰写完成，因此特别要感谢中国科学技术大学科技传播系教师、先进技术研究院新媒体研究院副院长徐奇智，作为我在前单位的同事和科技哲学方向的博士，他跟我有着相近的研究方向和丰富的科学教育实践经历。本书第一和第二章中的部分内容，特别是第三和第四章——前沿科学可视化的认知理论和解释模型，是由徐老师独立撰写完成，他作为哲学博士让这本著作增添了理论深度与学术厚重感。

　　过去的十多年中，我们形成了一支专业的前沿科学可视化团队。本书中的大量原创设计来自我和团队中的陈磊、马燕兵、程永立、欧楠均、何聪等艺术家，感谢他们一路走来始终如一的支持，在可视化实践中我们共同收获良多。从基金申请、课题结题到最终出版过程中，多届研究生参与了书稿的格式整理和文本校对，特别要感谢谭曼晔、金心怡、耿彤、董嘉慧等同学的协助。

　　最后，向所有合作过的科学家团队致敬！在协作中，我深刻体悟了"爱国、创新、求实、奉献、协同、育人"的中国科学家精神，并由衷敬佩和感怀！这种精神，激励着我作为人文学者在自己小小的领域里不断践行探索，努力让中国的科技传播研究和实践也能不断走向世界舞台的中央位置！

王国燕，2024 年 2 月 25 日于苏州

原创前沿科学可视化高清作品（1）
3D 渲染还原微观场景

人类疱疹病毒的冷冻电镜结构

毕国强教授等 *Nature* 成果 3D 图

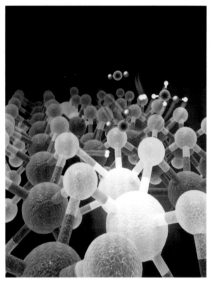

单中心近邻单原子协同催化

曾杰教授等 *Nature Nanotechnology* 成果 3D 图

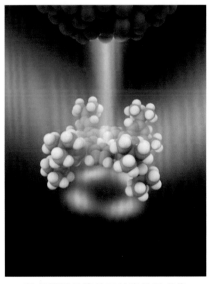

微观摄影风格的亚纳米拉曼成像

侯建国院士等 *Nature* 成果 3D 图

类石墨烯材料的运输特性

诺贝尔化学奖得主安德烈·海姆等

Nature 成果 3D 图

原创前沿科学可视化高清作品（2）
3D 构造科学的社会应用

肝癌筛查新思路——ctDNA 甲基化
徐瑞华院士等 *Nature Materials* 成果 3D 图

土豆和西红柿的泛基因
黄三文教授 *Nature* 成果创意图

新型冠状病毒感染人工智能诊断
薛宇教授等 *Nature Biomedical Engineering*
成果 3D 图

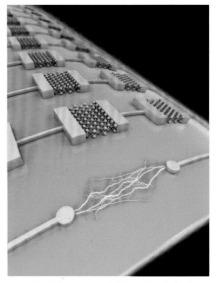

分子发电机：二硫化钼的压电效应
王中林院士等 *Nature* 成果 3D 图

原创前沿科学可视化高清作品（3）
手绘中国元素

女娲补天：靶向铁死亡防治心脏疾病

中国科技期刊 2019 年度最佳封面奖

攻打长城：NK 细胞抵御肿瘤进攻

魏海明教授等 *Cell Metabolism* 成果创意图

食物抗原诱导免疫耐受的机制

朱书教授等 *Cell* 成果创意图

脑血管调控乳酸稳态

杨晓研究员等 *Cell Stem Cell* 成果创意图

原创前沿科学可视化高清作品（4）
手绘西方元素

卖火柴的小女孩：转铁蛋白调控产热脂肪
王福悌教授等 *Advanced Science* 成果创意图

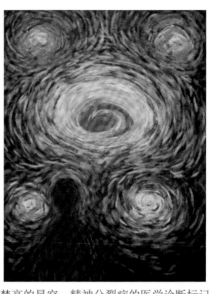

梵高的星空：精神分裂症的医学诊断标记
刘冰教授等 *Nature Medicine* 成果创意图

达利梦境：复发肝癌的微生态系统
樊嘉院士等 *Cell* 成果创意图

偷天陷阱：实验实现哺乳动物红外视觉
薛天教授等 *Cell* 成果创意图

原创前沿科学可视化高清作品（5）
微观物理世界

新形式海森堡不确定原理

郭光灿院士等 *Nature Physics* 成果创意图

三维量子霍尔效应

乔振华教授等 *Nature* 成果创意图

实验观测到光子波粒互补特性叠加态

郭光灿院士等 *Nature Photonics* 成果创意图

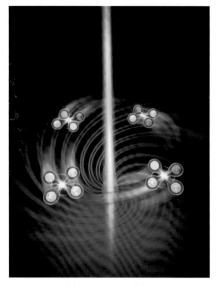

拓扑 Wannier 循环

蒋建华教授等 *Nature Review Physics*

成果创意图

原创前沿科学可视化高清作品（6）
手绘故事构造关键发现

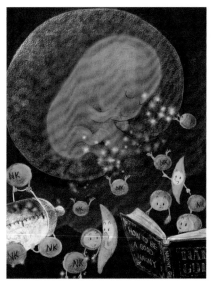

NK 细胞促进胚胎发育

魏海明教授等 *Cell* 子刊 *Immunity* 成果创意图

肿瘤细胞微环境的调节机制

林爱福教授等 *Cell Molecular* 成果创意图

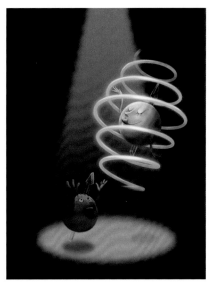

量子自旋双人舞：宇称时间对称观测的
量子比特调控

杜江峰院士等 *Science* 成果创意图

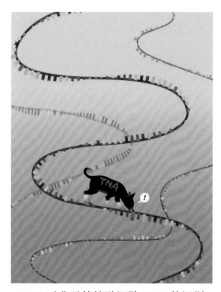

TNA 对非天然核酸沉默 RNA 的识别

于涵洋教授等 *Nature Chemistry* 成果创意图

原创前沿科学可视化高清作品（7）
3D 重建微观世界的科学现象

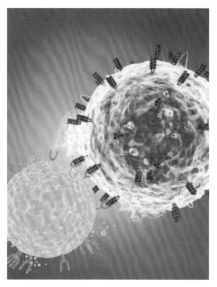

肿瘤细胞与 NK 细胞的配体结合
田志刚教授 *Cancer Research* 成果 3D 图

攻克氢燃料电池的新型催化剂
杨金龙院士 *Nature* 成果 3D 图

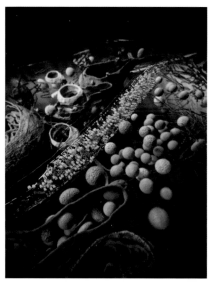

抑制性突触受体组织的分布
毕国强教授 *Nature Neuroscience* 成果 3D 图

四膜虫核酶结构的冷冻电镜结构
苏昭铭教授 *Nature* 成果 3D 图

原创前沿科学可视化高清作品（8）
再现过去或未来的宏观世界奇观

双功能氧电催化剂的新能源应用

刘庆华教授 *Nature Energy* 成果创意图

攻克氢燃料电池的新型催化剂：极地赛车

杨金龙院士 *Nature* 成果 3D 图

双中子星合并形成磁星

薛永泉教授 *Nature* 成果创意图

考古揭秘千年海啸前的南澳宋城

孙立广教授《科学通报》成果创意图

原创前沿科学可视化高清作品（9）

手绘生命科学的故事

肠菌产丙酸促进肠道稳态

刘瑞欣教授 *Cell Host&Microbe* 成果创意图

大脑神经刺激的认知功能反应差异

张效初教授 *Advanced Science* 成果创意图

E3 连接酶 RNF138 介导炎癌转换机制

宋伟、赵洪教授 *STTT* 成果创意图

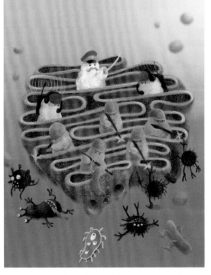

高尔基体：天然免疫的新兴平台

龚涛博士等 *Trends in Cell Biology* 成果创意图

原创前沿科学可视化高清作品（10）
钻石探针通往活体 DNA 成像之路

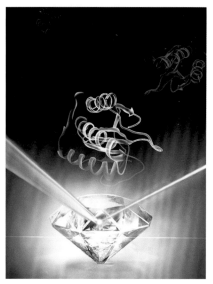

"钻石钥匙"打开单分子磁共振成像大门

杜江峰院士 *Science* 成果创意图

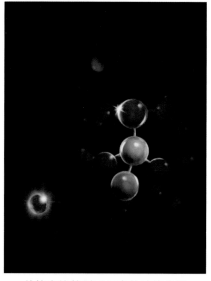

单核自旋簇原子尺度的结构分析

杜江峰院士等 *Nature Physics* 成果创意图

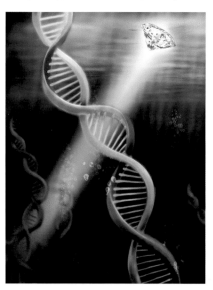

生理环境下 DNA 分子磁共振成像

杜江峰院士等 *Nature Methods* 成果创意图

蛋白质单分子的磁共振影像

杜江峰院士等 *Science* 成果 3D 图

原创前沿科学可视化高清作品（11）
实验成像与再现

基因组稳定性调控核心激酶 ATR 的结构

蔡刚教授 *Science* 成果 3D 图

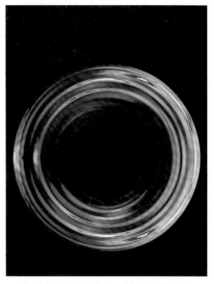

分子碰撞中的量子干涉"日冕环"

王兴安教授 *Nature Chemistry* 成果创意图

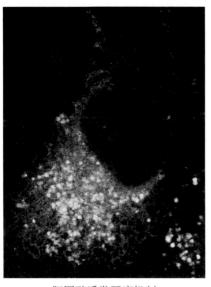

胆固醇诱发肝癌机制

林爱福教授 *Nature Metabolism* 成果图像

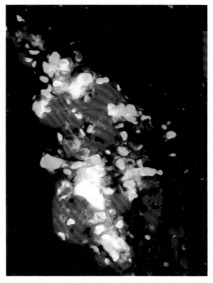

解析促甲状腺激素如何促成动脉粥样硬化

赵家军教授 *JEM* 成果图像

创前沿科学可视化高清作品（12）
手绘的视觉隐喻

神经细胞自噬的重要调控因子

薛宇教授 *Autophagy* 成果创意图

麦克斯韦之妖式的量子算法冷却

郭光灿院士等 *Nature Photonics* 成果创意图

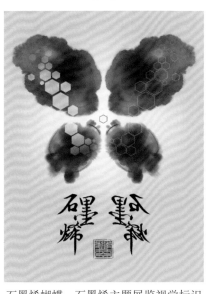

石墨烯蝴蝶：石墨烯主题展览视觉标识

英国曼彻斯特科学博物馆合作图像

基因编辑的更小工具

季泉江教授等 *Nature Chemical Biology*

成果创意图

原创前沿科学可视化高清作品（13）
大科学装置

锦屏深地实验室探测宇宙起源

何建军教授等 *Nature* 成果 3D 图

锦屏深地实验室加速器

何建军教授等 *Nature* 成果 3D 图

贵州天眼探测宇宙射线

李莳研究员 *Nature* 成果 3D 图

天眼和 GB 共同探测宇宙射线

李莳研究员 *Science* 成果 3D 图

原创前沿科学可视化高清作品（14）
学术亮点横幅图像

大规模核糖核酸测序的基因剪切过程

俞鹏 *Nature Communications* 成果创意图

胃癌免疫的微环境

北京大学 *Nature Communcations* 成果 3D 图

黄鼠狼给鸡拜年：肝纤维化及肝硬化防治

王福悌教授 *Hepatology* 成果创意图